数字图像处理及 MATLAB 实现
（第 3 版）

杨 杰 主编
黄朝兵 副主编

电子工业出版社
Publishing House of Electronics Industry
北京·BEIJING

内 容 简 介

本书是在2013年出版的教材基础上做了修改、补充和完善。书中主要介绍了数字图像处理的基础知识、基本方法、程序实现和典型实践应用。全书分为三个部分，共11章。第一部分（第1～4章）介绍数字图像处理的基础知识；第二部分（第5～8章）介绍数字图像处理的各种技术；第三部分（第9～11章）介绍数字图像处理的扩展内容和工程应用。在每章的内容安排上，都是从介绍问题的背景开始，接着讲述基本内容和方法，然后介绍实践应用（通过MATLAB软件编程），最后进行结果分析。本书内容系统性强，重点突出，理论、应用与实际编程紧密结合，理论与实例并重，同时也能满足双语教学的部分要求和对本课程的专业英语词汇的学习。

本书可作为普通高等院校电子信息工程、通信工程、计算机科学与技术、电子科学与技术、生物医学工程、电气工程及其自动化、控制科学与工程等相关专业的本科生及研究生教材，也可作为从事图像处理与分析、模式识别、人工智能和计算机应用研究与开发的工程技术人员的参考书。

未经许可，不得以任何方式复制或抄袭本书之部分或全部内容。
版权所有，侵权必究。

图书在版编目（CIP）数据

数字图像处理及MATLAB实现 / 杨杰主编. —3版. —北京：电子工业出版社，2019.11
ISBN 978-7-121-37259-9

Ⅰ. ①数… Ⅱ. ①杨… Ⅲ. ①Matlab软件－应用－数字图象处理－高等学校－教材 Ⅳ. ①TN911.73

中国版本图书馆CIP数据核字（2019）第180206号

策划编辑：董亚峰
责任编辑：刘小琳　　文字编辑：邓茗幻
印　　刷：北京虎彩文化传播有限公司
装　　订：北京虎彩文化传播有限公司
出版发行：电子工业出版社
　　　　　北京市海淀区万寿路173信箱　邮编 100036
开　　本：787×1 092　1/16　印张：20.5　字数：552千字
版　　次：2010年2月第1版
　　　　　2019年11月第3版
印　　次：2024年2月第16次印刷
定　　价：59.80元

凡所购买电子工业出版社图书有缺损问题，请向购买书店调换。若书店售缺，请与本社发行部联系，联系及邮购电话：（010）88254888，88258888。
质量投诉请发邮件至zlts@phei.com.cn，盗版侵权举报请发邮件至dbqq@phei.com.cn。
本书咨询联系方式：（010）88254538，liuxl@phei.com.cn。

前　言

近几十年来,由于大规模集成电路技术和计算机技术的迅猛发展、离散数学理论的创立和完善,数字图像处理技术正逐渐成为其他科学技术领域中不可缺少的一项重要技术。数字图像处理技术也在从空间探索到微观研究、从军事领域到工农业生产、从科学教育到娱乐游戏等越来越多的领域得到广泛应用。

针对数字图像处理课程概念多、内容抽象、读者入门较难的特点,本书以实践为导向,以实际应用为目标来介绍数字图像处理的基本概念和基础知识。数字图像处理主要研究内容包括图像变换、图像增强、图像复原、图像压缩、图像分割等,它是一门实用而综合性的边缘学科。本书在介绍数字图像处理技术基础理论及算法原理的同时,还特别注意如何用 MATLAB 软件编程实现一些常用的图像处理的典型算法,使读者能够深刻理解和掌握图像处理的理论和方法,并注重实际应用。

本书 1~10 章附有习题,帮助读者巩固所学的知识点;我们还编写了与本书配套的《数字图像处理及 MATLAB 实现——学习与实验指导》,便于读者学习和上机实验;另配有电子课件,便于教师教学和学生自学。

本书第 1、2 章由杨杰编写,第 3、4 章由李庆编写,第 5、6 章由郑林编写,第 7 章由许建霞编写,第 8 章由王昱编写,第 9、10 章由黄朝兵编写,第 11 章由郭志强编写。全书由杨杰统稿,黄朝兵和李庆对部分章节程序进行了整理。另外,李俊鹤、熊玮佳、钟琴、董天昳、陈雅欣、马靓云、张曼卿、朱晓意、蔡欣怡等参加了部分文字的录入、程序调试、插图和校对工作。在编写本书过程中参考了大量的图像处理文献,在此对这些文献的作者表示真诚的感谢。

本书的编写得到武汉理工大学信息工程学院的大力支持,在此表示衷心感谢。

由于作者水平有限,书中难免存在缺点和疏漏之处,恳请读者批评指正。

编　者

2018 年 6 月

目 录

第一部分　图像处理基础

第1章　概述（Introduction） 1
1.1　数字图像处理及特点（Characteristics and Processing of Digital Image） 1
　　1.1.1　数字图像与数字图像处理（Digital Image and Digital Image Processing） 1
　　1.1.2　数字图像处理的特点（Characteristics of Digital Image Processing） 2
1.2　数字图像处理系统（System of Digital Image Processing） 3
　　1.2.1　数字图像处理系统的结构（Structure of Digital Image Processing System） 3
　　1.2.2　数字图像处理的优点（Advantages of Digital Image Processing） 4
1.3　数字图像处理的研究内容（Research Content in Digital Image Processing） 5
1.4　数字图像处理的应用和发展（Applications and Development of Digital Image Processing） 6
　　1.4.1　数字图像处理的应用（Applications of Digital Image Processing） 6
　　1.4.2　数字图像处理领域的发展动向（Future Direction in the Field of Digital Image Processing） 11
1.5　全书内容简介（Brief Introduction of This Book） 11
小结（Summary） 12
习题（Exercises） 13

第2章　数字图像处理的基础（Basics of Digital Image Processing） 14
2.1　人类的视觉系统（Visual System of Human Beings） 14
　　2.1.1　视觉系统的基本构造（Basic Structure of Visual System） 14
　　2.1.2　亮度适应和鉴别（Intensity Adaption and Identification） 16
2.2　数字图像的基础知识（Basics of Digital Image） 19
　　2.2.1　图像的数字化及表达（Image Digitalization and Representation） 19
　　2.2.2　图像的获取（Image Acquisition） 20
　　2.2.3　像素间的基本关系（Basic Relationships Between Pixels） 23
　　2.2.4　图像的分类（Image Classification） 25
小结（Summary） 29
习题（Exercises） 29

第3章　图像基本运算（Basic Operation in Digital Image Processing） 30
3.1　概述（Introduction） 30

3.2 点运算（Point Operation） ··· 30
　　3.2.1 线性点运算（Linear Point Operation） ·· 31
　　3.2.2 非线性点运算（Non-Linear Point Operation） ·· 32
3.3 代数运算与逻辑运算（Algebra and Logical Operation） ··································· 34
　　3.3.1 加法运算（Addition） ·· 34
　　3.3.2 减法运算（Subtraction） ··· 36
　　3.3.3 乘法运算（Multiplication） ·· 37
　　3.3.4 除法运算（Division） ·· 38
　　3.3.5 逻辑运算（Logical Operation） ··· 39
3.4 几何运算（Geometric Operation） ·· 39
　　3.4.1 图像的平移（Image Translation） ·· 40
　　3.4.2 图像的镜像（Image Mirror） ·· 41
　　3.4.3 图像的旋转（Image Rotation） ·· 43
　　3.4.4 图像的缩放（Image Zoom） ·· 44
　　3.4.5 灰度重采样（Gray Resampling） ··· 47
小结（Summary） ·· 50
习题（Exercises） ·· 50

第 4 章　图像变换（Image Transform） ··· 51

4.1 连续傅里叶变换（Continuous Fourier Transform） ·· 51
4.2 离散傅里叶变换（Discrete Fourier Transform） ·· 52
4.3 快速傅里叶变换（Fast Fourier Transform） ·· 53
4.4 傅里叶变换的性质（Properties of Fourier Transform） ···································· 55
　　4.4.1 可分离性（Separability） ·· 55
　　4.4.2 平移性质（Translation） ··· 56
　　4.4.3 周期性和共轭对称性（Periodicity and Conjugate Symmetry） ·················· 58
　　4.4.4 旋转性质（Rotation） ·· 59
　　4.4.5 分配律（Distribution Law） ··· 59
　　4.4.6 尺度变换（Scaling） ·· 60
　　4.4.7 平均值（Average Value） ··· 61
　　4.4.8 卷积定理（Convolution Theorem） ··· 62
4.5 图像傅里叶变换实例（Examples of Image Fourier Transform） ······················· 62
4.6 其他离散变换（Other Discrete Transform） ··· 65
　　4.6.1 离散余弦变换（Discrete Cosine Transform） ··· 65
　　4.6.2 二维离散沃尔什—哈达玛变换（Walsh-Hadamard Transform） ················· 68
　　4.6.3 卡胡楠—列夫变换（Kahunen-Loeve Transform） ··································· 72
小结（Summary） ·· 73
习题（Exercises） ·· 74

第二部分　图像处理技术

第 5 章　图像增强（Image Enhancement） ········· 75
 5.1　图像增强的概念和分类（Concepts and Categories of Image Enhancement） ········· 75
 5.2　空间域图像增强（Image Enhancement in the Spatial Domain） ········· 76
  5.2.1　基于灰度变换的图像增强（Image Enhancement Based on Gray Levels） ········· 76
  5.2.2　基于直方图处理的图像增强（Image Enhancement Based on Histogram Processing） ········· 79
  5.2.3　空间域滤波增强（Spatial Filtering Enhancement） ········· 84
 5.3　频率域图像增强（Image Enhancement in the Frequency Domain） ········· 91
  5.3.1　频率域增图像强基本理论（Fundamentals of Image Enhancement in the Frequency Domain） ········· 91
  5.3.2　频率域平滑滤波器（Frequency Smoothing Filters） ········· 92
  5.3.3　频率域锐化滤波器（Frequency Sharpening Filters） ········· 95
  5.3.4　同态滤波器（Homomorphic Filters） ········· 97
 小结（Summary） ········· 99
 习题（Exercises） ········· 99

第 6 章　图像复原（Image Restoration） ········· 101
 6.1　图像复原及退化模型基础（Fundamentals of Image Restoration and Degradation Model） ········· 101
  6.1.1　图像退化的原因及退化模型（Causes of Image Degradation and Degradation Model） ········· 102
  6.1.2　图像退化的数学模型（Mathematic Model of Image Degradation） ········· 104
  6.1.3　复原技术的概念及分类（Concepts and Categories of Restoration） ········· 105
 6.2　噪声模型（Noise Models） ········· 106
  6.2.1　一些重要噪声的概率密度函数（Some Important Noise Probability Density Functions） ········· 106
  6.2.2　噪声参数的估计（Estimation of Noise Parameters） ········· 109
 6.3　空间域滤波复原（Restoration with Spatial Filtering） ········· 110
  6.3.1　均值滤波器（Mean Filters） ········· 110
  6.3.2　顺序统计滤波器（Order-Statistics Filters） ········· 113
 6.4　频率域滤波复原（Restoration with Frequency Domain Filtering） ········· 116
  6.4.1　带阻滤波器（Bandreject Filters） ········· 117
  6.4.2　带通滤波器（Bandpass Filters） ········· 119
  6.4.3　其他频率域滤波器（Other Filters in Frequency Domain） ········· 119
 6.5　估计退化函数（Estimating the Degradation Function） ········· 121
  6.5.1　图像观察估计法（Estimation by Image Observation） ········· 121

  6.5.2 试验估计法（Estimation by Experimentation） ········· 121
  6.5.3 模型估计法（Estimation by Modeling） ········· 122
 6.6 逆滤波（Inverse Filtering） ········· 124
 6.7 最小均方误差滤波——维纳滤波（Minimum Mean Square Error Filtering-Wiener Filtering） ········· 125
 6.8 几何失真校正（Geometric Distortion Correction） ········· 128
  6.8.1 空间变换（Spatial Transformation） ········· 129
  6.8.2 灰度插值（Gray-Level Interpolation） ········· 131
  6.8.3 实现（Implementation） ········· 131
 小结（Summary） ········· 134
 习题（Exercises） ········· 134

第7章 图像压缩编码（Image Compression Coding Technology） ········· 136
 7.1 概述（Introduction） ········· 136
  7.1.1 图像的信息量与信息熵（Information Content and Entropy） ········· 136
  7.1.2 图像数据冗余（Image Data Redundancy） ········· 138
  7.1.3 图像压缩编码方法（Coding Methods of Image Compression） ········· 140
  7.1.4 图像压缩技术的性能指标（Performance Index of Image Compression Approaches） ········· 140
  7.1.5 保真度准则（Fidelity Criteria） ········· 142
 7.2 无失真图像压缩编码（Lossless Image Compression） ········· 143
  7.2.1 哈夫曼编码（Huffman Coding） ········· 143
  7.2.2 游程编码（Run-Length Coding） ········· 145
  7.2.3 算术编码（Arithmetic Coding） ········· 148
 7.3 有限失真图像压缩编码（Lossy Image Compression） ········· 150
  7.3.1 率失真函数（Rate Distortion Function） ········· 151
  7.3.2 预测编码和变换编码（Prediction Coding and Transform Coding） ········· 152
  7.3.3 矢量量化编码（Vector Quantification Coding） ········· 160
 7.4 图像编码新技术（New Image Coding Technology） ········· 162
  7.4.1 子带编码（Subband Coding） ········· 162
  7.4.2 模型基编码（Model-Based Coding） ········· 163
  7.4.3 分形编码（Fractal Coding） ········· 164
 7.5 图像压缩技术标准（Image Compression Standards） ········· 164
  7.5.1 概述（Introduction） ········· 164
  7.5.2 JPEG 压缩（JPEG Compression） ········· 165
  7.5.3 JPEG 2000 ········· 166
  7.5.4 H.26x 标准（H.26x Standards） ········· 168
  7.5.5 MPEG 标准（MPEG Standards） ········· 168
 小结（Summary） ········· 169

习题（Exercises） ·········· 170

第8章 图像分割（Image Segmentation） ·········· 171
8.1 概述（Introduction） ·········· 171
8.2 边缘检测和连接（Edge Detection and Connection） ·········· 173
8.2.1 边缘检测（Edge Detection） ·········· 173
8.2.2 边缘连接（Edge Connection） ·········· 181
8.3 阈值分割（Image Segmentation Using Threshold） ·········· 184
8.3.1 基础（Foundation） ·········· 184
8.3.2 全局阈值（Global Threshold） ·········· 185
8.3.3 自适应阈值（Adaptive Threshold） ·········· 190
8.3.4 最佳阈值的选择（Optimal Threshold） ·········· 190
8.3.5 分水岭算法（Watershed Algorithm） ·········· 191
8.4 区域分割（Region Segmentation） ·········· 193
8.4.1 区域生长法（Region Growing） ·········· 193
8.4.2 区域分裂合并法（Region Splitting and Merging） ·········· 196
8.5 二值图像处理（Binary Image Processing） ·········· 197
8.5.1 数学形态学图像处理（Mathematical Morphology Image Processing） ·········· 198
8.5.2 开运算和闭运算（Open Operation and Close Operation） ·········· 202
8.5.3 一些基本形态学算法（Some Basic Morphological Algorithms） ·········· 204
8.6 分割图像的结构（Construction of Image Segmentation） ·········· 206
8.6.1 物体隶属关系图（Relationships Between Objects） ·········· 206
8.6.2 边界链码（Edge Chain Code） ·········· 207
小结（Summary） ·········· 208
习题（Exercises） ·········· 208

第三部分 图像处理的扩展内容

第9章 彩色图像处理（Color Image Processing） ·········· 210
9.1 彩色图像基础（Fundamentals of Color Image） ·········· 210
9.1.1 彩色图像的概念（Concepts of Color Image） ·········· 210
9.1.2 彩色基础（Color Fundamentals） ·········· 211
9.2 彩色模型（Color Models） ·········· 216
9.2.1 RGB 彩色模型（RGB Color Model） ·········· 216
9.2.2 CMY 彩色模型和 CMYK 彩色模型（CMY Color Model and CMYK Color Model） ·········· 218
9.2.3 HSI 彩色模型（HSI Color Model） ·········· 219
9.3 伪彩色处理（Pseudocolor Image Processing） ·········· 222
9.3.1 背景（Background） ·········· 222

    9.3.2 强度分层（Intensity Slicing） ······ 223
    9.3.3 灰度级到彩色变换（Transformation of Gray Levels to Color） ······ 225
    9.3.4 假彩色处理（False-Color Image Processing） ······ 227
  9.4 全彩色图像处理（Full-Color Image Processing） ······ 229
    9.4.1 全彩色图像处理基础（Basics of Full-Color Image Processing） ······ 229
    9.4.2 彩色平衡（Color Balance） ······ 230
    9.4.3 彩色图像增强（Color Image Enhancement） ······ 231
    9.4.4 彩色图像平滑（Color Image Smoothing） ······ 234
    9.4.5 彩色图像锐化（Color Image Sharpening） ······ 236
  9.5 彩色图像分割（Color Image Segmentation） ······ 237
    9.5.1 HSI 彩色空间分割（Segmentation in HSI Color Space） ······ 237
    9.5.2 RGB 彩色空间分割（Segmentation in RGB Color Space） ······ 238
    9.5.3 彩色边缘检测（Color Edge Detection） ······ 240
  9.6 彩色图像处理的应用（Applications of Color Image Processing） ······ 244
  小结（Summary） ······ 246
  习题（Exercises） ······ 247
第 10 章 图像表示与描述（Image Representation and Description） ······ 248
  10.1 背景（Background） ······ 248
  10.2 颜色特征（Color Feature） ······ 249
    10.2.1 灰度特征（Gray Feature） ······ 249
    10.2.2 直方图特征（Histogram Feature） ······ 250
    10.2.3 颜色矩（Color Moment） ······ 252
  10.3 纹理特征（Textural Feature） ······ 252
    10.3.1 自相关函数（Autocorrelation Function） ······ 253
    10.3.2 灰度差分统计（Statistics of Intensity Difference） ······ 254
    10.3.3 灰度共生矩阵（Gray-Level Co-occurrence Matrix） ······ 256
    10.3.4 频谱特征（Spectrum Features） ······ 259
  10.4 边界特征（Boundary Feature） ······ 262
    10.4.1 边界表达（Boundary Representation） ······ 262
    10.4.2 边界特征描述（Boundary Description） ······ 266
  10.5 区域特征（Region Feature） ······ 269
    10.5.1 简单的区域描述（Simple Region Descriptors） ······ 269
    10.5.2 拓扑描述（Topological Descriptors） ······ 273
    10.5.3 形状描述（Shape Descriptors） ······ 275
    10.5.4 矩（Moment） ······ 276
  10.6 运用主成分进行描述（Use of Principal Components for Description） ······ 279
    10.6.1 主成分基础（Fundamentals of Principal Components Analysis） ······ 279
    10.6.2 主成分描述（Description by Principal Components Analysis） ······ 282

10.7 特征提取的应用（Application of Feature Extraction） ········· 284
    10.7.1 粒度测定（Granularity Mensuration） ················· 284
    10.7.2 圆形目标判别（Circle Shape Recognition） ············ 286
    10.7.3 运动目标特征提取（Feature Extraction of Moving Object） ······· 288
小结（Summary） ··· 291
习题（Exercises） ··· 291

第 11 章 数字图像处理的工程应用（Application of Digital Image Processing Engineering） ················· 293

11.1 基于图像处理的红细胞数目检测（Detection of Red Cell Number Based on Image Processing） ················· 293
11.2 基于肤色分割和灰度积分算法的人眼定位（Eye Location Based on Skin Color Segmentation and Gray Level Integral Algorithm） ······· 295
11.3 基于 DCT 的数字水印算法（Digital Watermarking Algorithm Based on DCT） ··· 300
11.4 基于 BP 神经网络的手写汉字识别（Handwritten Chinese Character Recognition Based on BP Neural Network） ················· 305
小结（Summary） ··· 314

参考文献 ·· 315

第一部分 图像处理基础

第1章 概 述
（Introduction）

21 世纪是一个充满信息的时代，图像作为人类感知世界的视觉基础，是人类获取信息、表达信息和传递信息的重要手段。数字图像处理技术已经成为信息科学、计算机科学、工程科学、生物科学、地球科学等学科研究的热点。本章主要介绍有关数字图像处理中的基本概念、特点及数字图像处理系统的构成、主要研究内容、应用领域和未来发展方向。

Images constitute the basics of visual information that mankind can acquire. The acquisition and processing of images, as well as the post-processing transmission, has become a very active research area. The superiority of digital image processing results its growing popularity in information science, computer science, engineering science, biology and earth science. This chapter mainly introduces the basic concepts and the constructions of digital image processing, as well as its applications and future directions.

1.1 数字图像处理及特点
（Characteristics and Processing of Digital Image）

 1.1.1 数字图像与数字图像处理（Digital Image and Digital Image Processing）

1. 数字图像

我们在生产、科研或日常生活中看到的场景图像，包含物体"大量"的信息，通过感觉、知觉、记忆、认知、搜索形成概念，直到最终理解和识别视觉刺激。据统计，人类从自然界获取的信息中，视觉信息占 75%～85%。俗话说"百闻不如一见"，图像对有些场景或事物的描述可以做到"一目了然"。

"图"是物体透射或反射光的分布，是客观存在的。"像"是人的视觉系统对图的接受在大脑中形成的印象或反映，图像是"图"和"像"的有机结合，是客观世界能量或状态以可视化形式在二维平面上的投影，是其所表示物体的信息的浓缩和高度概括，是对客观存在的物体一种相似性的生动模仿或描述。数字图像则是物体的数字表示，是以数字格式存放的图像，它是目前社会生活中最常见的一种信息媒体，它传递着物理世界事物状态的信息，是人类获取外界信息的主要途径。

2. 数字图像处理

数字图像处理又称为计算机图像处理，它是指将图像信号转换成数字信号并利用计算机对其进行处理的过程，以提高图像的实用性，达到人们所要求的预期结果。从处理的目的来讲主要有：

（1）提高图像的视觉质量，以达到赏心悦目的目的。
（2）提取图像中所包含的某些特征或特殊信息，便于计算机分析。
（3）对图像数据进行变换、编码和压缩，便于图像的存储和传输。

数字图像处理技术是计算机技术、信息论和信号处理相结合的综合性学科。

1.1.2 数字图像处理的特点（Characteristics of Digital Image Processing）

数字图像处理与模拟图像处理的根本不同在于，它不会因图像的存储、传输或复制等一系列变换操作而导致图像质量的退化，所以数字图像处理具有很好的再现性。按目前的技术，几乎可将一幅模拟图像数字化为任意大小的二维数组，现代扫描仪可以把每个像素的灰度等级量化为 16 位甚至更高，这意味着图像的数字化精度可以达到满足任一应用需求的处理精度；所处理的图像可以来自多种信息源，它们可以是可见光图像，也可以是不可见的波谱图像（如 X 射线图像、超声波图像或红外图像等），具有较宽的适用面；从图像反映的客观实体尺度看，可以小到电子显微镜图像，大到航空照片、遥感图像甚至天文望远镜图像。

图像处理大体上可分为图像的像质改善、图像分析和图像重建三大部分，每个部分均包含丰富的内容。由于图像的光学处理从原理上讲只能进行线性运算，这极大地限制了光学图像处理能实现的目标。而数字图像处理不仅能完成线性运算，而且能实现非线性处理，即凡是可以用数学公式或逻辑关系来表达的一切运算均可用数字图像处理实现，具有很高的灵活性。除此以外，数字图像处理还有以下特点。

（1）处理信息量很大。数字图像处理的信息大多是二维信息，如一幅 256 像素×256 像素的低分辨率黑白图像，要求约 64Kb 的数据量；对中等分辨率真彩色 640 像素×480 像素的图像，则要求 7.37Mb 数据量；如果要处理 25f/s（帧/秒）的电视图像序列，则每秒要求 184Mb 的数据量。因此对计算机的计算速度、存储容量等要求较高。

（2）数字图像处理占用的频带较宽。与语音信息相比，占用的频带要大几个数量级。如电视图像的带宽约 5.6MHz，而语音带宽仅为 4kHz 左右。所以在成像、传输、存储、处理、显示等各个环节的实现上，技术难度较大、成本也高，这就对频带压缩技术提出了更高的要求。

（3）数字图像中各个像素相关性大。在图像画面上，很多像素经常有相同或接近的灰度。就电视画面而言，同一行中相邻两个像素或相邻两行间的像素，其相关系数可达 0.9 以上，而相邻两帧之间的相关性比帧内相关性还要大些。因此，图像处理中信息压缩的潜力很大。

另外，由于图像是三维景物的二维投影，一幅图像本身不具备复现三维景物全部几何信息的能力，很显然三维景物背后的部分信息在二维图像画面上是反映不出来的。因此，要分析和理解三维景物就必须做合适的假设或附加新的测量，如双目图像或多视点图像。在理解三维景物时需要知识导引，这也是人工智能中正在致力解决的知识工程问题。

最后，数字图像处理后的图像一般是给人观察和评价的，因此受人的因素影响较大。由于人的视觉系统很复杂，受环境条件、视觉性能、人的情绪爱好及知识储备影响很大，作为图像质量的评价还有待进一步深入研究。另外，计算机视觉是模仿人的视觉，人的感知机理必然影响着计算机视觉的研究。例如，什么是感知的初始基元，基元是如何组成的，局部与全局感知的关系，优先敏感的结构、属性和时间特征等，这些都是心理学和神经心理学正在着力研究的课题。

1.2 数字图像处理系统
（System of Digital Image Processing）

1.2.1 数字图像处理系统的结构（Structure of Digital Image Processing System）

数字图像处理系统所处理的信息量是十分庞大的，对处理速度和精度都有一定的要求。目前的数字图像处理系统有各种各样的结构，其商品化产品的种类也较多，但不论何种用途，一般数字图像处理系统是由图像数字化设备、图像处理计算机和图像输出设备等组成，如图 1.1 所示。

图 1.1 数字图像处理系统

图像数字化设备将图像输入的模拟物理量（如光、超声波、X 射线等信息）转变为数字化的电信号，以供计算机处理，它可以是扫描仪、数码相机、摄像机与图像采集卡等。图像处理计算机是以软件方式完成对图像的各种处理和识别，是数字图像处理系统的核心部分。由于图像处理的信息量大，还必须有外存储器，如硬盘、移动硬盘、光盘、闪盘等。图像输出设备则是将图像处理的中间结果或最后结果显示出来或打印记录。图像处理的工作过程可用图 1.2 表示。

连续的模拟电信号首先由 A/D 变换器转换为离散的数字信号，以便于数字计算机运算处理。由于实际景物转换为图像信息时，总会引入各种噪声或失真，一般需要先进行图像预处理，可采用图像增强或复原技术，使图像质量在一定程度上得到提高；有时还采用图像编码压缩技术大大减少信息量，以满足对计算机存储容量和传输通道的要求。

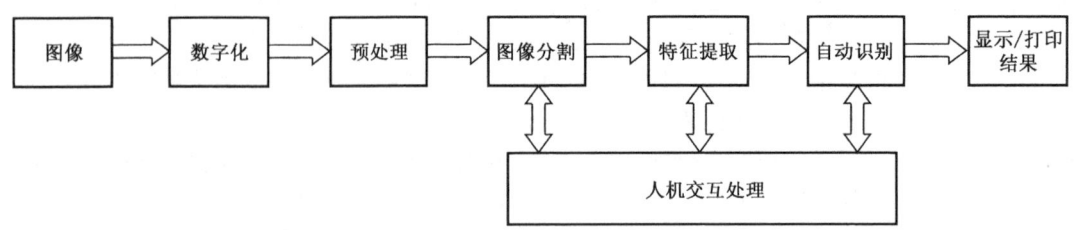

图 1.2　图像处理的工作过程

如果为了自动识别图像中的某些内容，检测出某些特有的模式（如目标图形），以识别图像中感兴趣目标的性质，就需要用图像分割技术，将图像分割为一组较简单的部分，并抽取一些能表示目标特征的信息，用有意义的描绘形式将它们组织起来，使计算机能自动识别或分类。最后，计算机处理结果通过输出设备显示或打印。

如果图像处理只要求达到改善图片质量的目的，一般到预处理即可完成，这通常称为图像预处理系统。如果不仅要改善图片质量，而且要求自动识别，就需要进行图 1.2 的全过程，这通常称为图像处理和识别系统。

在一些专用的图像处理系统中，常用一些硬件化的图像处理器（功能部件）来进行一些特定的处理，如进行一维或二维数字滤波、快速傅里叶变换（FFT）、微分边缘检测、统计判决分类等。这些处理器往往采用并行处理的结构来提高处理速度。

1.2.2　数字图像处理的优点（Advantages of Digital Image Processing）

数字图像处理具有以下几个主要优点。

（1）精度高。利用目前的技术，几乎可将一幅模拟图像数字化为任意大小的二维数组，这主要取决于图像数字化设备的能力。现代扫描仪可以把每个像素的灰度等级量化为 16 位甚至更高，这意味着图像的数字化精度可以满足任一应用需求。对计算机而言，不论数组大小，也不论每个像素的位数多少，其处理程序几乎是一样的。而在对模拟图像的处理中，为了要把处理精度提高一个数量级，就要大幅度地改进处理装置。

（2）再现性好。数字图像均用数组或数组集合表示，并在计算机内部进行处理，这样数据就不会丢失或遭到破坏，保持了完好的再现性。而在模拟图像处理过程中，就会因为各种干扰因素而无法保持图像的再现性。

（3）通用性、灵活性强。不管是可视图像还是 X 射线图像、红外图像、超声波图像等不可见光图像，尽管这些图像生成体系中的设备规模和精度各不相同，但当把这些图像数字化后，都可进行同样的处理，即具有很强的通用性。另外，计算机可对图像进行上下滚动、漫游、拼接、合成、变换、放大、缩小和各种逻辑运算等多种方式的处理，所以灵活性很高。

图像处理发展的困难之一是图像数据量大、处理运算量大，这一问题将随着高速大规模集成电路、大容量存储器的发展而逐渐得到解决。

1.3 数字图像处理的研究内容
（Research Content in Digital Image Processing）

数字图像处理技术经过多年的发展，经历了从静止图像到活动图像、从单色图像到彩色图像、从客观图像到主观图像、从二维图像到三维图像的发展历程。特别是与计算机图形学的结合，已能产生高度逼真、非常纯净、更有创造性的图像。但就基本处理方式来说，数字图像处理研究的内容主要有以下几个方面。

1. 图像增强

图像增强是用于改善图像视感质量所采取的一种方法。图像增强的主要目的是突出图像中人所感兴趣的部分，如强化图像高频分量，可使图像中物体轮廓清晰、细节明显。因为增强技术并非是针对图像的某种退化所采取的方法，所以很难预测哪种特定技术是最好的，只能通过试验和分析误差来选择一种合适的方法。有时可能需要彻底改变图像的视觉效果，以便突出重要特征的可观察性，使人或计算机更易观察或检测。

2. 图像编码

图像编码主要是利用图像信号的统计特性和人类视觉的生理学及心理学特性，对图像信号进行高效编码，即研究数据压缩技术，目的是在保证图像质量的前提下压缩数据，便于存储和传输，以解决数据量大的矛盾。一般来说，图像编码的目的有三个：①减少数据存储量；②降低数据传输速率以减少传输带宽；③压缩信息量，便于特征提取，为后续识别做准备。

3. 图像复原

图像复原主要目的是尽可能恢复图像本来面貌，是对图像整体而言的，而且在复原处理时往往必须追究图像降质的原因。而增强考虑的往往是图像的局部，而且也不一定要追究图像变差的原因。图像复原最关键的是对每种退化都需要有一个合理的模型。例如，掌握了聚焦不良成像系统的物理特性，便可建立复原模型，而且对获取图像的特定光学系统的直接测量也是可能的。退化模型和特定数据一起描述了图像的退化，因此，复原技术是基于模型和数据的图像恢复，其目的是消除退化的影响，从而产生一个等价于理想成像系统所获得的图像。

4. 图像分割

把图像按其灰度或集合特性分割成若干区域的过程就是图像分割，这是进一步进行图像处理（如模式识别、机器视觉等技术）的基础。图像中通常包含多个对象，如一幅医学图像中显示出正常的或有病变的各种器官和组织。图像处理为达到识别和理解的目的，按照一定的规则将图像分割成若干区域，每个区域代表被成像的一个物体（或部分）。

5. 图像分类

图像分类是随着图像处理技术的深入和发展，将图像经过某些预处理（压缩、增强、复原）后，再将图像中有用物体的特征进行分割、特征提取，把不同类别的目标区分开来的图像处理方法。图像分类也可以认为是模式识别的一个分支。

模式识别是数字图像处理的又一个研究领域。当今，模式识别方法大致有三种，即统计识别法、句法结构识别法和模糊识别法。统计识别法侧重于特征，句法结构识别法侧重于结构和基元，模糊识别法是把模糊数学的一些概念和理论用于识别处理。

6. 图像重建

图像重建与上述图像增强、图像复原等不同。图像增强、图像复原的输入是图像，处理后输出的结果也是图像，而图像重建是指从数据到图像的处理，即输入的是某种数据，而经过处理后得到的结果是图像。CT（电子计算机 X 射线断层扫描）就是图像重建处理的典型应用实例。目前，图像重建与计算机图形学相结合，把多个二维图像合成三维图像，并加以光照模型和各种渲染技术，能生成各种具有强烈真实感的高质量图像。

1.4 数字图像处理的应用和发展
（Applications and Development of Digital Image Processing）

 1.4.1 数字图像处理的应用（Applications of Digital Image Processing）

图像是人类获取和交换信息的主要来源，因此，图像处理的应用领域必然涉及人类生活和工作的方方面面。数字图像处理的发展开始于 20 世纪 60 年代初期，首次获得实际应用是美国喷气推进实验室（JPL），该实验室成功地对大批月球照片进行处理。而数字图像处理技术在此后的几十年里，迅速发展成一门独立的具有强大生命力的学科，随着计算机技术和半导体工业的发展，数字图像处理技术将更加迅速地向广度和深度发展。

1. 在航天和航空技术方面的应用

航空遥感和卫星遥感图像需要用数字技术加工处理，并提取有用的信息，主要用于地形地质勘探，矿藏探查，森林、水利、海洋、农业等方面的资源调查，自然灾害预测预报，环境污染监测，气象卫星云图处理及地面军事目标的识别。例如，JPL 对月球、火星照片的处理。在航空遥感和卫星遥感技术中，许多国家每天派出很多侦察飞机对地球上感兴趣的地区进行大量的空中摄影，对由此得来的照片进行处理分析，以前需要雇用几千人，而现在改用配有高级计算机的图像处理系统来判读分析，既节省人力，又加快了速度，还可以从照片中提取人工不能发现的大量有用情报。图 1.3～图 1.5 为数字图像处理技术在航天和航空技术方面的应用。

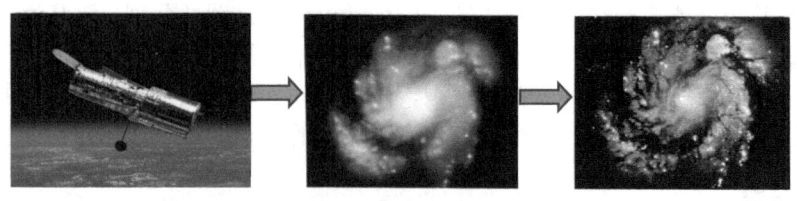

图 1.3 图像的修复

（1990 年发射的"哈勃"号太空望远镜拍摄超远距离的物体，借助图像处理技术进行修复）

 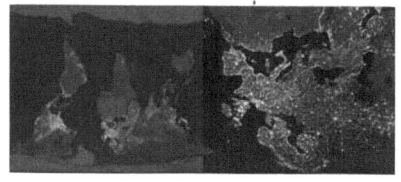

图1.4 遥感图像监测（森林火灾监护）　　图1.5 夜间灯光数据图像（提供人类居住区情况）

2. 在生物医学工程方面的应用

图像处理技术在医学界的应用非常广泛，无论是在临床诊断还是病理研究方面都大量采用图像处理技术，它直观、无创伤、安全方便的优点使广大用户接受并受到普遍的欢迎。其主要应用有X射线图像的分析，血球计数与染色体分类等。目前广泛应用于临床诊断和治疗的各种成像技术，如超声波诊断等都用到图像处理技术。有人认为计算机图像处理在医学上应用最成功的例子就是X射线CT（X-ray Computed Tomography）。1968—1972年英国EMI公司的Hounsfeld研制了头部CT，1975年又研制了全身CT。其中主要研制者Hounsfeld（英）和Commack（美）获得了1979年的诺贝尔生理医学奖。类似的设备目前已有多种，如核磁共振CT（Nuclear Magnetic Resonance Imaging，NMRI）、电阻抗断层图像技术（Electrical Impedance Tomography，EIT）和阻抗成像（Impedance Imaging），这是一种利用人体组织的电特性（阻抗、导纳、介电常数）形成人体内部图像的技术。图1.6～图1.9为数字图像处理技术在生物医学工程方面的应用。

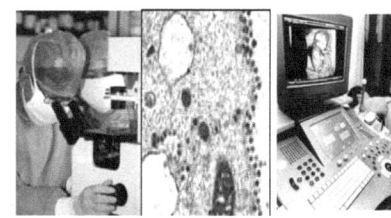 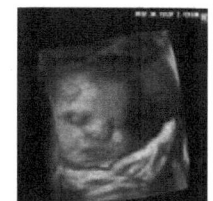

图1.6 SARS冠状病毒图像　　　　　　　图1.7 医学超声波成像

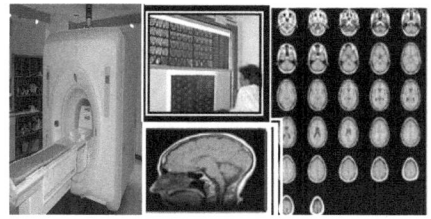 

图1.8 CT图像处理　　　　　　　　　图1.9 红外体温检测图像

3. 在通信工程方面的应用

当前通信的主要发展方向是声音、文字、图像和数据相结合的多媒体通信，具体地讲是将电话、电视和计算机信号以三网合一的方式在数字通信网上传输。其中以图像通信最为复杂和困难，因为图像的数据量巨大，如传送彩色电视信号的速率达100Mb/s以上。要将这样高速率的数据实时传送出去，必须采用编码技术来压缩信息的比特量。在一定意义上讲，编码压缩是这些技术成败的关键。除应用较广泛的熵编码、DPCM编码、变换编码外，目前国内外正在大力开发研究新的编码方法，如分形编码、自适应网络编码、小波变换图像压缩编码等。图 1.10～图 1.15 为数字图像处理技术在通信工程方面的应用。

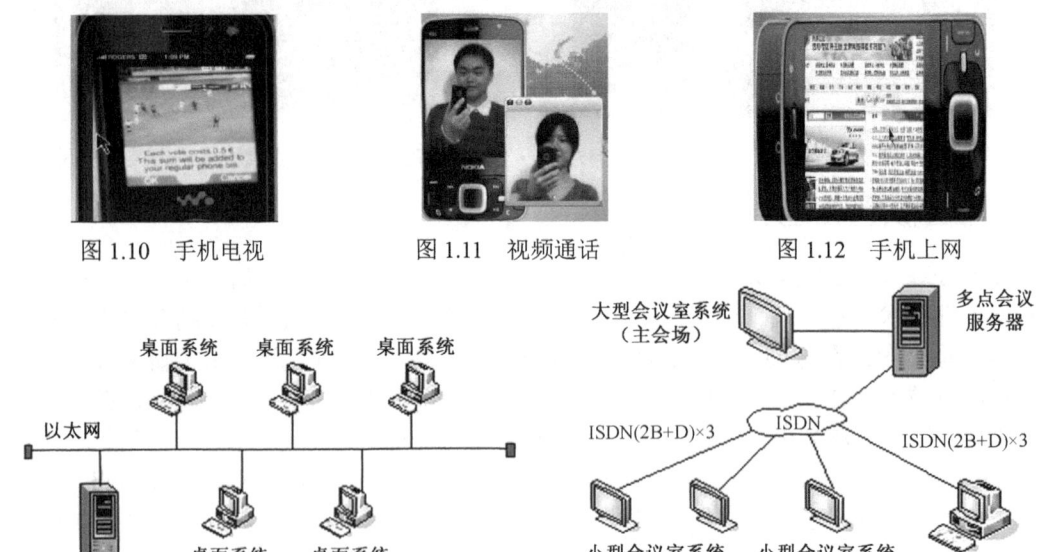

图 1.10　手机电视　　　　图 1.11　视频通话　　　　图 1.12　手机上网

图 1.13　基于 H.323 网络视频会议标准实现多点会议　　图 1.14　基于 H.320 网络视频会议标准实现多点会议

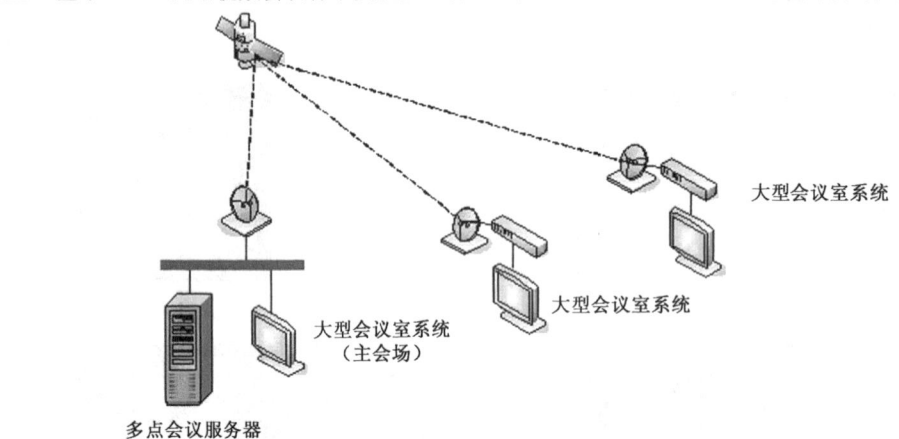

图 1.15　基于卫星网的视频会议

4. 在工业和工程方面的应用

在生产线中对产品及部件进行无损检测是图像处理技术的重要应用领域。该领域的应用从 20 世纪 70 年代起得到迅速发展,主要有产品质量检测、生产过程的自动控制、CAD/CAM 等。例如,在产品质量检测方面有食品、水果质量检查,无损探伤,焊缝质量或表面缺陷检测等。又如,金属材料的成分和结构分析、纺织品质量检查、光测弹性力学中应力条纹的分析等。在电子工业中,可以用来检验印制电路板的质量、监测零部件的装配等。在工业自动控制中,主要使用机器视觉系统对生产过程进行监视和控制,如港口的监测调度、交通管理、流水生产线的自动控制等。在计算机辅助设计和辅助制造方面,也已获得越来越广泛的应用,并与基于图形学的模具、机械零件、服装、印染花型 CAD 结合。另外,也可在一些有毒、放射性环境内识别工件及物体的形状和排列状态,在先进的设计和制造技术中采用工业视觉等。

其中值得一提的是研制具备视觉、听觉和触觉功能的智能机器人,机器视觉作为智能机器人的重要感觉器官,主要进行三维景物理解和识别,是目前处于研究之中的开放课题。机器视觉主要用于军事侦察、危险环境的自主机器人,邮政、医院和家庭服务的智能机器人,装配线工件识别、定位,太空机器人的自动操作等方面。图1.16～图1.18为工业和工程方面的应用例子。

图 1.16　机器代替人进行操作

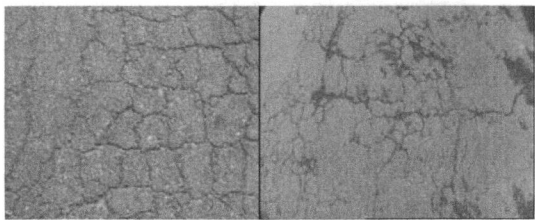
（a）网裂　　　　（b）龟裂

图 1.17　路面破损图像识别

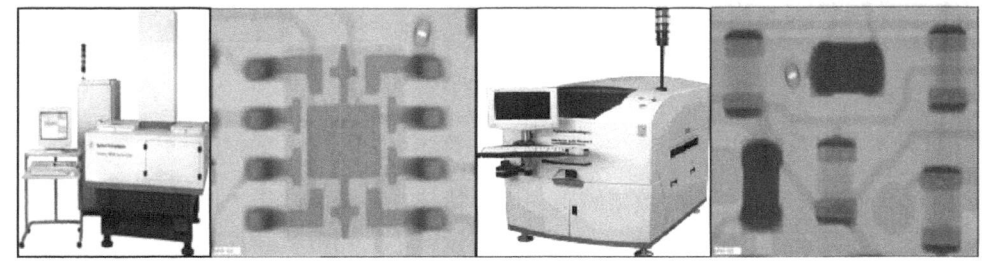
图 1.18　印制电路板零件及焊点检测

5. 在军事、公安方面的应用

在军事方面图像处理和识别主要用于导弹的精确制导,各种侦察照片的判读,具有图像传输、存储和显示的军事自动化指挥系统,飞机、坦克和军舰模拟训练系统等;在公安方面主要用于公安业务图片的判读分析、指纹识别、人脸鉴别、不完整图片的复原,以及交通监控、事故分析等。目前已投入运行的高速公路不停车自动收费系统中的车辆和车牌的自动识别都是图像处理技术成功应用的例子。图1.19～图1.22为数字图像处理技术在军事、公安方面的应用。

图 1.19　交通监控

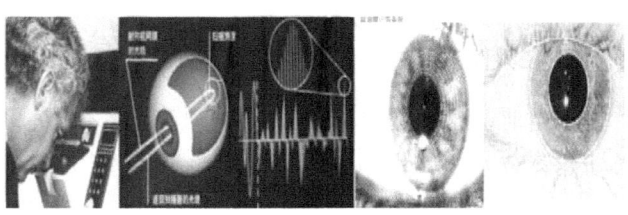
图 1.20　人眼虹膜识别系统

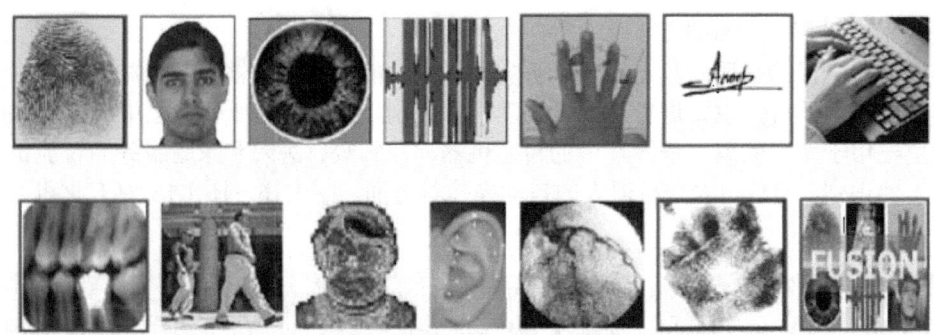

图 1.21 生物特征识别

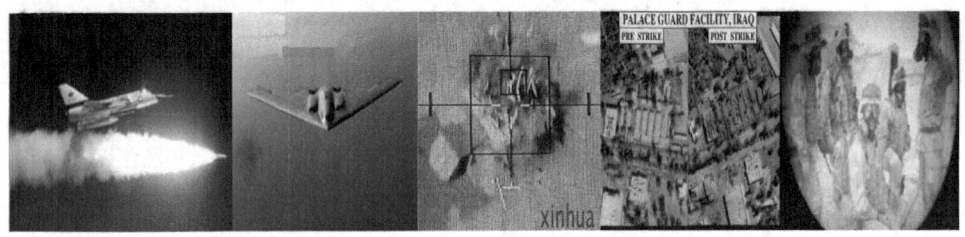

图 1.22 军事目标跟踪与定位

6. 在文化艺术方面的应用

目前这类应用有电视画面的数字编辑、电影特技、动画的制作、电子图像游戏、广告、MTV、纺织工艺品设计、服装设计与制作、发型设计、文物资料照片的复制和修复、运动员动作分析和评分等,现在已逐渐形成一门新的艺术——计算机美术。图 1.23 为数字图像处理技术在文化艺术方面的应用。

图 1.23 计算机广告图像合成

7. 在其他方面的应用

在当前迅速发展的电子商务中,图像处理技术也大有可为,如身份认证、产品防伪、水印技术等。另外,图像处理和图形学紧密结合,已形成了科学研究各个领域新型的研究工具。

总之,图像处理的应用领域相当广泛,已在国家安全、经济发展、日常生活中充当越来越重要的角色,对国计民生的作用不可低估。

1.4.2 数字图像处理领域的发展动向（Future Direction in the Field of Digital Image Processing）

自 20 世纪 60 年代第三代数字计算机问世以后，数字图像处理技术出现了空前的发展，其发展态势目前仍方兴未艾。在该领域中需要进一步研究的问题，主要包括以下五个方面。

（1）在进一步提高精度的同时着重解决处理速度问题。例如，在航天遥感、气象云图处理方面，巨大的数据量和处理速度仍然是主要矛盾之一。

（2）加强软件研究，开发新的处理方法，特别是要注意移植和借鉴其他学科的技术和研究成果，创造新的处理方法。

（3）加强边缘学科的研究工作，促进图像处理技术的发展。例如，人的视觉特性、心理学特性等的研究如果有所突破，将对图像处理技术的发展有极大的促进作用。

（4）加强理论研究，逐步完善图像处理科学自身的理论体系。

（5）建立图像处理领域的标准化规范。图像的信息量大、数据量大，因此图像信息的建库、检索和交流是一个棘手的问题。就现有的情况看，软件、硬件种类繁多，交流和使用极为不便，这已成为资源共享的严重障碍。应及早建立图像信息库，统一存放格式，建立标准子程序，统一检查方法。

图像处理技术未来发展大致可归纳为以下四点。

（1）图像处理的发展将向高速率、高分辨率、立体化、多媒体化、智能化和标准化方向发展。围绕着 HDTV（高清晰度电视）的研制将开展实时图像处理的理论及技术研究。

（2）图像、图形相结合向三维成像或多维成像的方向发展。

（3）结合多媒体技术，硬件芯片越来越多，把图像处理的众多功能固化在芯片上将有更加广阔的应用领域。

（4）近年来，在图像处理领域引入了一些新的理论，并提出了一些新的算法，如 Wavelet、Fractal、Morphology、遗传算法、神经网络等。这些理论在未来图像处理理论与技术上的作用应给予充分的注意，并积极地加以研究。

图像处理特别是数字图像处理科学经初创期、发展期、普及期及广泛应用几个阶段，如今已是各个学科竞相研究并在各个领域广泛应用的一门学科。今天，随着科技事业的进步及人类需求的多样化发展，多学科的交叉、融合已是现代科学发展的突出特色和必然途径。

1.5 全书内容简介
（Brief Introduction of This Book）

本书主要介绍了数字图像处理的基础知识、基本方法、程序实现和工程应用。全书分为三个部分共 11 章，本书基本架构如图 1.24 所示。

第一部分（第 1~4 章）介绍数字图像处理的基础知识，包括数字图像处理的基础、基本运算、图像变换等。

第二部分（第 5～8 章）介绍数字图像处理的各种技术，包括图像增强、图像复原、图像压缩、图像分割。第 5、6 章的图像增强和图像复原都是为了提高图像质量，如改善图像视感质量，恢复退化图像，去除噪声影响等。而第 7 章的图像压缩则是以原始图像为依据，进行有效的去冗余过程，这样既节省了存储空间，又提高了图像传输速度。第 8 章介绍了图像分割的方法，是图像分析所必需的准备工作。

第三部分（第 9～11 章）介绍数字图像处理的扩展内容及其工程应用，主要是需要进一步学习的内容，包括彩色图像处理、图像特征表示与描述、数字图像处理的工程应用。

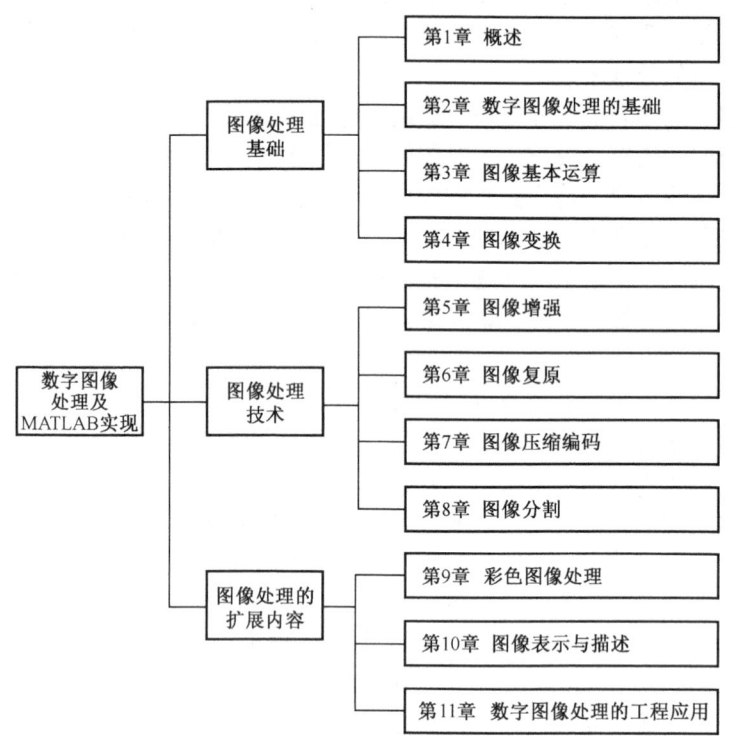

图 1.24　本书基本架构

小结（Summary）

数字图像处理技术是一个跨学科的领域。随着计算机科学技术的不断发展，图像处理和分析逐渐形成了自己的科学体系，新的处理方法层出不穷。尽管其发展历史不长，但却引起了各方面人士的广泛关注。视觉是人类最重要的感知手段，图像又是视觉的基础，因此，数字图像成为心理学、生理学、计算机科学等诸多领域内学者们研究视觉感知的有效工具。图像处理在军事、遥感、气象等大型应用中也有不断增长的需求。本章主要阐述了图像处理的产生背景、发展过程及其相关的知识。从数字图像的基本概念逐步引申到数字图像处理的基本内容及特点；然后简单地介绍了数字图像处理系统的组成，各部分的作用及数字图像处理的优点；最后总结了数字图像处理在各领域的应用，并展望了数字图像处理的未来发展。

习题（Exercises）

1.1 简述数字图像处理与模拟图像处理相比有哪些优点。
1.2 简述数字图像信息的特点。
1.3 数字图像处理系统由哪几部分组成？并说出各部分的作用。
1.4 简述数字图像处理的主要研究内容。
1.5 一帧视频图像由 216 像素×216 像素组成，其灰度级如果用 8bit 的二进制数表示，那么一帧电视图像的数据量为多少？
1.6 举例说明数字图像处理的主要应用领域。
1.7 试列出你身边的与图像处理相关的实例。
1.8 结合自己的观点谈一下图像处理的未来发展动向。

第 2 章 数字图像处理的基础
（Basics of Digital Image Processing）

视觉是人类最重要的感知器官，图像在人类感知中扮演着重要角色。然而人类感知只限于电磁波谱的视觉波段，成像机器则可以覆盖几乎全部电磁波谱。研究图像处理可首先从了解人类的视觉感知系统开始。本章主要介绍人类的视觉感知系统中有关视觉系统的基本构造、亮度适应能力和鉴别特性及数字图像的基础知识，包括图像的获取、数字化方法和几种常用的图像类型。

The acquisition and processing of images plays an important role in visual perception. However, only the visual band of the electromagnetic spectrum can be covered by human eyes. With the advance of technology, image processing instrument is able to have a full coverage of the whole electromagnetic spectrum. This chapter provides an overview of the fundamental structures of human visual perception system, brightness adaptation and identification mechanism. Digital image acquisition and processing methods are also included.

2.1 人类的视觉系统
（Visual System of Human Beings）

2.1.1 视觉系统的基本构造（Basic Structure of Visual System）

1. 基本构造

人的视觉系统是由眼球、神经系统及大脑的视觉中枢构成的。眼睛有三层薄膜，最外层是角膜和巩膜。角膜是硬而透明的组织，它覆盖在眼睛的前表面。巩膜与角膜连在一起，是一层不透明的膜，包围着眼球剩余的部分。

巩膜的里面是脉络膜，脉络膜外壳着色很深，有利于减少进入眼内的外来光和光在眼球内的反射。脉络膜的前部分为睫状体和虹膜，虹膜的收缩和扩张控制着允许进入眼内的光量。

虹膜的中间开口处是瞳孔，瞳孔的大小是可变的。虹膜的前部含有眼睛明显的色素，而后部则含有黑色素。眼睛最里层的膜是视网膜，它布满了整个眼球后部的内壁。当眼球适当地聚焦时，外部物体射来的光就在视网膜上成像。图 2.1 是人眼横截面简图。

2. 眼睛中图像的形成

眼睛中的光接收器主要是视觉细胞,它包括视锥细胞和视杆细胞。中央凹(或称"中心窝")部分特别薄,这部分没有视杆细胞,只密集地分布视锥细胞。它具有辨别光波波长的能力,对颜色十分敏感,有时它被称为昼视觉。

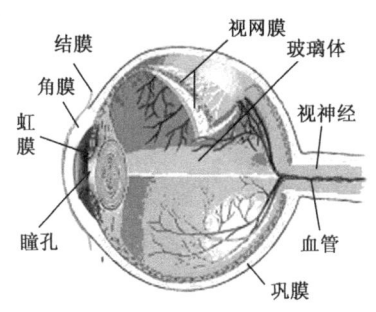

图 2.1 人眼横截面简图

视杆细胞比视锥细胞的灵敏度高,在较暗的光线下就能起作用。但是,它没有辨别颜色的能力,有时又称它为夜视觉。正因为两种视觉细胞具有不同特点,所以我们看到的物体在白天有鲜明的色彩,而在夜里却看不到颜色。

眼睛的晶状体和普通光学透镜之间的主要差别在于前者的适应性强。晶状体前表面的曲率半径大于后表面的曲率半径。晶体状的形状由睫状体韧带和张力来控制,为了对远方的物体聚焦,控制肌肉使晶状体相对比较扁平。同样,为对眼睛近处的物体聚焦,肌肉会使晶状体变得较厚。当晶状体的折射能力由最小变到最大时,晶状体的聚焦中心与视网膜间的距离由 17mm 缩小到 14mm。当眼睛聚焦到远于 3m 的物体时,晶状体的折射能力最弱。当眼睛聚焦到非常近的物体时,晶状体的折射能力最强。这一信息使计算任意图像在视网膜上形成图像的大小变得很容易。例如,图 2.2 中,观察者正在看一棵高 15m,与其相距 100m 的树。如果 h 为物体在视网膜上成像的高,单位为 mm,由图 2.2 的几何形状可以得出 $15/100 = h/17$,$h = 2.55$mm。视网膜上形成的图像主要反射在中央凹区域上,然后由光接收器的相应刺激作用产生感觉,感觉把辐射能转变为电脉冲,最后由大脑解码。

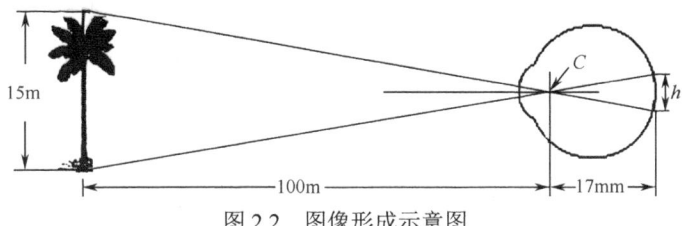

图 2.2 图像形成示意图

3. 视觉过程

视觉是人类的重要功能,视觉过程是一个非常复杂的过程。概括地讲,视觉过程有三个步骤:光学过程、化学过程和神经处理过程,如图 2.3 所示。

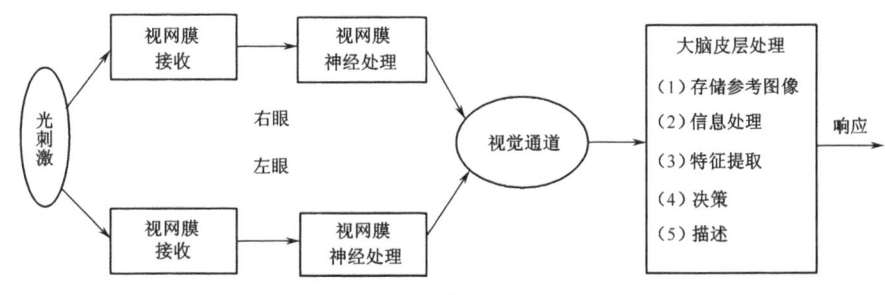

图 2.3 人的视觉过程

从图 2.3 中我们可以看出人的视觉过程,当人眼接收光刺激时,首先是条件反射,由视网膜神经进行处理;随后图像信号通过视觉通道反映到大脑皮层,大脑皮层做出相应的处理(存储参考图像、信息处理、特征提取,决策和描述);最终做出响应。

2.1.2 亮度适应和鉴别（Intensity Adaption and Identification）

因为数字图像作为离散的亮点集显示,所以眼睛对不同亮度的鉴别能力在图像处理结果中是需要考虑的重要方面。人的视觉系统能够适应的光强度级别范围是很宽的,从夜视阈值到强闪光约 10^{10} 量级。实验数据表明,主观亮度(由人的视觉系统感觉到的亮度)是进入眼睛的光强度的对数函数。图 2.4 中用光强度与主观亮度的关系曲线说明了这一特性,长的实线代表人的视觉系统能适应的光强度范围。昼视觉的范围是 10^6;由夜视觉到昼视觉逐渐过渡,过渡范围为 0.001～0.1mL[1 毫朗伯(mL)=3.183 烛光/平方米(c/m^2),为亮度的单位],图 2.4 中画出了这一适应曲线的范围。

解释图 2.4 特殊动态范围的基本点是人的视觉绝对不能同时在一个范围内工作,确切地说,它是利用改变其整个灵敏度来完成这一大变动的,这就是所谓的亮度适应现象。与整个适应范围相比,能同时鉴别的光强度级的总范围很小。对于任何一组给定条件,视觉系统当前的灵敏度级别称为亮度适应级,如它可能相当于图 2.4 中的亮度 B_a。图 2.4 中,短的交叉线表示当眼睛适应这一强度级时,人眼能感觉的主观亮度范围。注意,这一范围是有一定限制的,在 B_b 和 B_b 以下时,所有的刺激都是作为不可分辨的黑色来理解。曲线的上部(点画线)实际上没有限制,如果延伸太远,就会失去意义,因为高得多的强度将会把适应能力提高到比 B_a 更高的数值。

在任何特定的适应级,人眼辨别光强度变化的能力也是值得考虑的。用以确定人类视觉系统亮度辨别能力的典型实验,由一个注视对象和均匀的、大到足以使其占有全部视野的发光区组成。这一区域是典型的漫反射体,如不透明玻璃,它被一个强度可变的后光源照射时发光。在这一区域加上一个照射分量 ΔI,形成一个短期闪烁,该闪烁以均匀光场中央的圆形方式出现,如图 2.5 所示。

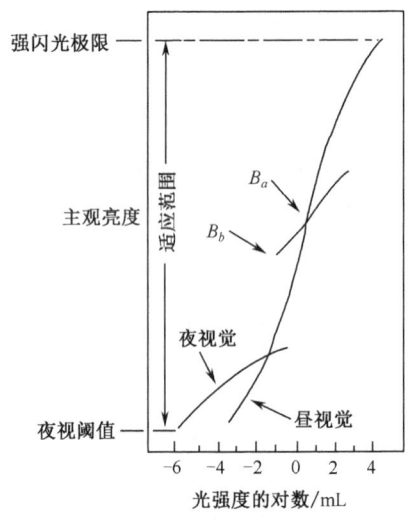

图 2.4 光强度与主观亮度的关系曲线

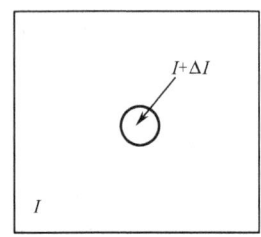

图 2.5 用于描述亮度辨别特性的基本实验

如果 ΔI 不够亮，则目标不变，表明没有可察觉的变化。当 ΔI 逐渐加强时，则目标给出一个正的响应，指出一个觉察到的变化。如果，ΔI 足够强，物体将始终给出"肯定"的响应。$\Delta I_c/I$ 称为韦伯比，这里 ΔI_c 是在背景照明为 I 的情况下可辨别照明增量的50%。$\Delta I_c/I$ 值较小，意味着可辨别强度较小的百分比变化，这表示亮度辨别能力好。反之，$\Delta I_c/I$ 较大，意味着要求有较大百分比的强度变化，这表示亮度辨别能力较差。

作为 I 的对数函数，$\log_2 \Delta I_c/I$ 曲线通常有图2.6所示的形状。这一曲线表明，在低的照明级别，亮度辨别较差（韦伯比大）；当背景照明增加时，亮度辨别得到有意义的改善（韦伯比降低）。曲线中的两个分支反映了这样的事实，即在低照明级别情况下，视觉由视杆细胞执行；在高照明级别情况下，视觉由锥状体起作用（表示较好的辨别能力）。

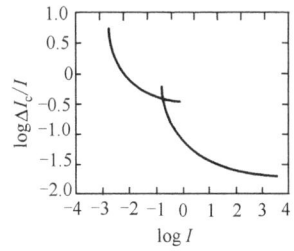

图2.6 作为强度函数的典型韦伯比

如果背景照明保持恒定，并且代替闪光的其他光源的亮度从不能觉察到总可以被觉察间逐渐变化，一般观察者可以辨别12~24级不同强度的变化。粗略地看，这个结果与一个人观看一幅单色图像的任一点时能觉察到的不同强度数量有关。这个结果并不意味着一幅图像可以用这样小的强度数值来表现，因为当眼睛扫视图像时，平均背景在变化，这样允许在每个新的适应水平上检测不同的增量变化。最后结果是眼睛能够辨别很宽的强度范围。

有两个现象可以证明感觉亮度不是简单的强度函数。第一个现象是基于视觉系统倾向不同强度区域边界周围的"欠调"或"过调"。图2.7显示了这种现象的一个典型例子。虽然条带强度恒定，但实际感觉到了一幅带有毛边（特别是靠近边界处）的亮度图形[见图2.7(b)]，这些表面上的毛边带称为马赫带，是厄恩斯特·马赫在1865年首先描述的现象。实现图2.7(a)的MATLAB程序如下：

```
imagesc(1:8);
colormap(gray);
```

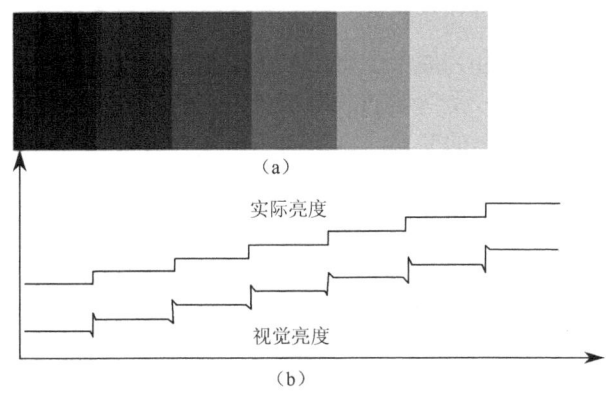

图2.7 马赫带效应示意图

第二个现象称为同时对比现象，这与下面的事实有关，即感觉的亮度区域不是简单地取决于强度，如图2.8所示。所有的中心方块都有完全相同的强度，但是当背景变亮时，它们在人们的眼中就会逐渐变暗。一个更熟悉的例子是，一张纸放在桌子上时看上去似乎比较白；但用纸来遮蔽眼睛直视明亮的天空时，纸看起来总是黑的。实现图 2.8 的 MATLAB 程序如下：

```
%第一块
colormap(gray);
dark=zeros(256,256);
dark(64:192,64:192)=0.5;
subplot(1,3,1); imshow(dark)
%第二块
middle(1:256,1:256)=0.7;
middle(64:192,64:192)=0.5;
subplot(1,3,2); imshow(middle)
%第三块
bright=ones(256,256);
bright(64:192,64:192)=0.5;
subplot(1,3,3); imshow(bright)
```

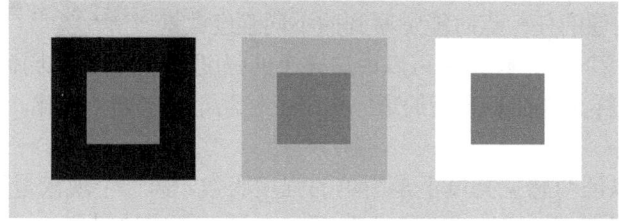

图 2.8　同时对比现象示意图

人类感知现象的另外一个例子是视觉错觉。在视觉错觉中，眼睛被填充上了不存在的信息或错误地感知了物体的几何特点。当我们的视觉系统接触一幅图画时，它更关注的是整幅图的意义，而并不特别地注重细节。视觉错觉是人类视觉系统的一个特性，对这一特性人类还尚未完全了解。

图 2.9（a）中可以看到两排建筑物群，看起来建筑物群 AB 要比 CD 长很多，但它们的实际长度却是一样的；图 2.9（b）展示了比尔·切斯塞尔创作的曲线幻觉的视觉艺术版本，从图中很容易把里面的轮廓说成是弯曲的，但事实上它们的边线都是笔直且彼此平行的，是完全的正方形；图 2.9（c）所示的艾宾浩斯错觉是一种对实际大小在知觉上的错视，两个大小完全相同的圆放置在一张图上，其中一个被较大的圆围绕，另一个被较小的圆围绕；被大圆围绕的圆看起来会比被小圆围绕的圆要小。

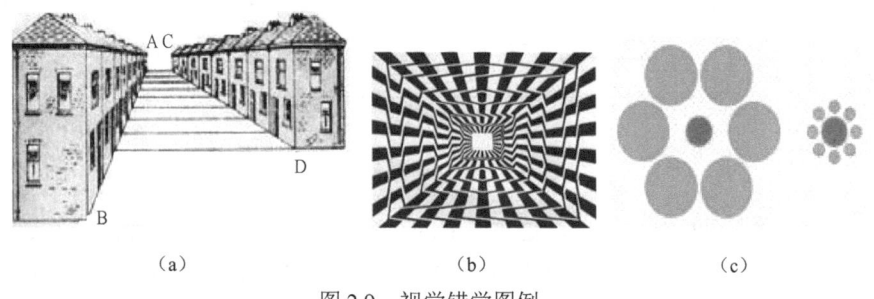

（a）　　　　　　　　　（b）　　　　　　　　　（c）

图 2.9　视觉错觉图例

2.2 数字图像的基础知识
（Basics of Digital Image）

2.2.1 图像的数字化及表达（Image Digitalization and Representation）

图像有单色与彩色、平面与立体、静止与动态、自发光与反射（透射）等区别，但任意一幅图像，根据它的光强度 I（亮度、密度或灰度）的空间分布，均可以用下面的函数形式来表达：

$$I = f(x, y, z, \lambda, t) \qquad (2.1)$$

式中，x，y，z 为空间坐标，t 为时间，λ 为波长，I 是图像点的光强度，并能满足有限的非负值的条件，即 $0 \leqslant f(x,y) < \infty$。

人从物体上感受到的颜色由物体反射光决定，若所有反射的可见光波长均衡，则物体显示白色；有颜色的物体是因为物体吸收了其他波长的大部分能量，而反射某段波长范围的光（参见第 9 章）；没有颜色的光称为单色光，灰度级通常用来描述单色光的强度，其范围从黑到灰，最后到白。

一般的图像（模拟图像）是不能直接用数字计算机来处理的。为使图像能在数字计算机内进行处理，首先必须将各类图像（如照片、图形、X 射线图像等）转化为数字图像。所谓将图像转化为数字图像或图像数字化正如图 2.10 所示，就是把图像分割成如图所示的称为像素的小区域，每个像素的亮度值或灰度值用一个整数来表示。把图像分割成像素的方法可以是多种多样的，正方形网格点阵是常用的方法。图像数字化过程经过了对原始图像的采样和量化，如图 2.11 所示。

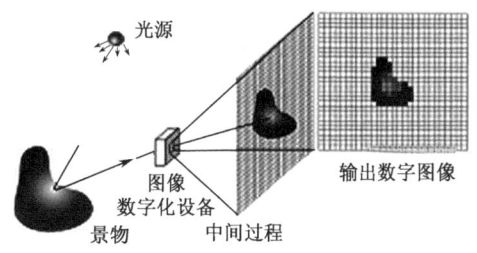

图 2.10　图像数字化

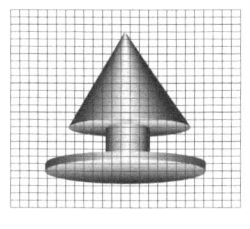  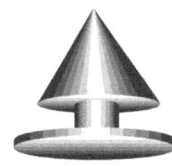 

（a）原始图像　　　（b）采样　　　（c）量化　　　（d）取样和量化

图 2.11　图像的采样和量化

式（2.1）中，对于静态图像，t 为常数；对于单色图像，λ 为常数；对于平面图像，z 为常数。例如，对于彩色图像，可以用三原色红、绿、蓝三分量表达一个像素，如图 2.12（a）所示；对于静态平面单色图像，其数学表达式可以简化为 $I = f(x, y)$，如图 2.12（b）所示。

数字图像可以用矩阵的形式表示为:

$$I = I[x,y] = \begin{pmatrix} i_{0,0} & i_{0,1} & \cdots & i_{0,N-1} \\ i_{1,0} & i_{1,1} & \cdots & i_{1,N-1} \\ \vdots & \vdots & \vdots & \vdots \\ i_{M-1,0} & i_{M-1,1} & \cdots & i_{M-1,N-1} \end{pmatrix} \quad (2.2)$$

式中，两个下标 x, y 分别表示图像在空间中的位置，I 表示一定位置下图像的灰度值，即一个强度分量表达。

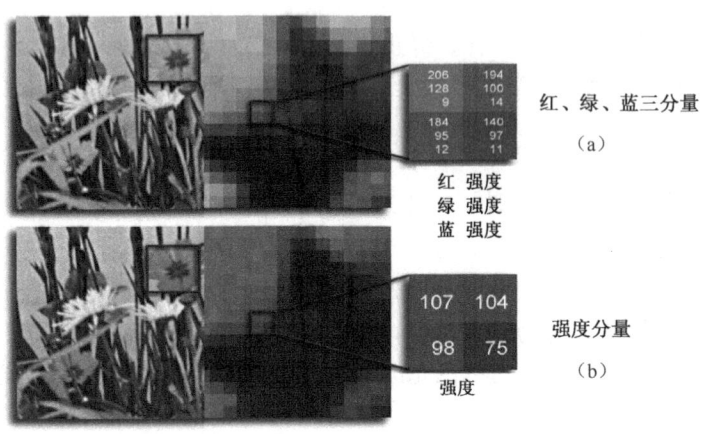

图 2.12 彩色图像和单色图像

2.2.2 图像的获取（Image Acquisition）

图像获取即图像的数字化过程，包括扫描、采样和量化。图像获取设备由五个部分组成：采样孔、扫描机构、光传感器、量化器和输出存储体。其关键技术有：采样——成像技术；量化——A/D 转换技术。图像获取设备有黑白摄像机、彩色摄像机、扫描仪、数码相机等，还有一些专用设备，如显微摄像设备、红外摄像机、高速摄像机、胶片扫描器等。此外，遥感卫星、激光雷达等设备提供其他类型的数字图像。

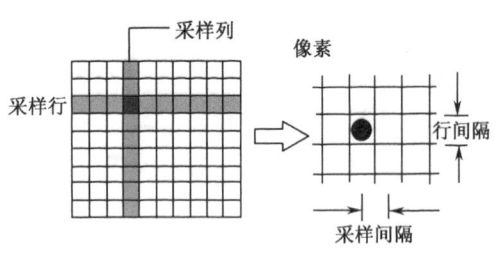

图 2.13 采样示意图

1. 图像的采样

将空间上连续的图像变换成离散点的操作称为采样，如图 2.13 所示。采样孔径的形状和大小与采样方式有关。采样孔径有正方形或正三角形等，如图 2.14 所示。采样间隔和采样孔径的大小是两个很重要的参数，它确定了图像的空间分辨率。

二维采样定理：设图像 $f(x,y)$ 是一个连续二维信号，其空间频谱在 x 方向具有截止频率 f_{xc}，在 y 方向具有截止频率 f_{yc}。所谓采样是对 $f(x,y)$ 乘以空间采样函数：

$$s(x,y) = \sum_{i=-\infty}^{+\infty} \sum_{j=-\infty}^{+\infty} \delta(x-i\Delta_x, y-j\Delta_y) \tag{2.3}$$

式中，Δ_x 和 Δ_y 分别为 x、y 两个方向的采样间隔，式（2.3）为脉冲函数 $\delta(x,y)$ 沿 x、y 两个方向的展开，如图 2.15 所示。

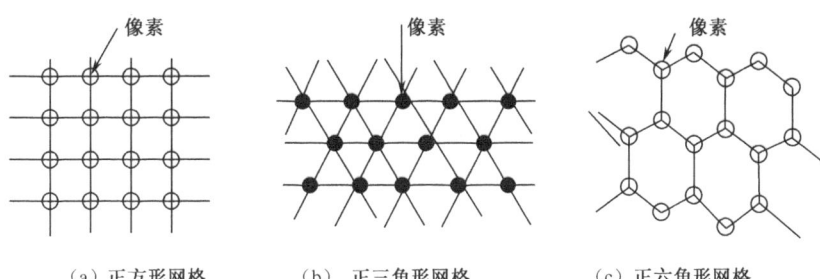

（a）正方形网格　　（b）正三角形网格　　（c）正六角形网格

图 2.14　采样网格

即
$$f_s(\Delta_x, \Delta_y) = f(x,y) \cdot s(x,y) = \sum_{i=-\infty}^{+\infty} \sum_{j=-\infty}^{+\infty} f(i\Delta_x, j\Delta_y)\delta(x-i\Delta_x, y-j\Delta_y) \tag{2.4}$$

只有在 $i\Delta_x$ 和 $j\Delta_y$ 的采样点上，f_s 才有数值。为使采样以后的信号 $f_s(\Delta_x, \Delta_y)$ 能完全恢复原来的连续信号 $f(x,y)$，采样间隔 Δ_x 和 Δ_y 就必须满足：

$$\begin{cases} \Delta_x \leqslant \dfrac{1}{2f_{xc}} \\ \Delta_y \leqslant \dfrac{1}{2f_{yc}} \end{cases} \tag{2.5}$$

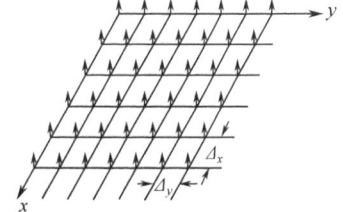

图 2.15　二维采样函数的图形表示

在采样时，若横向的像素数（行数）为 M，纵向的像素数（列数）为 N，则图像总像素数为 $M \times N$ 个。一般来说，采样间隔越大，所得图像像素数越少，空间分辨率越低，图像质量就越差，严重时会出现马赛克效应；反之，采样间隔越小，所得图像像素数越多，空间分辨率越高，图像质量就越好，但数据量大。图 2.16 显示了通过不同的采样点数对

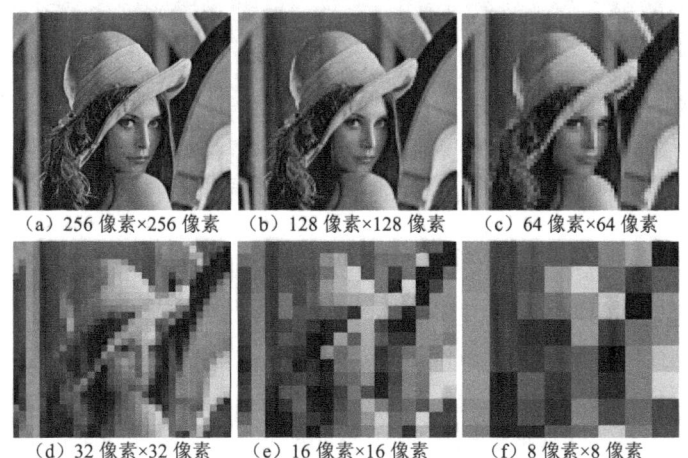

（a）256 像素×256 像素　　（b）128 像素×128 像素　　（c）64 像素×64 像素

（d）32 像素×32 像素　　（e）16 像素×16 像素　　（f）8 像素×8 像素

图 2.16　图像的不同采样效果示例

图像进行采样时,会出现不同的效果,原始图像分辨率为256像素×256像素,在采样为128像素×128像素时图像质量没有明显变化,但在采样为64像素×64像素时图像质量明显下降,在采样为8像素×8像素时图像完全模糊。由此可知,采样间隔的大小严重影响着图像的质量。

2. 图像的量化

图像经采样后被分割成空间上离散的像素,但其灰度是连续的,还不能用计算机进行处理。将像素灰度转换成离散的整数值的过程称为量化。一幅数字图像中不同灰度值的个数称为灰度级数,用 G 表示。若一幅数字图像的量化灰度级数 $G=256$ 级 $=2^8$ 级,灰度取值范围一般是 0~255 的整数,由于用 8bit 就能表示灰度图像像素的灰度值,因此常称 8bit 量化。从视觉效果来看,采用大于或等于 6bit 量化的灰度图像,视觉上就能令人满意。

像素灰度级只有两级[通常取1(白色)或0(黑色)]的图像称二值图像。

一幅数字图像中不同灰度值的个数称为灰度级数。一幅大小为 $M×N$、灰度级数为 $G=2^g$ 的图像所需的存储空间,即图像的数据量大小为 $M×N×g$(bit),量化等级越多,所得图像层次越丰富,灰度分辨率越高,图像质量就越好,但数据量大;反之,量化等级越少,图像层次欠丰富,灰度分辨率越低,会出现假轮廓现象,图像质量变差,但数据量小。仅在极少数情况下,对于固定的图像大小,减少灰度级能改善质量,这主要由于减少灰度级一般会增加图像对比度。图 2.17 显示了不同量化等级对应的图像效果,其中图 2.17(a)是量化等级为 256bit 的原始图像。图 2.17(b)~图 2.17(f)的量化等级分别为 64bit、32bit、16bit、4bit、2bit。很显然量化等级对图像的质量影响是非常大的,所以在对图像进行量化时要根据情况选择合适的量化等级。

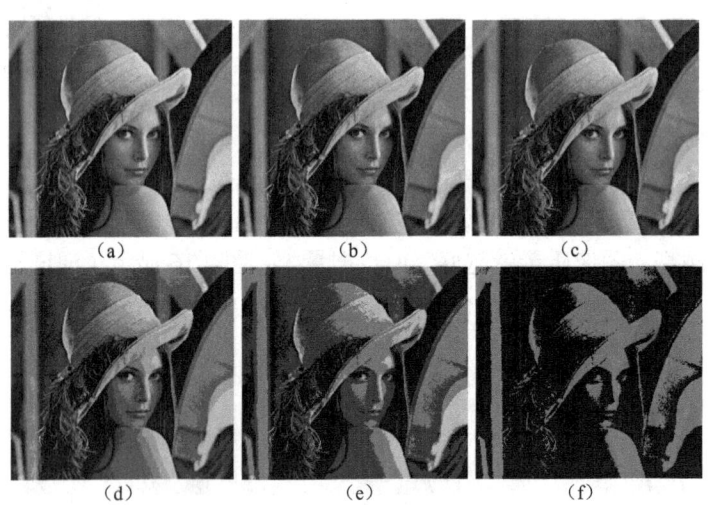

图 2.17　图像的不同量化等级示例

在采样与量化处理后,才能产生一张数字化图像,然后运用计算机上图像处理软件的各种技巧,对图像进行修饰或转换,就能进一步达到用户所希望的图像效果。

数字化方式可分为均匀采样、量化和非均匀采样、量化。所谓"均匀",指的是采样、量化为等间隔。非均匀采样是根据图像细节的丰富程度改变采样间距,细节丰富的地方,采样间距小,否则采样间距大。非均匀量化是对像素出现频度少的间隔大,而出现频度大的间隔小。例如,在一般的语音信号中,绝大部分是小幅度的信号,且人耳听觉遵循指数规律。

为了保证关心的信号能够被更精确地还原，我们应该将更多的位（bit）用于表示小信号。在实际应用中，当限定数字图像的大小时，采用以下原则可得到质量较好的图像：

（1）对缓变的图像，应细量化、粗采样，以避免假轮廓。

（2）对细节丰富的图像，应细采样、粗量化，以避免模糊（混叠）。

2.2.3 像素间的基本关系（Basic Relationships Between Pixels）

1. 相邻像素

设 p 为位于坐标 (x, y) 处的一个像素，则 p 的四个水平和垂直相邻像素的坐标为：

$$(x+1, y), \quad (x-1, y), \quad (x, y+1), \quad (x, y-1)$$

上述像素组成 p 的 4 邻域，用 $N_4(p)$ 表示。每个像素距 (x, y) 一个单位距离。

像素 p 的四个对角相邻像素的坐标为：

$$(x+1, y+1), \quad (x+1, y-1), \quad (x-1, y+1), \quad (x-1, y-1)$$

该像素集用 $N_D(p)$ 表示。$N_D(p)$ 和 $N_4(p)$ 合起来称为 p 的 8 邻域，用 $N_8(p)$ 表示。值得注意的是，当 (x, y) 位于图像的边界时，$N_4(p)$、$N_D(p)$ 和 $N_8(p)$ 中的某些点位于数字图像的外部。

2. 邻接性和连通性

像素间的连通性是一个基本概念，它简化了许多数字图像概念的定义，如区域和边界。为了确定两个像素是否连通，必须确定它们是否相邻及它们的灰度是否满足特定的相似性准则（或者说，它们的灰度值是否相等）。例如，在具有 0，1 值的二值图像中，两个像素可能是 4 邻接的，但仅当它们具有同一灰度值时才能说是连通的。

令 v 是用于定义邻接性的灰度值集合。在二值图像中，如果把具有 1 值的像素归入邻接的，则 $v = \{1\}$。在灰度图像中，概念是一样的，但集合 v 一般包含更多的元素。例如，对于具有可能灰度值，且在 0～255 范围内的像素邻接性，集合 v 可能是这 256 个值的任何一个子集。考虑三种类型的邻接性。

（1）4 邻接：如果 q 在 $N_4(p)$ 集中，具有 v 中数值的两个像素 p 和 q 是 4 邻接的。

（2）8 邻接：如果 q 在 $N_8(p)$ 集中，则具有 v 中数值的两个像素 p 和 q 是 8 邻接的。

（3）m 邻接（混合邻接）：如果①q 在 $N_4(p)$ 集中，或者②q 在 $N_D(p)$ 中且集合 $N_4(p) \cap N_4(q)$ 没有 v 值的像素，则具有 v 值的像素 p 和 q 是 m 邻接的。

混合邻接是对 8 邻接的改进，其引入是为了消除采用 8 邻接常常发生的二义性。例如，考虑图 2.18（a）对于 $v=\{1\}$ 所示的像素安排。位于图 2.18（b）上部的三个像素显示了多重（二义性）8 邻接，如虚线指出的那样。这种二义性可以通过 m 邻接消除，如图 2.18（c）所示，混合邻接实质上是在像素间同时存在 4 邻接和 8 邻接时，优先采用 4 邻接。

三种邻接的关系为：

（1）4 邻接必 8 邻接，反之不然。

（2）m 邻接必 8 邻接，反之不然。

（3）m 邻接是 8 邻接的变型，介于 4 邻接和 8 邻接之间，以消除 8 邻接中产生的歧义性。

从具有坐标 (x, y) 的像素 p 到具有坐标 (s, t) 的像素 q 的通路（或曲线）是特定像素序列，其坐标为：

$$(x_0, y_0), \quad (x_1, y_1), \quad \cdots, \quad (x_n, y_n)$$

这里$(x_0, y_0) = (x, y)$，$(x_n, y_n) = (s, t)$，并且像素(x_i, y_i)和(x_{i-1}, y_{i-1})（$1 \leqslant i \leqslant n$）是邻接的。在这种情况下，$n$是通路的长度。如果$(x_0, y_0) = (x_n, y_n)$，则通路是闭合通路。可以依据特定的邻接类型定义4邻接、8邻接或m邻接。例如，图2.18（b）中的东北角和东南角之间的通路是8通路，图2.18（c）中的通路是m通路。注意：在m通路中不存在二义性。

令S代表一幅图像中像素的子集。如果在S中全部像素之间存在一个通路，则可以说两个像素p和q在S中是连通的。对于S中的任何像素p，S中连通到该像素的像素集称为S的连通分量。如果S仅有一个连通分量，则集合S称为连通集。

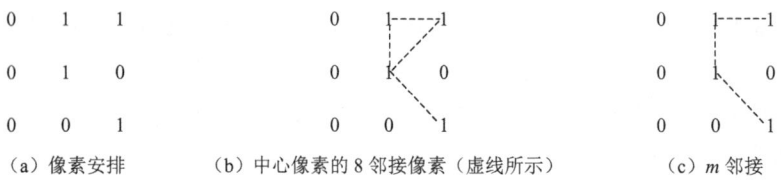

图2.18　像素的邻接

令R是图像中的像素子集。如果R是连通集，则称R为一个区域。一个区域R的边界（也称为边缘或轮廓）是区域中像素的集合，该区域有一个或多个不在R中的邻点。如果R是整幅图像（我们设这幅图像是像素的方形集合），则边界由图像第一行、第一列和最后一行、最后一列定义。这个附加定义是需要的，因为图像除边缘以外没有邻点。在正常情况下，当提到一个区域时，指的是一幅图像的子集，并且区域边界中的任何像素（与图像边缘吻合）都作为区域边界部分包含于其中。

边缘的概念在涉及区域和边界的讨论中常常遇到。然而，这些概念中有一个关键区别。一个有限区域的边界形成一条闭合通路，并且是"整体"概念。边缘是由具有某些导数值（超过预先设定的阈值）的像素形成的。这样，边缘的概念是基于在不连续点进行灰度级测量的局部概念。把边缘点连接成边缘线段是可能的，并且有时以与边界对应的方法连接线段，但并不总是这样。边缘和边界吻合的一个例外就是二值图像的情况。根据连通类型和所用的边缘算子，从二值区域提取边缘与提取区域边界是一样的，这很直观。在概念上，把边缘考虑为强度不连续的点和封闭通路的边界是有帮助的。

3. 距离

像素之间的联系常与像素在空间的接近程度有关。像素在空间的接近程度可以用像素之间的距离来度量。为测量距离需要定义距离度量函数。给定三个像素p、q、r，其坐标分别为$(x, y), (s, t), (u, v)$，如果有：

（1）$D(p, q) \geqslant 0$，$D(p, q) = 0$当且仅当$p = q$。

（2）$D(p, q) = D(q, p)$。

（3）$D(p, r) \leqslant D(p, q) + D(q, r)$。

则D是距离函数或度量。

（1）p和q之间的欧氏距离定义为：

$$D_e(p, q) = \sqrt{(x - s)^2 + (y - t)^2} \tag{2.6}$$

根据这个距离度量，与点(x, y)的距离小于或等于某一值d的像素组成以(x, y)为中心、以d为半径的圆。

（2）p 和 q 之间的 D_4 距离（也称城市街区距离）定义为：
$$D_4(p,q)=|x-s|+|y-t| \tag{2.7}$$

根据这个距离度量，与点 (x,y) 的 D_4 距离小于或等于某一值 d 的像素组成以 (x,y) 为中心的菱形，如图 2.19 所示。

（3）p 和 q 之间的 D_8 距离（也称棋盘距离）定义为：
$$D_8(p,q)=\max(|x-s|,|y-t|) \tag{2.8}$$

根据这个距离度量，与点 (x,y) 的 D_8 距离小于或等于某一值 d 的像素组成以 (x,y) 为中心的方形，如图 2.20 所示。

图 2.19　城市街区距离　　　　　　图 2.20　棋盘距离

需要注意的是，p 和 q 之间的 D_4 距离和 D_8 距离与任何通路无关。然而，对于 m 连通，两点之间的距离（通路的长度）将依赖于沿通路的像素及它们近邻像素的值。

2.2.4　图像的分类（Image Classification）

图像有许多分类方法，按照图像的动态特性，可以分为静止图像和运动图像；按照图像的色彩，可以分为灰度图像和彩色图像；按照图像的维数，可分为二维图像、三维图像和多维图像。其中，运动图像可由一系列静止图像表示，彩色图像可分解成三基色图像，三维图像可由二维图像重建。

矢量图使用直线和曲线来描述图形，这些图形的元素是一些点、线、矩形、多边形、圆和弧线等，它们都是通过数学公式计算获得的。由于矢量图可通过公式计算获得，所以矢量图文件一般较小。矢量图与分辨率无关，把它们缩放到任意尺寸并按任意分辨率打印，也不会丢失细节或降低清晰度，如图 2.21 所示。矢量图常用于标志设计、工程绘图。矢量图的缺点是不易制作色调丰富或色彩变化太多的图像，绘出来的图像不是很逼真，同时也不易在不同的软件间交换文件。这里主要讲平面上的静止图像，可以通过位图来表示。

位图图像依赖于图像的分辨率，它包含固定的像素，所以当我们在屏幕上放大位图时会出现锯齿现象，同样当我们使用低于图像分辨率的精度打印位图图像时，也会出现丢失细节和边缘锯齿的现象，如图 2.22 所示。

图 2.21　放大的矢量图形　　　　　　图 2.22　放大的位图图像

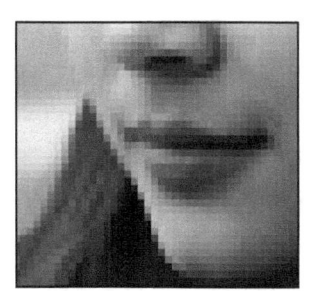

位图是通过许多像素点表示一幅图像,每个像素具有颜色属性和位置属性。位图可以从传统的相片、幻灯片上制作出来或使用数码相机得到。

位图分为四种:二值图像(Binary Images)、亮度图像(Intensity Images)、索引图像(Indexed Images)和 RGB 图像(RGB Images)。

1. 二值图像(Binary Images)

二值图像只有黑白两种颜色,一个像素仅占 1bit,0 表示黑,1 表示白,或相反。常把二值图像称为 1 位图像,图 2.21 就是二值图像的一个例子,用 MATLAB 编写程序如下:

```
clear
x=zeros(10,10);
x(2:2:10,2:2:10)=1;
imshow(x)
x
```

程序的运行结果如下:

```
x=
    0   0   0   0   0   0   0   0   0   0
    0   1   0   1   0   1   0   1   0   1
    0   0   0   0   0   0   0   0   0   0
    0   1   0   1   0   1   0   1   0   1
    0   0   0   0   0   0   0   0   0   0
    0   1   0   1   0   1   0   1   0   1
    0   0   0   0   0   0   0   0   0   0
    0   1   0   1   0   1   0   1   0   1
    0   0   0   0   0   0   0   0   0   0
    0   1   0   1   0   1   0   1   0   1
```

图 2.23 二值图像

并得到图 2.23 所示的二值图像。

2. 亮度图像(Intensity Images)

在亮度图像中,像素灰度级用 8bit 表示,每个像素都是介于黑色和白色之间的 256(2^8=256)种灰度中的一种。图 2.24 就是亮度图像的一个例子,其中图 2.24(a)为原始图像,下面的 MATLAB 程序实现的是从原始图像中获取其中一部分图像的过程,并显示所获取的部分图像的灰度值,如图 2.24(b)所示。用 MATLAB 编写程序如下:

```
clear
x=imread('lena.jpg');
imshow(x);
y=x(128:138,128:138);
figure, imshow(y);
y
```

程序的运行结果如下:

```
y=
  105  107  107  107  106  101   98  103  111  130  154
  111  112  112  110  105  101  100  103  107  125  152
  113  112  112  110  106  101  100  103  107  126  152
  115  113  113  111  106  101  100  103  107  126  150
  115  113  113  111  106  101   99  102  106  124  147
  113  112  112  110  105  100   99  102  106  121  142
  109  109  110  108  103   99   98  102  106  117  137
  107  106  107  106  102   98   98  102  106  113  131
  106  104  105  104  101   97   97  102  106  111  128
  103  104  109  103  100  102   94   91  103  114  128
  102  101  107  101   96   98   93   92  105  113  124
```

(a) 原始图像　　　　　　(b) 获取的部分灰度图像

图 2.24　亮度图像

3. 索引图像 (Indexed Images)

颜色是预先定义的（索引颜色）。在 MATLAB 软件中，索引颜色的图像最多只能显示 256 种颜色。一个像素占 8bit，而这 8bit 不是颜色值，而是颜色表中的索引值，根据索引值在颜色表中找到最终的 RGB 颜色值。这里仍用 MATLAB 程序来说明索引图像。其程序和运行结果如图 2.25 所示。从 MATLAB 程序中可以很容易看出索引图像的含义。

```
            0.8510    0.8157    0.7882
            0.7647    0.6118    0.6549  } 颜色表
            0.1961    0.1804    0.2941
>> clear
>> RGB = imread('flowers.tif');
   [X,map] = rgb2ind(RGB,128);
   imshow(X,map)
>> X(1)

ans =

   127

>> X(2)

ans =

   127

>> map(127,:,:,:)

ans =

   0.7647    0.6118    0.6549

>> whos
  Name        Size        Bytes    Class
  RGB       362x500x3    543000    uint8 array
  X         362x500      181000    uint8 array
  ans       1x3              24    double array
  map       128x3          3072    double array
```

图 2.25　索引图像程序和运行结果

4. RGB 图像（RGB Images）

"真彩色"是 RGB 颜色的另一种叫法。在真彩色图像中，每个像素由红、绿和蓝三个字节组成，每个字节为 8bit，表示 0～255 之间的不同亮度值，这三个字节组合可以产生 1670 万种不同的颜色。

从以上分析我们可以看出，图像的类型是多种多样的，在具体的运用中要视情况而定。例如，在打印文本时只需用二值图像，而在显示图像时要求达到赏心悦目的效果，则需要较丰富的色彩，这时可以采用 RGB 图像类型。在这里也采用 MATLAB 程序加以说明。对原始图像图 2.26（a）进行分析，提取其中的一部分图像，即图 2.26（b），用 MATLAB 分析其 RGB 分量。其程序如下：

（a）　　　　（b）

图 2.26　RGB 三分量构成的彩色图像

```
clear
[x,map]=imread('smile.png');
y=x(90:95,90:95);
imshow(y)
R=x(90:95,90:95,1);
G=x(90:95,90:95,2);
B=x(90:95,90:95,3);
R,G,B
```

程序的运行结果为：

R=

36	36	37	34	34	34
35	36	34	34	34	35
35	37	39	37	36	37
37	37	37	38	38	38
36	38	38	36	38	44
38	38	40	39	49	69

G=

37	37	38	35	35	35
36	37	38	35	35	36
36	37	40	38	37	38
37	37	38	39	39	40
37	39	39	36	38	42
38	38	39	39	43	55

B=

39	39	40	37	37	37
38	39	39	37	37	38
38	39	42	40	39	40
39	39	40	41	41	39
39	41	41	38	40	43
38	40	44	41	45	55

小结(Summary)

本章首先阐述了人类的视觉感知系统,包括视觉系统的基本构造,以及人眼的亮度和鉴别能力,这些是图像处理的基础知识,可以帮助我们更好地理解图像处理的内容;然后介绍了数字图像的数字化和表达、图像的获取及其分类。这些都是学好图像处理的重要基础知识。

习题(Exercises)

2.1 请解释什么是马赫带效应。

2.2 简述人的视觉过程。

2.3 已知某个像素点 p 的坐标为 $(0,0)$,分别指出 $N_4(p)$、$N_D(p)$、$N_8(p)$ 各包含哪些像素。

2.4 已知一图像上的两个像素 p、q 的坐标分别为 $(0,0)$ 和 $(3,4)$,分别求两像素之间的欧氏距离、D_4 距离和 D_8 距离。

2.5 图像获取包括哪些步骤?各个步骤又会影响图像质量的哪些参数?

2.6 图像可分为哪几类?试阐述各类图像的特点。

第3章 图像基本运算
(Basic Operation in Digital Image Processing)

  图像处理是建立在各种算法基础上的处理方法，本章围绕数字图像处理中的基本运算，主要介绍图像处理中的点运算、代数运算（加、减、乘、除）、逻辑运算（与、或、非）和几何运算（平移、镜像、旋转、缩放）及其相应的应用。这些基本运算都具有十分重要的意义，如改变输入图像的灰度级，降低图像的噪声，进行各种各样的几何变换等。

  Image processing relies heavily on the use of various algorithms. This chapter introduces the most widely used mathematic operations in digital image processing, such as point operation, algebra operation (addition, subtraction, multiplication, division), logical operation (AND, OR, NOT), and geometric operation (translation, mirror, rotation, zooming). These basic operations are critical importance in practical use. For example, they allow change of gray scale value, damping of image noise, and performing various geometric transformations.

3.1 概 述
(Introduction)

  图像处理是建立在各种算法基础上的处理方法，在图像处理中经常会用到各种各样的算法。对基本的图像处理功能，根据输入图像得到输出图像（目标图像）处理运算的数学特征，可将图像处理运算方法分为点运算、代数运算、逻辑运算和几何运算。点运算是通过图像中每个像素点的灰度值进行计算，以改善图像显示效果。代数运算是指将两幅图像通过对应像素之间的加、减、乘、除运算，得到输出图像。加、减、乘、除运算可以有两幅以上图像同时参与。逻辑运算主要针对两幅二值图像进行逻辑与、或、非等运算。几何运算就是改变图像中物体对象（像素）之间的空间关系。这些运算都是基于空间域的图像处理运算，与空间域运算相对应的是变换域运算，将在后续章节中讨论。

3.2 点 运 算
(Point Operation)

  点运算（Point Operation）实际上就是对图像中每个像素点的灰度值按一定的映射关系进行运算，得到一幅新图像的过程。点运算是一类简单却非常具有代表性的重要算法，也是其他图像处理运算的基础。由于点运算能有规律地改变像素点的灰度值，因而点运算有时又被称为对比度增强或灰度变换（Gray-Scale Transformation，GST）。

在一些数字图像中，技术人员所关注的特征可能仅占整个灰度级范围非常小的一部分。点运算可以扩展所关注部分灰度信息的对比度，使之占据显示灰度级范围的更大一部分。该方法有时被称为对比度增强（Contrast Enhancement）或对比度拉伸（Contrast Stretching）。

点运算的另一个用处是变换灰度的单位。假定有一个图像数字化器，用来数字化一幅显微镜下观察到的图像。其产生的灰度值与标本的透射率呈线性关系，点运算可用来产生一幅图像，该图像的灰度级可代表光学密度的等步长增量。

运用点运算可以改变图像数据占据的灰度值范围。对于一幅输入图像，经过点运算会产生一幅输出图像，输出图像中每个像素点的灰度值仅由相应输入点的灰度值确定。

点运算从数学上可以分为线性点运算和非线性点运算两类。

3.2.1 线性点运算（Linear Point Operation）

线性点运算是指输入图像的灰度级与目标图像的灰度级呈线性关系。线性点运算的灰度变换函数形式可以采用线性方程描述，即

$$s = ar + b \tag{3.1}$$

式中，r 为输入点的灰度值，s 为相应输出点的灰度值。显然，这种线性运算关系可用图 3.1 表示。

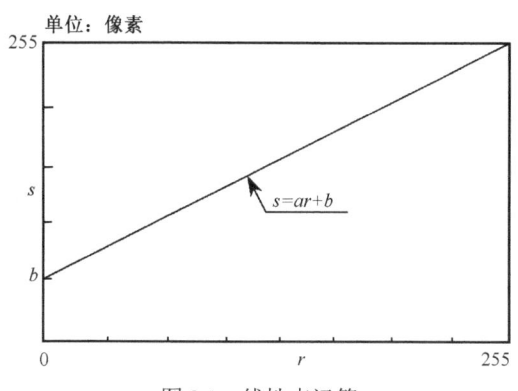

图 3.1 线性点运算

（1）如果 $a=1$ 且 $b=0$，则只需将输入图像复制到输出图像即可。如果 $a=1$ 且 $b\neq 0$，则操作结果是仅使所有像素的灰度值上移或下移，其效果是使整个图像在显示时更亮或更暗。

（2）如果 $a>1$，则输出图像对比度增大。

（3）如果 $a<1$，则输出图像对比度降低。

（4）如果 $a<0$，即 a 为负值，则暗区域将变亮，亮区域将变暗，点运算完成了图像求补。

用 MATLAB 编写程序如下：

```
I=imread('eight.tif');              %读取一幅图像
I = im2double(I);                   %数据类型转换为double型
figure(1);subplot(1,5,1);
imshow(I); title('原始图像','fontsize',7);   % 显示原始图像
a = 2; b = -50;                     % 增加对比度
O = a .* I + b/255;
```

```
figure(1);subplot(1,5,2);
imshow(O);title('a=2,b=-50,增加对比度','fontsize',7);
a = 0.5; b = -50;                          % 减小对比度
 O = a .* I + b/255;
 figure(1);subplot(1,5,3); imshow(O);
 title('a=0.5,b=-50,减小对比度','fontsize',7);
 a = 1; b = 50;                            % 线性增加亮度
 O = a .* I + b/255;
 figure(1);subplot(1,5,4);imshow(O);
 title('a=1,b=50,线性平移增加亮度','fontsize',7);
 a = -1; b = 255;                          % 图像反色
 O = a .* I + b/255;
 figure(1);subplot(1,5,5);imshow(O);
 title('a=-1,b=255,图像反色','fontsize',7);
```

程序运行结果如图 3.2 所示。

（a）原始图像　　（b）a=2，b=-50，增加对比度　　（c）a=0.5，b=-50，减小对比度

（d）a=1，b=50，线性平移增加亮度　　（e）a=-1，b=255，图像反色

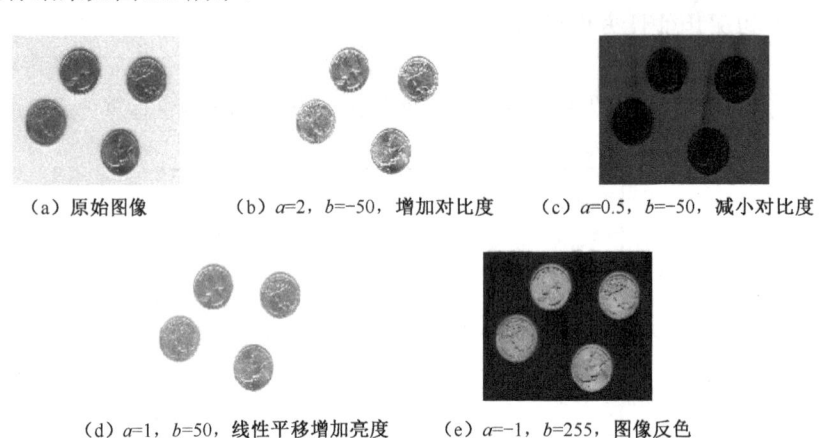

图 3.2　线性点运算结果

3.2.2 非线性点运算（Non-Linear Point Operation）

除线性点运算外，还有非线性点运算。常见的非线性灰度变换为对数变换和幂次变换。对数变换的一般表达式为：

$$s = c\log_2(1+r) \tag{3.2}$$

图 3.3 为对数变换曲线图。式中，c 是一个常数，并假设 $r \geqslant 0$。此种变换使窄带低灰度输入图像值映射为宽带输出值，相对的是输入灰度的高调整。可以利用这种变换来扩展被压缩的高值图像中的暗像素。相对的是反对数变换的调整值，在某些情况下，如在显示图像的傅里叶谱时，其动态范围远远超过了显示设备的显示能力，此时仅有图像中最亮部分可在显示设备上显示，而频谱中的低值将看不见，这时对数变

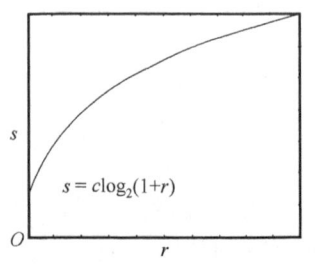

图 3.3　对数变换曲线图

换非常有用。对数变换可以将输入的一个小范围低灰度值映射到较大范围的输出值。

幂次变换的一般形式为：

$$s = cr^\gamma \tag{3.3}$$

式中，c 和 γ 为正常数。作为 r 的函数，s 对于 γ 的各种值绘制的曲线如图 3.4 所示，从上到下 γ 分别为 0.04、0.1、0.2、0.4、0.67、1、1.5、2.5、5、10、25。像对数变换的情况一样，幂次曲线中 γ 的部分值把输入窄带暗值映射到宽带输出值。相反，输入高值也成立。然而，不像对数函数，我们注意到这里随着 γ 值的变化将得到一族变换曲线。如预期的一样，$\gamma>1$ 的值和 $\gamma<1$ 的值产生的曲线有相反的效果。当 $c=\gamma=1$ 时，将简化为线性变换。

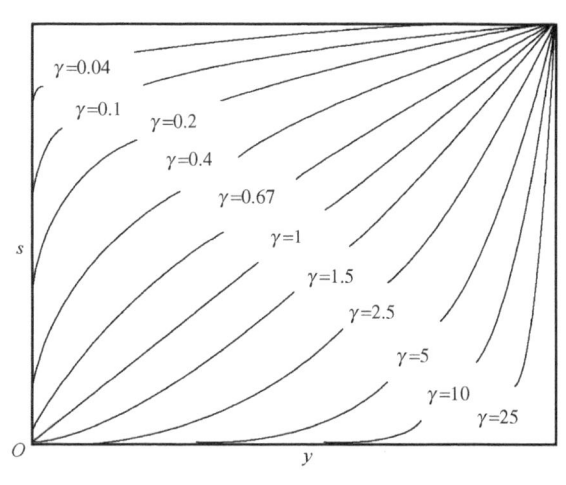

图 3.4 幂次变换曲线图

下面给出了 $c=1$，γ 分别为 0.5、1 和 1.5 时对图像进行变换的 MATLAB 程序实现，MATLAB 程序运行结果如图 3.5 所示。

```
I = imread('pout.tif');
subplot(1,4,1);
imshow(I);title('原始图像','fontsize',9);
subplot(1,4,2);
imshow(imadjust(I,[],[],0.5));title('Gamma=0.5');
subplot(1,4,3);
imshow(imadjust(I,[],[],1));title('Gamma=1');
subplot(1,4,4);
imshow(imadjust(I,[],[],1.5));title('Gamma=1.5');
```

(a) 原始图像　　(b) $\gamma=0.5$　　(c) $\gamma=1$　　(d) $\gamma=1.5$

图 3.5 γ 分别为 0.5、1 和 1.5 时图像变换的结果

3.3 代数运算与逻辑运算
(Algebra and Logical Operation)

在数字图像处理技术中,代数运算具有非常广泛的应用和重要的意义。例如,如何消除或降低图像的加性随机噪声,消除不需要的加性图案,如何检测同一场景的两幅图像之间的变化,检测物体的运动等。通过代数运算便可以解决这些问题。同时,代数运算也可用于将一幅图像的内容叠加到另一幅图像上,从而实现二次曝光。也可用于确定物体边界位置的梯度,用于纠正由于数字化设备对一幅图像各点敏感程度不一样带来的不利影响,用于获取图像的局部图案等。

代数运算是指对两幅或两幅以上输入图像进行点对点的加、减、乘、除运算而得到目标图像的运算。另外,还可以通过适当的组合,形成涉及几幅图像的复合代数运算方程。图像处理代数运算的四种基本形式如下:

$$C(x,y) = A(x,y) + B(x,y) \tag{3.4}$$

$$C(x,y) = A(x,y) - B(x,y) \tag{3.5}$$

$$C(x,y) = A(x,y) \times B(x,y) \tag{3.6}$$

$$C(x,y) = A(x,y) \div B(x,y) \tag{3.7}$$

式中,$A(x,y)$ 和 $B(x,y)$ 为输入图像表达式,$C(x,y)$ 为输出图像表达式。在某些情况下,输入图像之一也可以使用常数。在一些特定情况下,参与代数运算的输入图像可能多于两个,如用于消除加性随机噪声的图像相加运算一般都多于两个输入图像。

3.3.1 加法运算(Addition)

加法运算通常用于平均值降噪等多种场合。图像相加一般用于同一场景的多幅图像求平均,以便有效降低加性噪声。通常,图像采集系统在采集图像时,有这类参数供选择。对于一些经过长距离模拟通信方式传送的图像,这种处理是不可缺少的。当噪声可以用一个独立分布的随机模型表示和描述时,则利用求平均值方法降低噪声信号、提高信噪比就非常有效。

在实际应用中,要得到一个静止场景或物体的多幅图像是比较容易的。如果这些图像被随机噪声源所干扰,则可通过对多幅静止图像求平均值来达到消除或降低噪声的目的。在求平均值的过程中,图像的静止部分不会改变;而由于图像的噪声是随机性的,各不相同的噪声图案积累得很慢,因此可以通过多幅图像求平均值来降低随机噪声的影响。

假定有由 M 幅图像组成的一个集合,图像的形式为:

$$D_i(x,y) = S(x,y) + N_i(x,y) \tag{3.8}$$

式中,$S(x,y)$ 为感兴趣的理想图像,$N_i(x,y)$ 是由于胶片的颗粒或数字化系统中的电子噪声产生的噪声图像。集合中的每幅图像被不同的噪声图像所退化。虽然对这些噪声图像并不能获得精确的了解,但可以肯定每幅噪声图像都来自同一个互不相干且均值等于零的随机噪声图像样本集。对于图像中的任意点,定义功率信噪比为:

$$P(x,y) = \frac{S^2(x,y)}{E\{N^2(x,y)\}} \tag{3.9}$$

如果对 M 幅图像求平均,可得:

$$\overline{D}(x,y) = \frac{1}{M}\sum_{i=1}^{M}[S(x,y) + N_i(x,y)] \tag{3.10}$$

功率信噪比为:

$$\overline{P}(x,y) = \frac{S^2(x,y)}{E\left\{\left[\frac{1}{M}\sum_{i=1}^{M}N_i(x,y)\right]^2\right\}} \tag{3.11}$$

由于噪声具有如下特性:

$$E\{N_i(x,y)N_j(x,y)\} = E\{N_i(x,y)\}E\{N_j(x,y)\} \tag{3.12}$$

$$E\{N_i(x,y)\} = 0 \tag{3.13}$$

可以证明:

$$\overline{P}(x,y) = MP(x,y) \tag{3.14}$$

因此,对 M 幅图像进行平均,使图像中每点的功率信噪比提高了 M 倍。而幅度信噪比是功率信噪比的平方根,所以幅度信噪比也随着图像数目的增加而增大。

在图 3.6 所示的 6 幅图像中,图 3.6(a)是用太空望远镜拍摄的一幅星系原始图像;图 3.6(b)是受噪声干扰的图;图 3.6(c)表示 8 幅噪声图像平均后的结果($M=8$);图 3.6(d)表示 16 张照片相加后求平均的结果($M=16$);图 3.6(e)表示 64 张照片相加后求平均的结果($M=64$);图 3.6(f)表示 128 张照片相加后求平均的结果($M=128$)。由于相加图片越来越多,图像质量由图 3.6(c)到图 3.6(f)得到了明显提高。

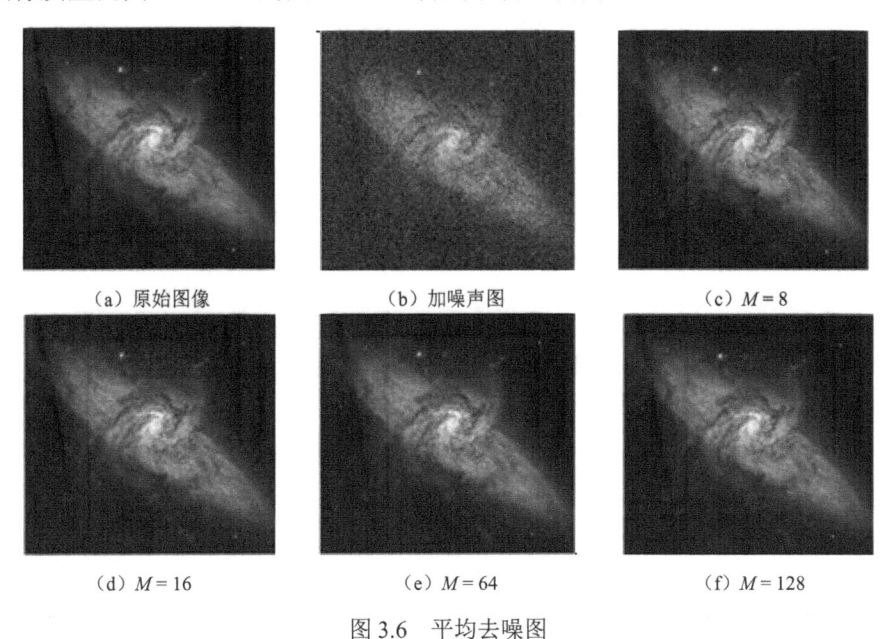

图 3.6 平均去噪图

【例 3.1】把一幅图像加上高斯噪声,再通过 100 次相加求平均的方法去除噪声,其 MATLAB 程序如下:

```
I=imread('eight.tif');              %读取一幅图像
J=imnoise(I,'gaussian',0,0.02);     %向这幅图像中加入高斯噪声
subplot(1,2,1),imshow(I);           %显示图像
subplot(1,2,2),imshow(J);
K=zeros(242,308);                   %产生全零的矩阵,大小与图像的一样
 for i=1:100                        %循环100次加入噪声
   J=imnoise(I,'gaussian',0,0.02);
   J1=im2double(J);
   K=K+J1;
 end
K=K/100;
figure;imshow(K);
```

MATLAB 程序运行结果如图 3.7 所示。

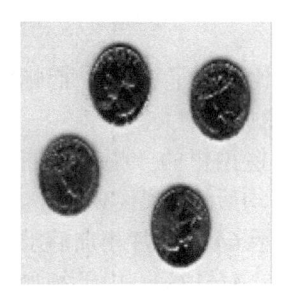

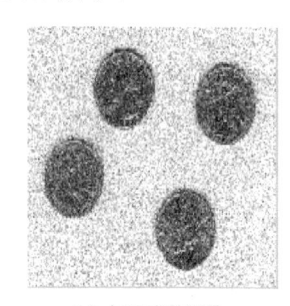

(a) 原始图像　　　　　　(b) 加噪声的图像　　　　　　(c) 求平均后的图像

图 3.7　加噪求平均

3.3.2　减法运算（Subtraction）

图像相减常用于检测变化及运动的物体，图像相减运算又称为图像差分运算。差分方法可以分为可控环境下的简单差分方法和基于背景模型的差分方法。在可控环境下，或者在很短的时间内，可以认为背景是固定不变的，可以直接使用差分运算检测变化或运动的物体。

将同一景物在不同时间拍摄的图像或同一景物在不同波段的图像相减，这就是差影法，实际上就是图像的减法运算。差值图像提供了图像间的差值信息，能用于指导动态监测、运动目标的检测和跟踪、图像背景的消除及目标识别等。

差影法在自动现场监测等领域具有广泛的运用。比如说，可以应用在监控系统中，在银行金库内，摄像头每隔一固定时间拍摄一幅图像，并与上一幅图像进行差影运算，如果图像差别超过了预先设置的阈值，则表明可能有异常情况发生，应自动或以某种方式报警。差影法可用于检测变化目标及遥感图像的动态检测，利用差值图像可以发现森林火灾、洪水泛滥，监测灾情变化及估计损失等；也可用于监测河口、海岸的泥沙淤积及监视江河、湖泊、海岸等的污染。利用差影图像还可以鉴别出耕地及不同作物的覆盖情况。差影法还可以用于消除图像背景，用于混合图像的分离。

如图 3.8 所示，图 3.8（a）为某种原因形成的混合图像，已知该图像是由图 3.8（b）和

图 3.8（c）叠加而成的，可以用差影法将图 3.8（a）和图 3.8（b）进行差影，得到图 3.8（c）本身。

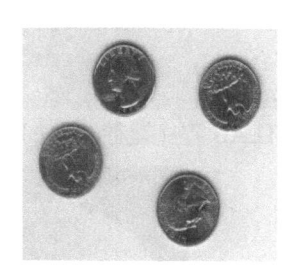

（a）混合图像　　　　　　　（b）被减图像　　　　　　　（c）差影图像

图 3.8　用差影法进行混合图像的分离

图像在进行差影法运算时必须使两相减图像的对应点位于空间同一目标上，否则必须先做几何校准与匹配。当将一个场景系列图像相减用来检测其他变化时，难以保证准确对准，这时就需要更进一步的分析。

【例3.2】已知一幅受"椒盐"噪声干扰的图像，通过减法运算提取出噪声，其 MATLAB 程序如下，结果如图 3.9 所示。

```
I=imread('lena1.jpg');J=imread('lena.jpg');
K=imsubtract(I,J);                              %实现两幅图像相减
K1=255-K;                                       %将图像求反显示
figure;imshow(I); title('有噪声的图像');
figure;imshow(J); title('原始图像');
figure;imshow(K1);title('提取的噪声');
```

（a）有噪声的图像　　　　　　（b）原始图像　　　　　　　（c）提取的噪声

图 3.9　减法运算结果

3.3.3　乘法运算（Multiplication）

简单的乘法运算可用来改变图像的灰度级，实现灰度级变换。乘法运算也可用来遮住图像的某些部分，其典型应用是用于获得掩模图像。对于需要保留下来的区域，掩模图像的值置为 1，而在需要被抑制掉的区域，掩模图像的值置为 0。此外由于时间域的卷积和相关运算与频率域的乘积运算对应，因此乘法运算有时也被用来作为一种技巧来实现卷积或相关处理。

【例3.3】图像的乘法运算，其 MATLAB 程序如下：

```
I=imread('moon.tif');                    %读取一幅图像
J=immultiply(I,1.2);                     %将此图像乘以1.2
K=immultiply(I,2);                       %将此图像乘以2
subplot(1,3,1),imshow(I);subplot(1,3,2),imshow(J);
subplot(1,3,3),imshow(K);
```
MATLAB 程序运行结果如图 3.10 所示。

(a) 原始图像　　　　　(b) 乘以 1.2　　　　　(c) 乘以 2

图 3.10　乘法运算结果

3.3.4　除法运算（Division）

简单的除法运算可用于改变图像的灰度级。除法运算的典型运用是比值图像处理。例如，除法运算可用于校正成像设备的非线性影响，在特殊形态的图像（如以 CT 为代表的医学图像）处理中用到。此外，除法运算还经常用于消除图像数字化设备随空间所产生的影响。

【例 3.4】图像除法运算的 MATLAB 程序如下：
```
moon=imread('moon.tif'); I=double(moon);
J=I*0.43+90; K=I*0.1+90; L=I*0.01+90;
moon2=uint8(J); moon3=uint8(K);moon4=uint8(L);
J=imdivide(moon,moon2);K=imdivide(moon,moon3);
L=imdivide(moon,moon4);
subplot(1,4,1),imshow(moon);subplot(1,4,2),imshow(J,[]);
subplot(1,4,3),imshow(K,[]);
subplot(1,4,4),imshow(L,[]);
```
MATLAB 程序运行结果如图 3.11 所示。

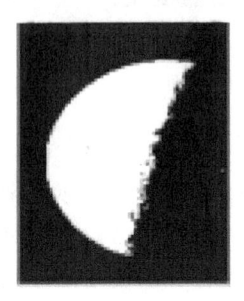

(a) 原始图像　　　(b) $J=0.43I+90$　　　(c) $K=0.1I+90$　　　(d) $L=0.01I+90$

图 3.11　除法运算结果

3.3.5 逻辑运算（Logical Operation）

常见的图像逻辑运算有与（AND）、或（OR）、非（NOT）等，其主要针对二值图像，在图像理解与分析领域比较有用。运用这种方法可以为图像提供模板，与其他运算方法结合起来可以获得某种特殊的效果。

【例3.5】两幅二值图像进行逻辑与、或、非，其MATLAB程序如下：

```
A=zeros(128); A(40:67,60:100)=1;
figure(1); imshow(A);
B=zeros(128); B(50:80,40:70)=1;
figure(2); imshow(B);
C=and(A,B); figure(3); imshow(C);
D=or(A,B); figure(4);  imshow(D);
E=not(A); figure(5);  imshow(E);
```

MATLAB程序运行结果如图3.12所示。

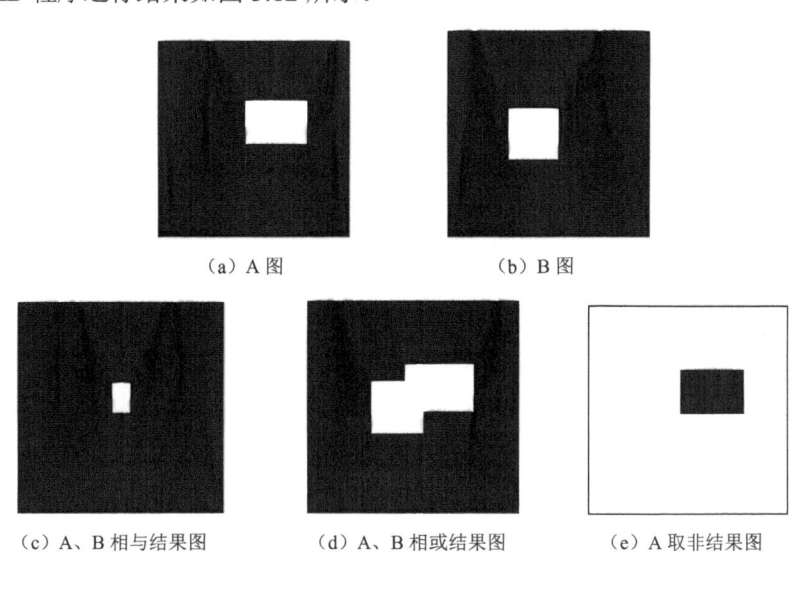

(a) A图

(b) B图

(c) A、B相与结果图

(d) A、B相或结果图

(e) A取非结果图

图3.12 图像的逻辑运算

3.4 几何运算
（Geometric Operation）

几何运算又称为几何变换，它是图像处理和图像分析的重要内容之一。在图像处理领域，通过改变像素位置进行图像形状的变化，称为几何变换。几何变换应用较为广泛，如从人造卫星上拍摄的图像，由于摄像装置被安装在卫星的遥感器或飞机的测试平台上，其位置和姿态不断变化，所以拍摄的图像会发生平移、旋转、缩放等变形。这时，需要利用几何变换加以补正,变成没有歪斜的图像。天气预报中常见的卫星云图都是用几何变换处理过的图像。

通过几何运算,可以根据应用的需要使原始图像产生大小、形状、位置等方面的变化。简单地说,几何变换可改变像素点的几何位置,以及图形中各物体之间的空间位置关系。这种运算可以被看作将各物体在图像内移动,特别是如果图像具有一定的规律性,那么一个图像可以由另一个图像通过几何变换产生。几何变换可将输入图像中的一个点变换到输出图像中的任意位置,其变换非常灵活。它不仅提供了产生某些特殊图像的可能,甚至还可以使图像处理程序设计简单化。

图像几何运算的一般定义为:

$$g(x,y) = f(u,v) = f[p(x,y),q(x,y)] \tag{3.15}$$

式中,$u = p(x,y)$,$v = q(x,y)$ 唯一地描述了空间变换,即将输入图像 $f(u,v)$ 从 $u-v$ 坐标系变换为 $x-y$ 坐标系的输出图像 $g(x,y)$。

从变换性质来分,几何变换可以分为图像的位置变换(平移、镜像、旋转)、形状变换(放大、缩小)及图像的复合变换等。一个几何运算需要两个独立的算法。首先需要一个算法来定义空间变换,用它描述每个像素如何从其初始位置移动到终止位置,即每个像素的运动。同时,还需要一个算法用于灰度级的插值。这是因为,在一般情况下,输入图像的位置坐标为整数,而输出图像的位置坐标可能为非整数,反过来也是如此。此时进行灰度级的插值用来提高图像的质量。

3.4.1 图像的平移(Image Translation)

平移是日常生活中最普遍的运动方式之一,而图像的平移是几何变换中最简单的变换之一,像素点的平移如图 3.13 所示。

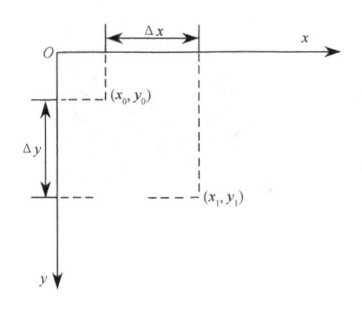

图 3.13 像素点的平移

设图像空间的 x, y 正方向分别为向右、向下,初始坐标为 (x_0, y_0) 的点经过平移 $(\Delta x, \Delta y)$ 后,其坐标变为 (x_1, y_1),则这两点之间存在以下关系:

$$\begin{cases} x_1 = x_0 + \Delta x \\ y_1 = y_0 + \Delta y \end{cases} \tag{3.16}$$

以矩阵的形式表示为:

$$\begin{pmatrix} x_1 \\ y_1 \\ 1 \end{pmatrix} = \begin{pmatrix} 1 & 0 & \Delta x \\ 0 & 1 & \Delta y \\ 0 & 0 & 1 \end{pmatrix} \begin{pmatrix} x_0 \\ y_0 \\ 1 \end{pmatrix} \tag{3.17}$$

其逆变换式为：

$$\begin{cases} x_0 = x_1 - \Delta x \\ y_0 = y_1 - \Delta y \end{cases} \tag{3.18}$$

以矩阵的形式表示为：

$$\begin{pmatrix} x_0 \\ y_0 \\ 1 \end{pmatrix} = \begin{pmatrix} 1 & 0 & -\Delta x \\ 0 & 1 & -\Delta y \\ 0 & 0 & 1 \end{pmatrix} \begin{pmatrix} x_1 \\ y_1 \\ 1 \end{pmatrix} \tag{3.19}$$

对于平移后的新图像中的有些像素点在原图中没有对应点的，即新图中的这些点按照公式逆推得到的点超出原始图像的范围，可以直接将它的像素值统一设置为 0 或 255，对于灰度图像则为黑色或白色。如果新图像与原始图像的空间尺寸相同，某像素点不在新图像中，则说明原始图像中有某些像素点被移出了显示区域。用 MATLAB 编写程序如下：

```
I=imread('cameraman.tif');
subplot(121);
imshow(I);
title('原始图像');
[M,N]=size(I); g=zeros(M,N);
a=20;b=20;                           %a 为水平右移距离；b 为垂直下移距离
for i=1:M
    for j=1:N
        if((i-a>0)&(i-a<M)&(j-b>0)&(j-b<N)) %从坐标点到新坐标点的映射
            g(i,j)=I(i-a,j-b);
        else
            g(i,j)=0;                %新图像外的坐标点置 0
        end
    end
end
subplot(122); imshow(uint8(g)); title('平移后的图像');
```

MATLAB 程序运行结果如图 3.14 所示。

（a）原始图像　　　　　　（b）平移后的图像

图 3.14　图像的平移

3.4.2　图像的镜像（Image Mirror）

镜像变换也是与人们日常生活密切相关的一种变换，图像的镜像是指原始图像相对某一参照面旋转 180° 的图像。镜像变换又常称为对称变换,它可以分为水平镜像、垂直镜像等多种变换。对称变换后,图像的宽和高不变。

在以下变换中,设原始图像的宽为 w,高为 h,原始图像中的点为 (x_0, y_0),对称变换后的点为 (x_1, y_1)。

1. 水平镜像

图像的水平镜像操作是以图像的垂直中轴线为中心,将图像分为左右两部分镜像对称变换,水平镜像的变换公式为:

$$\begin{pmatrix} x_1 \\ y_1 \\ 1 \end{pmatrix} = \begin{pmatrix} -1 & 0 & w \\ 0 & 1 & 0 \\ 0 & 0 & 1 \end{pmatrix} \begin{pmatrix} x_0 \\ y_0 \\ 1 \end{pmatrix} \tag{3.20}$$

用 MATLAB 编写程序如下:

```
I=imread('cameraman.tif');
subplot(121);
 imshow(I);
 title('原始图像');
[M,N]=size(I); g=zeros(M,N);
for i=1:M
   for j=1:N
      g(i,j)=I(i,N-j+1);
   end
end
subplot(122); imshow(uint8(g)); title('水平镜像');
```

MATLAB 程序运行结果如图 3.15 所示。

(a) 原始图像　　　　　(b) 水平镜像

图 3.15　图像水平镜像变换

2. 垂直镜像

图像的垂直镜像操作是以原始图像的水平中轴线为中心,将图像分为上下两部分进行对称变换。图 3.16 为图像垂直镜像变换的示例,垂直镜像的变换公式如下:

$$\begin{pmatrix} x_1 \\ y_1 \\ 1 \end{pmatrix} = \begin{pmatrix} 1 & 0 & 0 \\ 0 & -1 & h \\ 0 & 0 & 1 \end{pmatrix} \begin{pmatrix} x_0 \\ y_0 \\ 1 \end{pmatrix} \tag{3.21}$$

(a)原始图像　　　　　　　　(b)垂直镜像

图 3.16　图像垂直镜像变换

3.4.3　图像的旋转（Image Rotation）

在一般情况下，图像的旋转变换是指以图像的中心为原点，将图像上所有像素都旋转同一个角度的变换。图像经过旋转变换之后，图像的位置发生了改变。和平移变换一样，在图像的旋转变换中既可以把转出显示区域的图像截去，也可以扩大显示区域的图像范围以显示图像的全部内容。

设原始图像的任意点 $A_0(x_0, y_0)$ 旋转角度 β 以后到新的位置 $A(x, y)$，为方便采用极坐标形式表示，原始的角度为 α，如图 3.17 所示。

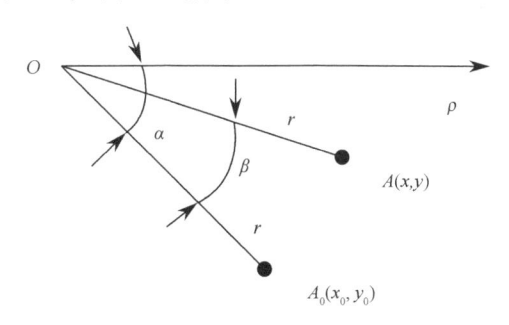

图 3.17　图像旋转

根据极坐标与二维笛卡儿坐标的关系，原始图像中点 $A_0(x_0, y_0)$ 的坐标为：

$$\begin{cases} x_0 = r\cos\alpha \\ y_0 = r\sin\alpha \end{cases} \tag{3.22}$$

旋转到新位置以后点 $A(x, y)$ 的坐标为：

$$\begin{cases} x = r\cos(\alpha - \beta) = r\cos\alpha\cos\beta + r\sin\alpha\sin\beta \\ y = r\sin(\alpha - \beta) = r\sin\alpha\cos\beta - r\cos\alpha\sin\beta \end{cases} \tag{3.23}$$

由于旋转变换需要以点 $A_0(x_0, y_0)$ 表示点 $A(x, y)$，因此将式（3.23）进行简化，可得：

$$\begin{cases} x = x_0\cos\beta + y_0\sin\beta \\ y = -x_0\sin\beta + y_0\cos\beta \end{cases} \tag{3.24}$$

同样，图像的旋转变换也可以用矩阵形式表示为：

$$\begin{pmatrix} x \\ y \\ 1 \end{pmatrix} = \begin{pmatrix} \cos\beta & \sin\beta & 0 \\ -\sin\beta & \cos\beta & 0 \\ 0 & 0 & 1 \end{pmatrix} \begin{pmatrix} x_0 \\ y_0 \\ 1 \end{pmatrix} \tag{3.25}$$

图像旋转之后也可以根据新点求解原始图像新点的坐标，其矩阵表示形式为：

$$\begin{pmatrix} x_0 \\ y_0 \\ 1 \end{pmatrix} = \begin{pmatrix} \cos\beta & -\sin\beta & 0 \\ \sin\beta & \cos\beta & 0 \\ 0 & 0 & 1 \end{pmatrix} \begin{pmatrix} x \\ y \\ 1 \end{pmatrix} \tag{3.26}$$

【例 3.6】实现把一幅图像旋转 60°，并分别采用把转出显示区域的图像截去和扩大显示区域范围以显示图像的全部内容这两种方式，MATLAB 程序如下：

```
I=imread('lena.jpg'); J=imrotate(I,60,'bilinear');
K=imrotate(I,60,'bilinear','crop');
subplot(1,3,1),imshow(I); subplot(1,3,2),imshow(J);
subplot(1,3,3),imshow(K);
```

MATLAB 程序运行结果如图 3.18 所示。

（a）原始图像　　　　（b）旋转图像（显示全部）　　　　（c）旋转图像（截去局部）

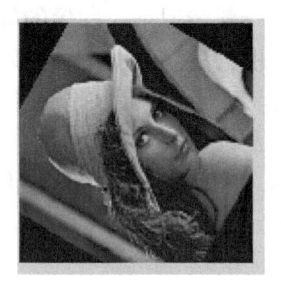

图 3.18　图像的旋转

由于数字图像的坐标值必须是整数，图像旋转之后，可能引起图像部分像素点的局部改变，这时图像的大小也会发生一定改变。

图像旋转角 $\beta=45°$ 时，变换关系为：

$$\begin{cases} x = 0.707x_0 + 0.707y_0 \\ y = -0.707x_0 + 0.707y_0 \end{cases} \tag{3.27}$$

以原始图像上的点（1，1）为例，旋转以后，该点坐标均为小数，经舍入后为（1，0），产生了位置误差。可见，图像旋转以后可能会发生一些细微的变化。为了避免图像旋转之后可能产生的信息丢失，可以先进行图像平移，再进行图像旋转。图像旋转之后，可能会出现一些空白点，需要对这些空白点进行灰度级的插值处理，否则就会影响旋转后的图像质量。

3.4.4　图像的缩放（Image Zoom）

在通常情况下，数字图像的比例缩放是指将给定的图像在 x 方向和 y 方向上按相同的比例 a 缩放，从而获得一幅新的图像，又称为全比例缩放。如果 x 方向和 y 方向缩放的比例不同，则图像的比例缩放会改变原始图像像素间的相对位置，产生几何畸变。设原始图像中的点 $A_0(x_0, y_0)$ 经比例缩放后，在新图中的对应点为 $A_1(x_1, y_1)$，则 $A_0(x_0, y_0)$ 和 $A_1(x_1, y_1)$ 之间的坐标关系可表示为：

$$\begin{pmatrix} x_1 \\ y_1 \\ 1 \end{pmatrix} = \begin{pmatrix} a & 0 & 0 \\ 0 & a & 0 \\ 0 & 0 & 1 \end{pmatrix} \begin{pmatrix} x_0 \\ y_0 \\ 1 \end{pmatrix} \qquad (3.28)$$

即
$$\begin{cases} x_1 = ax_0 \\ y_1 = ay_0 \end{cases} \qquad (3.29)$$

若比例缩放产生的图像中的像素在原始图像中没有对应的像素点时，就需要进行灰度级的插值运算，一般有以下两种插值处理方法。

（1）直接赋值为和它最相近的像素灰度值，这种方法称为最近邻插值法，该方法简单、计算量小，但很可能会出现马赛克现象。

（2）通过其他数学插值算法来计算相应像素点的灰度值，这类方法处理效果好，但运算量会有所增加。

在式（3.29）所表示的比例缩放中，若 $a>1$，则图像被放大；若 $a<1$，则图像被缩小。以 $a=1/2$ 为例，即图像被缩小为原始图像的一半。图像被缩小一半以后根据目标图像和原始图像像素之间的关系，有如下两种缩小方法（以 8×8 图像为例）。

第一种方法是取原始图像的偶数行组成新图像，此时缩放前后图像间像素点的对应关系如图 3.19 所示。第二种方法是取原始图像的奇数行组成新图像，此时缩放前后图像间像素点的对应关系如图 3.20 所示。

缩小图像 $\begin{cases} (0,0) \leftrightarrow (0,0) \\ (0,1) \leftrightarrow (0,2) \\ (0,2) \leftrightarrow (0,4) \\ (0,3) \leftrightarrow (0,6) \\ (1,0) \leftrightarrow (2,0) \\ (1,1) \leftrightarrow (2,2) \\ \vdots \\ (3,0) \leftrightarrow (6,0) \\ (3,1) \leftrightarrow (6,2) \\ (3,2) \leftrightarrow (6,4) \\ (3,3) \leftrightarrow (6,6) \end{cases}$ 原始图像

缩小图像 $\begin{cases} (0,0) \leftrightarrow (1,1) \\ (0,1) \leftrightarrow (1,3) \\ (0,2) \leftrightarrow (1,5) \\ (0,3) \leftrightarrow (1,7) \\ (1,0) \leftrightarrow (3,1) \\ (1,1) \leftrightarrow (3,3) \\ \vdots \\ (3,0) \leftrightarrow (7,1) \\ (3,1) \leftrightarrow (7,3) \\ (3,2) \leftrightarrow (7,5) \\ (3,3) \leftrightarrow (7,7) \end{cases}$ 原始图像

图 3.19 像素点对应图（取原始图像的偶数行） 　　图 3.20 像素点对应图（取原始图像的奇数行）

以此类推，可以逐点计算缩小图像各像素点的值，图像缩小之后所承载的信息量为原始图像的 50%，即在原始图像上，按行优先的原则，对应所处理的行，每隔一个像素取一点，每隔一行进行一次操作。也就是说，取原始图像的偶数行和偶数列构成新的图像。

如果图像按任意比例缩小，则以类似的方式按比例选择行和列上的像素点。若 x 方向与 y 方向上的缩放比例不同，则这种变化会使缩放以后的图像产生几何畸变。图像 x 方向和 y 方向上不同比例缩放的变换公式为：

$$\begin{pmatrix} x_1 \\ y_1 \\ 1 \end{pmatrix} = \begin{pmatrix} a & 0 & 0 \\ 0 & b & 0 \\ 0 & 0 & 1 \end{pmatrix} \begin{pmatrix} x_0 \\ y_0 \\ 1 \end{pmatrix}, \quad a \neq b \qquad (3.30)$$

图像缩小变换公式在已知的图像信息中以某种方式选择需要保留的信息。反之，图像的

放大变换则需要对图像尺寸经放大后多出来的像素点填入适当的像素值，这些像素点在原始图像中没有直接对应的点，需要以某种方式进行估计。以 $a=b=2$ 为例，即原始图像按全比例放大 1 倍，实际上，这是将原始图像每行中各像素点重复取值一遍，然后每行重复一次。根据理论计算，放大以后图像中的像素点（0,0）对应于原始图中的像素点（0,0），（0,2）对应于原始图像中的（0,1）；但放大后图像的像素点（0,1）对应于原始图中的像素点（0,0.5），（1,0）对应于原始图像中的（0.5,0），原始图像中不存在这些像素点，那么放大图像如何处理这些问题呢？以像素点（0,0.5）为例，这时可以采用以下两种方法和原始图像对应，其余点逐点类推。

（1）将原始图像中的像素点（0,0.5）近似为原始图像的像素点（0,0）。
（2）将原始图像中的像素点（0,0.5）近似为原始图像的像素点（0,1）。

以图 3.21 所示的一段直线为例来说明这两种放大的细微差别。

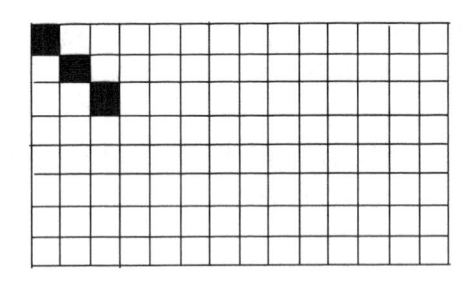

图 3.21 放大前的原始图像

若采用第一种方法，则原始图像和放大图像的像素对应关系如图 3.22 所示，其对应的放大图像如图 3.23 所示；若采用第二种方法，则原始图像和放大图像的像素对应关系如图 3.24 所示，其对应的放大图像如图 3.25 所示。

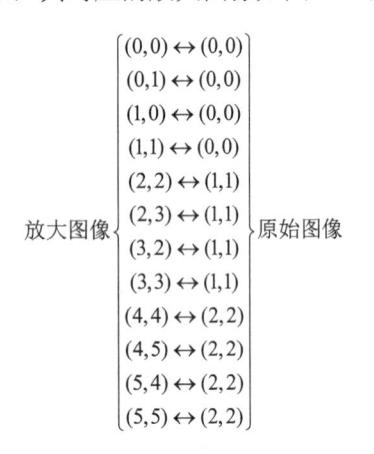

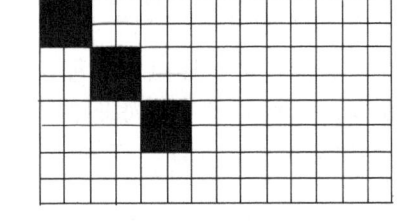

图 3.22 像素点对应图（采用第一种方法）　　图 3.23 放大两倍的图像（采用第一种方法）

可见，两种放大方式有一定的区别。如果将原图扩大 k 倍，则需要将一个像素值添加在 $k \times k$ 的方块图中。如果放大倍数过大，则按照这种方法填充灰度值会出现马赛克现象。为了避免出现马赛克现象，提高几何变换后的图像质量，可以采用不同复杂程度的线性插值法填充放大后多出来的相关像素点的灰度值。

$$\begin{cases}(0,0)\leftrightarrow(0,0)\\(0,1)\leftrightarrow(0,1)\\(1,0)\leftrightarrow(1,0)\\(1,1)\leftrightarrow(1,1)\\(1,2)\leftrightarrow(1,1)\\(2,1)\leftrightarrow(1,1)\\放大图像\begin{cases}(2,2)\leftrightarrow(1,1)\end{cases}原始图像\\(3,3)\leftrightarrow(2,2)\\(3,4)\leftrightarrow(2,2)\\(4,3)\leftrightarrow(2,2)\\(4,4)\leftrightarrow(2,2)\\(5,5)\leftrightarrow(3,3)\\(5,6)\leftrightarrow(3,3)\end{cases}$$

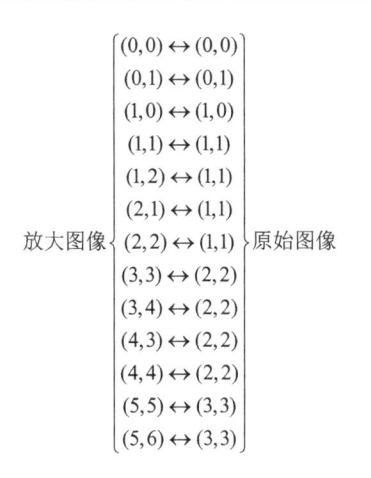

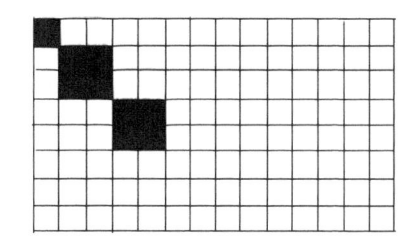

图 3.24　像素点对应图（采用第二种方法）　　图 3.25　放大两倍的图像（采用第二种方法）

3.4.5　灰度重采样（Gray Resampling）

几何运算还需要一个算法用于灰度级的重采样。如果一个输出像素映射到四个输入像素之间，则其灰度值由灰度插值算法决定，如图 3.26 所示。

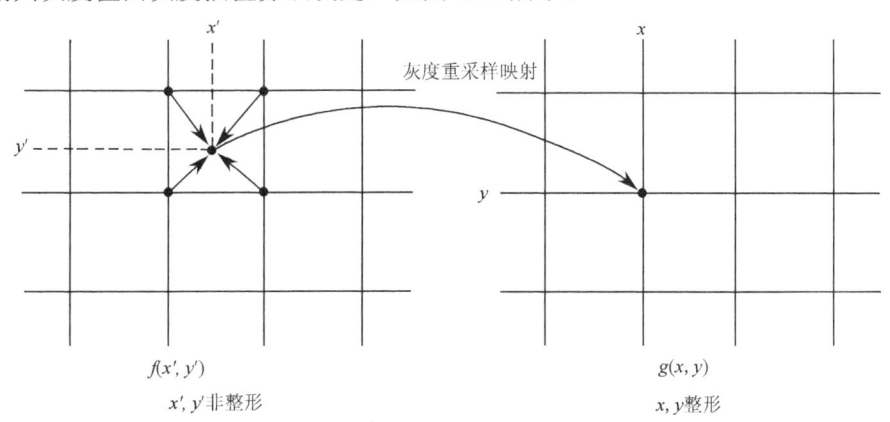

图 3.26　灰度重采样映射

常用的灰度插值方法有三种——最近邻法、双线性插值法和三次内插法。

考虑到数字图像是二维的，如图 3.27 所示，由于点 (u_0,v_0) 不在整数坐标点上，因此需要根据相邻整数坐标点上的灰度值来插值估算出该点的灰度值 $f(u_0,v_0)$。

最近邻法是将点 (u_0,v_0) 最近的整数坐标点 (u,v) 的灰度值取为点 (u_0,v_0) 的灰度值。在点 (u_0,v_0) 各相邻像素间灰度变化较小时，这种方法是一种简单快捷的方法，但当点 (u_0,v_0) 相邻像素间灰度差很大时，这种灰度估值方法会产生较大的误差。

双线性插值法是对最近邻法的一种改进，即用线性内插法，根据点 (u_0,v_0) 四个相邻点的灰度值，插值计算出 $f(u_0,v_0)$ 值。具体计算过程如图 3.27（b）所示。

（1）先根据 $f(u,v)$ 及 $f(u+1,v)$ 插值求 $f(u_0,v)$：
$$f(u_0,v) = f(u,v) + \alpha[f(u+1,v) - f(u,v)] \tag{3.31}$$

（2）再根据 $f(u,v+1)$ 及 $f(u+1,v+1)$ 插值求 $f(u_0,v+1)$：

$$f(u_0, v+1) = f(u, v+1) + \alpha[f(u+1, v+1) - f(u, v+1)] \tag{3.32}$$

（3）最后根据 $f(u_0, v)$ 及 $f(u_0, v+1)$ 插值求 $f(u_0, v_0)$：

$$\begin{aligned} f(u_0, v_0) &= f(u_0, v) + \beta[f(u_0, v+1) - f(u_0, v)] \\ &= (1-\alpha)(1-\beta)f(u, v) + \alpha(1-\beta)f(u+1, v) + \\ &\quad (1-\alpha)\beta f(u, v+1) + \alpha\beta f(u+1, v+1) \end{aligned} \tag{3.33}$$

（a）最近邻法

（b）双线性插值法

（c）$\sin(\pi x)/(\pi x)$ 的三次内插法

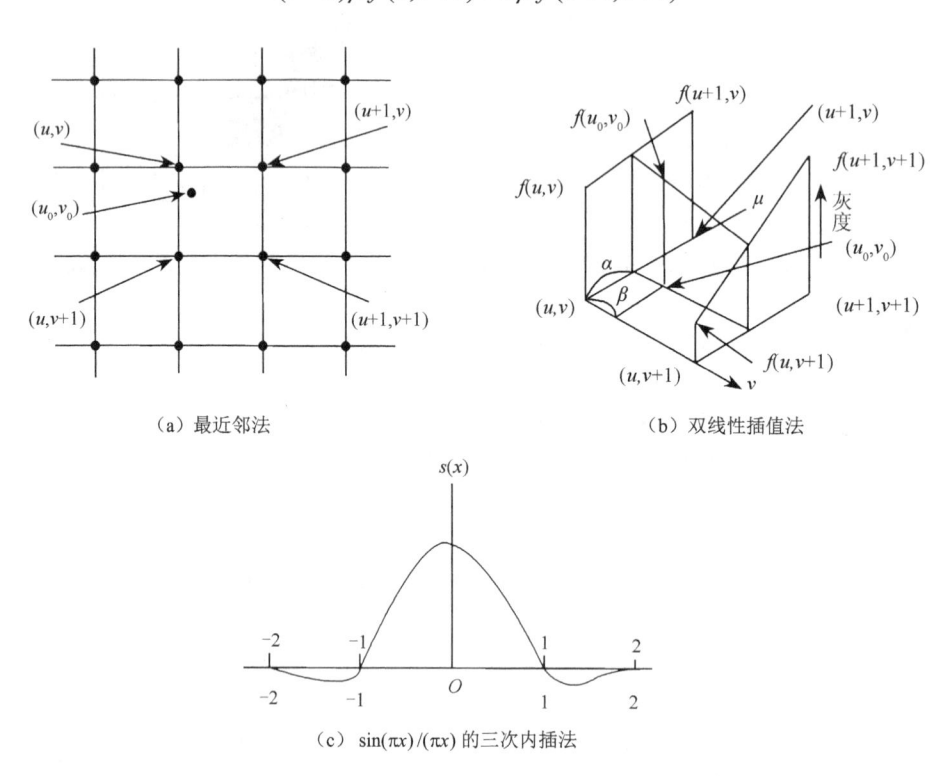

图 3.27 灰度插值方法

上述 $f(u_0, v_0)$ 的计算过程，实际上是根据 $f(u, v)$、$f(u+1, v)$、$f(u, v+1)$ 及 $f(u+1, v+1)$ 四个整数点的灰度值做两次线性插值（双线性插值）得到的。上述 $f(u_0, v_0)$ 插值计算方程可改写为：

$$\begin{aligned} f(u_0, v_0) =\ & [f(u+1, v) - f(u, v)]\alpha + [f(u, v+1) - f(u, v)]\beta + \\ & [f(u+1, v+1) + f(u, v) - f(u, v+1) - f(u+1, v)]\alpha\beta + f(u, v) \end{aligned} \tag{3.34}$$

此方法考虑了点 (u_0, v_0) 的直接邻点对它的影响，因此一般可以得到令人满意的插值效果。但这种方法具有低通滤波性质，使高频分量受到损失，图像轮廓模糊。如果要得到更精确的灰度插值效果，可采用三次内插法。

三次内插法不仅考虑点 (u_0, v_0) 的直接邻点对它的影响，还考虑到该点周围 16 个邻点的灰度值对它的影响。由连续信号采样定理可知，若对采样值用插值函数 $S(x) = \sin(\pi x)/(\pi x)$ 插值，则可精确地恢复原函数，当然也就可精确地得到采样点间任意点的值。此方法计算量很大，但精度高，能保持较好的图像边缘。

【例 3.7】采用三种不同插值法进行图片的放大比较，其 MATLAB 程序如下：

```
I=imread('lena.jpg');
J1=imresize(I,10,'nearest');        %采用最近邻法放大10倍
J2=imresize(I,10,'bilinear');       %采用双线性插值法放大10倍
J3=imresize(I,10,'bicubic');        %采用三次内插法放大10倍
figure
imshow(I);
title('原始图像');
figure
imshow(J1);
title('最近邻法');
figure
imshow(J2);
title('双线性插值法');
figure
imshow(J3);
title('三次内插法');
```

MATLAB 程序运行结果如图 3.28 所示。

（a）原始图像　　　　　　　　　　　（b）最近邻法

（c）双线性插值法　　　　　　　　　（d）三次内插法

图 3.28　灰度插值法比较

从上面所得结果可以知道，采用最近邻法放大图像的结果最模糊，采用三次内插法放大

图像的结果质量最好，其次是双线性插值法。最近邻插值是最简便的插值，在这种算法中，每个插值输出像素的值就是在输入图像中与其最邻近的采样点的值。这种插值方法的运算量非常小。双线性插值法的输出像素值是它在输入图像中 2×2 邻域采样点的平均值，它根据某像素周围四个像素的灰度值在水平和垂直两个方向上对其插值。三次插值法的插值核为三次函数，其插值邻域的大小为 4×4，它的插值效果比较好，但相应的计算量也比较大。

小结（Summary）

本章主要介绍了图像的基本运算，包括点运算、代数运算、逻辑运算和几何运算。点运算实际上就是对图像的每个像素点的灰度值按一定的映射关系进行运算，从而得到一幅新图像的过程，是其他图像处理运算的基础。代数运算是指对两幅或两幅以上输入图像进行点对点的加、减、乘、除运算而得到目标图像的过程。它们还可以通过适当的组合，形成涉及几幅图像的复合代数运算图像。逻辑运算是指将两幅图像的对应像素进行包括与（AND）、或（OR）及补等。几何运算是通过改变像素位置进行图像形状的变换，根据应用的需要使原始图像产生大小、形状、位置等方面的变化。本章列举了以上几种运算的应用实例和 MATLAB 的源程序。

习题（Exercises）

3.1 图像基本运算可以分为哪几类？
3.2 在一个线性拉伸变换中，当 a、b 取何值时，可以将灰度值分别从 23 和 155 变换为 16 和 240？
3.3 代数运算可以分为哪几类，各有什么意义？
3.4 简述通过多幅图像进行平均降噪的原理。
3.5 举例说明差影法的用处。
3.6 有哪几种常见的几何变换？
3.7 图像旋转会引起图像失真吗，为什么？
3.8 灰度级的插值用在什么情况下？有哪些插值处理方法？
3.9 在放大一幅图像时，什么情况下会出现马赛克现象，有什么解决办法？

第4章 图像变换
(Image Transform)

图像变换是将图像从空间（2D 平面）变换到变换域（或频率域），变换的目的是根据图像在变换域的某些性质对其进行处理。通常，这些性质在空间域难以获取，在变换域处理完毕后，将处理结果再反变换到空间域。本章主要介绍的是连续傅里叶变换、离散傅里叶变换及其性质和离散余弦变换、沃尔什变换。

The underlying principle of image transformation is to transform image from spatial domain to some other domain. Certain properties of the image in spatial domain are difficult to obtain, yet they would become more attainable after image transformation. A typical image transformation involves mathematical calculation such as inverse transform. This chapter mainly focuses on the principles and application of continuous Fourier transform, discrete Fourier transform, discrete cosine transform and Walsh transform.

4.1 连续傅里叶变换
（Continuous Fourier Transform）

1807 年，傅里叶提出了傅里叶级数的概念，即任意周期信号可分解为复正弦信号的叠加。1822 年，傅里叶又提出了傅里叶变换。傅里叶变换是一种常用的正交变换，它的理论完善，应用程序多。在数字图像应用领域，傅里叶变换起着非常重要的作用，用它可完成图像分析、图像增强及图像压缩等工作。

连续傅里叶变换的定义：函数 $f(x)$ 的一维连续傅里叶变换（1-Dimensional Continuous Fourier Transformation）由下式定义：

$$\Re : F(u) = \int_{-\infty}^{\infty} f(x) \mathrm{e}^{-\mathrm{j}2\pi ux} \, \mathrm{d}x \tag{4.1}$$

式中，$\mathrm{j}^2 = -1$。$F(u)$ 的傅里叶反变换（Fourier Inversion Transformation）定义为：

$$\Re^{-1} : f(x) = \int_{-\infty}^{\infty} F(u) \mathrm{e}^{\mathrm{j}2\pi ux} \, \mathrm{d}u \tag{4.2}$$

注意：正反傅里叶变换的唯一区别是幂的符号。函数 $f(x)$ 和 $F(u)$ 被称为一个傅里叶变换对，对于任意函数 $f(x)$，其傅里叶变换 $F(u)$ 是唯一的；反之亦然。

这里 $f(x)$ 是实函数，它的傅里叶变换 $F(u)$ 通常是复函数。$F(u)$ 的实部、虚部、振幅、能量和相位分别表示如下：

实部 $$R(u) = \int_{-\infty}^{+\infty} f(x)\cos(2\pi ux)\,\mathrm{d}x \tag{4.3}$$

虚部 $$I(u) = -\int_{-\infty}^{+\infty} f(x)\sin(2\pi ux)\,\mathrm{d}x \tag{4.4}$$

振幅 $$|F(u)| = \left[R^2(u) + I^2(u)\right]^{\frac{1}{2}} \tag{4.5}$$

能量 $$E(u) = |F(u)|^2 = R^2(u) + I^2(u) \tag{4.6}$$

相位 $$\phi(u) = \arctan\frac{I(u)}{R(u)} \tag{4.7}$$

傅里叶变换可以很容易推广到二维的情形。设函数 $f(x,y)$ 是连续可积的，且 $F(u,v)$ 可积，则存在如下的傅里叶变换对：

$$F\{f(x,y)\} = F(u,v) = \int_{-\infty}^{\infty}\int_{-\infty}^{\infty} f(x,y)\mathrm{e}^{-\mathrm{j}2\pi(ux+vy)}\,\mathrm{d}x\mathrm{d}y \tag{4.8}$$

$$F^{-1}\{F(u,v)\} = f(x,y) = \int_{-\infty}^{\infty}\int_{-\infty}^{\infty} F(u,v)\mathrm{e}^{\mathrm{j}2\pi(ux+vy)}\,\mathrm{d}u\mathrm{d}v \tag{4.9}$$

式中，u、v 是频率变量。与一维的情况一样，二维函数（2-Dimensional Function）的傅里叶频率谱、相位谱和能量谱为：

傅里叶频率谱 $$|F(u,v)| = \left[R^2(u,v) + I^2(u,v)\right]^{\frac{1}{2}} \tag{4.10}$$

相位谱 $$\phi(u,v) = \arctan\frac{I(u,v)}{R(u,v)} \tag{4.11}$$

能量谱 $$E(u,v) = R^2(u,v) + I^2(u,v) \tag{4.12}$$

4.2 离散傅里叶变换
（Discrete Fourier Transform）

离散傅里叶变换（Discrete Fourier Transform，DFT），是傅里叶变换在时间域和频率域上都呈离散的形式，将信号的时间域采样变换为其 DFT 的频率域采样。在形式上，变换两端（在时间域和频率域上）的序列是有限长的，而实际上这两组序列都应被认为是离散周期信号的主值序列。即使对有限长的离散信号做 DFT，也应将它看成其周期延拓的变换。在实际应用中通常采用快速傅里叶变换计算 DFT。

离散傅里叶变换的定义：离散序列 $f(x)$ 的一维离散傅里叶变换由下式定义：

$$\Re : F(u) = \frac{1}{\sqrt{N}}\sum_{x=0}^{N-1} f(x)\mathrm{e}^{-\mathrm{j}2\pi ux/N} \tag{4.13}$$

式中，N 为离散序列 $f(x)$ 的长度，$u = 0,1,2,\cdots,N-1$。$F(u)$ 的反变换（IDFT）定义为：

$$\Re^{-1} : f(x) = \frac{1}{\sqrt{N}}\sum_{u=0}^{N-1} F(u)\mathrm{e}^{\mathrm{j}2\pi ux/N} \tag{4.14}$$

式中，$x = 0,1,2,\cdots,N-1$。注意，正反离散傅里叶变换的唯一区别是幂的符号。离散序列 $f(x)$ 和 $F(u)$ 被称为一个离散傅里叶变换对，对于任一离散序列 $f(x)$，其傅里叶变换 $F(u)$ 是唯一的；

反之亦然。

这里 $f(x)$ 是实函数，它的傅里叶变换 $F(u)$ 通常是复函数。$F(u)$ 如式（4.15）所示，其傅里叶频谱、相位谱和能量谱分别表示如下：

$$F(u) = R(u) + \mathrm{j}I(U) \quad (4.15)$$

傅里叶频谱 $\qquad |F(u)| = \sqrt{R^2(u) + I^2(u)}$

相位谱 $\qquad \phi(u) = \arctan\left[I(u)/R(u)\right]$

能量谱 $\qquad E(u) = |F(u)|^2 = R^2(u) + I^2(u)$

同连续函数的傅里叶变换一样，离散函数的傅里叶变换也可推广到二维的情形，其二维离散傅里叶变换（2-Dimensional DFT，2-D DFT）定义为：

$$F(u,v) = \frac{1}{\sqrt{MN}} \sum_{x=0}^{M-1} \sum_{y=0}^{N-1} f(x,y) \mathrm{e}^{-\mathrm{j}2\pi\left(\frac{ux}{M}+\frac{vy}{N}\right)} \quad (4.16)$$

式中，$u = 0,1,\cdots,M-1$，$v = 0,1,\cdots,N-1$。二维离散傅里叶反变换（2-D IDFT）定义为：

$$f(x,y) = \frac{1}{\sqrt{MN}} \sum_{u=0}^{M-1} \sum_{v=0}^{N-1} F(u,v) \mathrm{e}^{\mathrm{j}2\pi\left(\frac{ux}{M}+\frac{vy}{N}\right)} \quad (4.17)$$

式中，$x = 0,1,\cdots,M-1$，$y = 0,1,\cdots,N-1$，u、v 是频率变量。与一维的情况一样，二维函数（2-D Function）的离散傅里叶频谱、相位谱和能量谱为：

傅里叶频谱 $\qquad |F(u,v)| = \sqrt{R^2(u,v) + I^2(u,v)}$

相位谱 $\qquad \phi(u,v) = \arctan\left[I(u,v)/R(u,v)\right]$

能量谱 $\qquad E(u,v) = |F(u,v)|^2 = R^2(u,v) + I^2(u,v)$

4.3 快速傅里叶变换（Fast Fourier Transform）

随着计算机技术和数字电路的迅速发展，在信号处理中使用计算机和数字电路的趋势愈加明显。离散傅里叶变换（DFT）已成为数字信号处理的重要工具。然而，它的计算量较大，运算时间长，在某种程度上却限制了它的使用范围。快速算法大大提高了傅里叶变换运算速度，在某些应用场合已经可能做到实时处理。快速傅里叶变换（FFT）并不是一种新的变换，它是离散傅里叶变换（DFT）的一种算法。这种方法是在分析离散傅里叶变换（DFT）中多余运算的基础上，进而消除这些重复工作的思想指导下得到的，它在运算中大大节省了工作量，达到了快速的目的。下面从基本定义入手，讨论其原理。

对于一个有限长序列 $\{f(x)\}(0 \leqslant x \leqslant N-1)$，它的傅里叶变换由下式表示：

$$F(u) = \frac{1}{\sqrt{N}} \sum_{x=0}^{N-1} f(x) W_N^{ux} \quad (4.18)$$

令 $\qquad W_N = \mathrm{e}^{-\mathrm{j}\frac{2\pi}{N}}, \quad W_N^{-1} = \mathrm{e}^{\mathrm{j}\frac{2\pi}{N}}$

傅里叶变换对可写成下式：

$$F(u) = \frac{1}{\sqrt{N}} \sum_{x=0}^{N-1} f(x) W_N^{ux} \qquad (4.19)$$

$$f(x) = \frac{1}{\sqrt{N}} \sum_{u=0}^{N-1} F(u) W_N^{-ux} \qquad (4.20)$$

从上面的运算可以看出，要得到每个频率分量，需要进行 N 次乘法和 $N-1$ 次加法运算。要完成整个变换需要 N^2 次乘法和 $N(N-1)$ 次加法运算。当序列较长时，必然要花费大量时间。W_N^{ux} 是以 N 为周期的，即：

$$W_N^{(u+LN)(x+KN)} = W_N^{ux} \qquad (4.21)$$

基于此，美国人库利和图基提出把原始的 N 点序列依次分解成一系列短序列，求出这些短序列的离散傅里叶变换，以此来减少乘法运算量。

从上例可以看出，离散傅里叶变换的乘法运算有许多重复内容，快速傅里叶变换就是利用包含在 DFT 系数矩阵中的某些规律，将矩阵中的元素巧妙地排列替换，以减少乘法计算的次数，因为乘法运算与加法运算相比需要花费更多时间。

FFT 对一维 DFT 的直接实现的计算优势定义为：

$$C(N) = \frac{N^2}{N \log_2 N} = \frac{N}{\log_2 N} \qquad (4.22)$$

因为假设 $N = 2^n$，所以可以用 n 来表示：

$$C(n) = \frac{2^n}{n} \qquad (4.23)$$

由式（4.23）可发现优势以 n 的函数急速增加，如图 4.1 所示。

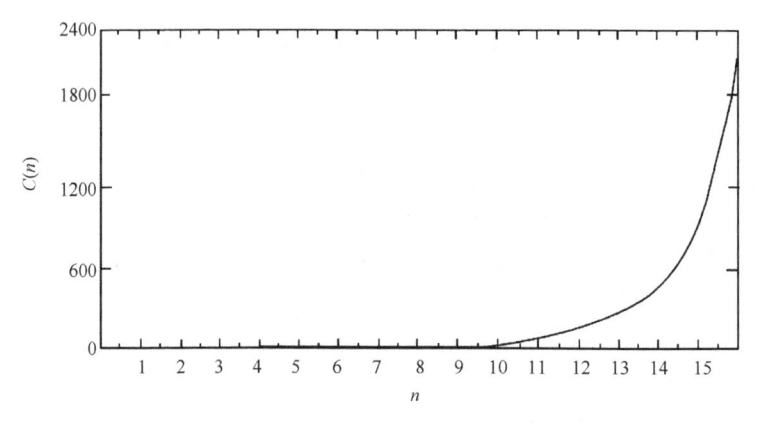

图 4.1　FFT 相对于直接实现一维 DFT 的计算优势

4.4 傅里叶变换的性质
（Properties of Fourier Transform）

4.4.1 可分离性（Separability）

式（4.16）和式（4.17）可以写成以下分离形式：

$$F(u,v) = \frac{1}{\sqrt{MN}} \sum_{x=0}^{M-1} e^{-j2\pi ux/M} f(x,y) \sum_{y=0}^{N-1} e^{-j2\pi vy/N} \quad u=0,1,\cdots,M-1;\ v=0,1,\cdots,N-1 \quad (4.24)$$

$$f(x,y) = \frac{1}{\sqrt{MN}} \sum_{u=0}^{M-1} e^{j2\pi ux/M} \sum_{v=0}^{N-1} F(u,v) e^{j2\pi vy/N} \quad u=0,1,\cdots,M-1;\ v=0,1,\cdots,N-1 \quad (4.25)$$

从上述这些分离形式可知，一个 2-D 傅里叶变换可由连续 2 次运用 1-D 傅里叶变换来实现，式（4.24）可分成下列两步完成：

第一步：
$$F(u,y) = \frac{1}{\sqrt{M}} \sum_{x=0}^{M-1} f(x,y) e^{-j2\pi(ux)/M} \quad (4.26)$$

第二步：
$$F(u,v) = \frac{1}{\sqrt{N}} \sum_{y=0}^{N-1} F(u,y) e^{-j2\pi(vy)/N} \quad (4.27)$$

对每个 y 值，式（4.26）中是一个 1-D 傅里叶变换。所以 $F(u,y)$ 可由沿 $f(x,y)$ 的每一行求变换得到，在此基础上，再对 $F(u,y)$ 每一列求傅里叶变换就可得到 $F(u,v)$。

当 $M=N$ 时，变换过程可如图 4.2 所示（这里将变换系数合并在正变换公式中了）。

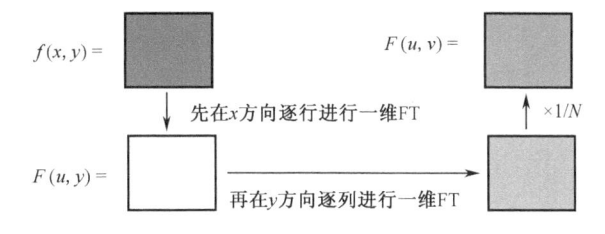

图 4.2 二次一维变换示意图

【例 4.1】二维离散傅里叶变换举例。

$$f(x,y) = \begin{bmatrix} 1 & 1 & 0 & 0 \\ 1 & 1 & 0 & 0 \\ 0 & 0 & 0 & 0 \\ 0 & 0 & 0 & 0 \end{bmatrix} \quad F(u,v) = \begin{bmatrix} 1 & 0.5-0.5j & 0 & 0.5+0.5j \\ 0.5-0.5j & -0.5j & 0 & 0.5 \\ 0 & 0 & 0 & 0 \\ 0.5+0.5j & 0.5 & 0 & 0.5j \end{bmatrix}$$

x 方向 FFT ↓   ↑×1/4

$$F(u,y) = \begin{bmatrix} 2 & 2 & 0 & 0 \\ 1-j & 1-j & 0 & 0 \\ 0 & 0 & 0 & 0 \\ 1+j & 1+j & 0 & 0 \end{bmatrix} \xrightarrow{y\text{方向FFT}} \begin{bmatrix} 4 & 2-2j & 0 & 2+2j \\ 2-2j & -2j & 0 & 2 \\ 0 & 0 & 0 & 0 \\ 2+2j & 2 & 0 & 2j \end{bmatrix}$$

4.4.2 平移性质（Translation）

如果 $F(u,v)$ 的频率变量 u,v 各移动了 u_0,v_0 距离，$f(x,y)$ 的变量 x,y 各移动了 x_0,y_0 距离，则傅里叶变换对有下面的形式：

$$f(x,y)e^{j2\pi(u_0x/M+v_0y/N)} \Leftrightarrow F(u-u_0,v-v_0) \quad (4.28)$$

$$f(x-x_0,y-y_0) \Leftrightarrow F(u,v)e^{-j2\pi(ux_0/M+vy_0/N)} \quad (4.29)$$

式（4.28）表明 $f(x,y)$ 与一个指数相乘等于将变换后的频率域中心［如式（4.28）］移到新的位置。类似地，式（4.29）表明将 $F(u,v)$ 与一个指数项相乘就相当于把其反变换后的空间域中心移动到新的位置。另外从式（4.29）还可知，对 $f(x,y)$ 的平移将不改变频谱的幅值（Amplitude）。

当 $u_0=M/2$，$v_0=N/2$ 时，$e^{j2\pi(u_0x/M+v_0y/N)} = e^{j\pi(x+y)} = (-1)^{(x+y)}$

即

$$f(x,y)(-1)^{(x+y)} \Leftrightarrow F(u-M/2,v-N/2)$$

同理

$$f(x-M/2,y-N/2) \Leftrightarrow F(u,v)(-1)^{(u+v)}$$

我们把以上这一性质称为移中性。下面以一维变换为例，说明移中性的应用。

【例 4.2】 已知 $f(x)=[1,1,1,1,1,1,1,1,0,0,0,0,0,0,0,0]$，$g(x)=f(x)(-1)^x$，$x=0,1,\cdots,15$，求 $|F(u)|$ 和 $|G(u)|$，并画出它们的频谱图。

根据式（4.13）计算得到：

$F(u) =$ [8, 1−5.0273i, 0, 1−1.4966i, 0, 1−0.6682i, 0, 1−0.1989i, 0, 1+0.1989i, 0, 1+0.6682i, 0, 1+1.4966i, 0, 1+5.0273i]

$|F(u)|$ =[8, 5.1258, 0, 1.8, 0, 1.2027, 0, 1.0196, 0, 1.0196, 0, 1.2027, 0, 1.8, 0, 5.1258]

$|F(u)|$ 的频谱图如图 4.3 所示。

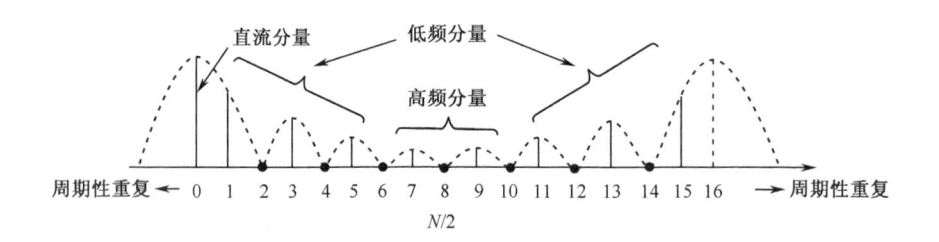

图 4.3 $|F(u)|$ 的频谱图

对于 $g(x)=f(x)(-1)^x$，有：$g(x)=$[1,−1, 1,−1,1,−1, 1,−1,0,0,0,0,0,0,0,0]

所以：

$G(u) =$[0,1+0.1989i,0,1+0.6682i,0,1+1.4966i, 0,1+5.0273i,8,1−5.0273i,0, 1− 1.4966i, 0,1−0.6682i,0,1−0.1989i]

$|G(u)|$=[0,1.0196, 0,1.2027,0,1.8, 0,5.1258,8,5.1258,0,1.8,0,1.2027,0,1.0196]

$|G(u)|$ 的频谱图如图 4.4 所示。

图 4.4 $|G(u)|$ 的频谱图

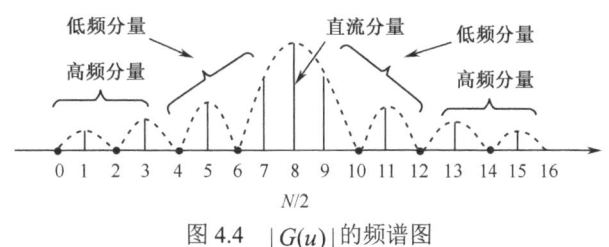

比较图 4.3 和图 4.4 就可以发现，图 4.4 是以直流分量为中心构成的对称频谱。

【例 4.3】已知 $f(x,y)=[1,1,0,0;1,1,0,0;0,0,0,0;0,0,0,0]$，$g(x,y)=f(x,y)(-1)^{x+y}$，计算 $|F(u,v)|$ 和 $|G(u,v)|$。

$$f(x,y)\begin{bmatrix}1&1&0&0\\1&1&0&0\\0&0&0&0\\0&0&0&0\end{bmatrix}\xrightarrow{FT}\begin{bmatrix}4&2-2j&0&2+2j\\2-2j&-2j&0&2\\0&0&0&0\\2+2j&2&0&2j\end{bmatrix}\times 1/4 \rightarrow \begin{bmatrix}1&\frac{\sqrt{2}}{2}&0&\frac{\sqrt{2}}{2}\\\frac{\sqrt{2}}{2}&\frac{1}{2}&0&\frac{1}{2}\\0&0&0&0\\\frac{\sqrt{2}}{2}&\frac{1}{2}&0&\frac{1}{2}\end{bmatrix}|F(u,v)|$$

$$\downarrow \times(-1)^{(x+y)}$$

$$g(x,y)\begin{bmatrix}1&-1&0&0\\-1&1&0&0\\0&0&0&0\\0&0&0&0\end{bmatrix}\xrightarrow{FT}\begin{bmatrix}0&0&0&0\\0&2j&2+2j&2\\0&2+2j&4&2-2j\\0&2&2-2j&-2j\end{bmatrix}\times 1/4 \rightarrow \begin{bmatrix}0&0&0&0\\1&\frac{1}{2}&\frac{\sqrt{2}}{2}&\frac{1}{2}\\0&\frac{\sqrt{2}}{2}&1&\frac{\sqrt{2}}{2}\\0&\frac{1}{2}&\frac{\sqrt{2}}{2}&\frac{1}{2}\end{bmatrix}|G(u,v)|$$

请注意观察 $|F(u,v)|$ 和 $|G(u,v)|$ 的区别。

【例 4.4】对一幅图进行傅里叶变换，求出其频谱图，然后利用平移性质，在原图的基础上乘以 $(-1)^{x+y}$，求傅里叶变换的频谱图（参照例 4.2）。

图 4.5（a）为原始图像，对其求傅里叶变换得到图 4.5（b）所示的傅里叶变换频谱图，观察频谱图可知，在平移前，图 4.5（b）坐标原点在窗口的左上角，即变换后的直流成分位于左上角，而窗口的四角分布低频成分。对原图乘以 $(-1)^{x+y}$ 后进行傅里叶变换，观察频谱图 4.5（c）可知，变换后的坐标原点移至频谱图窗口中央，因而围绕坐标原点是低频，向外是高频。

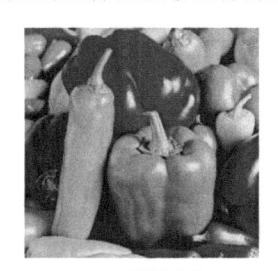

（a）原始图像　　　　（b）频谱图　　　　（c）中心移到零点的频谱图

图 4.5 二维离散傅里叶变换结果中频率成分分布示意图

通过例 4.4 可知，图像的能量主要集中在低频区，即频谱图的中央位置，而相对的高频区（左上、右上、左下、右下四个角）的幅值很小或接近于 0。以后傅里叶变换都进行相似的平移处理，将不再重复叙述。

4.4.3 周期性和共轭对称性（Periodicity and Conjugate Symmetry）

傅里叶变换和反变换有如下周期性规律：

$$F(u,v) = F(u+M,v) = F(u,v+N) = F(u+M,v+N)$$
$$f(x,y) = f(x+M,y) = f(x,y+N) = f(x+M,y+N) \quad (4.30)$$

式（4.30）可通过将右边几项分别代入式（4.16）和式（4.17）来验证。它表明，尽管 $F(u,v)$ 对无穷多个 u 和 v 的值重复出现，但只需要根据在任意一个周期里的 M 或 N 个值就可以从 $F(u,v)$ 得到 $f(x,y)$。换句话说，只需要一个周期里的变换就可将 $F(u,v)$ 在频率域里完全确定。同样的结论对 $f(x,y)$ 在空间域也成立。

【例 4.5】求序列长度 $N=8$ 的 W_N^{ux} 周期性规律。

由于：

$$W_N^{ux} = \mathrm{e}^{-\mathrm{j}\frac{2\pi ux}{N}} = \cos\frac{ux}{N}2\pi - \mathrm{j}\sin\frac{ux}{N}2\pi$$

把 $N=8$ 代入上式：

$$W_N^{ux} = \cos\frac{ux}{4}\pi - \mathrm{j}\sin\frac{ux}{4}\pi$$

可得：

$$W_8^0 = 1, \quad W_8^2 = -\mathrm{j}, \quad W_8^4 = -1, \quad W_8^6 = \mathrm{j}$$

同理可得：

$$W_8^{0+N} = 1, \quad W_8^{2+N} = -\mathrm{j}, \quad W_8^{4+N} = -1, \quad W_8^{6+N} = \mathrm{j}$$

W_N^{ux} 周期性规律可以从图 4.6 中清楚地看出。

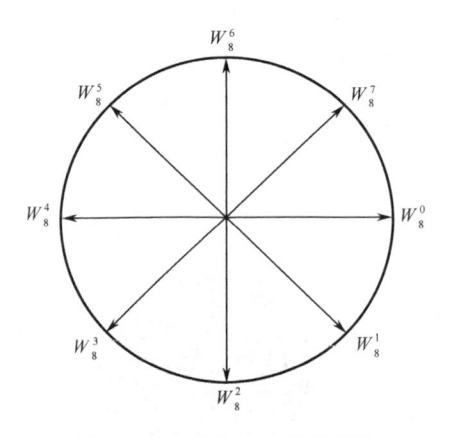

图 4.6 $N=8$ 时 W_N^{ux} 的周期性

如果 $f(x,y)$ 是实函数，则它的傅里叶变换具有共轭对称性：

$$F(u,v) = F^*(-u,-v) \quad (4.31)$$

$$|F(u,v)| = |F(-u,-v)| \qquad (4.32)$$

式中，$F^*(u,v)$ 为 $F(u,v)$ 的复共轭。

4.4.4 旋转性质（Rotation）

首先借助极坐标变换 $x = r\cos\theta$，$y = r\sin\theta$，$u = w\cos\phi$，$v = w\sin\phi$，将 $f(x,y)$ 和 $F(u,v)$ 转换为 $f(r,\theta)$ 和 $F(w,\phi)$。

$$f(x,y) \Leftrightarrow F(u,v)$$
$$f(r\cos\theta, r\sin\theta) \Leftrightarrow F(w\cos\phi, w\sin\phi)$$

经过整理得：

$$f(r,\theta+\theta_0) \Leftrightarrow F(w,\phi+\theta_0) \qquad (4.33)$$

式（4.33）表明，$f(x,y)$ 旋转一个角度 θ_0 对应于将其傅里叶变换 $F(u,v)$ 也旋转相同的角度 θ_0。$F(u,v)$ 到 $f(x,y)$ 也是一样。

【例 4.6】二维离散傅里叶变换的旋转性，其 MATLAB 程序如下：

```
%构造原始图像
I=zeros(256,256);I(28:228,108:148)=1;subplot(1,4,1);imshow(I)
%求原始图像的傅里叶频谱
J=fft2(I); F=abs(J);J1=fftshift(F);
subplot(1,4,2);imshow(J1,[5 50])
%对原始图像进行旋转
J=imrotate(I,315,'bilinear','crop'); subplot(1,4,3);imshow(J)
%求旋转后图像的傅里叶频谱
J1=fft2(J);F=abs(J1);J2=fftshift(F);
subplot(1,4,4);imshow(J2,[5 50])
```

MATLAB 程序运行结果如图 4.7 所示，此实例验证了傅里叶变换的旋转性。

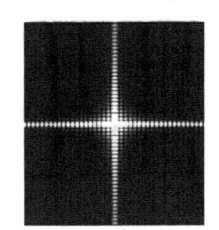

（a）原始图像　　　（b）原始图像的傅里叶频谱　　　（c）旋转后的图像　　　（d）旋转后图像的傅里叶频谱

图 4.7 二维离散傅里叶变换的旋转性

4.4.5 分配律（Distribution Law）

根据傅里叶变换对的定义可得到：

$$F\{f_1(x,y) + f_2(x,y)\} = F\{f_1(x,y)\} + F\{f_2(x,y)\} \qquad (4.34)$$

式（4.34）表明傅里叶变换和反变换对加法满足分配律，但对乘法则不满足，一般有：

$$F\{f_1(x,y) \cdot f_2(x,y)\} \neq F\{f_1(x,y)\} \cdot F\{f_2(x,y)\} \quad (4.35)$$

4.4.6 尺度变换（Scaling）

尺度变换描述了函数自变量的尺度变化对其傅里叶变换的作用。下面考察 $f(x,y)$ 的傅里叶变换：

$$af(x,y) \Leftrightarrow aF(u,v) \quad (4.36)$$

可以证明式（4.37）成立：

$$f(ax,by) \Leftrightarrow \frac{1}{|ab|}F\left(\frac{u}{a},\frac{v}{b}\right) \quad (4.37)$$

【例 4.7】比例尺度展宽，其 MATLAB 程序如下：

```
I=zeros(256,256);I(8:248,110:136)=255;
figure(1);imshow(I)
%原始图像的傅里叶频谱
J3=fft2(I);F2=abs(J3);J4=fftshift(F2);
figure(2);imshow(J4,[5 30])

%乘以比例尺度
a=0.1;
for i=1:256
   for j=1:256
      I(i,j)=I(i,j)*a;
   end
   end
%乘以比例尺度后的傅里叶频谱
J2=fft2(I);F1=abs(J2);J3=fftshift(F1);
figure(3);imshow(J3,[5 30])
```

MATLAB 程序运行结果如图 4.8 所示。

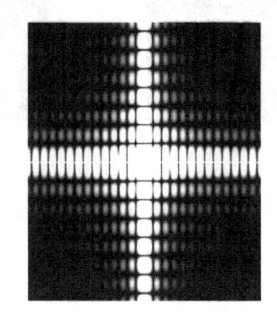

(a) 原始图像　　(b) 比例尺度展宽前的频谱　　(c) 比例尺度展宽后的频谱（a=0.1）

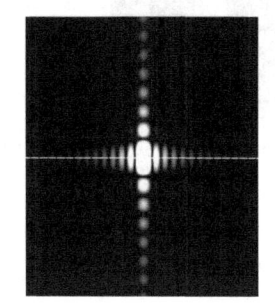

图 4.8　傅里叶变换的尺度变换性

【例 4.8】图 4.9（a）乘以 e^{-1}，使图像亮度整体变暗，求其频谱图。

其 MATLAB 程序如下：
```
I=imread('i_peppers_gray.bmp');
figure(1);imshow(I)
P=I*exp(-1);
figure(2);imshow(P)
P1=fftshift(fft2(P));
figure(3);imshow(log(abs(P1)),[8,10])
```

将图 4.9（a）函数乘以 e^{-1}，结果如图 4.9（b）所示。对其亮度平均变暗后的图像进行傅里叶变换，并将坐标原点移到频谱图中央位置，结果如图 4.9（c）所示。对比图 4.5（c）和图 4.9（c）可以看出，当图像亮度变暗后，中央低频成分变小。从中可知，中央低频成分代表了图像的平均亮度，当图像亮度平均值发生变化时，对应的频谱图中央的低频成分也发生改变。

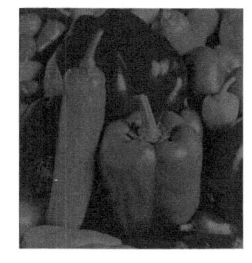

（a）原始图像　　　　　　　（b）变暗后的图像　　　　　　（c）变暗后中心移到零点的频谱图

图 4.9　二维离散傅里叶变换结果中频率成分分布示意图

4.4.7　平均值（Average Value）

对一个 2-D 离散函数，其平均值可用式（4.38）表示：

$$\overline{f}(x,y) = \frac{1}{MN} \sum_{x=0}^{M-1} \sum_{y=0}^{N-1} f(x,y) \tag{4.38}$$

其傅里叶变换在原点的频谱分量为：

$$\begin{aligned} F(0,0) &= \frac{1}{\sqrt{MN}} \sum_{x=0}^{M-1} \sum_{y=0}^{N-1} f(x,y) e^{-j2\pi(\frac{x}{M}\cdot 0 + \frac{y}{N}\cdot 0)} \\ &= \sqrt{MN} \left[\frac{1}{MN} \sum_{x=0}^{M-1} \sum_{y=0}^{N-1} f(x,y) \right] \\ &= \sqrt{MN}\, \overline{f}(x,y) \end{aligned} \tag{4.39}$$

式（4.38）和式（4.39）比较可得：

$$\overline{f}(x,y) = \frac{1}{\sqrt{MN}} F(0,0) \tag{4.40}$$

也就是说，频谱直流成分的 $\frac{1}{\sqrt{MN}}$ 倍等于图像平面的亮度平均值。在使用诸如高通滤波器的场合，$F(0,0)$ 值会衰减，因为图像的亮度在很大程度上会受到影响，采用对比度拉伸的方法可以缓和这种衰减。

4.4.8 卷积定理（Convolution Theorem）

卷积定理是线性系统分析中最重要的一条定理。下面先考虑 1-D 傅里叶变换：

$$f(x)*g(x) = \int_{-\infty}^{\infty} f(z)g(x-z)\mathrm{d}z \Leftrightarrow F(u)G(u) \quad (4.41)$$

同样，二维情况也是如此：

$$f(x,y)*g(x,y) \Leftrightarrow F(u,v)G(u,v) \quad (4.42)$$

这意味着，在时间域中的卷积相当于在频率域中的乘积。卷积定理指出了傅里叶变换中的一个优势：与其在一个域中作不直观的卷积，不如在另一个域中作乘法，两者可以达到相同的效果。

【例 4.9】应用傅里叶变换完成二维卷积，其 MATLAB 程序如下：

```
f=[8,1,6;3,5,7;4,9,2];
g=[1,1,1;1,1,1;1,1,1];
f(8,8)=0;    g(8,8)=0;
c=ifft2(fft2(f).*fft2(g));
c1=c(1:5,1:5)
%利用conv2(二维卷积函数)校验
a=[8,1,6;3,5,7;4,9,2];
b=[1,1,1;1,1,1;1,1,1];
c2=conv2(a,b)
```

请注意观察 MATLAB 程序运行结果 c1 和 c2。

4.5 图像傅里叶变换实例（Examples of Image Fourier Transform）

【例 4.10】在图 4.9（a）中加入高斯噪声，得出一个有颗粒噪声的图，并求其中心移到零点的频谱图，其 MATLAB 程序如下：

```
I=imread('i_peppers_gray.bmp');
I=imnoise(I,'gaussian',0,0.01);
figure;imshow(I);
P=fftshift(fft2(I));
figure; imshow(log(abs(P)),[8,10])
```

在图 4.9（a）中加入高斯噪声，得出有颗粒噪声的图 4.10（a），对其进行傅里叶变换，并利用平移性质将其坐标原点移到频谱图中央位置，结果如图 4.10（b）所示。通过对比图例 4.4 可以看出，图像如果存在明显的颗粒噪声，变换后的高频幅值数值增加，分布增多。由此得出，图像灰度变化缓慢的区域，对应它变换后的低频分量部分；图像灰度呈阶跃变换的区域，对应变换后的高频分量部分。除颗粒噪声外，图像细节的边缘、轮廓处都是灰度变化突变区域。它们都具有变换后的高频分量特征。

（a）有颗粒噪声　　　　　　　　（b）有颗粒噪声中心移到零点的频谱图

图 4.10　二维离散傅里叶变换结果中频率成分分布示意图

【例 4.11】 一幅图像如图 4.11（a）所示，求其幅值谱和相位谱，并对幅值谱和相位谱分别进行图像重构，对比其结果。MATLAB 程序如下：

```
I=imread('i_peppers_gray.bmp');
figure(1);imshow(real(I));
I=I(:,:,3);fftI=fft2(I);
sfftI=fftshift(fftI);
RRfdp1=real(sfftI);IIfdp1=imag(sfftI);
a=sqrt(RRfdp1.^2+IIfdp1.^2);
a=(a-min(min(a)))/(max(max(a))-min(min(a)))*225;
figure(2);imshow(real(a));
b=angle(fftI);figure(3);imshow(real(b));
theta=30;RR1=a*cos(theta);II1=a*sin(theta);
fftI1=RR1+i.*II1;C=ifft2(fftI1)*255;
figure(4);imshow(real(C));
MM=150;RR2=MM*cos(angle(fftI));II2=MM*sin(angle(fftI));
fftI2=RR2+i.*II2;D=ifft2(fftI2);
figure(5);imshow(real(D));
```

对图 4.11（a）进行离散傅里叶变换，得出幅值谱图 4.11（b）、相位谱图 4.11（c）及幅值谱重构图像图 4.11（d）和相位谱重构图像图 4.11（e）。从实验结果可以看出，从幅值谱图像中得到的信息比在相位谱图像中得到的信息多，但对幅值谱图像重构后，即忽略相位信息，将其设为常数，所得到的图像与原始图像相比，结果差别很大；而对相位谱图像重构后，即忽略幅值信息，将其设为常数，可以从中看出图像的基本轮廓。

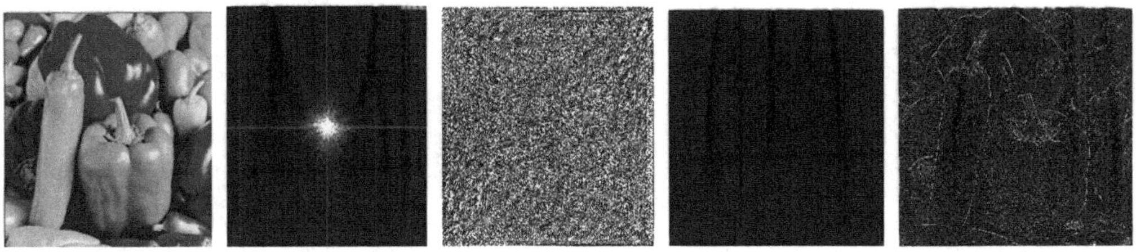

（a）原始图像　　（b）幅值谱　　（c）相位谱　　（d）幅值谱重构图像　　（e）相位谱重构图像

图 4.11　傅里叶变换及重构

【例 4.12】 对图 4.12 中的两幅图像分别求幅值谱和相位谱，将相位谱交换，分别进行图像重构，观察其结果。MATLAB 程序如下：

```
load lena.mat;load boy.mat;% 读取图像,分别在变量 I1 和 J1 中
%求傅里叶变换
If = fft2(I1);Jf = fft2(J1);
%分别求幅度谱和相位谱
FAi = abs(If);FPi = angle(If);
FAj = abs(Jf);FPj = angle(Jf);
%交换相位谱并重建复数矩阵
IR = FAi .* cos(FPj) + FAi.* sin(FPj) .* i;
JR = FAj .* cos(FPi) + FAj.* sin(FPi) .* i;
%傅里叶反变换
IR1= abs(ifft2(IR));JR1= abs(ifft2(JR));
%显示图像
subplot(2,2,1);imshow(I1);
title('男孩原始图像');subplot(2,2,2);
imshow(J1);title('美女原始图像');
subplot(2,2,3);imshow(IR1, []);
title('男孩图像的幅值谱和美女图像的相位谱组合');
subplot(2,2,4);imshow(JR1, []);
title('美女图像的幅值谱和男孩图像的相位谱组合');
```

（a）男孩原始图像 　　　　　　　　（b）美女原始图像

（c）男孩图像的幅值谱和美女图像的相位谱组合 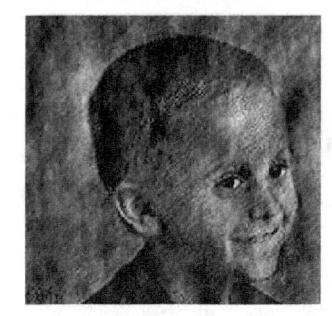　　（d）美女图像的幅值谱和男孩图像的相位谱组合

图 4.12　幅值谱与相位谱的关系

4.6 其他离散变换
（Other Discrete Transform）

图像处理中常用的正交变换除傅里叶变换外，还有其他变换。在图像处理中常用到的有离散余弦变换、沃尔什变换等。

4.6.1 离散余弦变换（Discrete Cosine Transform）

一维离散余弦变换（1-D Discrete Cosine Transform）的定义由式（4.43）和式（4.44）表示：

$$F(0) = \frac{1}{\sqrt{N}} \sum_{x=0}^{N-1} f(x) \tag{4.43}$$

$$F(u) = \sqrt{\frac{2}{N}} \sum_{x=0}^{N-1} f(x) \cos\frac{(2x+1)u\pi}{2N} \tag{4.44}$$

式中，$F(u)$ 是第 u 个余弦变换系数，u 是广义频率变量，$u = 1, 2, 3, \cdots, N-1$；$f(x)$ 是时间域 N 点实序列，$x = 0, 1, \cdots, N-1$。

一维离散余弦反变换由式（4.45）表示：

$$f(x) = \sqrt{\frac{1}{N}} F(0) + \sqrt{\frac{2}{N}} \sum_{u=1}^{N-1} F(u) \cos\frac{(2x+1)u\pi}{2N} \tag{4.45}$$

显然，式（4.43）～式（4.45）构成了一维离散余弦变换。

由一维离散余弦变换（1-D DCT）可以很容易推广到二维余弦离散变换，由下式表示：

$$F(0,0) = \frac{1}{N} \sum_{x=0}^{N-1} \sum_{y=0}^{N-1} f(x,y)$$

$$F(0,v) = \frac{\sqrt{2}}{N} \sum_{x=0}^{N-1} \sum_{y=0}^{N-1} f(x,y) \cdot \cos\frac{(2y+1)v\pi}{2N}$$

$$F(u,0) = \frac{\sqrt{2}}{N} \sum_{x=0}^{N-1} \sum_{y=0}^{N-1} f(x,y) \cdot \cos\frac{(2x+1)u\pi}{2N}$$

$$F(u,v) = \frac{2}{N} \sum_{x=0}^{N-1} \sum_{y=0}^{N-1} f(x,y) \cdot \cos\frac{(2x+1)u\pi}{2N} \cdot \cos\frac{(2y+1)v\pi}{2N} \tag{4.46}$$

式（4.46）是正变换公式，其中 $f(x,y)$ 是空间域二维向量的元素，$x, y = 0, 1, 2, \cdots, N-1$。$F(u,v)$ 是变换系数阵列的元素，式中表示的阵列为 $N \times N$。

二维离散余弦反变换由下式表示：

$$f(x,y) = \frac{1}{N} F(0,0) + \frac{\sqrt{2}}{N} \sum_{v=1}^{N-1} F(0,v) \cos\frac{(2x+1)v\pi}{2N} + \frac{\sqrt{2}}{N} \sum_{u=1}^{N-1} F(u,0) \cos\frac{(2x+1)u\pi}{2N} +$$

$$\frac{2}{N} \sum_{u=1}^{N-1} \sum_{v=1}^{N-1} F(u,v) \cos\frac{(2x+1)u\pi}{2N} \cdot \cos\frac{(2y+1)v\pi}{2N} \tag{4.47}$$

式中符号的意义同正变换式相同。式（4.46）和式（4.47）是离散余弦变换的解析式定义。

更为简洁的定义方法是采用矩阵式定义，则一维离散余弦变换的矩阵定义式可写成如下形式：

$$[F(u)] = (A)[f(x)] \quad (4.48)$$

同理，可得到反变换展开式，即：

$$[f(x)] = (A)'[F(u)] \quad (4.49)$$

类似地，二维离散余弦变换也可以写成矩阵式：

$$[F(u,v)] = (A)[f(x,y)](A)'$$
$$[f(x,y)] = (A)'[F(u,v)](A) \quad (4.50)$$

式中，$[f(x,y)]$ 是空间域数据阵列，$[F(u,v)]$ 是变换系数阵列，(A) 是与式（4.46）相关的系数阵列，变换矩阵 $(A)'$ 是 (A) 的转置。

【例 4.13】二维余弦正反变换在 MATLAB 中的实现。
MATLAB 程序如下：

```
I=imread('lena0.bmp');
figure(1),subplot(131);imshow(I);
J=dct2(I);
figure(1),subplot(132);imshow(log(abs(J)),[]);    %余弦变换
K=idct2(J)/255;                                    %余弦反变换
figure(1),subplot(133);imshow(K);
```

MATLAB 程序运行结果如图 4.13 所示。

（a）原始图像　　　　　　（b）余弦变换系数　　　　　（c）余弦反变换恢复图像

图 4.13　二维离散余弦变换

【例 4.14】用 DCT 变换进行图像压缩，求经压缩、解压缩后的图像。

```
I=imread('lena0.bmp');
[M,N]=size(I);%M=512,N=512
figure(1);subplot(1,2,1);imshow(I);title('原始图像');
I=im2double(I);

%生成标准 DCT 变化中的矩阵（8×8）,
 n=8;[cc,rr] = meshgrid(0:n-1);
C= sqrt(2 / n) * cos(pi * (2*cc + 1) .* rr / (2 * n));
C(1,:) =C(1,:) / sqrt(2);
%光亮度量化表
a =[16  11  10  16  24  40  51  61;
```

```
      12  12  14  19  26  58  60  55;
      14  13  16  24  40  57  69  56;
      14  17  22  29  51  87  80  62;
      18  22  37  56  68  109 103 77;
      24  35  55  64  81  104 113 92;
      49  64  78  87  103 121 120 101;
      72  92  95  98  112 100 103 99 ];
%分块做 DCT 变换（8×8），DCT 变换公式：正变换:Y=CIC';
for i=1:8:M
    for j=1:8:N
        P=I(i:i+7,j:j+7);
        K=C*P*C';
        I1(i:i+7,j:j+7)=K;
        K=K./a;%量化
        K(abs(K)<0.03)=0;
        I2(i:i+7,j:j+7)=K;
    end
end
figure(1);subplot(1,2,2);imshow(I1);title('DCT 变换后的频域图像');
figure(2);subplot(1,2,1);imshow(I2);title('量化后的频域图像');

%分块做 DCT 反变换（8×8），逆变换:P=C'YC;
for i=1:8:M
    for j=1:8:N
        P=I2(i:i+7,j:j+7).*a;%反量化
        K=C'*P*C;
        I3(i:i+7,j:j+7)=K;
    end
end
figure(2);subplot(1,2,2);imshow(I3);title('复原图像');
```

MATLAB 程序运行结果如图 4.14 所示。

（a）原始图像　　　　　　　　　　（b）DCT 变换后的频域图像

图 4.14　原始图像及其经压缩、解压缩后的图像

(c) 量化后的频域图像　　　　　　　　(d) 复原图像

图 4.14　原始图像及其经压缩、解压缩后的图像（续）

4.6.2　二维离散沃尔什—哈达玛变换（Walsh-Hadamard Transform）

前面介绍的像 DFT 和 DCT 一类的正交变换的基底函数均是指数函数或余（正）弦函数，会占用较多计算时间，在通信等实时处理领域往往需要更为便利和有效的变换方法。选用方波信号或其变形作为变换基，便于硬件实现且抗干扰性能好。这类变换中的许多乘法操作简单，计算速度快。沃尔什—哈达玛变换就是其中一种。

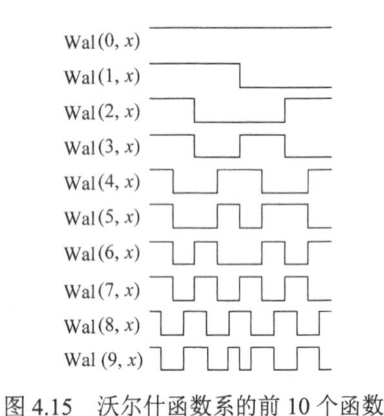

1. 沃尔什变换（Walsh Transform）

沃尔什函数系是函数值仅取+1 和-1 两值的非正弦型的标准正交完备函数系。由于二值正交函数与数字逻辑中的两个状态相对应，所以非常便于计算机和数字信号处理器运算。图 4.15 显示了沃尔什函数系的前 10 个函数。

沃尔什变换的排列方式为列率排列，与正弦波频率相对应，非正弦波形可用列率描述，列率表示某种函数在单位区间上函数值为零的零点个数之半。

图 4.15　沃尔什函数系的前 10 个函数

设 $N=2^n$，一维离散沃尔什变换核为：

$$g(x,u) = \frac{1}{N} \prod_{i=0}^{n-1} (-1)^{b_i(x)b_{n-1-i}(u)} \tag{4.51}$$

式中，$u, x = 0, 1, \cdots, N-1$。$b_k(z)$ 为 z 的二进制表示的第 k 位值。沃尔什变换核是一个对称阵列，并且其行和列是正交的。这些性质表明反变换核与正变换核只差一个常数 $1/N$。

一维沃尔什变换为：

$$W(u) = \frac{1}{N} \sum_{x=0}^{N-1} f(x) \prod_{i=0}^{n-1} (-1)^{b_i(x)b_{n-1-i}(u)} \tag{4.52}$$

逆变换为：

$$f(x) = \sum_{u=0}^{N-1} W(u) \prod_{i=0}^{n-1} (-1)^{b_i(x)b_{n-1-i}(u)} \tag{4.53}$$

沃尔什变换要求图像的大小为 $N=2^n$。其正变换核为：

$$g(x,y;u,v) = \frac{1}{N}\prod_{i=0}^{n-1}(-1)^{[b_i(x)b_{n-1-i}(u)+b_i(y)b_{n-1-i}(v)]} \quad (4.54)$$

逆变换核为：

$$h(x,y;u,v) = \frac{1}{N}\prod_{i=0}^{n-1}(-1)^{[b_i(x)b_{n-1-i}(u)+b_i(y)b_{n-1-i}(v)]} \quad (4.55)$$

二维沃尔什正变换和逆变换分别为：

$$W(u,v) = \frac{1}{N}\sum_{x=0}^{N-1}\sum_{y=0}^{N-1}f(x,y)\prod_{i=0}^{n-1}(-1)^{[b_i(x)b_{n-1-i}(u)+b_i(y)b_{n-1-i}(v)]} \quad (4.56)$$

$$f(x,y) = \frac{1}{N}\sum_{u=0}^{N-1}\sum_{v=0}^{N-1}W(u,v)\prod_{i=0}^{n-1}(-1)^{[b_i(x)b_{n-1-i}(u)+b_i(y)b_{n-1-i}(v)]} \quad (4.57)$$

式中，$x=0,1,2,\cdots,N-1$; $y=0,1,2,\cdots,N-1$。

计算正变换的任何算法同样适用于逆变换。不难看出，沃尔什变换是可分离和对称的。因此，二维沃尔什变换可以像二维 DFT 一样，分为两次一维沃尔什变换实现。

二维沃尔什变换的矩阵形式为：

$$\boldsymbol{W} = \frac{1}{N^2}\boldsymbol{GfG} \quad (4.58)$$

式中，$\boldsymbol{G}$ 为 N 阶沃尔什变换的核矩阵。二维沃尔什逆变换的矩阵形式为：

$$\boldsymbol{f} = \boldsymbol{GWG} \quad (4.59)$$

【例 4.15】已知 $N=4$，求 $f(x)$ 的沃尔什变换。

【解】由式（4.52）可得：

$$W(0) = \frac{1}{4}\sum_{x=0}^{3}f(x)\prod_{i=0}^{1}(-1)^{b_i(x)b_{n-1-i}(0)} = \frac{1}{4}[f(0)+f(1)+f(2)+f(3)]$$

$$W(1) = \frac{1}{4}\sum_{x=0}^{3}f(x)\prod_{i=0}^{1}(-1)^{b_i(x)b_{n-1-i}(1)} = \frac{1}{4}[f(0)+f(1)-f(2)-f(3)]$$

$$W(2) = \frac{1}{4}\sum_{x=0}^{3}f(x)\prod_{i=0}^{1}(-1)^{b_i(x)b_{n-1-i}(2)} = \frac{1}{4}[f(0)-f(1)+f(2)-f(3)]$$

$$W(3) = \frac{1}{4}\sum_{x=0}^{3}f(x)\prod_{i=0}^{1}(-1)^{b_i(x)b_{n-1-i}(3)} = \frac{1}{4}[f(0)-f(1)-f(2)+f(3)]$$

【例 4.16】已知二维数字图像矩阵为 $\boldsymbol{f} = \begin{bmatrix} 2 & 5 & 5 & 2 \\ 3 & 3 & 3 & 3 \\ 3 & 3 & 3 & 3 \\ 2 & 5 & 5 & 2 \end{bmatrix}$，求此图像的二维 DWT，并反求 $\boldsymbol{f}$。

【解】根据 $\boldsymbol{G} = \begin{bmatrix} 1 & 1 & 1 & 1 \\ 1 & 1 & -1 & -1 \\ 1 & -1 & -1 & 1 \\ 1 & -1 & 1 & -1 \end{bmatrix}$，而 $\boldsymbol{W} = \frac{1}{N^2}\boldsymbol{GfG}$，则可采用 MATLAB 程序求解 $\boldsymbol{W}$。

```
f=[2 5 5 2;3 3 3 3;3 3 3 3;2 5 5 1];
G=[1 1 1 1;1 1 -1 -1;1 -1 -1 1;1 -1 1 -1];
W=(1/16)*G*f*G
```

MATLAB 程序运行结果为：

```
W =
3.1875    0.0625    -0.8125    0.0625
0.0625   -0.0625     0.0625   -0.0625
0.1875    0.0625    -0.8125    0.0625
0.0625   -0.0625     0.0625   -0.0625
```

反求 f 的 MATLAB 程序如下：

```
W =[3.1875    0.0625    -0.8125    0.0625
    0.0625   -0.0625     0.0625   -0.0625
    0.1875    0.0625    -0.8125    0.0625
    0.0625   -0.0625     0.0625   -0.0625]；
G=[1 1 1 1;1 1 -1 -1;1 -1 -1 1;1 -1 1 -1];
f=G*W*G
```

MATLAB 程序运行结果为：

```
f =
    2    5    5    2
    3    3    3    3
    3    3    3    3
    2    5    5    1
```

从上例可见，W 左上角的数值相对高于右下角的数值，可见二维 DWT 具有集中能量的特性。不难说明图像的数值越是均匀，则变换后的数值越是集中在矩阵的左上角附近。由此可知，利用 DWT 可以压缩图像信息。

2．哈达玛变换（Hadamard Transform）

如上所述，沃尔什函数的三种排列方式各有特点。哈达玛排列定义简单，存在从低阶到高阶的递推关系，高阶矩阵可以由两个低阶矩阵之积求得，便于快速计算，实用性更好。采用哈达玛排列的沃尔什函数进行的变换称为沃尔什—哈达玛变换（WHT）或哈达玛变换。

哈达玛变换矩阵是元素仅由+1 和-1 组成的正交方阵，它的任意两行或两列都彼此正交，即它们的对应元素之和为零。哈达玛变换矩阵与沃尔什变换的差异仅仅是行的次序不同。

一维哈达玛变换核为：

$$g(x,u) = \frac{1}{N}(-1)^{\sum_{i=0}^{n-1}b_i(x)b_i(u)} \tag{4.60}$$

式中，$x, u=0, 1, 2, \cdots, N-1$。

一维哈达玛正变换为：

$$H(u) = \frac{1}{N}\sum_{x=0}^{N-1}f(x)(-1)^{\sum_{i=0}^{n-1}b_i(x)b_i(u)} \tag{4.61}$$

式中，$u=0, 1, 2, \cdots, N-1$。

一维哈达玛逆变换为：

$$f(x) = \sum_{u=0}^{N-1}H(u)(-1)^{\sum_{i=0}^{n-1}b_i(x)b_i(u)} \tag{4.62}$$

式中，x=0, 1, 2,…, N-1。

二维哈达玛正变换和逆变换分别为：

$$H(u,v) = \frac{1}{N}\sum_{x=0}^{N-1}\sum_{y=0}^{N-1} f(x,y)(-1)^{\sum_{i=0}^{n-1}[b_i(x)b_i(u)+b_i(y)b_i(v)]} \quad (4.63)$$

和

$$f(x,y) = \frac{1}{N}\sum_{u=0}^{N-1}\sum_{v=0}^{N-1} H(u,v)(-1)^{\sum_{i=0}^{n-1}[b_i(x)b_i(u)+b_i(y)b_i(v)]} \quad (4.64)$$

式中，$x=0,1,2,\cdots,N-1$；$y=0,1,2,\cdots,N-1$。

可见，二维哈达玛正、逆变换也具有相同的形式。哈达玛变换核是可分离的和对称的。因此，二维的哈达玛正变换和逆变换都可通过两个一维变换实现。

最低阶的哈达玛矩阵为：

$$\boldsymbol{H}_2 = \begin{bmatrix} 1 & 1 \\ 1 & -1 \end{bmatrix} \quad (4.65)$$

高阶哈达玛矩阵可以通过如下递推公式求得：

$$\boldsymbol{H}_N = \begin{bmatrix} \boldsymbol{H}_{N/2} & \boldsymbol{H}_{N/2} \\ \boldsymbol{H}_{N/2} & -\boldsymbol{H}_{N/2} \end{bmatrix} \quad (4.66)$$

例如，N=4 的哈达玛矩阵为：

$$\boldsymbol{H}_4 = \begin{bmatrix} \boldsymbol{H}_2 & \boldsymbol{H}_2 \\ \boldsymbol{H}_2 & -\boldsymbol{H}_2 \end{bmatrix} = \begin{bmatrix} 1 & 1 & 1 & 1 \\ 1 & -1 & 1 & -1 \\ 1 & 1 & -1 & -1 \\ 1 & -1 & -1 & 1 \end{bmatrix} \quad (4.67)$$

可见，对于任意 N 阶哈达玛矩阵，其元素仍然只含有±1，而且可以根据上一阶的矩阵求得。这使得该变换的复杂度降低了。为了方便变换表达式的书写，往往利用 $\sqrt{N}$ 对相应的矩阵规格化。例如，N=8 的哈达玛矩阵为：

$$\boldsymbol{H}_8 = \frac{1}{2\sqrt{2}} \begin{bmatrix} 1 & 1 & 1 & 1 & 1 & 1 & 1 & 1 \\ 1 & -1 & 1 & -1 & 1 & -1 & 1 & -1 \\ 1 & 1 & -1 & -1 & 1 & 1 & -1 & -1 \\ 1 & -1 & -1 & 1 & 1 & -1 & -1 & 1 \\ 1 & 1 & 1 & 1 & -1 & -1 & -1 & -1 \\ 1 & -1 & 1 & -1 & -1 & 1 & -1 & 1 \\ 1 & 1 & -1 & -1 & -1 & -1 & 1 & 1 \\ 1 & -1 & -1 & 1 & -1 & 1 & 1 & -1 \end{bmatrix} \begin{matrix} 0 \\ 7 \\ 3 \\ 4 \\ 1 \\ 6 \\ 2 \\ 5 \end{matrix} \quad (4.68)$$

矩阵右端的值代表该行的列率，即该行中信号符号改变的次数，可见其列率的排列是无规则的。将无序的哈达玛核进行列率排列，即可得到有序的沃尔什变换核：

$$W_8 = \frac{1}{2\sqrt{2}} \begin{bmatrix} 1 & 1 & 1 & 1 & 1 & 1 & 1 & 1 \\ 1 & 1 & 1 & 1 & -1 & -1 & -1 & -1 \\ 1 & 1 & -1 & -1 & -1 & -1 & 1 & 1 \\ 1 & 1 & -1 & -1 & 1 & 1 & -1 & -1 \\ 1 & -1 & -1 & 1 & 1 & -1 & -1 & 1 \\ 1 & -1 & -1 & 1 & -1 & 1 & 1 & -1 \\ 1 & -1 & 1 & -1 & -1 & 1 & -1 & 1 \\ 1 & -1 & 1 & -1 & 1 & -1 & 1 & -1 \end{bmatrix} \begin{matrix} 0 \\ 1 \\ 2 \\ 3 \\ 4 \\ 5 \\ 6 \\ 7 \end{matrix} \qquad (4.69)$$

二维 WHT 有快速算法，其统计特征与二维 DFT 类似，图像中的直流成分和低序率成分占绝大部分能量，且大部分高序率的变换幅度为零。

4.6.3 卡胡楠—列夫变换（Kahunen-Loeve Transform）

卡胡南—列夫变换（Kahunen-Loeve Transform，KLT）简称为 K-L 变换，也称 Hotell 变换，它以图像的统计特征为基础，是在均方意义下的最佳变换。

设原始图像为 X，采用 KLT 恢复的图像为 $\hat{X}$，则 $\hat{X}$ 和原始图像 X 具有最小的均方误差 ε，即：

$$\varepsilon = E\{[X - \hat{X}]^T [X - \hat{X}]\} = \min \qquad (4.70)$$

设 $N \times N$ 的图像 $f(x,y)$ 在信道中传输了 M 次，则接收到的图像集合为 $\{f_1(x,y), f_2(x,y), \cdots, f_i(x,y), \cdots, f_M(x,y)\}$。对第 i 次获得的图像 $f_i(x,y)$ 可以用 N^2 维向量 X_i 表示：

$$X_i = [f_i(0,0), f_i(0,1), \cdots, f_i(0, N-1), f_i(1,0), f_i(r, N-1), \cdots, f_i(N-1, N-1)]^T \qquad (4.71)$$

式中，T 表示转置。将 X_i 视为某个随机向量 X 的一次实现。假设 X 有 M 次实现，X 的数字期望 m_x 可以定义为其估计值，即：

$$m_x = E\{X\} = \frac{1}{M} \sum_{i=1}^{M} X_i \qquad (4.72)$$

X 的协方差矩阵 C_x 定义为：

$$C_x = \frac{1}{M} \sum_{i=1}^{M} (X_i - m_x)(X_i - m_x)^T = \frac{1}{M} \left[\sum_{i=1}^{M} X_i X_i^T \right] - m_x m_x^T \qquad (4.73)$$

可见，C_x 是一个 $N^2 \times N^2$ 的实对称矩阵。令 λ_i 和 a_i ($i=1, 2, \cdots, N^2$) 分别为 C_x 的第 i 个特征值和特征向量，即：

$$A = \begin{bmatrix} a_{11} & a_{21} & \cdots & a_{N^21} \\ a_{12} & a_{22} & \cdots & a_{N^22} \\ \vdots & \vdots & \ddots & a_{N^23} \\ a_{1N^2} & a_{2N^2} & \cdots & a_{N^24} \end{bmatrix} \qquad (4.74)$$

根据矩阵论，一个实对称矩阵，其特征向量构成的矩阵是一个正交矩阵，且：

$$A^T C_x A = A^{-1} C_x A = \Lambda \qquad (4.75)$$

式中，Λ 为 C_x 的特征向量构成的对角线矩阵。K-L 变换选取一个上述正交变换 A，使得变换后的图像 Y 满足：

$$Y = A(X - m_x) \tag{4.76}$$

对于 K-L 变换，我们可以得出以下结论。

（1）求图像向量 X 的 K-L 变换 A 的问题，就是求图像协方差矩阵 C_x 的特征向量的问题，所以，K-L 变换也称为特征向量变换。

（2）变换后的新图像 Y 是对中心化的图像 $(X - m_x)$ 进行的正交变换。其数学期望 $m_y = 0$，而协方差 $C_y = A^T C_x A = \Lambda$，说明 Y 的元素是各不相关的。由于 K-L 变换可以通过输入向量 X 的协方差矩阵 C_x 的特征向量而得到，所以它又被称为特征向量变换。

（3）由 Y 经逆变换而恢复的原始图像 X 为：

$$X = A^{-1} Y + m_x \tag{4.77}$$

（4）由于输出变换结果 Y 的 N^2 个分量彼此是线性无关的，如果选取方差最大的前 M 个分量（主分量）估计原属入图像 X 时，所造成的估值误差将是最小的。这种变换又称为主分量变换（Principal Component Transformation，PCT），这是主分量分析（Principal Component Analysis，PCA）算法的理论依据。相应地，由于输出误差最小准则等价于取方差最大的成分进行逼近，所以 K-L 变换是在最小方差意义下的最佳变换。由变换后的 M 个 y_i 分量恢复图像 X 时，估值为：

$$\hat{X} = A_M Y_M + m_x \tag{4.78}$$

式中，A_M 是 $N^2 \times M$ 维的，Y_M 是 $M \times 1$ 维的。由于 $M \ll N^2$，这样复原的图像有效地过滤了随机干扰而成为原始图像的最佳逼近，且有效地压缩了图像数据。

（5）上述估值误差为：

$$\varepsilon = \sum_{i=M+1}^{N^2} \lambda_i \tag{4.79}$$

式中，λ_i 是图像协方差矩阵 C_x 的特征值。估值误差是 C_x 的 N^2 个特征值中后 $N^2 - M$ 个较小的特征值之和。由于 λ_i 是按大小递减排列的，其均方误差将是最小的。

K-L 变换的优点是能够完全去除原信号中的相关性，具有重要的理论意义。其他各种变换可以以它为标准来比较性能的优劣。如离散余弦变量具有很强的"能量集中"特性：能量集中在 DCT 后的低频部分，而且当信号具有接近马尔可夫过程（序列中每个元素的条件概率只依赖于它前一个元素）的统计特性时，离散余弦变换的去相关性接近于 K-L 变换。K-L 变换也是图形分析和模式识别中的重要工具，用于特征提取，降低特征数据的维数。例如，在遥感图像处理中，一幅 4 波段亮度值构成的灰度图像可以压缩为二维处理。

K-L 变换的缺点是，其基函数取决于待变换图像的协方差矩阵，因而基函数的形式是不定的，且变换核是不可分离的，无相应的快速算法，故计算量很大。

小结（Summary）

图像的傅里叶变换是使用最广泛的一种变换，在图像处理中起着关键的作用，也是理解其他变换的基础，它可广泛地用于图像特征提取、图像增强等方面。在图像增强方面虽有着广泛的应用，但由于运算过程中涉及复数运算，所以在实时系统中很难使用。而离散余弦变换在图像压缩算法中获得了广泛的应用。把傅里叶变换的理论同其物理解释相结合,将有助于解决大多数图像处理问题。本章主要介绍了数字图像处理中常见的几种变换,首先介绍了傅里叶变换、离散傅里叶变换、快速傅里叶变换的概念、性质和实际应用,同时还介绍了离散余弦变换、沃尔什—哈达玛变换和卡胡楠—列夫变换。

习题(Exercises)

4.1 图像处理中正交变换的目的是什么?图像变换主要用于哪些方面?

4.2 二维傅里叶变换有哪些性质?

4.3 二维傅里叶变换的可分离性有何意义?

4.4 求下列图像的二维傅里叶变换。

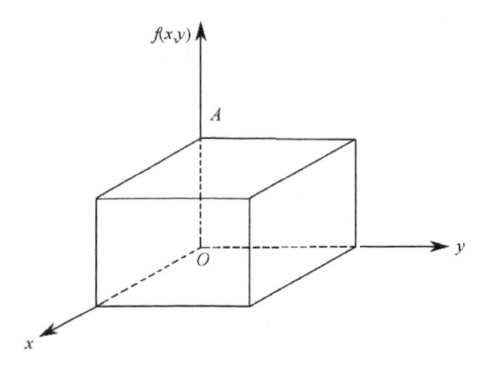

4.5 一幅图像,经过傅里叶变换之后,将高频部分删除,再进行反变换,设想一下会得到什么结果?

4.6 写出二维离散傅里叶变换对的矩阵表达式及表达式中各个矩阵的具体内容,并以 $N=4$ 为例证明,可以从傅里叶正变换矩阵表达式推出反变换的矩阵表达式。

4.7 求 $N=4$ 对应的沃尔什变换核矩阵。

4.8 二维数字图像信号是均匀分布的,即:

$$f = \begin{pmatrix} 1 & 1 & 1 & 1 \\ 1 & 1 & 1 & 1 \\ 1 & 1 & 1 & 1 \\ 1 & 1 & 1 & 1 \end{pmatrix}$$

求此信号的二维沃尔什变换。

4.9 求下列数字图像的离散余弦变换。

(1) $\begin{pmatrix} 2 & 1 & 1 & 1 \\ 0 & 2 & 1 & 1 \\ 0 & 0 & 2 & 1 \\ 0 & 0 & 0 & 2 \end{pmatrix}$
(2) $\begin{pmatrix} 0 & 0 & 0 & 0 \\ 2 & 2 & 2 & 2 \\ 2 & 2 & 2 & 2 \\ 0 & 0 & 0 & 0 \end{pmatrix}$

第二部分 图像处理技术

第5章 图像增强
(Image Enhancement)

图像增强技术可改善图像的视觉效果，以便人眼或机器对图像进一步理解。从评价的标准来看，图像增强是一种以主观感受为导向的技术。本章将按照频域、空间域的概念，分别介绍图像增强的各种技术。本章首先介绍图像增强的概念和分类，随后分析空间域增强的相关技术，最后介绍频率域增强算法及相关应用。

Image enhancement technique aims to improve the visual effect of images, in order to facilitate understanding and analysis. Undoubtedly, evaluating the effectiveness of such technique is subjective. If we find that we can understand the image better after the enhancement, then it is deemed helpful and vice versa. This chapter covers some effective enhancement techniques being used in frequency and spatial domain, their underlying principles and practical application.

5.1 图像增强的概念和分类
(Concepts and Categories of Image Enhancement)

图像增强的目的是采用某种技术手段，改善图像的视觉效果，或将图像转换成更适合人眼观察和机器分析、识别的形式，以便从图像中获取更有用的信息。图像增强与受关注物体的特性、观察者的习惯和处理目的相关，因此，图像增强算法的应用是有针对性的，并不存在通用的增强算法。

图像增强的基本方法可分为两大类：空间域方法和频域方法。空间域是指图像平面自身，这类方法是以对图像的像素直接处理为基础的；而频率域处理技术是以修改图像的傅里叶变换为基础的。两者的具体方法包括以下内容：

（1）空间域处理：点处理、模板处理即邻域处理。
（2）频率域处理：高、低通滤波，同态滤波等。

图像增强的主要研究内容参见图 5.1，其中彩色图像增强将在第 9 章中介绍。

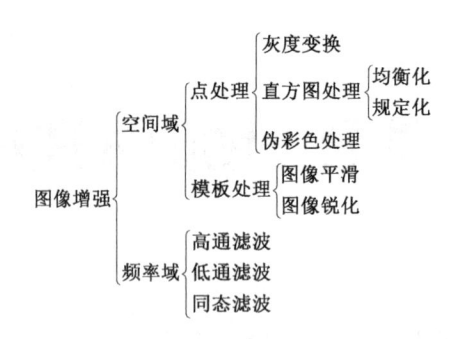

图 5.1 图像增强的主要研究内容

5.2 空间域图像增强
（Image Enhancement in the Spatial Domain）

空间域图像增强是指在空间域中，通过线性或非线性变换来增强构成图像的像素。增强的方法主要分为点处理和模板处理两大类。点处理是作用于单个像素的空间域处理方法，包括灰度变换、直方图处理、伪彩色处理等技术；而模板处理是作用于像素邻域的处理方法，包括图像平滑、图像锐化等技术。

5.2.1 基于灰度变换的图像增强（Image Enhancement Based on Gray Levels）

直接灰度变换属于点处理技术。点处理可将输入图像 $f(x,y)$ 中的灰度 r，通过映射函数 $T(\ )$ 映射成输出图像 $g(x,y)$ 中的灰度 s，其运算结果与图像像素位置及被处理像素邻域灰度无关。其映射函数见式（5.1），映射函数示意图如图 5.2 所示。

$$g(x,y) = T[f(x,y)] \tag{5.1}$$

图 5.2 映射函数示意图

点处理操作的关键在于设计合适的映射函数（曲线）。映射函数的设计有两类方法：一类是根据图像特点和处理工作需求，人为设计映射函数，试探其处理效果；另一类是从改变图像整体的灰度分布出发，设计一种映射函数，使变换后图像灰度直方图达到或接近预定的形状。前者包括直接灰度变换方法和伪彩色处理等，后者为图像直方图处理方法。

灰度变换可调整图像的灰度动态范围或图像对比度，是图像增强的重要手段之一，它可以采用多种形式的灰度级变换函数 $s = T(\ )$，下面分别予以介绍。

1. 灰度线性变换

参见 3.2.1 节，灰度线性变换表示对输入图像灰度进行线性扩张或压缩，映射函数为一

个直线方程,其表达式为:
$$g(x,y) = af(x,y) + b \quad (5.2)$$
式中,a 为变换直线的斜率,b 为截距。

$$b = 0,且 \begin{cases} a > 1 & 对比度扩张 \\ a < 1 & 对比度压缩 \\ a = 1 & 相当于复制 \end{cases}$$

若 $b \neq 0$,灰度偏置。

在曝光不足或过度的情况下,图像灰度可能会局限在一个很小的范围内。这时在显示器上看到的将是一个模糊不清、似乎没有灰度层次的图像。

图 5.3 是采用灰度线性变换对曝光不足的图像的每个像素灰度做线性拉伸,可有效改善图像视觉效果。

(a)原始图像 (b)线性变换结果图

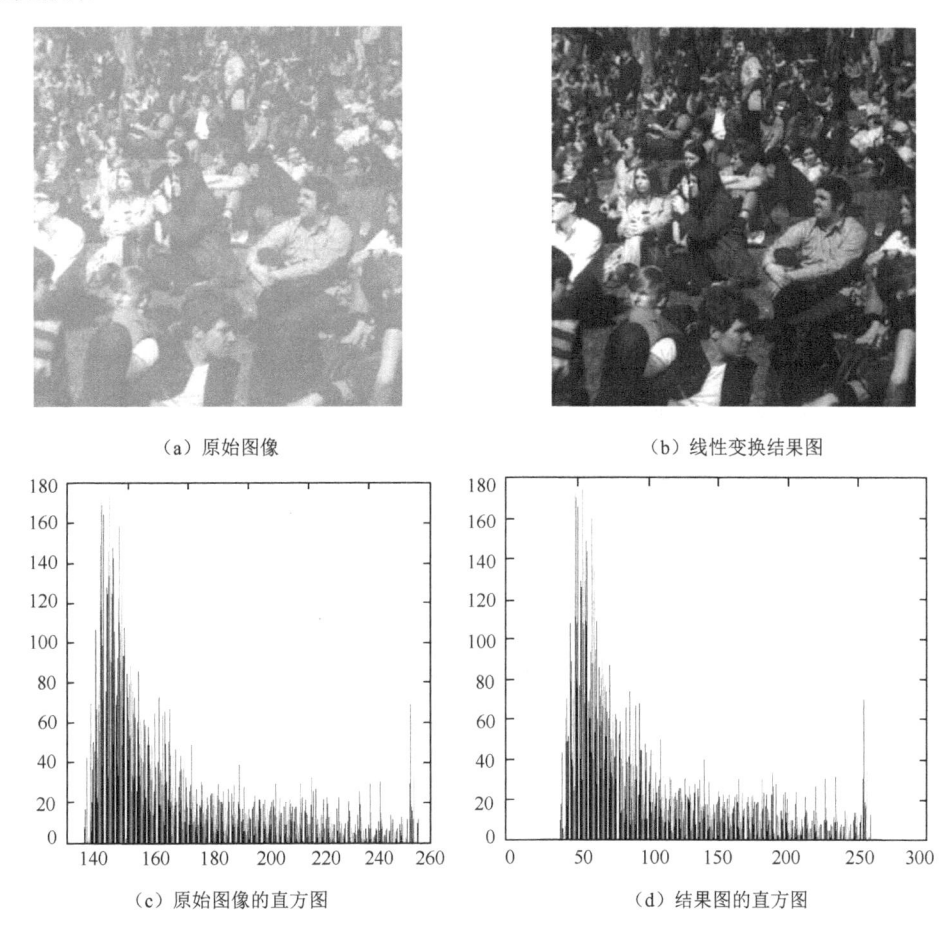

(c)原始图像的直方图 (d)结果图的直方图

图 5.3 灰度线性变换图例

2. 分段线性变换(增强对比度)

分段线性变换与灰度线性变换相类似,都是对输入图像的灰度对比度进行拉伸(Contrast Stretching),只是对不同灰度范围进行不同的映射处理。当灰度范围分成三段时,其表达式如下:

$$g(x,y)=\begin{cases} r_1 f(x,y) & (0<f<f_1) \\ r_2[f(x,y)-f_1]+a & (f_1<f<f_2) \\ r_3[f(x,y)-f_2]+b & (f_2<f<f_3) \end{cases} \quad (5.3)$$

分段线性变换可用于突出受关注目标所在的灰度区间,相对抑制那些不受关注的灰度区间,如图 5.4 所示。

(a) 原始图像　　　　　(b) 分段线性变换结果图

图 5.4　分段线性变换示例

3. 反转变换

反转变换适用于增强嵌入图像暗色区域的白色或灰色细节,特别是当黑色面积占主导地位时。反转变换表达式为:

$$s = L - 1 - r \quad (5.4)$$

【例 5.1】采用以下 MATLAB 程序对图像进行反转,程序运行结果参见图 5.5。

```
Img1=imread('Image.bmp');
figure,imshow(Img1);title('original image');
img2=imcomplement(Img1);
figure,imshow(img2);title('negative image');
```

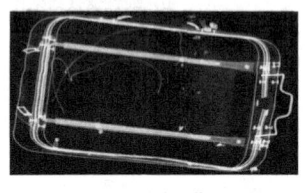

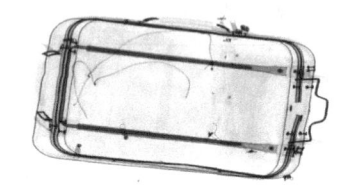

(a) 原始图像　　　　　(b) 反转变换结果图

图 5.5　反转变换示例

4. 对数变换（动态范围压缩）

图像灰度的对数变换将扩张数值较小的灰度范围,压缩数值较大的图像灰度范围。这种变换符合人的视觉特性,是一种有用的非线性映射变换,可以用于扩展被压缩的高值图像中的暗像素,其映射函数见式（5.5）,演示示意如图 5.6 所示。

$$s = c \log_2(1+r) \quad (5.5)$$

5. 幂次变换

幂次变换通过幂次曲线中的 γ 值把输入的窄带值映射到宽带输出值。当 $\gamma<1$ 时,把输入的窄带暗值映射到宽带输出亮值;当 $\gamma>1$ 时,把输入高值映射为宽带,参见 3.2 节。幂次变换函数见式（5.6）,曲线如图 5.7 所示。

$$s = cr^\gamma \quad (5.6)$$

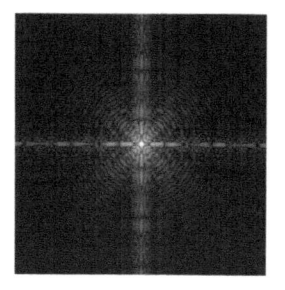

(a)原始图像　　　　　　　　(b)对数变换后结果图

图 5.6　用于动态范围压缩的对数变换

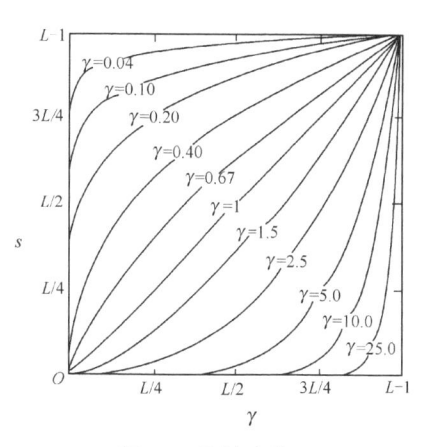

图 5.7　幂次变换

6. 灰度切分

灰度切分是指增强图像中的某个灰度段,其他灰度细节被去掉或保持不变,其目的在于将某个灰度值范围变得比较突出,用于提取图像中的特定细节。

5.2.2　基于直方图处理的图像增强(Image Enhancement Based on Histogram Processing)

1. 定义

灰度级直方图是图像的一种统计表达,它反映了该图中不同灰度级出现的统计概率。灰度级[0,$L-1$]范围的数字图像的直方图具有如下离散函数:

$$h(k) = n_k \tag{5.7}$$

式中,k 是第 k 级灰度,n_k 是图像中灰度级为 k 的像素个数。进行归一化,则概率 $p_r(k) = n_k/n$,n 为图像中像素的总数。

由于图像的视觉效果与直方图有对应关系,即直方图的形状和改变对视觉的感知影响很大,因此采用直方图变换的方式可以增强图像。

```
I=imread('lena0.bmp');
for i=1:256
h(i)=sum(sum(I==i-1));end
```

```
subplot(1,2,1);imshow(I),title('原始图像');
subplot(1,2,2);plot(h),title('图像的直方图');
```
MATLAB 程序运行结果如图 5.8 所示。

（a）原始图像　　　　（b）图像的直方图

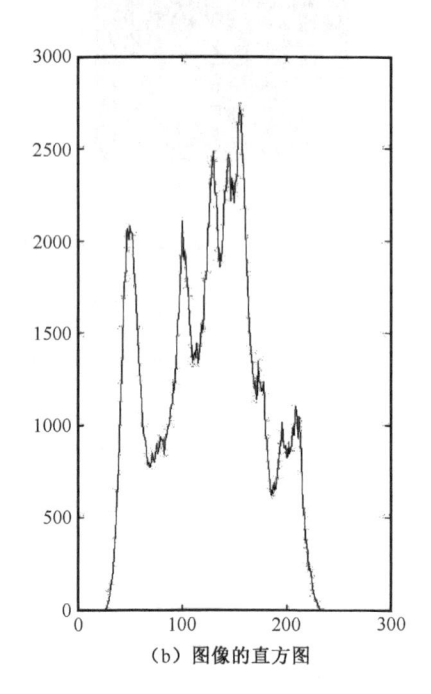

图 5.8　原始图像及对应的直方图

2. 直方图均衡化

图像直方图描述图像中各灰度级出现的相对频率，基于直方图的灰度变换，可调整图像直方图到一个预定的形状。例如，一些图像由于其灰度分布集中在较窄的区间，对比度很弱，图像细节看不清楚。此时，可采用图像灰度直方图均衡化处理，使图像的灰度分布趋向均匀，图像所占有的像素灰度间距拉开，进而加大图像反差，改善视觉效果，达到增强的目的。从人眼视觉特性来考虑，一幅图像的直方图如果是均匀分布的，该图像色调给人的感觉会比较协调。

假定原始图像灰度级 r 归一化在 0～1 之间，即 $0 \leqslant r \leqslant 1$。$p_r(r)$ 为原始图像灰度分布的概率密度函数，直方图均衡化处理实际上就是寻找一个灰度变换函数 T，使变化后的灰度值满足 $s=T(r)$。其中，s 归一化为 $0 \leqslant s \leqslant 1$，建立 r 与 s 之间的映射关系，要求处理后图像灰度分布的概率密度函数 $p_s(s)=1$（变换后概率密度为 [0，1] 上的均匀分布），期望所有灰度级出现概率相同。直方图均衡变换函数如图 5.9 所示。

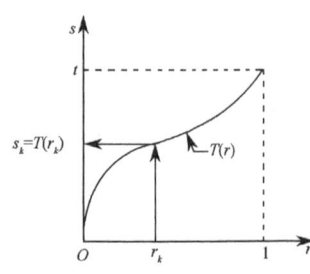

图 5.9　直方图均衡变换函数

从图 5.9 中可以看出在灰度变换的 $\mathrm{d}r$ 和 $\mathrm{d}s$ 区间内，像素点个数是不变的，因此有：

$$\int_{r_j}^{r_j+\mathrm{d}r} p_r(r)\mathrm{d}r = \int_{s_j}^{s_j+\mathrm{d}s} p_s(s)\mathrm{d}s \tag{5.8}$$

当 $\mathrm{d}r \to 0$，$\mathrm{d}s \to 0$，略去下标 j，有 $\dfrac{\mathrm{d}s}{\mathrm{d}r}=\dfrac{p_r(r)}{p_s(s)}$。由于 $s=T(r)$，$p_s(s)=1$，则 $\dfrac{\mathrm{d}s}{\mathrm{d}r}=$

$\frac{dT(r)}{dr} = p_r(r)$，最终得到直方图均衡化的灰度变换函数为：

$$s = T(r) = \int_0^r p_r(r) dr \tag{5.9}$$

它是原始图像灰度 r 的累积分布函数（Cumulative Density Function，CDF）。

对于数字图像离散情况，其直方图均衡化处理的计算步骤如下。

（1）统计原始图像的直方图；$p_r(r_k) = \frac{n_k}{n}$，r_k 是归一化的输入图像灰度级。

（2）计算直方图累积分布曲线，$s_k = T(r_k) = \sum_{j=0}^{k} p_r(r_j) = \sum_{j=0}^{k} \frac{n_j}{n}$。

（3）用累积分布函数作为变换函数进行图像灰度变换。

根据计算得到的累积分布函数，建立输入图像与输出图像灰度级之间的对应关系，即重新定位累计分布函数 s_k（与归一化灰度等级 r_k 比较，寻找最接近的一个作为原灰度级 k 变换后的新灰度级）。

【例 5.2】假定有一幅 64 像素×64 像素的图像，灰度级数为 8，各灰度级分布列于表 5.1 中，对其均衡化计算过程及结果如表 5.1 及图 5.10 所示。

表 5.1 8 级灰度的均衡化

原象灰级 k	归一化灰级（r_k）	第 k 灰度级的像素个数/个	$p_r(r_k)$	$s_k = \sum_{j=0}^{k} p_r(r_j)$	变换后灰度级	n_{s_k}	$p(s_k)$
0	0/7=0	790	0.19	0.19--(1/7)	s_1	790	0.19
1	1/7=0.1428	1023	0.25	0.44--(3/7)	s_3	1023	0.25
2	2/7=0.2856	850	0.21	0.65--(5/7)	s_5	850	0.21
3	3/7=0.4285	656	0.16	0.81--(6/7)	s_6	985	0.24
4	4/7=0.5714	329	0.08	0.89--(6/7)	s_6		
5	5/7=0.7142	245	0.06	0.95--(7/7)	s_7	448	0.11
6	6/7=0.8571	122	0.03	0.98--(7/7)	s_7		
7	7/7=1	81	0.02	1.00--(7/7)	s_7		

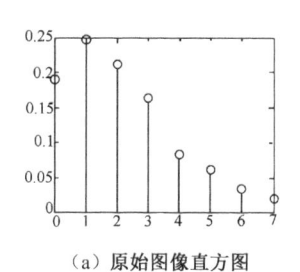

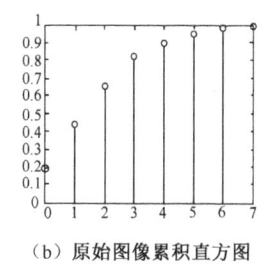

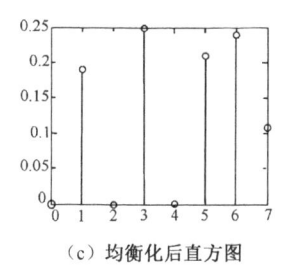

（a）原始图像直方图　　（b）原始图像累积直方图　　（c）均衡化后直方图

图 5.10 均衡化前后的直方图

从上例可以看出，直方图均衡化的实质是减少图像的灰度级以换取对比度的加大。在均衡过程中，原来的直方图上频数较小的灰度级被归入很少几个或一个灰度级内，故得不到增强。若这些灰度级所构成的图像细节比较重要，则需采用局部区域直方图均衡。

【例 5.3】对灰度图像 Lena.bmp 进行均衡化，灰度级为 16 级，如图 5.11 所示。

(a) Lena图　　(b) 均衡后的Lena图

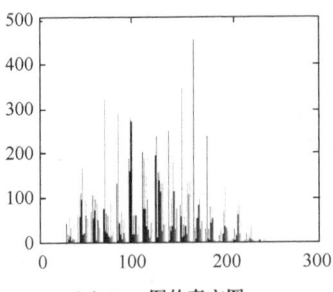

(c) Lena图的直方图　　(d) 均衡后的直方图

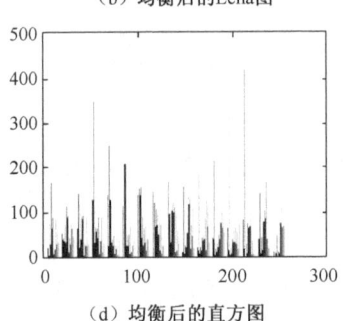

图 5.11　直方图均衡示例

```
I=imread('Lena.bmp');I=rgb2gray(I);
K=16;H=histeq(I,K);
figure,subplot(2,2,1),imshow(I,[])
subplot(2,2,2),imshow(H,[]),hold on
subplot(2,2,3),hist(double(I),16),subplot(2,2,4),hist(double(H),16)
```

由实验结果可知：
（1）变换后直方图趋向平坦，灰度级减少，灰度合并。
（2）原始图像含有像素数多的几个灰度级间隔被拉大了，压缩的只是像素数少的几个灰度级，实际视觉能够接收的信息量大大增强了。

3. 直方图规定化

将输入图像灰度分布变换成一个期望的灰度分布直方图，$p_r(r)$ 为原始图像的灰度密度函数，$p_z(z)$ 为希望得到的灰度密度函数。

首先分别对 $p_r(r)$、$p_z(z)$ 作直方图均衡化处理，则有：

$$s = T(r) = \int_0^r p_r(r)\mathrm{d}r \quad 0 \leqslant r \leqslant 1 \tag{5.10}$$

$$v = G(z) = \int_0^z p_z(z)\mathrm{d}z \quad 0 \leqslant z \leqslant 1 \tag{5.11}$$

经上述变换后的灰度 s 及 v，其密度函数是相同的均匀密度，再借助于直方图均衡化结果作媒介，实现从 $p_r(r)$ 到 $p_z(z)$ 的转换。

然后利用 $s = T(r) = \int_0^r p_r(r)\mathrm{d}r$ 和 $v = G(z) = \int_0^z p_z(z)\mathrm{d}z$ 分布相同的特点建立 $r \to z$ 的联系，即 $z = G^{-1}(v) = G^{-1}(s) = G^{-1}[T(r)]$。

图像规定化处理的实现步骤可归纳如下：
（1）直方图均衡化输入图像，计算 $r_j \leftrightarrow s_j$ 对应关系。

（2）对规定直方图 $p_z(z)$ 作均衡化处理，计算 $z_k \leftrightarrow v_k$ 的对应关系。

（3）选择适当的 v_k 和 s_j 点对，使 $v_k \approx s_j$。

（4）根据逆变换函数 $z = G^{-1}(s) = G^{-1}[T(r)]$ 由 $s_k \to z_k$。

这个过程如图 5.12 所示。

(a) 直方图均衡化输入图像

(b) 对规定直方图作均衡化处理

(c) 根据逆变换函数由 $s_k \to z_k$

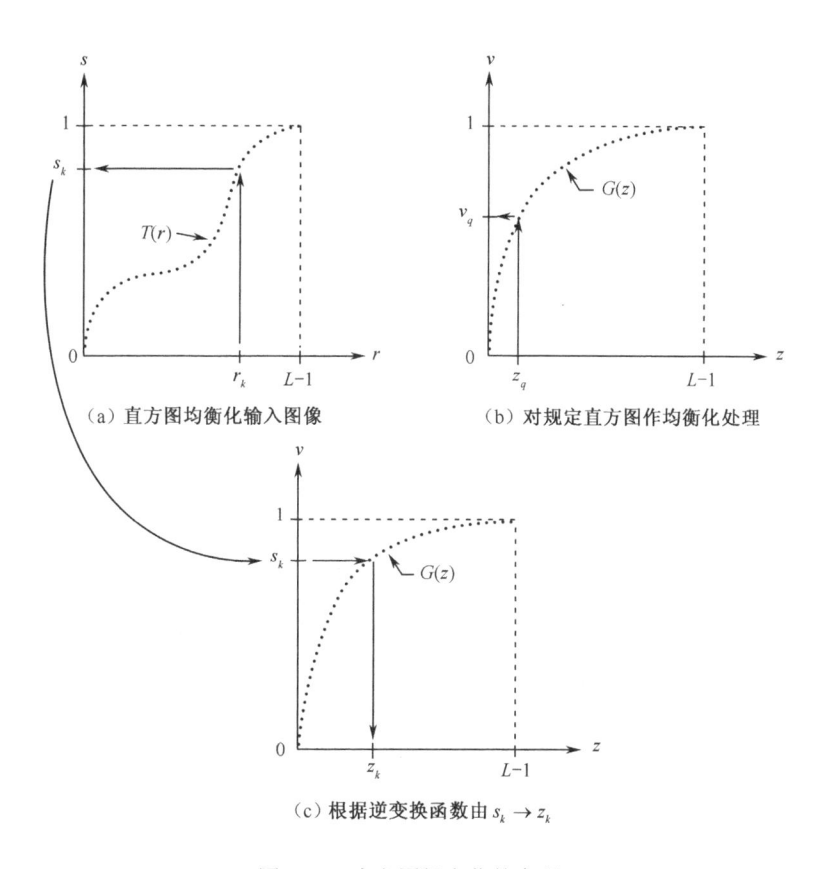

图 5.12　直方图规定化的实现

【例 5.4】采用例 5.2 中的输入数据，进行直方图规定化处理，对应的直方图和表如图 5.13 和表 5.2 所示。

(a) 原始图像的直方图 $p_s(s_k)$

(b) 规定的直方图 $p_z(z_k)$

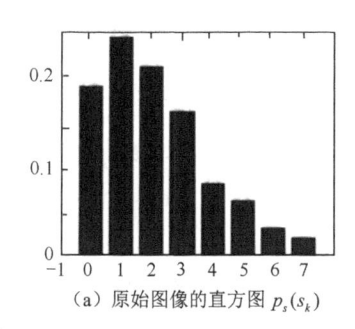

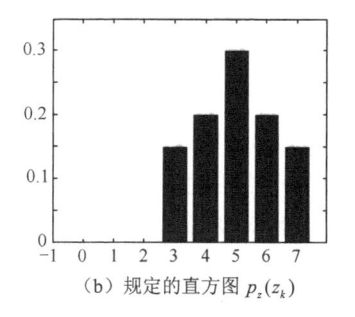

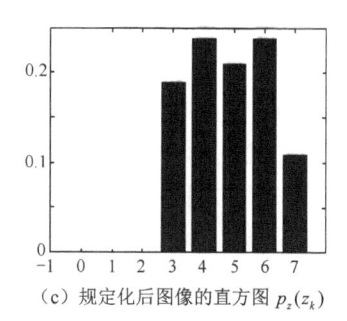

(c) 规定化后图像的直方图 $p_z(z_k)$

图 5.13　直方图规定化示例

表 5.2 64 像素×64 像素 8 级灰度的规定化

$r_j \to s_k$	n_k	$p_s(s_k)$	z_k	$p_z(z_k)$	v_k	$z_{k并}$	n_k	$p_z(z_k)$
$r_0 \to s_0 = 1/7$	790	0.19	$z_0 = 0$	0.00	0.00	z_0	0	0.00
$r_1 \to s_1 = 3/7$	1023	0.25	$z_1 = 1/7$	0.00	0.00	z_1	0	0.00
$r_2 \to s_2 = 5/7$	850	0.21	$z_2 = 2/7$	0.00	0.00	z_2	0	0.00
$r_3 \to s_3 = 6/7$			$z_3 = 3/7$	0.15	0.15	$z_3 \to s_0 = 1/7$	790	0.19
$r_4 \to s_3 = 6/7$	985	0.24	$z_4 = 4/7$	0.20	0.35	$z_4 \to s_1 = 3/7$	1023	0.25
$r_5 \to s_4 = 1$			$z_5 = 5/7$	0.30	0.65	$z_5 \to s_2 = 5/7$	850	0.21
$r_6 \to s_4 = 1$			$z_6 = 6/7$	0.20	0.85	$z_6 \to s_3 = 6/7$	985	0.24
$r_7 \to s_4 = 1$	448	0.11	1	0.15	1.00	$z_7 \to s_4 = 1$	448	0.11

$$r_0 = 0 \to z_3 = 3/7 \qquad r_4 = 4/7 \to z_6 = 6/7$$
$$r_1 = 1/7 \to z_4 = 4/7 \qquad r_5 = 5/7 \to z_7 = 1$$
$$r_2 = 2/7 \to z_5 = 5/7 \qquad r_6 = 6/7 \to z_7 = 1$$
$$r_3 = 3/7 \to z_6 = 6/7 \qquad r_7 = 1 \quad\to z_7 = 1$$

5.2.3 空间域滤波增强（Spatial Filtering Enhancement）

1. 基本概念

空间域滤波增强采用模板处理方法对图像进行滤波，以去除图像噪声或增强图像的细节。空间域滤波增强时，模板的中心从一个像素向另一个像素移动，通过模板运算得到该点的输出，如图 5.14 所示。最常用的模板是一个小的 3×3 二维阵列，模板的系数值决定了处理的性质，如图像平滑或锐化等。

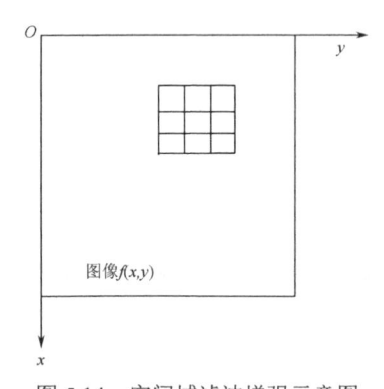

图 5.14 空间域滤波增强示意图

2. 空间域平滑滤波器

任何一幅原始图像，在其获取和传输等过程中，会受到各种噪声的干扰，使图像恶化、质量下降、图像模糊、特征淹没，这些都对图像分析不利。

为了抑制噪声、改善图像质量所进行的处理称图像平滑或去噪，它可以在空间域和频率域中进行，本节介绍空间域的几种平滑法。

1) 局部平滑法

局部平滑法是一种直接在空间域上进行平滑处理的方法。假设图像由许多灰度恒定的小块组成，相邻像素间存在很高的空间相关性，而噪声则是统计独立的。因此，可用邻域内各像素的灰度平均值代替该像素原来的灰度值，实现图像的平滑。

设有一幅 $M \times N$ 的图像 $f(x, y)$，若平滑图像为 $g(x, y)$，对每个像素点 (x, y)，则有：

$$g(x, y) = \frac{1}{(2s+1)(2t+1)} \sum_{(i,j) \in K} f(i, j) \qquad (5.12)$$

式中，K 是以 (x, y) 为中心的 $(2s+1) \times (2t+1)$ 邻域内像素的集合，$x=0,1,\cdots,M-1, y=0,1,\cdots,N-1$。

可见邻域平均法就是将当前像素邻域内各像素的灰度平均值作为其输出值的去噪方法。

例如，对图像采用 3×3 的邻域平均法，则在像素（m, n）处，其邻域像素如图 5.15 所示。

$(m-1, n-1)$	$(m-1, n)$	$(m-1, n+1)$
$(m, n-1)$	(m, n)	$(m, n+1)$
$(m+1, n-1)$	$(m+1, n)$	$(m+1, n+1)$

图 5.15 3×3 邻域示意表图

因此有

$$g(m,n) = \frac{1}{9}\sum_{i=-1}^{1}\sum_{j=-1}^{1}f(m+i, n+j)$$

对应模板为：

$$\boldsymbol{H} = \frac{1}{9}\begin{pmatrix}1 & 1 & 1\\ 1 & 1 & 1\\ 1 & 1 & 1\end{pmatrix}$$

【定理】 设图像中的噪声是随机不相关的加性噪声，窗口内各点噪声是独立同分布的，经过上述平滑后，信号与噪声的方差比可望提高 $(2s+1)(2t+1)$ 倍。

证明：如果假设一个成像过程为：

$$f(x,y) = f'(x,y) + n(x,y)$$

式中，$f'(x,y)$ 为无噪图像，$n(x,y)$ 为均值为 0、方差为 σ^2 的独立同分布的噪声图像。采用图 5.14 中模板对该图像进行滤波，有：

$$\begin{aligned}g(x,y) &= \frac{1}{(2s+1)(2t+1)}\sum_{i=-s}^{s}\sum_{j=-t}^{t}[f'(x+i, y+j) + n(x+i, y+j)]\\ &= \frac{1}{(2s+1)(2t+1)}\sum_{i=-s}^{s}\sum_{j=-t}^{t}f'(x+i, y+j) + \\ &\quad \frac{1}{(2s+1)(2t+1)}\sum_{i=-s}^{s}\sum_{j=-t}^{t}n(x+i, y+j)\end{aligned} \quad (5.13)$$

根据噪声的分布特性，对上式中的第二项取期望值，有：

$$E\left(\frac{1}{(2s+1)(2t+1)}\sum_{i=-s}^{s}\sum_{j=-t}^{t}n(x+i, y+j)\right) = 0$$

则平滑后图像均值为无偏估计：

$$E\{g(x,y)\} = E\left(\frac{1}{(2s+1)(2t+1)}\sum_{i=-s}^{s}\sum_{j=-t}^{t}f'(x+i, y+j)\right) = g'(x,y)$$

而平滑后图像方差为：

$$D\{g(x,y) = D\left(\frac{1}{(2s+1)(2t+1)}\sum_{i=-s}^{s}\sum_{j=-t}^{t}n(x+i, y+j)\right) = \frac{\sigma^2}{(2s+1)(2t+1)} \quad (5.14)$$

即平滑后图像灰度的方差变为原来的 $1/(2s+1)(2t+1)$。

证毕。

【例 5.5】对图像加入"椒盐"噪声,采用局部 5×5 模板进行平滑处理。
MATLAB 程序如下:
```
img=rgb2gray(imread('Image.bmp'));
figure; imshow(img);
img_noise=double(imnoise(img,'salt & pepper',0.06));
figure,imshow(img_noise,[]);
img_smoothed=imfilter(img_noise,fspecial('average',5));
figure; imshow(img_smoothed,[]);
```
MATLAB 程序运行结果如图 5.16 所示。

采用局部平滑处理算法简单,但是在降低噪声的同时也使图像变得模糊了,特别在图像的边缘和细节处。而且邻域越大,在去噪能力增强的同时模糊程度越严重。

(a) 原始图像　　　　(b) 对 (a) 加"椒盐"噪声的图像　　　　(c) 5×5 邻域平滑

图 5.16　平滑滤波结果

为克服简单局部平均法的弊病,目前已提出许多保边缘、细节的局部平滑算法。它们的出发点都集中在如何选择邻域的大小、形状和方向,以及参加平均的点数和邻域各点的权重系数等。

2) 超限像素平滑法

对邻域平均法稍加改进,可导出超限像素平滑法。它是将 $f(x, y)$ 和邻域平均 $g(x, y)$ 差的绝对值与选定的阈值进行比较,根据比较结果决定点 (x, y) 的最后灰度 $g'(x, y)$。其表达式为:

$$g'(x,y) = \begin{cases} g(x,y) & |f(x,y)-g(x,y)| > T \\ f(x,y) & |f(x,y)-g(x,y)| \leq T \end{cases} \tag{5.15}$$

这种算法对抑制"椒盐"噪声比较有效,对保护仅有微小灰度差的细节及纹理也有效。可见随着邻域的增大,去噪能力增强,但模糊程度也大。同局部平滑法相比,超限像素平滑法去"椒盐"噪声效果更好。

3) 灰度最相近的 K 个邻点平均法

该算法的出发点是:在 $n \times n$ 的窗口内,属于同一集合体的像素,它们的灰度值将高度相关。因此,可用窗口内与中心像素的灰度最接近的 K 个邻点像素的平均灰度来代替窗口中心像素的灰度值。这就是灰度最相近的 K 个邻点平均法。

较小的 K 值使噪声方差下降较小,但保持细节效果较好;而较大的 K 值平滑噪声较好,但会使图像边缘模糊。

实验证明,对于 3×3 的窗口,取 $K=6$ 为宜。

4) 空间低通滤波法

邻域平均法可看成一个掩模作用于图像 $f(x, y)$ 的低通空间滤波,掩模就是一个滤波器,滤波输出的数字图像 $g(x,y)$ 用离散卷积表示为：

$$g(x,y) = \frac{1}{N}\sum_{i=-M}^{M}\sum_{j=-M}^{M} f(x+i, y+j)h(i,j) \tag{5.16}$$

常用的掩模有：

$$\frac{1}{9}\begin{pmatrix} 1 & 1 & 1 \\ 1 & 1 & 1 \\ 1 & 1 & 1 \end{pmatrix}, \quad \frac{1}{10}\begin{pmatrix} 1 & 1 & 1 \\ 1 & 2 & 1 \\ 1 & 1 & 1 \end{pmatrix}, \quad \frac{1}{16}\begin{pmatrix} 1 & 2 & 1 \\ 2 & 4 & 2 \\ 1 & 2 & 1 \end{pmatrix}, \quad \frac{1}{8}\begin{pmatrix} 1 & 1 & 1 \\ 1 & 0 & 1 \\ 1 & 1 & 1 \end{pmatrix}, \quad \frac{1}{2}\begin{pmatrix} 0 & \frac{1}{4} & 0 \\ \frac{1}{4} & 1 & \frac{1}{4} \\ 0 & \frac{1}{4} & 0 \end{pmatrix}$$

掩模不同，中心点或邻域的重要程度也不相同，应根据问题的需要选取合适的掩模。但不管什么样的掩模，必须保证全部权系数之和为单位值，这样可保证输出图像灰度值在许可范围内，不会出现"溢出"现象。

【定理】 图像平滑滤波 $g(x,y) = \frac{1}{N}\sum_{i=-M}^{M}\sum_{j=-M}^{M} f(x+i, y+j)h(i,j)$ 实际上相当于对 $f(x,y)$ 进行低通滤波，即 $h(x,y)$ 为低通滤波器。

证明：根据卷积的时频性质 $f*h \Leftrightarrow F \cdot H$，$f \Leftrightarrow F$，$h \Leftrightarrow H$，$g \Leftrightarrow G$，可以推得 $G(u,v) = F(u,v) \cdot H(u,v)$，以下从 $H(u,v)$ 来分析 $h(x,y)$ 的频率特性。

以掩模 $\frac{1}{10}\begin{pmatrix} 1 & 1 & 1 \\ 1 & 2 & 1 \\ 1 & 1 & 1 \end{pmatrix}$ 为例，计算其传递函数（不考虑系数 1/10）：

$$H(u,v) = \sum_{x=0}^{N-1}\sum_{y=0}^{N-1} h(x,y)\exp\left(-j2\pi\frac{ux+vy}{N}\right) = \sum_{x=-1}^{+1}\sum_{y=-1}^{+1} h(x,y)\exp\left(-j2\pi\frac{ux+vy}{N}\right)$$

$$= 1\times\exp\left[-j2\pi\frac{-(u+v)}{N}\right] + \exp\left(-j2\pi\frac{-u}{N}\right) + \exp\left(-j2\pi\frac{-u+v}{N}\right) +$$

$$1\times\exp\left(-j2\pi\frac{-v}{N}\right) + 2\exp\left(-j2\pi\frac{0}{N}\right) + \exp\left(-j2\pi\frac{v}{N}\right) + \exp\left(-j2\pi\frac{u-v}{N}\right) +$$

$$1\times\exp\left(-j2\pi\frac{u}{N}\right) + \exp\left(-j2\pi\frac{u+v}{N}\right)$$

由欧拉公式可知 $\cos x = \frac{1}{2}[\exp(jx) + \exp(-jx)]$，代入上式得：

$$H(u,v) = 2 + 2\cos\frac{2\pi(u+v)}{N} + 2\cos\frac{2\pi v}{N} + 2\cos\frac{2\pi u}{N} + 2\cos\frac{2\pi(u-v)}{N}$$

$$= 2 + 2\cos\frac{2\pi u}{N} + 2\cos\frac{2\pi v}{N} + 4\cos\frac{2\pi u}{N}\cos\frac{2\pi v}{N}$$

代入系数 1/10 后：

$$H(u,v) = \frac{1}{5}\left(1 + \cos\frac{2\pi u}{N} + \cos\frac{2\pi v}{N} + 2\cos\frac{2\pi u}{N}\cos\frac{2\pi v}{N}\right) \tag{5.17}$$

令 $v=0$，则 $H = \frac{1}{5}\left(2 + 3\cos\frac{2\pi u}{N}\right)$，再令 $\omega = \frac{2\pi u}{N}$，则：

$$H = \frac{1}{5}(2 + 3\cos\omega)$$

$\omega = 0°$ 时，$H = 1$

$\omega = 90°$ 时，$H = 2/5$

$\omega = 131°$ 时，$H = 0$

$\omega = 180°$ 时，$H = -1/5$

可见该掩模为低通滤波器的传递函数，其幅频图如图 5.17 所示。

证毕。

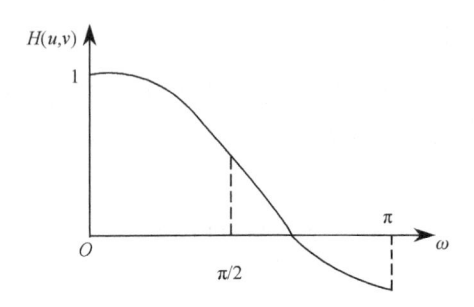

图 5.17 平滑滤波为低通滤波器频域示意图

【例 5.6】用平滑处理掩模 $\frac{1}{16}\begin{pmatrix} 1 & 2 & 1 \\ 2 & 4 & 2 \\ 1 & 2 & 1 \end{pmatrix}$ 处理以下图像，比较滤波前后相邻像素灰度差。

$$\begin{bmatrix} f(x-1,y-1) & f(x-1,y) & f(x-1,y+1) & f(x-1,y+2) \\ f(x,y-1) & f(x,y) & f(x,y+1) & f(x,y+2) \\ f(x+1,y-1) & f(x+1,y) & f(x+1,y+1) & f(x+1,y+2) \end{bmatrix}$$

解：滤波后相邻像素灰度差为

$g(x,y) - g(x,y+1)$

$= \frac{1}{4}f(x,y) + \frac{1}{16}[f(x-1,y-1) + f(x-1,y+1) + f(x+1,y-1) + f(x+1,y+1)] +$

$\quad \frac{1}{8}[f(x-1,y) + f(x,y-1) + f(x,y+1) + f(x+1,y)] -$

$\quad \frac{1}{4}f(x,y+1) - \frac{1}{8}[f(x-1,y+1) + f(x,y) + f(x,y+2) + f(x+1,y+1)] -$

$\quad \frac{1}{16}[f(x-1,y) + f(x-1,y+2) + f(x+1,y) + f(x+1,y+2)]$

$= \frac{1}{8}[f(x,y) - f(x,y+1)] + \frac{1}{8}[f(x,y-1) - f(x,y+2)] +$

$\quad \frac{1}{16}[f(x-1,y) - f(x-1,y+1) + f(x+1,y) - f(x+1,y+1) + f(x-1,y-1) +$

$\quad f(x+1,y-1) - f(x-1,y+2) - f(x+1,y+2)]$

假设 D_f 表示输入图像 $f(x,y)$ 相邻像素的灰度最大绝对差；D_g 表示处理后图像 $g(x,y)$ 相邻像素的灰度绝对差，则由上述方程有：

$$D_g \leq \frac{1}{8}D_f + \frac{3}{8}D_f + \frac{1}{16} \times 4 \times 2 D_f = D_f$$

可见，平滑处理后相邻像素灰度差别只会减小不会加大，起到了平滑作用。

3．空间域锐化滤波器

在图像的识别中常需要突出边缘和轮廓信息，图像锐化就是增强图像的边缘或轮廓。图像平滑通过积分过程使图像边缘模糊，图像锐化则通过微分而使图像边缘突出、清晰，如图 5.18 所示。

（a）原始图像　　　　　　　（b）锐化结果图

图 5.18　图像锐化示意图

1）梯度锐化法

图像锐化最常用的方法是梯度法。对于图像 $f(x,y)$，在 (x,y) 处的梯度定义为：

$$\text{grad}(x,y) = \begin{pmatrix} f'_x \\ f'_y \end{pmatrix} = \begin{pmatrix} \dfrac{\partial f(x,y)}{\partial x} \\ \dfrac{\partial f(x,y)}{\partial y} \end{pmatrix} \tag{5.18}$$

梯度是一个矢量，其大小和方向为：

$$\text{grad}(x,y) = \sqrt{f'^2_x + f'^2_y} = \sqrt{\left(\frac{\partial f(x,y)}{\partial x}\right)^2 + \left(\frac{\partial f(x,y)}{\partial y}\right)^2}$$

$$\theta = \arctan(f'_y/f'_x) = \arctan\left(\frac{\partial f(x,y)}{\partial y} \middle/ \frac{\partial f(x,y)}{\partial x}\right)$$

对于离散图像处理而言，常用到梯度的大小，因此把梯度的大小习惯称为"梯度"。并且一阶偏导数采用一阶差分近似表示，即：

$$f'_x = f(x+1,y) - f(x,y), \quad f'_y = f(x,y+1) - f(x,y)$$

为简化梯度的计算，经常使用：

$$\text{grad}(x,y) = \max(|f'_x|, |f'_y|)$$

或

$$\text{grad}(x,y) = |f'_x| + |f'_y|$$

除梯度算子以外，还可采用 Roberts、Prewitt 和 Sobel 算子计算梯度，来增强图像边缘。Roberts 对应的模板如图 5.19（a）所示，差分计算式如下（取绝对值）：

$$f'_x = |f(x+1,y+1) - f(x,y)| \tag{5.19}$$

$$f'_x = |f(x+1,y) - f(x,y+1)| \tag{5.20}$$

为在锐化图像边缘的同时减少噪声的影响，Prewitt 从加大边缘增强算子的模板大小出发，由图 5.19（a）中 2×2 模板扩大到图 5.19（b）3×3 模板来计算差分。Sobel 在 Prewitt 算子的基础上，对 4 邻域采用带权的方法计算差分，对应的模板如图 5.19（c）所示。

$$\begin{pmatrix} -1 & 0 \\ 0 & 1 \end{pmatrix} \begin{pmatrix} 0 & -1 \\ 1 & 0 \end{pmatrix} \qquad \begin{pmatrix} -1 & 0 & 1 \\ -1 & 0 & 1 \\ -1 & 0 & 1 \end{pmatrix} \begin{pmatrix} -1 & -1 & -1 \\ 0 & 0 & 0 \\ 1 & 1 & 1 \end{pmatrix} \qquad \begin{pmatrix} -1 & 0 & 1 \\ -2 & 0 & 2 \\ -1 & 0 & 1 \end{pmatrix} \begin{pmatrix} -1 & -2 & -1 \\ 0 & 0 & 0 \\ 1 & 2 & 1 \end{pmatrix}$$

（a）Roberts　　　　　　　（b）Prewitt　　　　　　　（c）Sobel

图 5.19　各种边缘算子

2）拉普拉斯（Laplacian）算子

拉普拉斯算子定义图像 $f(x,y)$ 梯度为：

$$\nabla^2 f = \frac{\partial^2 f}{\partial x^2} + \frac{\partial^2 f}{\partial y^2} \tag{5.21}$$

对于离散图像，其拉普拉斯算子为：

$$\nabla^2 f = \Delta_x^2 f(x,y) + \Delta_y^2 f(x,y) \tag{5.22}$$

其中

$$\Delta_x^2 f(x,y) = \Delta_x f(x+1,y) - \Delta_x f(x,y) = f(x+1,y) + f(x-1,y) - 2f(x,y)$$
$$\Delta_y^2 f(x,y) = \Delta_y f(x,y+1) - \Delta_y f(x,y) = f(x,y+1) + f(x,y-1) - 2f(x,y)$$

因此，有

$$\nabla^2 f = f(x+1,y) + f(x-1,y) + f(x,y+1) + f(x,y-1) - 4f(x,y) \tag{5.23}$$

相当于原始图像与模板 $\begin{pmatrix} 0 & 1 & 0 \\ 1 & -4 & 1 \\ 0 & 1 & 0 \end{pmatrix}$ 的卷积。

拉普拉斯算子边缘的方向信息丢失，对孤立噪声点的响应是阶跃边缘的四倍，对单像素线条的响应是阶跃边缘的两倍，对线端和斜向边缘的响应大于垂直或水平边缘的响应。

3）低频分量消减法

空间域图像锐化实际上是增强图像中的细节，主要是边缘特征。图像边缘是图像的基本特征之一，它包含对人类视觉和机器识别有价值的物体图像边缘信息。边缘是图像中特性（如像素灰度、纹理等）分布的不连续处，图像周围特性有阶跃变化或屋脊状变化的那些像素集合。图像边缘存在于目标与背景、目标与目标、基元与基元的边界，它标示出目标物体或基元的实际含量，是图像识别信息最集中的地方。

边缘增强是要突出图像边缘，抑制图像中非边缘信息，使图像轮廓更加清晰。由于边缘占据图像的高频成分，所以边缘增强通常属于高通滤波。

总之，图像锐化就是要增强图像频谱中的高频部分，就相当于从原始图像中减去它的低频分量，即原始图像经平滑处理后所得的图像。选择不同的平滑方法，会有不同的图像锐化结果。

方法一：从原始图像 $f(x,y)$ 中减去平滑低频图像 $\overline{f}(x,y)$，得到输出图像 $g(x,y)$。

$$g(x,y) = f(x,y) - \overline{f}(x,y) \quad (5.24)$$

方法二：对原始图像进行加权，然后减去低通成分。

$$g(x,y) = Kf(x,y) - f_{Lp}(x,y) \quad (5.25)$$

当 $K=1$ 时，方法二等同于方法一，则滤波模板为：

$$\begin{pmatrix} 0 & 0 & 0 \\ 0 & 1 & 0 \\ 0 & 0 & 0 \end{pmatrix} - \frac{1}{8}\begin{pmatrix} 1 & 1 & 1 \\ 1 & 0 & 1 \\ 1 & 1 & 1 \end{pmatrix} = \frac{1}{8}\begin{pmatrix} -1 & -1 & -1 \\ -1 & 8 & -1 \\ -1 & -1 & -1 \end{pmatrix}$$

　　　　　平滑窗口　　　　图像锐化模板

这个图像锐化算子的传递函数幅频图如图 5.20 所示。

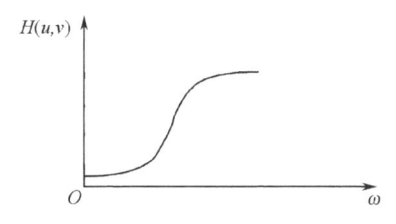

图 5.20　空间锐化高通滤波器幅频图

5.3　频率域图像增强
（Image Enhancement in the Frequency Domain）

5.3.1　频率域增图像强基本理论（Fundamentals of Image Enhancement in the Frequency Domain）

频率域图像增强是增强技术的重要组成部分，通过傅里叶变换，可以把空间域混叠的成分在频率域中分离开来，从而提取或滤去相应的图像成分，如图 5.21 所示。这一过程中的核心基础即为傅里叶变换。

（a）原始图像　　　　（b）离散傅里叶变换后的频率域图

图 5.21　数字图像的傅里叶变换

参见 4.2 节，如果图像的行数与列数相等，二维离散傅里叶变换可写为：

$$F(u,v) = \frac{1}{\sqrt{MN}} \sum_{x=0}^{M-1} \sum_{y=0}^{N-1} f(x,y) e^{-j2\pi\left(\frac{ux}{M}+\frac{vy}{N}\right)} \tag{5.26}$$

式中，$u=0, 1, 2, \cdots, M-1$；$v=0, 1, 2, \cdots, N-1$。

二维离散傅里叶反变换可写为：

$$f(x,y) = \frac{1}{\sqrt{MN}} \sum_{u=0}^{M-1} \sum_{v=0}^{N-1} F(u,v) e^{j2\pi\left(\frac{ux}{M}+\frac{vy}{N}\right)} \tag{5.27}$$

式中，$x=0, 1, 2, \cdots, M-1$；$y=0, 1, 2, \cdots, N-1$。

一般来说，对一幅图像进行傅里叶变换运算量很大，不直接利用以上公式计算，现在都采用傅里叶变换快速算法，这样可大大减少计算量。为提高傅里叶变换算法的速度，一种途径是从软件角度来讲，要不断改进算法；另一种途径是硬件化，它不但体积小且速度快。

5.3.2 频率域平滑滤波器（Frequency Smoothing Filters）

图像空间域的线性邻域卷积实际上是图像经过滤波器对信号频率成分的滤波，这种功能也可以在变换域实现，即把原始图像进行正变换，设计一个滤波器用点操作的方法加工频谱数据（变换系数），然后再进行反变换，即完成处理工作。这里的关键在于设计频率域（变换域）滤波器的传递函数 $H(u,v)$。

图像增强的频率域处理工作流程如下：

$$\begin{aligned} g(x,y) &= f(x,y)h(x,y) \\ G(u,v) &= F(u,v)H(u,v) \end{aligned} \tag{5.28}$$

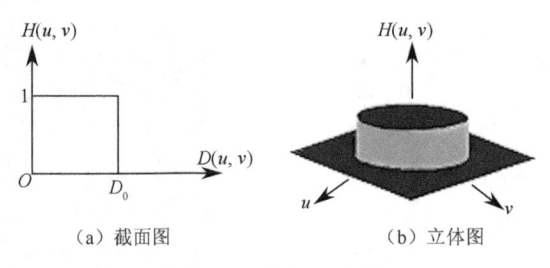

1. 理想低通滤波器

理想低通滤波器是指输入信号在通带内所有频率分量完全无损地通过，而在阻带内所有频率分量完全衰减。设傅里叶平面上理想低通滤波器离开原点的截止频率为 D_0，则理想低通滤波器如图 5.22 所示。其传递函数为：

$$H(u,v) = \begin{cases} 1 & D(u,v) \leqslant D_0 \\ 0 & D(u,v) > D_0 \end{cases} \tag{5.29}$$

式中，$D(u,v) = \sqrt{u^2+v^2}$。

（a）截面图　　（b）立体图

图 5.22　理想低通滤波器

理想低通滤波器有陡峭频率的截止特性，但会产生振铃现象使图像变得模糊，该滤波器具有物理不可实现性。产生一个大小为 128×128、截止频率为 15 的理想滤波器的 MATLAB 程序如下：

```
for u=1:128
 for v=1:128
     if sqrt((u-64)^2+(v-64)^2)<=15
         H(u,v)=1;
     else
         H(u,v)=0;
      end;
   end;
end;
imshow(H); [u,v]=freqspace(128,'meshgrid');
figure, mesh(u,v,H)
```

2. 巴特沃斯（Butterworth）低通滤波器

n 阶 Butterworth 低通滤波器的传递函数为：

$$H(u,v) = \frac{1}{1+\left[\dfrac{D(u,v)}{D_0}\right]^{2n}} \tag{5.30}$$

式中，D_0 为截止频率。当 $\dfrac{D(u,v)}{D_0}=1$ 时，$H(u,v)=0.5$，它的特性是传递函数比较平滑，连续性衰减，而不像理想滤波器那样陡峭变化，即具有明显的不连续性。因此采用该滤波器滤波在抑制噪声的同时，图像边缘的模糊程度也大大减小，没有振铃效应产生，如图 5.23 所示。

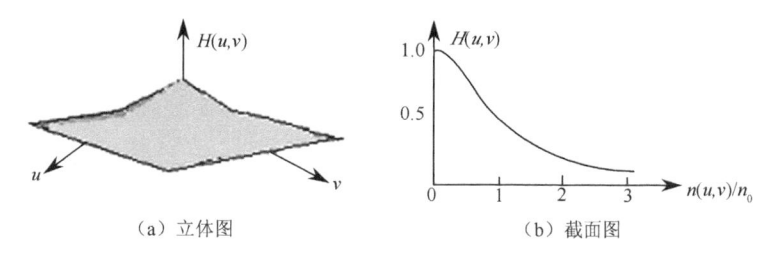

（a）立体图　　（b）截面图

图 5.23　Butterworth 低通滤波器

【例 5.7】采用 Butterworth 低通滤波器对 Lena 图像进行低通滤波，结果如图 5.24 所示。可以看到，滤波后图像变模糊了。MATLAB 程序如下：

```
I=imread('lena.bmp');
figure,imshow(I);
I1=fftshift(fft2(I));
[M,N]=size(I1);
n=2; d0=30;
n1=floor(M/2); n2=floor(N/2);
for i=1:M
    for j=1:N
        d=sqrt((i-n1)^2+(j-n2)^2);
```

```
            H=1/(1+(d/d0)^(2*n));
            I2(i,j)=H*I1(i,j);
        end
end
I2=ifftshift(I2);
I3=real(ifft2(I2));
figure,imshow(I3,[]);
```

(a) Lena 图　　　　(b) Butterworth 低通滤波结果

图 5.24　对 Lena 图的 Butterworth 低通滤波

3. 指数低通滤波器

指数低通滤波器是图像处理中常用的一种平滑滤波器，如图 5.25 所示，它的传递函数为：

$$H(u,v) = \exp\left\{-\left[\frac{D(u,v)}{D_0}\right]^n\right\} \tag{5.31}$$

采用该滤波器滤波在抑制噪声的同时，图像边缘的模糊程度较用 Butterworth 滤波产生的大些，无明显的振铃效应。

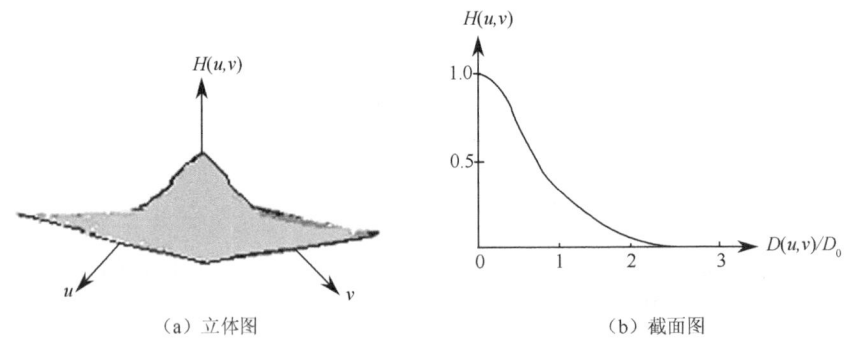

(a) 立体图　　　　(b) 截面图

图 5.25　指数低通滤波器

4. 梯形低通滤波器

梯形低通滤波器是理想低通滤波器和完全平滑滤波器的折中，如图 5.26 所示。设 $D_1 > D_0$，它的传递函数为：

$$H(u,v) = \begin{cases} 1 & D(u,v) < D_0 \\ \dfrac{D(u,v)-D_1}{D_0-D_1} & D_0 \leqslant D(u,v) \leqslant D_1 \\ 0 & D(u,v) > D_1 \end{cases} \tag{5.32}$$

它的性能介于理想低通滤波器和指数滤波器之间，滤波的图像有一定的模糊和振铃效应。

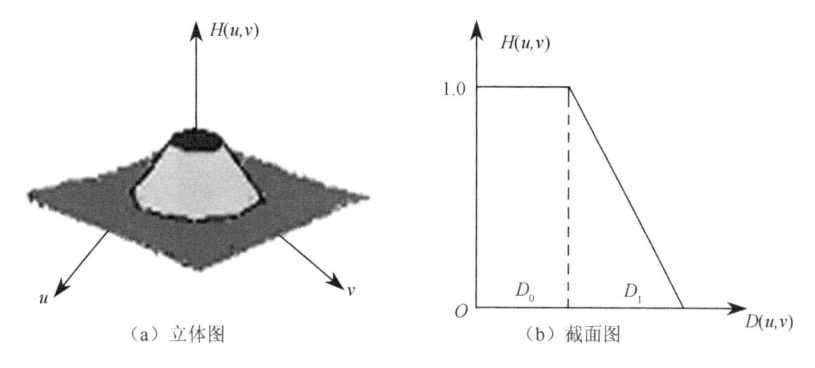

（a）立体图　　　　　　　　　　（b）截面图

图 5.26　梯形低通滤波器

5.3.3　频率域锐化滤波器（Frequency Sharpening Filters）

图像的边缘、细节主要位于高频部分，而图像的模糊是由于高频成分比较弱产生的。频率域锐化就是为了消除模糊，突出边缘。因此采用高通滤波器让高频成分通过，使低频成分削弱，再经傅里叶逆变换得到边缘锐化的图像。常用的高通滤波器有如下几种。

1. 理想高通滤波器

二维理想高通滤波器的传递函数为：

$$H(u,v)=\begin{cases}0 & D(u,v)\leqslant D_0\\ 1 & D(u,v)>D_0\end{cases} \tag{5.33}$$

理想高通滤波器如图 5.27 所示。

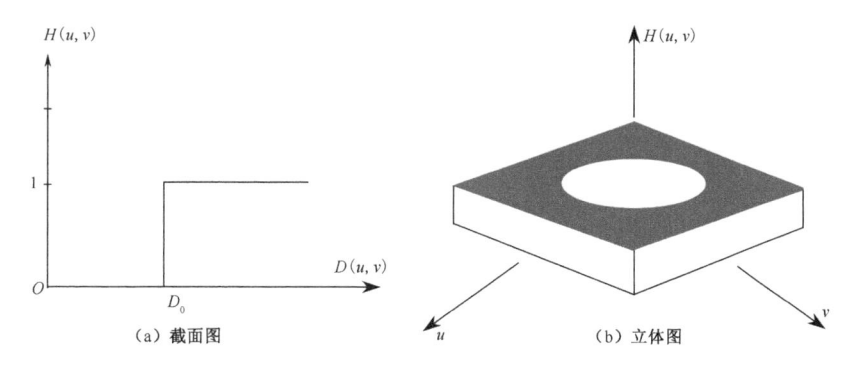

（a）截面图　　　　　　　　　　（b）立体图

图 5.27　理想高通滤波器

2. 巴特沃斯高通滤波器

n 阶巴特沃斯高通滤波器的传递函数定义如下：

$$H(u,v)=\frac{1}{1+\left[\dfrac{D_0}{D(u,v)}\right]^{2n}} \tag{5.34}$$

巴特沃斯高通滤波器如图 5.28 所示。

【例 5.8】 采用巴特沃斯高通滤波器对 Lena 图进行锐化，其结果如图 5.29 所示。MATLAB 程序同例 5.7，只是滤波器换成 $H = \dfrac{1}{1 + \left(\dfrac{D_0}{D}\right)^{2n}}$。

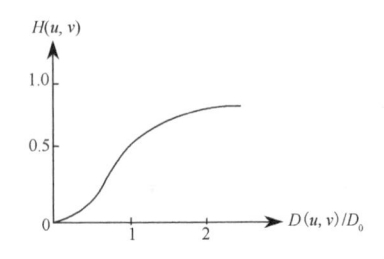

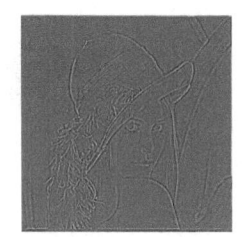

（a）Lena 图　　（b）Butterworth 高通滤波锐化结果

图 5.28　巴特沃斯高通滤波器　　　　图 5.29　对 Lena 图的 Butterworth 高通滤波

3. 指数高通滤波器

指数高通滤波器如图 5.30 所示，它的传递函数为：

$$H(u,v) = \exp\left\{-\left[\dfrac{D_0}{D(u,v)}\right]^n\right\} \tag{5.35}$$

4. 梯形高通滤波器

梯形高通滤波器如图 5.31 所示，它的定义为（设 $D_1 > D_0$）：

$$H(u,v) = \begin{cases} 0 & D(u,v) < D_0 \\ \dfrac{D(u,v) - D_0}{D_1 - D_0} & D_0 \leqslant D(u,v) \leqslant D_1 \\ 1 & D(u,v) > D_1 \end{cases} \tag{5.36}$$

图 5.30　指数高通滤波器　　　　图 5.31　梯形高通滤波器

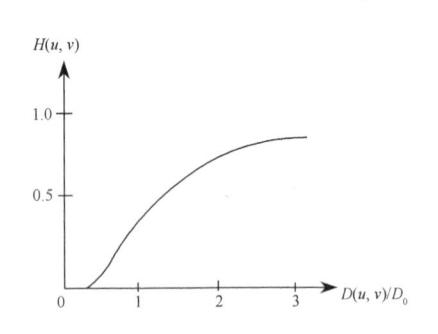

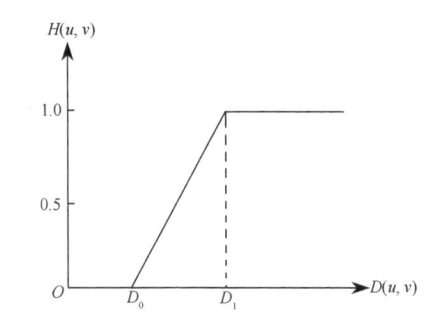

四种滤波函数的选用类似于低通。其中，理想高通有明显振铃现象，即图像的边缘有抖动现象；Butterworth 高通滤波效果较好，但计算复杂，其优点是有少量低频通过，$H(u,v)$ 是渐变的，振铃现象不明显；指数高通效果比 Butterworth 差些，振铃现象不明显；梯形高通会产生微振铃效果，但计算简单，较常用。一般来说，不管在图像空间域还是频率域，采用高通滤波不但会使有用的信息增强，同时也会使噪声增强，因此不能随意使用。

5.3.4 同态滤波器(Homomorphic Filters)

频域滤波作为一种图像增强的具,可以灵活地解决加性畸变问题,但实际成像中有许多非线性干扰问题,此时,直接用频率域滤波的方法,将无法消减乘性或卷积性噪声。例如,当物体受到照度明暗不匀的时候,图像上对应照度暗的部分,其细节就较难辨别。我们希望通过对图像的处理,可以消除光照不足带来的影响,同时又不损失图像的细节。

从图像成形的过程来看,可以将图像看成是照射光分量和反射光分量的乘积,经傅里叶变换后,两者是卷积关系而难以分开。反射分量反映图像内容,随图像细节不同在空间上快速变化;照射分量在空间上通常均具有缓慢变化的性质,照射分量的频谱落在空间低频区域,反射分量的频谱落在空间高频区域。同态滤波是把频率滤波和灰度变换结合起来,首先对非线性混杂信号作对数运算,把两个相乘的分量变为两个相加的分量,它们分别代表图像的高频分量和低频分量,然后用线性滤波方法处理。最后作逆运算,恢复处理后图像。

同态滤波处理流程如图 5.32 所示。

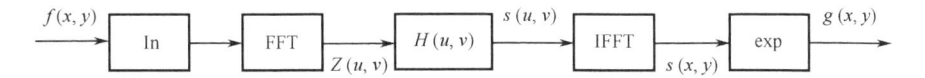

图 5.32 同态滤波处理流程

图像 $f(x,y)$ 由照射分量 $i(x,y)$ 与反射分量 $r(x,y)$ 乘积构成:

$$f(x,y)=i(x,y)r(x,y) \tag{5.37}$$

式中,$0<r(x,y)<1;0<f(x,y)\leqslant i(x,y)<\infty$。

首先 $f(x,y)$ 取对数:

$$z(x,y)=\ln f(x,y)=\ln i(x,y)+\ln r(x,y) \tag{5.38}$$

作傅里叶变换: $F[z(x,y)]=F[\ln i(x,y)]+F[\ln r(x,y)]$

即:

$$Z(u,v)=I(u,v)+R(u,v) \tag{5.39}$$

式(5.39)表明,照明分量的频谱 $I(u,v)$ 可以与反射分量 $R(u,v)$ 的频谱分离开,根据不同需要,选用不同的传递函数 $H(u,v)$,实现对图像的增强。

假定所设计的传递函数为 $H(u,v)$,则:

$$S(u,v)=H(u,v)Z(u,v)=H(u,v)I(u,v)+H(u,v)R(u,v) \tag{5.40}$$

进行反变换 $s(x,y)=F^{-1}[S(u,v)]$,令:

$$i'(x,y)=F^{-1}[H(u,v)I(u,v)]$$
$$r'(x,y)=F^{-1}[H(u,v)R(u,v)]$$
$$s(x,y)=i'(x,y)+r'(x,y)$$

可见,增强后的图像是由对应照度分量与反射分量两部分叠加而成的。然后,对 $s(x,y)$ 取指数,即:

$$g(x,y)=\exp[s(x,y)] \tag{5.41}$$

许多控制能通过同态滤波器对照射分量和反射分量操作来加强。这些控制需要一个滤波

器函数 $H(u,v)$ 来规范，它能以不同的方法影响傅里叶变换的高低频成分。一个典型的同态滤波器幅频图如图 5.33 所示。

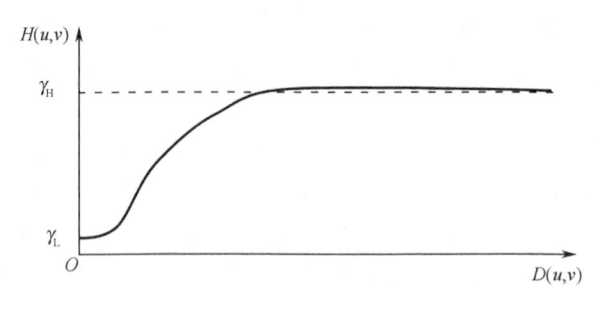

图 5.33　同态滤波器幅频图

γ_H 代表高频增益，γ_L 代表低频增益，一般选取 $\gamma_H > 1$ 且 $\gamma_L < 1$，图 5.33 所示的滤波器函数往往减少低频（照度）的贡献，而增加高频（反射）的贡献，结果是同时进行动态范围的压缩和对比度的增强。

图 5.33 所示的曲线形状能用前述的任何一种高通滤波器的基本形式近似。例如，传递函数 $H(u,v)$ 可以是高斯型高通滤波器稍微修改过的形式，即式（5.42）；或是巴特沃思型高通滤波器稍微修改过的形式，即式（5.43）：

$$H(u,v) = (\gamma_H - \gamma_L)\left\{1 - \exp\left[-c(D^2(u,v)/D_0^2)\right]\right\} + \gamma_L \tag{5.42}$$

$$H(u,v) = (\gamma_H - \gamma_L)/[1 + cD_0/D(u,v)]^{2n} + \gamma_L \tag{5.43}$$

式中，$D(u,v) = [(u - M/2)^2 + (v - N/2)^2]^{\frac{1}{2}}$，$D_0$ 是截止频率，常数 c 被引入用来控制滤波器函数斜面的锐化，通常为 γ_L 和 γ_H 之间的一个常数。

【例 5.9】采用同态滤波方法，对图像 5.34 进行滤波处理，结果如图 5.34 所示。MATLAB 程序如下：

```
[image_0,map]=imread('fig534a.bmp');
image_1=log(double(image_0)+1);
image_2=fft2(image_1);
n=2,c=2; D0=50; rh=2; rl=0.5;
[row,col]=size(image_2);
for k=1:1:row
  for ll=1:1:col
    D1(k,ll)=sqrt(k^2+ll^2);
    H(k,ll)=rl+(rh-rl)*(1/(1+(D0/(c*D1(k,ll)))^(2*n)));
    image_2(k,ll)=image_2(k,ll)*H(k,ll);
  end
 end
image_4=ifft2(image_2);
image_5=(exp(image_4)-1);
figure,imshow(image_0,map)
figure,imshow(real(image_5),map)
```

(a) 原始图像　　　　　　　(b) 同态滤波处理

图 5.34　同态滤波示例

小结（Summary）

图像增强按所用方法可分为频率域法和空间域法。前者把图像看成一种二维信号，对其进行基于二维傅里叶变换的信号增强。采用低通滤波（只让低频信号通过）法，可去掉图中的噪声；采用高通滤波法，则可增强边缘等高频信号，使模糊的图片变得清晰。具有代表性的空间域算法有局部求平均值法和中值滤波（取局部邻域中的中间像素值）法等，它们可用于去除或减弱噪声。本章以空间域增强、频率域增强为主线，介绍了图像增强的各种技术的原理、实现方法、特点等。在空间域中，主要分析了空间点处理、模板处理两类技术；在频率域中，介绍了低通滤波、高通滤波、同态滤波等技术。

习题（Exercises）

5.1　图像增强的目的是什么？它通常包含哪些技术？

5.2　直接灰度变换增强技术通常包含哪些内容？

5.3　为什么在一般情况下对离散图像的直方图均衡化并不能产生完全平坦的直方图？

5.4　假定有 64 像素×64 像素的图像，灰度为 16 级，概率分布如下表所示，试进行直方图均衡化，并画出处理前后的直方图。

k	0	1	2	3	4	5	6	7
r_k	0	1/15	1/15	1/15	1/15	1/15	1/15	1/15
n_k	800	650	600	430	300	230	200	170
$P(r_k)$	0.195	0.160	0.147	0.106	0.073	0.056	0.049	0.041
k	8	9	10	11	12	13	14	15
r_k	8/15	9/15	10/15	11/15	12/15	13/15	14/15	1
n_k	150	130	110	96	80	70	50	30
$P(r_k)$	0.037	0.031	0.027	0.023	0.019	0.017	0.012	0.007

5.5　采用 3×3 模板对下面的图像进行平滑滤波，其中滤波过程中图像边界没有补零。

```
2  1  7  5  8  9  1  3
3  5  1  2  1  10 1  1
1  6  5  6  5  1  1  7
7  1  5  1  5  1  8  1
9  1  1  5  2  5  2  3
1  2  6  3  1  1  8  1
3  6  1  8  12 5  1  9
7  8  3  9  1  7  8  1
```

5.6 采用式（5.23）中的拉普拉斯算子对题 5.5 中图像进行空间锐化，其中滤波过程中图像边界没有补零。

5.7 证明可以通过在频率域中用原始图减去高通滤波图得到低通滤波的结果。

5.8 从巴特沃斯高通滤波器出发推导它对应的低通滤波器。

5.9 假设对恒星的观测图像包含一组明亮且松散的点，可以用一组脉冲与恒定亮度背景相乘的方法进行建模。试设计一个同态滤波器来提取对应恒星的该组亮点。

第6章 图像复原
(Image Restoration)

  图像复原又称为图像恢复，图像复原和图像增强一样，都是为了改善图像视觉效果，以及便于后续处理。只是图像增强方法更偏向主观判断，而图像恢复则是根据图像畸变或退化原因，进行模型化处理。本章首先介绍退化模型及恢复技术基础，随后介绍空间域滤波恢复技术，最后介绍频率域图像复原技术及应用。

  Similarly to image enhancement, image restoration also aims to improve visual perception of an original picture. However, image restoration is considered more objective compared to image enhancement, as it utilizes various degradation and restoration models to quantify the effectiveness. This chapter introduces the concept of image restoration, the principles of degradation models, and various filters that have been used in image restoration (spatial filters and frequency domain filters).

6.1 图像复原及退化模型基础
(Fundamentals of Image Restoration and Degradation Model)

  图像的退化是指图像在形成、传输和记录过程中，由于成像系统、传输介质和设备的不完善，使图像的质量变坏。图像恢复就是要尽可能恢复退化图像的本来面目，它是沿图像退化的逆过程进行处理的。典型的图像恢复是根据图像退化的先验知识建立一个退化模型，以此模型为基础，采用各种逆退化处理方法进行恢复，得到质量改善的图像。图像恢复过程如下：寻找退化原因→建立退化模型→反向推演→恢复图像。

  可见，图像恢复主要取决于对图像退化过程的先验知识所掌握的精确程度，体现在建立的退化模型是否合适，其关键在于找到退化原因。

  图像复原与图像增强的相似之处在于它们都是为了改善图像的质量，但是它们又有明显的不同。图像增强主要是一个主观的过程，而图像复原的大部分过程是一个客观过程。图像增强不考虑图像是如何退化的，而是试图采用各种技术来增强图像的视觉效果，可以不顾增强后的图像是否失真。因此，图像增强的过程基本上是一个探索的过程，利用人的心理状态和视觉系统去控制图像质量，直到人们的视觉系统满意为止。而图像恢复需要知道图像退化过程的先验知识，据此找出一种相应的逆处理方法，使已退化的图像恢复本来面目，即根据退化的原因，分析引起退化的环境因素，建立相应的数学模型，并沿着使图像降质的逆过程恢复图像。如果图像已退化，应先做恢复处理，再做增强处理。

6.1.1 图像退化的原因及退化模型（Causes of Image Degradation and Degradation Model）

1. 退化的原因

造成图像退化的原因很多，主要表现为：
（1）成像系统的像差、畸变、带宽有限等造成图像失真。
（2）由于成像器件拍摄姿态和扫描非线性引起的图像几何失真。
（3）运动模糊。成像传感器与被拍摄景物之间的相对运动，引起所成图像的运动模糊。
（4）灰度失真。光学系统或成像传感器本身特性不均匀，造成同样亮度景物成像灰度不同。
（5）辐射失真。由于场景能量传输通道中的介质特性如大气湍流效应、大气成分变化引起图像失真。
（6）图像在成像、数字化、采集和处理过程中引入的噪声等。
图 6.1 是常见退化现象的物理模型。

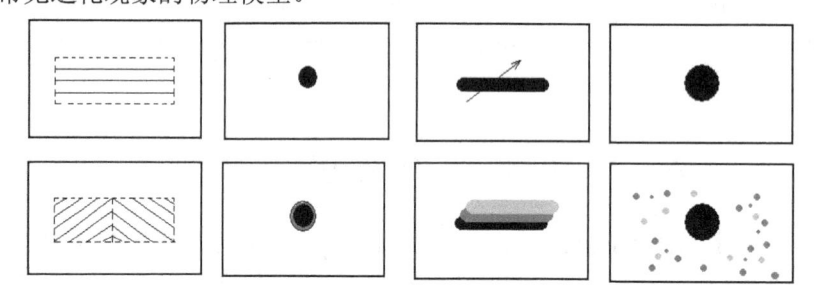

图 6.1　常见退化现象的物理模型

2. 退化模型

图像复原处理的关键问题在于建立退化模型，输入图像经过这个退化模型后的输出是一幅退化的图像。为了讨论方便，一般把噪声引起的退化即噪声对图像的影响作为加性噪声考虑，这也与许多实际应用情况一致。如图像数字化时的量化噪声、随机噪声等就可以作为加性噪声，即使不是加性噪声而是乘性噪声，也可以用对数方式转化为相加形式。

场景辐射能量在物平面上的分布用 $f(x,y)$ 描述，在通过成像系统 H 时，在像平面所得图像为 $H[f(x,y)]$，如果再有加性噪声 $n(x,y)$，则实际所得退化图像 $g(x,y)$ 可用下列模型表示：

$$g(x,y) = H[f(x,y)] + n(x,y) \tag{6.1}$$

式中，$H[\ ]$ 是综合所有退化因素的函数。

这里 $n(x,y)$ 是一种统计性质的信息。在实际应用中，常常假设噪声是白噪声，即它的频谱密度为常数，并且与图像不相关。

下面介绍连续图像退化的数学模型。

一幅连续图像 $f(x,y)$ 可以看成是由一系列点源组成的。因此，$f(x,y)$ 可以通过点源函数的卷积来表示，即：

$$f(x,y) = \int_{-\infty}^{\infty}\int_{-\infty}^{\infty} f(\alpha,\beta)\delta(x-\alpha,y-\beta)\mathrm{d}\alpha\mathrm{d}\beta \tag{6.2}$$

式中，$\delta(\ )$ 为点源函数，表示空间上的点脉冲。

在不考虑噪声的一般情况下，连续图像经过退化系统 H 后的输出为：

$$g(x,y) = H[f(x,y)] \tag{6.3}$$

把式（6.2）代入式（6.3）可得：

$$g(x,y) = H[f(x,y)] = H\left[\int_{-\infty}^{+\infty}\int_{-\infty}^{\infty} f(\alpha,\beta)\delta(x-\alpha,y-\beta)\mathrm{d}\alpha\mathrm{d}\beta\right] \tag{6.4}$$

在线性和空间不变系统的情况下，退化算子 H 具有如下性质。

性质 1：线性性。

设 $f_1(x,y)$ 和 $f_2(x,y)$ 为两幅输入图像，k_1 和 k_2 为常数，则

$$H[k_1 f_1(x,y) + k_2 f_2(x,y)] = k_1 H[f_1(x,y)] + k_2 H[f_2(x,y)] \tag{6.5}$$

性质 2：空间不变性（也称位移不变性）。

如果对于任意 $f(x,y)$ 及 a 和 b，有：

$$H[f(x-a,y-b)] = g(x-a,y-b) \tag{6.6}$$

对于线性位移不变系统，输入图像经退化后的输出为：

$$\begin{aligned}g(x,y) &= H[f(x,y)] = H[\int_{-\infty}^{\infty}\int_{-\infty}^{\infty} f(\alpha,\beta)\delta(x-\alpha,y-\beta)\mathrm{d}\alpha\mathrm{d}\beta] \\ &= \int_{-\infty}^{\infty}\int_{-\infty}^{\infty} f(\alpha,\beta)H[\delta(x-\alpha,y-\beta)]\mathrm{d}\alpha\mathrm{d}\beta \\ &= \int_{-\infty}^{\infty}\int_{-\infty}^{\infty} f(\alpha,\beta)h(x-\alpha,y-\beta)\mathrm{d}\alpha\mathrm{d}\beta\end{aligned} \tag{6.7}$$

式中，$h(x-\alpha,y-\beta)$ 为该退化系统的点扩散函数（Point Spread Function，PSF），或称系统的冲激响应函数，它表示系统对坐标为（α，β）处的冲激函数 $\delta(x-\alpha,y-\beta)$ 的响应。也就是说，只要系统对冲激函数的响应为已知，那么就可以清楚图像退化是如何形成的。因为对于任一输入 $f(\alpha,\beta)$ 的响应，都可以通过式（6.7）计算出来。

此时，退化系统的输出就是输入图像信号 $f(x,y)$ 与点扩展函数 $h(x,y)$ 的卷积：

$$g(x,y) = \int_{-\infty}^{\infty}\int_{-\infty}^{\infty} f(\alpha,\beta)h(x-\alpha,y-\beta)\mathrm{d}\alpha\mathrm{d}\beta = f(x,y) * h(x,y) \tag{6.8}$$

图像退化除受到成像系统本身的影响外，有时还受噪声的影响。假设噪声 $n(x,y)$ 是加性白噪声，这时上式可写成：

$$\begin{aligned}g(x,y) &= \int_{-\infty}^{\infty}\int_{-\infty}^{\infty} f(\alpha,\beta)h(x-\alpha,y-\beta)\mathrm{d}\alpha\mathrm{d}\beta + n(x,y) \\ &= f(x,y) * h(x,y) + n(x,y)\end{aligned} \tag{6.9}$$

式（6.9）就是连续函数的退化模型。可见，图像复原实际上就是在已知 $g(x,y)$、$h(x,y)$ 和 $n(x,y)$ 的一些先验知识的条件下，求得 $\hat{f}(x,y)$（原始图像的估计值）的问题。如图 6.2 所示为图像退化线性模型。

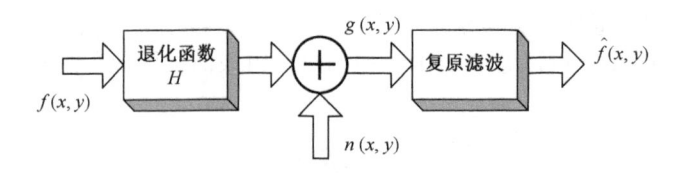

图 6.2 图像退化线性模型

显然，进行图像复原的关键问题是寻找降质系统在空间域上的冲激响应函数 $h(x,y)$。采用线性位移不变系统模型的原因如下。

（1）许多种退化都可以用线性位移不变模型来近似，这样线性系统中的许多数学工具如线性代数，能用于求解图像复原问题，从而使运算方法简捷和快速。

（2）当退化不太严重时，一般用线性位移不变系统模型来复原图像，在很多应用中有较好的复原结果，且计算大为简化。

（3）尽管实际非线性和位移可变的情况能更加准确而普遍地反映图像复原问题的本质，但在数学上求解困难。只有在要求很精确的情况下才用位移可变的模型去求解，其求解也常以位移不变的解法为基础加以修改。

6.1.2 图像退化的数学模型（Mathematic Model of Image Degradation）

假定成像系统是线性位移不变系统，它的点扩散函数用 $h(x,y)$ 表示，$f(x,y)$ 表示理想的、没有退化的图像，$g(x,y)$ 是劣化（被观察到）的图像，受加性噪声 $n(x,y)$ 的干扰，则退化图像可表示为：

$$g(x,y) = f(x,y)*h(x,y)+n(x,y) \tag{6.10}$$

这就是线性位移不变系统的退化模型，下面给出离散化的退化模型。

若对图像 $f(x,y)$ 和点扩散函数 $h(x,y)$ 均匀采样就可以得到离散的退化模型。假设数字图像 $f(x,y)$ 和点扩散函数 $h(x,y)$ 的大小分别为 $A \times B$、$C \times D$，可先对它们作大小为 $M \times N$ 的周期延拓，其方法是添加零，即：

$$f_e(x,y) = \begin{cases} f(x,y) & 0 \leq x \leq A-1, \quad 0 \leq y \leq B-1 \\ 0 & A \leq x \leq M-1, \quad B \leq y \leq N-1 \end{cases} \tag{6.11}$$

和

$$h_e(x,y) = \begin{cases} h(x,y) & 0 \leq x \leq C-1, \quad 0 \leq y \leq D-1 \\ 0 & C \leq x \leq M-1, \quad D \leq y \leq N-1 \end{cases} \tag{6.12}$$

把周期延拓的 $f_e(x,y)$ 和 $h_e(x,y)$ 作为二维周期函数来处理，即在 x 和 y 方向上，周期分别为 M 和 N，则由此得到离散的退化模型为两函数的卷积：

$$g_e(x,y) = \sum_{m=0}^{M-1}\sum_{n=0}^{N-1} f_e(m,n)h_e(x-m,y-n) \tag{6.13}$$

式中，$x=0,1,2,\cdots,M-1$；$y=0,1,2,\cdots,N-1$。函数 $g_e(x,y)$ 为周期函数，其周期与 $f_e(x,y)$ 和 $h_e(x,y)$ 的周期一样。在式（6.13）中加上一个延为 $M \times N$ 的离散噪声项，从而得到：

$$g_e(x,y) = \sum_{m=0}^{M-1}\sum_{n=0}^{N-1} f_e(m,n)h_e(x-m,y-n)+n_e(x,y) \tag{6.14}$$

令 f、g 和 n 代表 $M\times N$ 维列向量,这些列向量分别是由 $M\times N$ 维的 $f_e(x,y)$ 矩阵,$h_e(x,y)$ 和 $n_e(x,y)$ 的各个行堆积而成的。例如,f 的第一组 N 个元素是 $f_e(x,y)$ 的第一行元素,相应的第二组 N 个元素是由第二行得到的,对于 $f_e(x,y)$ 的所有行都是这样。利用这一规定,式(6.14)可被表示为向量矩阵形式:

$$g=Hf+n \tag{6.15}$$

式中,H 为 $MN\times MN$ 维矩阵。这一矩阵是由大小为 $N\times N$ 的 M^2 部分组成,排列顺序为:

$$H=\begin{bmatrix} H_0 & H_{M-1} & H_{M-2} & \cdots & H_1 \\ H_1 & H_0 & H_{M-1} & \cdots & H_2 \\ H_2 & H_1 & H_0 & \cdots & H_3 \\ \cdots & \cdots & \cdots & \cdots & \cdots \\ H_{M-1} & H_{M-2} & H_{M-3} & \cdots & H_0 \end{bmatrix} \tag{6.16}$$

每一部分 H_j 是由周期延拓图像 $h_e(x,y)$ 的第 j 行构成的,构成方法如下:

$$H_j=\begin{bmatrix} h_e(j,0) & h_e(j,N-1) & h_e(j,N-2) & \cdots & h_e(j,1) \\ h_e(j,1) & h_e(j,0) & h_e(j,N-1) & \cdots & h_e(j,2) \\ h_e(j,2) & h_e(j,1) & h_e(j,0) & \cdots & h_e(j,3) \\ \cdots & \cdots & \cdots & \cdots & \cdots \\ h_e(j,N-1) & h_e(j,N-2) & h_e(j,N-3) & \cdots & h_e(j,0) \end{bmatrix} \tag{6.17}$$

式中利用了 $h_e(x,y)$ 的周期性。在这里 H_j 是一循环矩阵,H 的各分块的下标也均按循环方式标注。因此,式(6.16)中给出的矩阵 H 常被称为分块循环矩阵。

6.1.3 复原技术的概念及分类(Concepts and Categories of Restoration)

图像复原是根据退化原因,建立相应的数学模型,从被污染或畸变的图像信号中提取所需要的信息,沿着使图像降质的逆过程恢复图像本来面貌。实际的恢复过程是设计一个滤波器,使其能从降质图像 $g(x,y)$ 中计算得到真实图像的估值 $\hat{f}(x,y)$,使其根据预先规定的误差准则,最大程度地接近真实图像 $f(x,y)$。

从广义上讲,图像复原是一个求逆问题,逆问题经常存在非唯一解,甚至无解。为了得到逆问题的有用解,需要有先验知识及对解的附加约束条件。图像复原流程如图 6.3 所示。

图 6.3 图像复原流程图

图像复原技术的分类如下:
(1)在给定退化模型条件下,分为无约束和有约束两大类。
(2)根据是否需要外界干预,分为自动和交互两大类。
(3)根据处理所在的域,分为空间域和频率域两大类。下面将按照空间域、频率域的分类方法对图像复原技术进行介绍。

6.2 噪声模型
(Noise Models)

数字图像的噪声主要来源于图像的获取（数字化过程）、传输或处理过程。噪声可能依赖于图像内容，也可能与其无关。图像传感器的工作情况受各种因素的影响，如图像获取中的环境条件和感元器件自身的质量等。例如，使用 CCD 摄像机获取图像，光照程度和传感器温度是生成图像中产生大量噪声的主要因素。图像在传输过程中，由于所用传输信道的干扰受到噪声污染。例如，通过无线网络传输的图像可能会因为光或其他天气因素的干扰而被污染。

噪声的频率特性是指噪声在傅里叶域的频率内容，如当噪声的傅里叶谱是常量（频谱的强度不随频率的改变而变化）时，噪声通常称为白噪声。这个术语是从白光的物理特性派生出来的，因为白光以相等的比例包含可见光谱中所有的频率，而以等比例包含所有频率的函数的傅里叶谱是一个常量。

噪声的空间特性是指定义噪声空间特性的参数和这些噪声是否与图像相关。由于空间的周期噪声异常，在本章中假设噪声独立于空间坐标，并且它与图像本身无关联，即噪声分量值和像素值之间不相关。

6.2.1 一些重要噪声的概率密度函数（Some Important Noise Probability Density Functions）

这里讨论的空间噪声描述符是在 6.1 节的假设下，由图 6.2 的图像退化模型描述的噪声分量灰度值的统计特性。它们可以被认为是由概率密度函数（Probability Density Function，PDF）表示的随机变量，下面是在图像处理应用中常见的随机噪声的概率密度函数。

1. 高斯噪声

理想的噪声称为白噪声（White Noise），具有常量的功率谱，即其强度不随频率的增加而衰减。白噪声的一个特例是高斯噪声，高斯噪声是一种源于电子电路噪声和由低照明度或高温带来的传感器噪声。由于它在空间和频域中数学上的易处理性，高斯噪声经常被用于实践中。高斯噪声也称为正态噪声，如图 6.4 所示，它的概率密度函数为：

$$p(z) = \frac{1}{\sqrt{2\pi}\sigma} \exp\left[\frac{-(z-\mu)^2}{2\sigma^2}\right] \tag{6.18}$$

式中，高斯随机变量 z 表示灰度值，μ 表示 z 的平均值或期望值，σ 表示 z 的标准差，而标准差的平方 σ^2 称为 z 的方差。当 z 服从式（6.18）的分布时，其值 70% 落在 $[(\mu-\sigma), (\mu+\sigma)]$ 范围内，且有 95% 落在 $[(\mu-2\sigma), (\mu+2\sigma)]$ 范围内。

在很多实际情况下，噪声可以很好地用高斯噪声来近似。

2. 均匀分布噪声

均匀分布噪声的概率密度函数为:

$$p(z) \begin{cases} \dfrac{1}{b-a} & a \leqslant z \leqslant b \\ 0 & 其他 \end{cases} \tag{6.19}$$

函数图像如图 6.5 所示,概率密度的期望值和方差分别为:

$$\mu = \frac{a+b}{2} \tag{6.20}$$

$$\sigma^2 = \frac{(b-a)^2}{12} \tag{6.21}$$

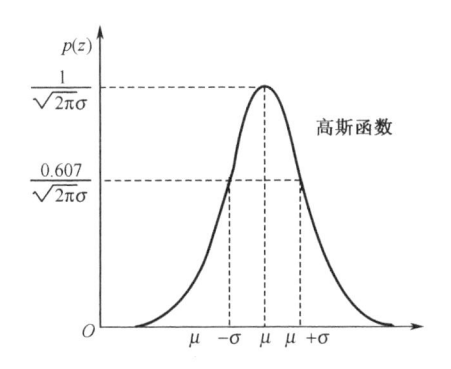

图 6.4 高斯噪声的概率密度函数

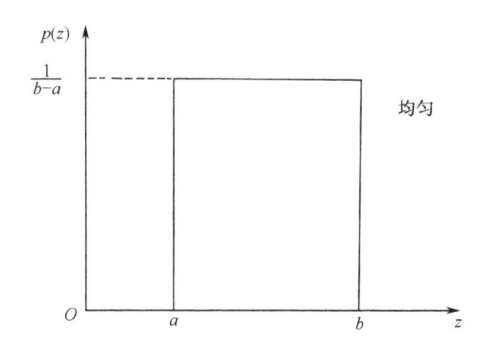

图 6.5 均匀分布噪声的概率密度函数

3. 脉冲噪声("椒盐"噪声)

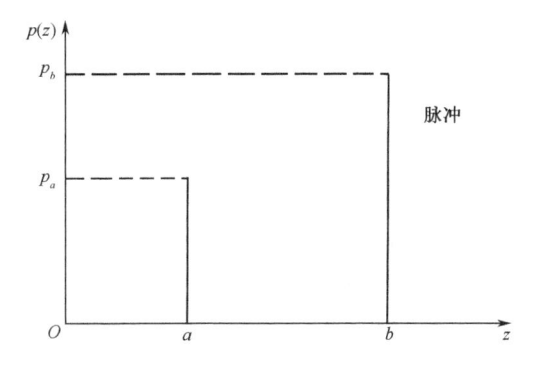

(双极)脉冲噪声的概率密度函数为:

$$p(z) = \begin{cases} P_a & z = a \\ P_b & z = b \\ 0 & 其他 \end{cases} \tag{6.22}$$

脉冲噪声的概率密度函数如图 6.6 所示。

图 6.6 脉冲噪声的概率密度函数

如果 $b > a$,灰度 b 的值在图像中将显示一个亮点,而灰度 a 的值在图像中将显示一个暗点。如果 P_a 或 P_b 为零,则脉冲噪声称为单极脉冲噪声。如果 P_a 或 P_b 均不可能为零,尤其当它们近似相等时,脉冲噪声值类似随机分布在图像上的胡椒和盐粉微粒,所以双极脉冲噪声也称为"椒盐"噪声。同时,它们有时也称为散粒和尖峰噪声。本书主要采用脉冲噪声和"椒盐"噪声这两个术语。

噪声脉冲可以是正值,也可以是负值。标定通常是图像数字化过程的一部分。因为脉冲干扰与图像信号的强度相比通常较大,因此,在一幅图像中,脉冲噪声总是数字化为最大值(纯黑或纯白)。这样,通常假设 a、b 是饱和值,从某种意义上看,在数字化图像中,它们等于所允许的最大值和最小值。由于这一结果,负脉冲以一个黑点(胡椒点)出现在图像中。由于相同的原因,正脉冲以白点(盐点)出现在图像中。对于一个8位图像而言,意味着 $a=0$(黑),$b=255$(白)。

上述一组概率密度函数(PDF)为在实践中模型化宽带噪声干扰状态提供了有用的工具。例如,在一幅图像中,高斯噪声的产生源于电子电路噪声和由低照明度或高温带来的传感器噪声。脉冲噪声主要表现在成像中的短暂停留中,如错误的开关操作。均匀密度分布可能是在实践中描述得最少的,然而均匀密度作为模拟随机数产生器的基础是非常有用的。

【例6.1】样本噪声图像和它们的直方图。

图6.7(a)显示了一个适合阐述上面讨论的噪声模型的测试图。该图由简单、恒定的区域组成,且其只有三个灰度级变化。这样方便于对附加在图像上的各种噪声分量特性的视觉分析。图6.7(b)~图6.7(d)分别显示了在原始图像上叠加上面讨论的高斯噪声、均匀分布噪声、"椒盐"噪声后的图像。图6.7(e)~图6.7(h)分别是从图6.7(a)~图6.7(d)直接计算得到的直方图。该过程的MATLAB程序如下:

```
A=imread('fig606a.jpg');              %读取图像
figure,imshow(A);                     %显示图像
figure,hist(double(A),10);            %求出A的直方图并显示
B=imnoise(A,'gaussian',0.05);         %对A附加高斯噪声
figure,imshow(B);                     %显示附加高斯噪声后的图像B
figure,hist(double(B),10);            %求出B的直方图并显示
C=imnoise(A,'speckle',0.05);          %对A附加均匀分布噪声
figure,imshow(C);                     %显示附加均匀噪声后的图像C
figure,hist(double(C),10);            %求出C的直方图并显示
D=imnoise(A,'salt & pepper',0.05);    %对A附加"椒盐"噪声
figure,imshow(D);                     %显示附加"椒盐"噪声后的图像D
figure,hist(double(D),10);            %求出D的直方图并显示
```

比较图6.7的直方图和图6.4、图6.5及图6.6的概率密度函数,可以看到它们相近的对应关系。叠加"椒盐"噪声图像的直方图在光谱的黑端和白端分别有额外的尖峰,因为噪声的分量是纯黑和纯白。除少许灰度值不同外,很难区别出图6.7中(b)和图6.7(c)有什么显著的不同,即使它们的直方图有明显的区别。而图6.7(d)与它们有明显的不同,可见"椒盐"噪声是可以引起退化的视觉可见的噪声类型。

还有一类重要的噪声是周期噪声。在一幅图像中,周期噪声是在图像获取中,从电力或机电干扰中产生的。这是唯一的一种空间依赖型噪声,在6.4节中的讨论中会看到,周期噪声通过频域滤波可以显著地减少。

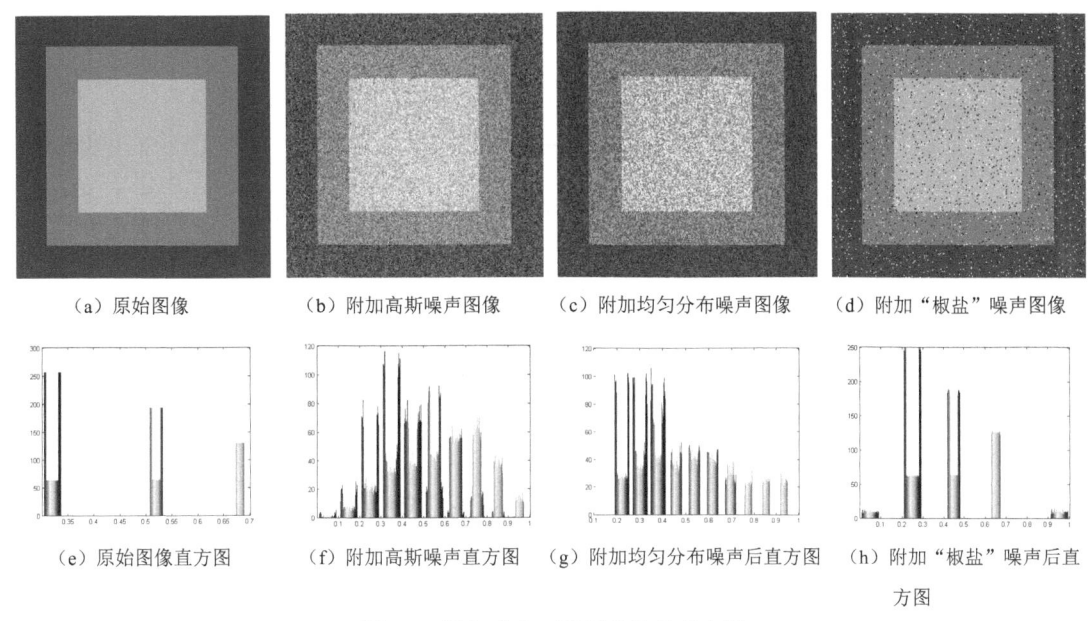

（a）原始图像　　（b）附加高斯噪声图像　　（c）附加均匀分布噪声图像　　（d）附加"椒盐"噪声图像

（e）原始图像直方图　　（f）附加高斯噪声直方图　　（g）附加均匀分布噪声后直方图　　（h）附加"椒盐"噪声后直方图

图 6.7　附加噪声后的图像及其直方图

6.2.2　噪声参数的估计（Estimation of Noise Parameters）

典型的周期噪声参数是通过检测图像的傅里叶谱来进行估计的。周期噪声趋向于产生频率尖峰，这些尖峰甚至通过视觉分析也经常可以检测到。另一种方法是尽可能直接从图像中推断噪声分量的周期性，但这仅仅在非常简单的情况下才是可能的。当噪声尖峰格外显著或可以使用有关干扰频率分量一般位置的某些知识时，可以采用自动分析的方法得到。

对于一个噪声模型，只有在 PDF 参数已知的情况下，才能准确地得到该噪声的 PDF。噪声的 PDF 参数一般可以从传感器的技术说明中得知，但对于特殊的成像装置常常有必要估计这些参数。如果成像系统可用，那么研究这个系统噪声特性最简单的方法就是截取一组"平坦"环境的图像。

当仅仅通过传感器产生的图像可以利用时，常常可以从合理的恒定灰度值的一小部分估计 PDF 参数。例如，图 6.8 中所示的垂直带（100×40 像素）是从图 6.7 中分别附加了高斯、均匀分布、"椒盐"噪声后的图像中获取的，所显示的直方图是通过这些小带的图像数据计算出来的。图 6.8 中的直方图分别对应图 6.7（f）～图 6.7（h），可以看出，这些相应的直方图形状非常接近。

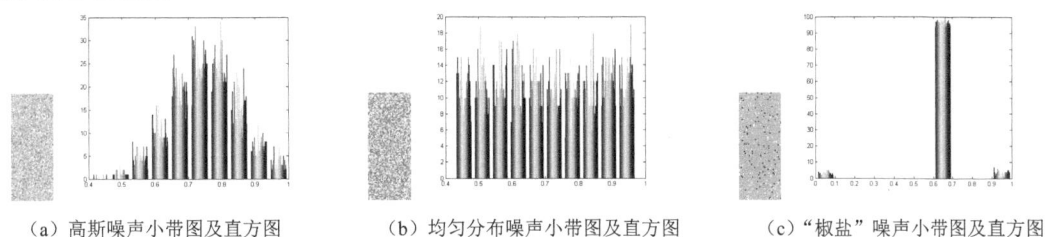

（a）高斯噪声小带图及直方图　　（b）均匀分布噪声小带图及直方图　　（c）"椒盐"噪声小带图及直方图

图 6.8　从图 6.7（b）～图 6.7（d）中裁剪的小带图及其直方图

利用图像带中数据最简单的方法是计算灰度值的均值和方差。考虑由 S 定义的一条带状图像块（子图像），可以从基本统计量出发利用下面的样本近似：

$$\mu = \sum_{z_i \in S} z_i p(z_i) \tag{6.23}$$

$$\sigma^2 = \sum_{z_i \in S} (z_i - \mu)^2 p(z_i) \tag{6.24}$$

式中，z_i 值是 S 中像素的灰度值，且 $p(z_i)$ 表示相应的归一化直方图值。

直方图的形状可显示出最匹配的 PDF。如果其形状近似于高斯，那么均值和方差正是所需要的，因为高斯 PDF 可以通过这两个参数完全确定下来。对于均匀分布，可以用均值和方差来解出参数 a 和 b。脉冲噪声用不同的方法处理，因为需要估计黑、白像素发生的实际概率。获得这些估计值需要黑白像素是可见的，因此，为了计算直方图，图像中一个相对恒定的中等灰度区域是必需的。对应于黑、白像素的尖峰高度是式（6.22）中 P_a 和 P_b 的估计值。

6.3 空间域滤波复原
（Restoration with Spatial Filtering）

空间域滤波复原是在已知噪声模型的基础上，对噪声的空间域滤波。

6.3.1 均值滤波器（Mean Filters）

设 $g(x,y)$ 为退化图像，$\hat{f}(x,y)$ 为恢复后的图像，令 S_{xy} 表示中心在 (x,y) 点、尺寸为 $m \times n$ 的矩形子图像窗口的坐标组。

1. 算术均值滤波器

算术均值滤波器是最简单的均值滤波器。算术均值滤波器的过程就是计算由 S_{xy} 定义的区域中被干扰图像 $g(x,y)$ 的平均值。在任意点 (x,y) 处复原图像 $\hat{f}(x,y)$ 的值就是用 S_{xy} 定义区域的像素计算出来的算术均值，即：

$$\hat{f}(x,y) = \frac{1}{mn} \sum_{(s,t) \in S_{xy}} g(s,t) \tag{6.25}$$

这个操作可以用系数为 $\frac{1}{mn}$ 的卷积模板来实现。正如 5.2.3 节讨论的那样，算术均值简单地平滑了一幅图像的局部变化，在模糊了结果的同时减少了噪声。

2. 几何均值滤波器

用几何均值滤波器复原的一幅图像由如下的表达式给出：

$$\hat{f}(x,y) = \left[\prod_{(s,t) \in S_{xy}} g(s,t) \right]^{\frac{1}{mn}} \tag{6.26}$$

式中，每个被复原像素点 (x, y) 处复原图像 $\hat{f}(x,y)$ 的值由子图像窗口中像素点灰度值乘积

的 $\frac{1}{mn}$ 次幂给出。正如下面的例 6.2 所示，几何均值滤波器达到的平滑度可以与算术均值滤波器相比，同时在滤波过程中会丢失更少的图像细节。

3. 谐波均值滤波器

使用谐波均值滤波器对图像进行复原操作由如下表达式给出：

$$\hat{f}(x,y) = \frac{mn}{\sum\limits_{(s,t)\in S_{xy}} \frac{1}{g(s,t)}} \tag{6.27}$$

谐波均值滤波器善于处理像高斯噪声一类的噪声，且对"盐"噪声处理效果很好，但是不适用于对"胡椒"噪声的处理。

4. 逆谐波均值滤波器

使用逆谐波均值滤波器对图像进行复原操作由如下表达式给出：

$$\hat{f}(x,y) = \frac{\sum\limits_{(s,t)\in S_{xy}} g(s,t)^{Q+1}}{\sum\limits_{(s,t)\in S_{xy}} g(s,t)^{Q}} \tag{6.28}$$

式中，Q 称为滤波器的阶数。

逆谐波均值滤波器适合减少或消除"椒盐"噪声的影响。当 Q 为正数时，滤波器用于消除"胡椒"噪声；当 Q 为负数时，滤波器用于消除"盐"噪声。但它不能同时消除"胡椒"噪声和"盐"噪声。从式（6.28）可以看出，当 $Q=0$ 时，逆谐波均值滤波器退变为算术均值滤波器；当 $Q=-1$ 时，逆谐波均值滤波器退变为谐波均值滤波器。

【例 6.2】采用各种均值滤波器对附加高斯噪声图像进行滤波。

图 6.9（a）显示了一幅人进行摄影的图片，图 6.9（b）显示了相同的图像，但被附加的均值为 0、方差为 0.06 的高斯噪声污染了。图 6.9（c）和图 6.9（d）分别显示了经过 3×3 算术均值滤波器和同样尺寸的几何均值滤波器滤除噪声的结果。尽管这两种噪声滤波器对噪声的衰减都起到了作用，但几何均值滤波器并没有像算术滤波器那样使图像变得模糊。图 6.9（e）和图 6.9（f）分别显示了经过 $Q=-1.5$ 和 $Q=1.5$ 逆谐波均值滤波器滤除噪声的结果。可以看出，这两种逆谐波均值滤波器的滤波结果不如算术均值滤波器和几何均值滤波器的滤波效果好。参考 MATLAB 程序和实验结果图如下所示。

```
img=imread('i_camera.bmp');  imshow(img);    %显示图像
img_noise=double(imnoise(img,'gaussian',0.06));%对图像附加高斯噪声
figure,imshow(img_noise,[]);         %显示加噪图像
img_mean=imfilter(img_noise,fspecial('average',3));
                                     %对附加有高斯噪声的图像实行算术均值滤波
figure; imshow(img_mean,[]);         %显示算术均值滤波后的图像
img_mean=exp(imfilter(log(img_noise),fspecial('average',3)));
                                     %对附加有高斯噪声的图像实行几何均值滤波
figure; imshow(img_mean,[]);         %显示几何均值滤波后的图像
```

```
    Q=-1.5;                              %对高斯噪声图像实行Q取负数的逆谐波滤波
    img_mean=imfilter(img_noise.^(Q+1),fspecial('average',3))./imfi
lter(img_noise.^Q,fspecial('average',3));
    figure; imshow(img_mean,[]);         %显示逆谐波滤波后的图像
    Q=1.5;                               %对高斯噪声图像实行Q取正数的逆谐波滤波
    img_mean=imfilter(img_noise.^(Q+1),fspecial('average',3))./imfi
lter(img_noise.^Q,fspecial('average',3));
    figure; imshow(img_mean,[]);         %显示逆谐波滤波后的图像
```

　　（a）原始图像　　　　　　（b）高斯噪声污染的图像　　　（c）用3×3算术均值滤波器滤波

（d）3×3的几何均值滤波器滤波　（e）Q=−1.5的逆谐波滤波器滤波（f）用Q=1.5的逆谐波滤波器滤波

图6.9　对高斯噪声的均值滤波结果示意图

【例6.3】采用逆谐波均值滤波器对附加"椒盐"噪声图像进行滤波。

　　图6.10（a）显示了一块电路板的X射线图像，图6.10（b）和图6.10（c）是分别被附加0.1概率的"胡椒"噪声和"盐"噪声污染的图像。图6.10（d）和图6.10（e）分别显示了经过Q=1.5和Q=−1.5的逆谐波均值滤波器滤除噪声的结果。可以看出两种滤波器都有很好的去除噪声效果，这种正阶滤波器在使暗区模糊损失的情况下，使背景变得清晰，对于负阶滤波器，情况则刚好相反。

　　采用逆谐波均值滤波方法对附加"椒盐"噪声图像进行滤波处理时，一定要注意对于"胡椒"噪声应该采用Q为正值的滤波器，而对于"盐"噪声应该采用Q为负值的滤波器，如果Q的符号选择错了可能会引起灾难性后果，如图6.11所示。其中，图6.11（a）是对图6.10（b）采用Q=−1.5的逆谐波滤波器滤波结果，图6.11（b）是对图6.10（c）采用Q=1.5的逆谐波滤波器滤波结果。

(a) 电路板 X 射线图像 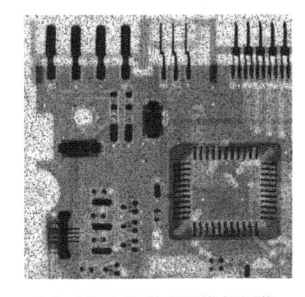　　　　(b) "胡椒"噪声污染的图像 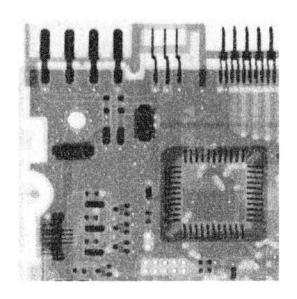　　　　(c) "盐"噪声污染的图像

(d) 用 Q=1.5 的逆谐波均值滤波器滤波 　　　　(e) Q=−1.5 的逆谐波均值滤波器滤波

图 6.10　对"椒盐"噪声的逆谐波均值滤波结果示意图

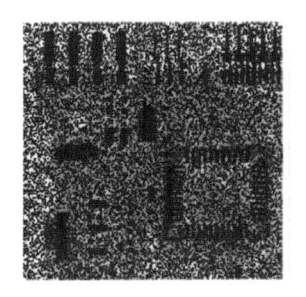

(a) 用 Q=−1.5 的逆谐波滤波器滤波 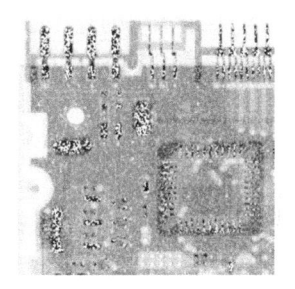　　　　(b) Q=1.5 的逆谐波滤波器滤波

图 6.11　对"椒盐"噪声的逆谐波均值滤波中错误选择符号的结果

总而言之，算术均值滤波器和几何均值滤波器（尤其是后者）更适合处理高斯噪声或均匀噪声等随机噪声；逆谐波均值滤波器更适合处理脉冲噪声，但必须知道噪声是暗噪声还是亮噪声，以便选择合适的 Q 符号。

6.3.2　顺序统计滤波器（Order-Statistics Filters）

顺序统计滤波器是一种空间域滤波器，它们的响应基于由滤波器包围的图像区域中像素点的排序，滤波器在任意一点的响应由排序结果决定。顺序统计滤波器包括中值滤波器、最大值滤波器、最小值滤波器、中点滤波器等。

1. 中值滤波器

中值滤波是一种保边缘的非线性图像平滑方法，在图像增强和复原中被广泛应用。中值滤波器的响应基于由滤波器包围的图像区域中像素灰度值的中值，对某个像素点的滤波结果就是用滤波器包围的图像区域中像素灰度值的中值来替代该像素的值。

1）一维中值滤波器

设包围某点的一维数据集是 $x_1, x_2 \cdots, x_n$，将它们按从小到大的顺序排列，得到一个有序序列 $x_1' < x_2' < \cdots < x_n'$，则对该点进行中值滤波的滤波结果为：

$$y = \text{Med}(x_1, x_2, \cdots, x_n) = \begin{cases} x'_{\frac{n+1}{2}} & n\text{为奇数} \\ \frac{1}{2}\left[x'_{\frac{n}{2}} + x'_{\frac{n}{2}+1}\right] & n\text{为偶数} \end{cases} \tag{6.29}$$

例如，Med（0，3，4，1，7）=Med（0，1，3，4，7）=3。
Med（2，5，10，9，8，9）=Med（2，5，8，9，9，10）=8.5。

2）二维中值滤波器

对图像进行中值滤波是指图像中的任意一点（x, y），以该点为中心的滤波窗口设为 S_{xy}，将 S_{xy} 内所有点的像素值按从小到大的顺序排列，将处于排序结果中间位置的值，作为该点滤波结果值，即：

$$\hat{f}(x, y) = \underset{(s,t) \in S_{xy}}{\text{Med}}[g(s,t)] \tag{6.30}$$

式中，$g(s,t)$ 为输入图像，S_{xy} 可以作为以（x, y）为中心的矩形邻域或方形邻域，如 3×3 邻域、5×5 邻域等，其中最常用的是 3×3 邻域。

像素的原始值包含在中值的计算结果中。中值滤波器的应用非常普遍，因为对于很多种随机噪声，它都具有良好的去噪能力，且在相同尺寸下比线性平滑滤波器引起的模糊少。中值滤波器对单极或双极脉冲噪声尤其有效，在例 6.4 中我们会看到，中值滤波器对于这种脉冲噪声有非常好的处理效果。

3）修正后的阿尔法均值滤波器

假设在 S_{xy} 邻域内去掉 $g(s,t)$ 最高的 $d/2$ 个灰度值和最低的 $d/2$ 个灰度值，用 $g_r(s,t)$ 代表剩余的（$mn - d$）个像素的灰度值。由这些剩余像素点的平均值形成的滤波器称为修正后的阿尔法均值滤波器。这类似电视中某类大奖赛计算选手最后得分的规则，即去掉几个最高分和相同数量的最低分后，再计算剩余分数的平均值。该滤波器的表达式为：

$$\hat{f}(x, y) = \frac{1}{mn - d} \sum_{(s,t) \in S_{xy}} g_r(s,t) \tag{6.31}$$

式中，d 值可以取 0 到（$mn-1$）之间的任意数，当 $d = 0$ 时，修正后的阿尔法均值滤波器退变为算术均值滤波器。当 $d = mn - 1$ 时，修正后的阿尔法均值滤波器退变为中值滤波器。当 d 取其他值时，修正后的阿尔法均值滤波器在包含多种噪声的情况下非常适用。例如，在混合有高斯噪声和"椒盐"噪声的情况下，由于脉冲噪声的存在，算术均值滤波器和几何均值滤波器并不能起到很好的去噪作用，中值滤波器和修正后的阿尔法均值滤波器可以得到较好的效果，而两者之中，阿尔法均值滤波器做得更好。对于大的 d 值，阿尔法均值滤波器的性能接近于中值滤波器，同时还有一些平滑能力。

【例 6.4】 采用标准的均值、中值滤波器对附加脉冲噪声后的图像进行滤波。

图 6.12（a）显示了被概率为 0.06 的"椒盐"噪声干扰的图像，图 6.12（b）显示了用规格为 5×5 的均值滤波器对其处理后的结果。图 6.12（c）是用规格为 3×3 的中值滤波器对图 6.12（a）

处理后的结果。图 6.12（d）是再次用中值滤波器处理后的结果，即对图 6.12（c）进行一次中值滤波处理的结果。MATLAB 参考程序和实验结果图如下：

```
img=rgb2gray(imread('Image.bmp'));    %读取图像并转换成灰度图像
figure; imshow(img);                  %显示图像
img_noise=double(imnoise(img,'salt & pepper',0.06));%加"椒盐"噪声
figure,imshow(img_noise,[]);          %显示附加"椒盐"噪声后的图像
img_mean=imfilter(img_noise,fspecial('average',5));
                                      %对附加"椒盐"噪声的图像实行算术均值滤波
figure; imshow(img_mean,[]);          %显示算术均值滤波后的图像
img_median=medfilt2(img_noise);       %对附加"椒盐"噪声的图像实行中值滤波
figure; imshow(img_median,[]);        %显示中值滤波后的图像
img_median2=medfilt2(img_median);     %对中值滤波处理后的图像再次实行中值滤波
figure; imshow(img_median2,[]);       %显示再次实行中值滤波后的图像
```

（a）"椒盐"噪声污染的图像　　（b）均值滤波结果　　（c）中值滤波结果　　（d）对（c）图再次中值滤波

图 6.12　对附加脉冲噪声后的图像进行中值及均值滤波

从图 6.12 可以看出，对于脉冲噪声，均值滤波基本上没有作用，而中值滤波的效果很明显，经过多次中值滤波处理，噪声即可逐渐消除。但需要注意的是，重复地使用中值滤波器处理可能会使图像模糊化，所以应使重复使用的次数尽可能地少。

2. 最大值/最小值滤波器

中值滤波器选择的是滤波区域的中值，中值相当于顺序排列数值中间的那个数，除此之外，还有很多其他的可能性。例如，可以选择有序序列中的最后一个数值、第一个数值等，由此可以得到最大值滤波器、最小值滤波器。

最大值滤波器的定义为：

$$\hat{f}(x,y) = \max_{(s,t) \in S_{xy}} \{g(s,t)\} \tag{6.32}$$

这种滤波器在发现图像中的最亮点时非常有用。因为"胡椒"噪声是非常低的值，作为滤波区域 S_{xy} 的最大值选择结果，它可以通过这种滤波器消除。

最小值滤波器的定义为：

$$\hat{f}(x,y) = \min_{(s,t) \in S_{xy}} \{g(s,t)\} \tag{6.33}$$

这种滤波器对发现图像中的最暗点非常有用。同样，作为最小值操作的结果，它可以用来消除"盐"噪声。

图 6.13（a）显示了利用最大值滤波器对图 6.10（b）图像中的"胡椒"噪声进行处理后的图像。最大值滤波器对去除"胡椒"噪声的确很合适，但也要注意，它同时也从黑色物体的边缘移走一些黑色像素。图 6.13（b）显示了利用最小值滤波器处理图 6.10（c）图像中"盐"噪声的结果，最小值滤波器确能去除"盐"噪声，但它同时也从亮色物体的边缘移走了一些白色像素。这样就使亮色物体变小，而同时使暗色物体变大，这是因为围绕这些物体的白点被设置成了暗灰度级。

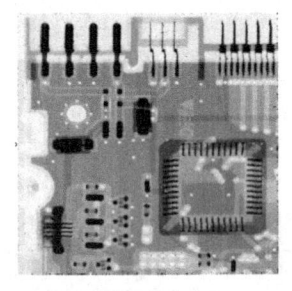

(a) 最大值滤波结果　　　　　(b) 最小值滤波结果

图 6.13　采用最大值、最小值滤波器处理图 6.10（b）和图 6.10（c）的结果

3. 中点滤波器

中点滤波器是在滤波器涉及范围内计算最大值和最小值之间的中点：

$$\hat{f}(x,y) = \frac{1}{2}[\max_{(s,t)\in S_{xy}}\{g(s,t)\} + \min_{(s,t)\in S_{xy}}\{g(s,t)\}] \tag{6.34}$$

这种滤波器结合了顺序统计和求平均的操作，对于高斯和均匀随机分布这类噪声具有最好的滤波效果。

6.4　频率域滤波复原
（Restoration with Frequency Domain Filtering）

在频域上，线性移不变系统的复原模型可以写成：

$$G(u,v) = F(u,v)H(u,v) + N(u,v) \tag{6.35}$$

式中，$G(u,v)$、$F(u,v)$、$N(u,v)$ 分别是退化图像 $g(x,y)$、原始图像 $f(x,y)$、噪声信号 $n(x,y)$ 的傅里叶变换；$H(u,v)$ 是系统点冲激响应函数 $h(x,y)$ 的傅里叶变换，称为系统在频率域上的传递函数，式（6.35）就是连续函数的退化模型。可见，图像复原实际上就是在已知 $G(u,v)$、$H(u,v)$ 和 $N(u,v)$ 的条件下，求得 $\hat{F}(u,v)$ 的问题，第 5 章讨论的低通滤波器和高通频域滤波器可作为图像增强的基本工具。本节将讨论更加专用的带阻滤波器、带通滤波器和其他频率域滤波器，它们能够消减或消除周期性噪声。

6.4.1 带阻滤波器（Bandreject Filters）

带阻滤波器常用于处理含有周期性噪声的图像。周期性噪声可能由多种因素引入，如图像获取系统中的电子元件等。下面给出常用的三种带阻滤波器的传递函数和它们的透视图，随后的例子用来说明用带阻滤波器消减周期噪声的方法。

（1）理想带阻滤波器：

$$H(u,v) = \begin{cases} 1 & D(u,v) < D_0 - \dfrac{W}{2} \\ 0 & D_0 - \dfrac{W}{2} \leqslant D(u,v) \leqslant D_0 + \dfrac{W}{2} \\ 1 & D(u,v) > D_0 + \dfrac{W}{2} \end{cases} \tag{6.36}$$

式中，W 是频带的宽度，D_0 是频带的中心半径，$D(u,v)$ 是到中心化频率矩形原点的距离，如果图像的大小为 $M \times N$，频率矩形的中心在 $(M/2, N/2)$ 处，有：

$$D(u,v) = [(u - M/2)^2 + (v - N/2)^2]^{1/2} \tag{6.37}$$

（2）巴特沃斯带阻滤波器：

$$H(u,v) = \dfrac{1}{1 + \left[\dfrac{D(u,v)W}{D^2(u,v) - D_0^2}\right]^{2n}} \tag{6.38}$$

式中，n 为阶数。

（3）高斯带阻滤波器：

$$H(u,v) = 1 - \exp\left\{-\dfrac{1}{2}\left[\dfrac{D^2(u,v) - D_0^2}{D(u,v)W}\right]^2\right\} \tag{6.39}$$

这三种带阻滤波器的透视图如图 6.14 所示。

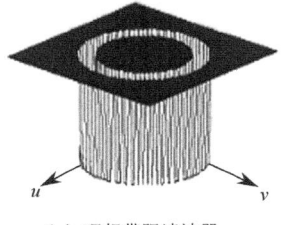

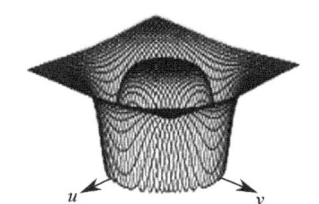

(a) 理想带阻滤波器　　(b) 巴特沃斯带阻滤波器（阶数为1）　　(c) 高斯带阻滤波器

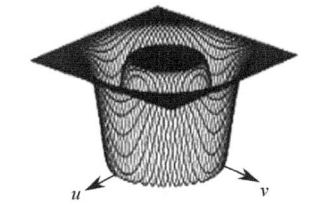

图 6.14　三种带阻滤波器的幅频透视图

【例 6.5】利用带阻滤波器消除周期性噪声。

带阻滤波器的主要应用之一是在频率域噪声分量的一般位置近似已知的应用中消除噪声。在本例中，我们人为地生成了一幅带有周期噪声的图像，然后通过观察分析其频谱特征，选择合适的高斯带阻滤波器进行频域滤波。

```
I=imread('woman1.bmp');                    %读取图像
I=rgb2gray(I);                             %转换成灰度图像
```

```
[M,N]=size(I);                              %得到图像的高度和宽度
P=I;
for i=1:M
    for j=1:N
        P(i,j)=P(i,j)+20*sin(20*i)+20*sin(20*j);   %添加周期性噪声
    end
end
figure,imshow(I);                           %显示原始图像
figure,imshow(P);                           %显示加噪图像
IF=fftshift(fft2(I));                       %对原始图像进行傅里叶变换,并将原点移至中心
IFV=log(1+abs(IF));                         %原始图像的频谱
PF=fftshift(fft2(P));                       %对加噪图像进行傅里叶变换,并将原点移至中心
PFV=log(1+abs(PF));                         %加噪图像的频谱
figure,imshow(IFV,[]);                      %显示原始图像的频谱
figure,imshow(PFV,[]);                      %显示加噪图像的频谱
freq=50;                                    %设置带阻滤波器的中心频率
width=5;                                    %设置带阻滤波器的频带宽度
ff = ones(M,N);
for i=1:M
    for j=1:N
ff(i,j)=1-exp(-0.5*((((i-M/2)^2+(j-N/2)^2)-freq^2)/
(sqrt((i-M/2)^2+(j-N/2)^2) *width))^2);     %高斯带阻滤波器
    end
end
figure,imshow(ff,[]);                       %显示高斯带阻滤波器
out = PF.* ff;                              %矩阵点乘实现频域滤波
out = ifftshift(out);                       %原点移回左上角
out = ifft2(out);                           %傅里叶逆变换
out = abs(out);                             %取绝对值
out = out/max(out(:));                      %归一化
figure,imshow(out,[]);                      %显示滤波结果
```

原始图像如图 6.15（a）所示，附加二维正弦噪声的图像如图 6.15（b）所示，它们的频谱分别显示于图 6.15（c）和图 6.15（d）中。

（a）原始图像　　　　（b）加正弦噪声后的图像　　　　（c）图（a）的频谱

图 6.15　高斯带阻滤波器消除周期性噪声

(d) 图（b）的频谱　　　　　（e) 高斯带阻滤波器（白色代表 1）　　　　　（f) 滤波效果图

图 6.15　高斯带阻滤波器消除周期性噪声（续）

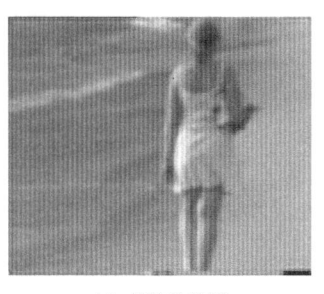

使用高斯带阻滤波器时，先要对需要处理图像的频谱有一定了解。观察图 6.15（d），可以发现周期性图像的傅里叶频谱中出现了两对相对坐标轴对称的亮点，它们分别对应于图像中水平方向和垂直方向的正弦噪声。我们构造高斯带阻滤波器的时候就需要考虑，尽可能滤除具有这些亮点对应频率的正弦噪声，同时通常要求选择尖锐、窄的滤波器，希望尽可能小地削减细节。这四个点位于以频谱原点为中心、以 50 像素为半径的圆周上。因此，设置带阻滤波器中心频率为 50Hz、频带宽度为 5 像素的高斯带阻滤波器，如图 6.15（e）所示。用这种高斯带阻滤波器对加噪图像的滤波结果如图 6.15（f）所示。

对于这类周期性噪声，使用高斯带阻滤波器可以很好地消除噪声，而如果使用小卷积模板的直接空间域滤波方式是不可能取得如此好的滤波效果的。

6.4.2　带通滤波器（Bandpass Filters）

带通滤波器执行与带阻滤波器相反的操作。带通滤波器的传递函数 $H_{BP}(u,v)$ 可根据相应的带阻滤波器传递函数 $H_{BR}(u,v)$ 得到：

$$H_{BP}(u,v) = 1 - H_{BR}(u,v) \tag{6.40}$$

根据式（6.40），我们可以推导出相应的理想带通滤波器、巴特沃斯带通滤波器、高斯带通滤波器的传递函数。

当有用图像信号的频段已知时，可用带通滤波器较好地提取出该图像的频谱，再经过逆变换得到该图像。同理，当噪声的频段已知时，也可用带通滤波器提取得到噪声图像。

6.4.3　其他频率域滤波器（Other Filters in Frequency Domain）

陷波滤波器（Notch Filters）阻止（或通过）事先定义的中心频率邻域内的频率。图 6.16 分别显示了理想陷波带阻滤波器、巴特沃斯陷波带阻滤波器和高斯陷波带阻滤波器的三维图。由于傅里叶变换是对称的，要获得有效结果，陷波滤波器必须以关于原点对称的形式出现。虽然为说明方便起见，本节只列举了一对，但是可实现的陷波滤波器的对数是任意的。陷波区域的形状也可以是任意的，比如可以是矩形。

半径为 D_0、中心在 (u_0, v_0) 且在 $(-u_0, -v_0)$ 关于原点对称的理想陷波带阻滤波器的传递函数为：

$$H(u,v) = \begin{cases} 0 & D_1(u,v) \leqslant D_0 \text{ 或 } D_2(u,v) \leqslant D_0 \\ 1 & \text{其他} \end{cases} \quad (6.41)$$

其中

$$D_1(u,v) = [(u - M/2 - u_0)^2 + (v - N/2 - v_0)^2]^{\frac{1}{2}}$$

$$D_2(u,v) = [(u - M/2 + u_0)^2 + (v - N/2 + v_0)^2]^{\frac{1}{2}}$$

通常假定频率矩形的中心已经移到点 $(M/2, N/2)$，因此，(u_0, v_0) 的值对应移动中心。阶数为 n 的巴特沃斯陷波带阻滤波器的传递函数为：

$$H(u,v) = \frac{1}{1 + \left[\dfrac{D_0^2}{D_1(u,v) D_2(u,v)}\right]^n} \quad (6.42)$$

高斯陷波带阻滤波器的传递函数为：

$$H(u,v) = 1 - \exp\left\{-\frac{1}{2}\left[\frac{D_1(u,v) D_2(u,v)}{D_0^2}\right]\right\} \quad (6.43)$$

（a）理想陷波带阻滤波器

（b）巴特沃斯陷波带阻滤波器   （c）高斯陷波带阻滤波器

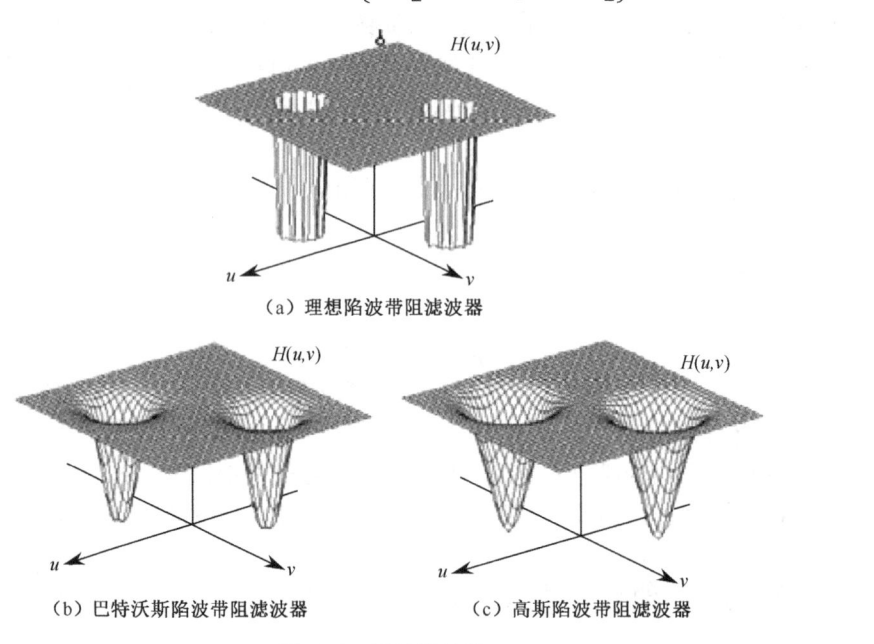

图 6.16 陷波滤波器

正如前面在带通滤波器部分所说明的那样，我们可以得到陷波带通滤波器，它能通过（而不是阻止）包含在陷波区的频率。陷波带通滤波器的传递函数 $H_{NP}(u,v)$ 可根据相应的陷波带阻滤波器传递函数 $H_{NR}(u,v)$ 得到：

$$H_{NP}(u,v) = 1 - H_{NR}(u,v) \quad (6.44)$$

根据这一公式，我们可以得到理想陷波带通滤波器、巴特沃斯陷波带通滤波器和高斯陷波带通滤波器的传递函数。同时不难看出，当 $u_0 = v_0 = 0$ 时，陷波带通滤波器变为低通滤波器。

6.5 估计退化函数
(Estimating the Degradation Function)

如果已知引起图像退化过程的传递函数,对图像进行复原是比较容易的。但是,在一些实际问题中,我们并不知道退化函数,这时就需要对退化函数进行估计。在对图像进行复原时,有图像观察估计法、试验估计法和模型估计法三种主要的估计退化函数方法,下面将分别讨论这些方法。由于真正的退化函数很少能完全知晓,所以使用以某种方式估计的退化函数复原一幅图像的过程,有时也称为盲去卷积(Blind Deconvolution)。

6.5.1 图像观察估计法(Estimation by Image Observation)

假设有一幅退化图像,但没有退化函数 H 的知识,则可以通过收集图像自身的信息来估计该函数。例如,如果图像是模糊的,可以观察包含简单结构的一小部分图像,如某一物体和背景的一部分。为了减少观察时的噪声影响,可以寻找强信号内容区。使用目标和背景的样本灰度级,构建一个不模糊的图像,该图像和看到的子图像有相同的大小和特性。用 $g_s(x,y)$ 定义观察的子图像,用 $\hat{f}_s(x,y)$ 表示构建的子图像,实际它是原始图像在该区域的估计图像。假定噪声效果可忽略,由于选择了一个强信号区,根据式(6.35)得:

$$H_s(u,v) = \frac{G_s(u,v)}{\hat{F}_s(u,v)} \tag{6.45}$$

根据这一函数特性,并假设位置不变,可以推出完全函数 $H(u,v)$。例如,假设 $H_s(u,v)$ 的径向曲线显现出高斯曲线的形状或巴特沃斯低通滤波器的形状,我们可以利用该信息在更大比例上构建一个具有相同形状的函数 $H(u,v)$。

6.5.2 试验估计法(Estimation by Experimentation)

如果可以使用与获取退化图像的设备相似的装置,理论上得到一个准确的退化估计是可能的。利用相同的系统设置,由成像一个脉冲(小亮点)得到退化的冲激响应。如 6.1 节表明的那样,线性的空间不变系统完全由它的冲激响应来描述。一个冲激可由明亮的亮点来模拟,并使它尽可能地亮,以减少噪声的干扰。由于冲激的傅里叶变换是一个常量,由式(6.35)得:

$$H(u,v) = \frac{G(u,v)}{A} \tag{6.46}$$

式中,函数 $G(u,v)$ 是观察图像的傅里叶变换;A 是一个常量,表示冲激强度。

6.5.3 模型估计法（Estimation by Modeling）

由于退化模型可以解决图像复原问题，因此多年来一直在应用。下面介绍两种模型估计法。

1. 大气湍流模型

在某些情况下，模型要把引起退化的环境因素考虑在内。Hufnagel 和 Stanley 提出了基于大气湍流物理特性的退化模型，该模型有一个通用公式：

$$H(u,v) = \exp\left[-k\left(u^2+v^2\right)^{\frac{5}{6}}\right] \tag{6.47}$$

式中，k 是常数，它与湍流的性质有关。除指数为 $\frac{5}{6}$ 次方之外，这个公式与高斯低通滤波器有相同的形式。事实上，高斯低通滤波器可用来淡化模型，对图像实现均匀模糊。

【例 6.6】 大气湍流退化。

本例说明采用式（6.47）在不同的 k 值下用大气湍流模糊一幅图像的情况，其结果显示于图 6.17 中。其中，$k=0.0025$ 对应剧烈湍流退化；$k=0.001$ 对应中等湍流退化；$k=0.00025$ 对应轻微湍流退化。该例子的 MATLAB 程序实现作为习题，留给读者完成。

（a）原始图像　　（b）被 $k=0.0025$ 剧烈湍流退化　　（c）被 $k=0.001$ 中等湍流退化　　（d）被 $k=0.00025$ 轻微湍流退化

图 6.17　图像被大气湍流退化

2. 运动模糊模型

当成像传感器与被摄景物之间存在足够快的相对运动时，所拍摄的图像就会出现"运动模糊"，运动模糊是场景能量在传感器拍摄瞬间（T）内，在像平面上的非正常积累。假定 $f(x,y)$ 表示无运动模糊的清晰图像，相对运动用 $x_0(t)$ 和 $y_0(t)$ 表示，则运动模糊图像 $g(x,y)$ 是曝光时间内像平面上能量的积累。即在记录介质（如胶片或数字存储器）任意点的曝光总数是通过对时间间隔内瞬时曝光数的积分得到的，在该时间段内，图像系统的快门是开着的。

假设快门的开启和关闭所用时间非常短，那么光学成像过程不会受到图像运动的干扰。设 T 为曝光时间，结果为：

$$g(x,y) = \int_0^T f\left[x-x_0(t), y-y_0(t)\right] dt \tag{6.48}$$

$g(x,y)$ 为模糊的图像，对式（6.48）进行傅里叶变换得到：

$$G(u,v) = \int_{-\infty}^{+\infty}\int_{-\infty}^{+\infty} g(x,y)\exp[-j2\pi(ux+vy)]dxdy$$
$$= \int_{-\infty}^{+\infty}\int_{-\infty}^{+\infty}\int_0^T f[x-x_0(t), y-y_0(t)]dt \exp[-j2\pi(ux+vy)]dxdy \quad (6.49)$$
$$= \int_{-\infty}^{+\infty}\int_{-\infty}^{+\infty} f[x(t),y(t)]\exp[-j2\pi(ux+vy)]dxdy \int_0^T \exp\{-j2\pi[ux_0(t)+vy_0(t)]\}dt$$
$$= F(u,v)\int_0^T \exp\{-j2\pi[ux_0(t)+vy_0(t)]\}dt$$

定义 $\qquad H(u,v) = \int_0^T \exp\{-j2\pi[ux_0(t)+vy_0(t)]\}dt$

则有 $\qquad G(u,v) = H(u,v)F(u,v)$

可见 $H(u,v)$ 为运动模糊的传递函数。

如果考虑噪声则有 $\qquad G(u,v) = H(u,v)F(u,v) + N(u,v)$

变化到空间域为 $\qquad g(x,y) = h(x,y)f(x,y) + n(x,y)$

式中，$h(x,y)$ 为运动模糊的点扩散函数，当 $x_0(t)$、$y_0(t)$ 已知时，便可求得 $H(u,v)$ 和 $h(x,y)$。

假定景物只沿 x 方向做匀速直线运动，$x_0(t) = at/T$ 为运动方程，当 $t = T$ 时图像移动距离为 a，$y_0(t) = 0$，则有：

$$H(u,v) = \int_0^T \exp[-j2\pi x_0(t)]dt$$
$$= \frac{T}{\pi ua}\sin(\pi ua)\exp(-j\pi ua) \quad (6.50)$$

式（6.50）表明，当 u 设定为 $u = \dfrac{n}{a}$（n 为整数）时，H 就会变为 0。若允许 y 分量变化，按 $y_0 = bt/T$ 运动，则退化函数变为：

$$H(u,v) = \frac{T}{\pi(ua+vb)}\sin[\pi(ua+vb)]\exp[-j\pi(ua+vb)] \quad (6.51)$$

【例 6.7】运动模糊退化。

对一幅图像实行运动模糊退化，参考程序和实验结果如图 6.18 所示。

（a）原始图像　　　　　　　　　（b）运动模糊退化结果

图 6.18　图像运动模糊退化

```
I=imread('i_camera.bmp');            %读取图像
I=rgb2gray(I);                       %转换为灰度图像
figure,imshow(I);                    %显示图像
LEN=25;                              %设置线性运动位移
```

```
THETA=11;                                    %设置旋转角度
PSF=fspecial('motion',LEN,THETA);            %图像线性运动
Blurred=imfilter(I,PSF,'circular','conv');   %图像被线性运动模糊
figure,imshow(Blurred);                      %显示运动模糊后的图像
```

6.6 逆 滤 波
(Inverse Filtering)

根据线性移不变系统图像的退化模型：

$$g(x,y) = f(x,y)h(x,y) + n(x,y) \tag{6.52}$$

利用傅里叶变换从式（6.52）可得：

$$G(u,v) = H(u,v)F(u,v) + N(u,v) \tag{6.53}$$

式中，$G(u,v)$、$H(u,v)$、$F(u,v)$、$N(u,v)$分别为$g(x,y)$、$h(x,y)$、$f(x,y)$、$n(x,y)$的傅里叶变换；$H(u,v)$为系统的传递函数。

在忽略噪声影响的前提下，退化模型的傅里叶变换可简化为：

$$G(u,v) = H(u,v)F(u,v) \tag{6.54}$$

即

$$F(u,v) = G(u,v)/H(u,v) \tag{6.55}$$

如果已知系统的传递函数$H(u,v)$，则根据式（6.55）可以求得没有退化的输入图像的频谱，再采用傅里叶反变换，即可得到恢复图像，这种方法称为逆滤波。

实际应用逆滤波恢复方法时存在病态的问题，即在$H(u,v)$等于零或非常小的数值点上，$F(u,v)$将变成无穷大或非常大的数。此外，一般情况下系统中存在噪声，退化模型的傅里叶变换为：

$$G(u,v) = H(u,v)F(u,v) + N(u,v) \tag{6.56}$$

或写成逆滤波恢复的方式：

$$F(\hat{u},v) = \frac{G(u,v)}{H(u,v)} = F(u,v) + \frac{N(u,v)}{H(u,v)} \tag{6.57}$$

由于噪声分布在很宽的频率空间，即使数值很小也会因为$H(u,v)$（当$H(u,v)$很小，接近于0时）使得式（6.57）右侧第二项变得很大，噪声影响大大增强。实际中$H(u,v)$随(u,v)与原点距离的增加而迅速减少，而噪声却一般变换缓慢。这样恢复只能在与原点较近（接近频域中心）的范围内进行。

实验证明，当退化图像的噪声较小，即轻度降质时，采用逆滤波恢复的方法可以获得较好的结果。通常，由于$H(u,v)$在离频率平面原点较远的地方数值较小或为零，因此限制滤波的频率使其接近原点值。由第4章傅里叶变换的性质知道$H(0,0)$等于$h(x,y)$的平均值，而且常常是$H(u,v)$在频域中的最高值。所以，通过将频率限制为接近原点进行分析，就减少了遇到零值的概率。

6.7 最小均方误差滤波——维纳滤波
（Minimum Mean Square Error Filtering-Wiener Filtering）

逆滤波复原方法对噪声极为敏感，要求信噪比较高，在实际应用中通常不满足该条件。因此希望找到一种方法，在有噪声条件下，从退化图像 $g(x,y)$ 中复原出 $f(x,y)$ 的估计值，该估计值符合一定的准则。维纳（Wiener）滤波器是一种最小均方误差滤波器，下面推导出维纳滤波器的表达式（详细的推导过程参见参考文献[5]）。

用向量 $\boldsymbol{f}$、$\boldsymbol{g}$、$\boldsymbol{n}$ 来表示 $f(x,y)$、$g(x,y)$、$n(x,y)$，由式（6.1）可得：

$$\boldsymbol{n}=\boldsymbol{g}-\boldsymbol{Hf} \tag{6.58}$$

在对 $\boldsymbol{n}$ 没有先验知识的情况下，需要寻找一个 $\boldsymbol{f}$ 的估计 $\hat{\boldsymbol{f}}$，使得 $\boldsymbol{H}\hat{\boldsymbol{f}}$ 在最小均方误差的意义下最接近 $\boldsymbol{g}$，即要使 $\boldsymbol{n}$ 的模或范数最小：

$$\|\boldsymbol{n}\|^2 = \boldsymbol{n}^\mathrm{T}\boldsymbol{n} = \|\boldsymbol{g}-\boldsymbol{H}\hat{\boldsymbol{f}}\| = (\boldsymbol{g}-\boldsymbol{H}\hat{\boldsymbol{f}})^\mathrm{T}(\boldsymbol{g}-\boldsymbol{H}\hat{\boldsymbol{f}}) \tag{6.59}$$

我们可以把恢复看成在满足式（6.1）的条件下，选取 $\hat{\boldsymbol{f}}$ 的一个线性操作符 $\boldsymbol{Q}$（变换矩阵），使得 $\|\boldsymbol{Q}\hat{\boldsymbol{f}}\|$ 最小。这个问题可用拉格朗日乘数法解决。设为拉格朗日乘数建立目标函数：

$$\min J(\hat{\boldsymbol{f}}) = \left\|\boldsymbol{Q}\hat{\boldsymbol{f}}\right\|^2 + \alpha\left[\left\|\boldsymbol{g}-\boldsymbol{H}\hat{\boldsymbol{f}}\right\|^2 - \|\boldsymbol{n}\|^2\right] \tag{6.60}$$

两边微分，并令其为零，得：

$$\frac{\partial J(\hat{\boldsymbol{f}})}{\partial \hat{\boldsymbol{f}}} = 2\boldsymbol{Q}^\mathrm{T}\boldsymbol{Q}\hat{\boldsymbol{f}} - 2\alpha\boldsymbol{H}^\mathrm{T}(\boldsymbol{g}-\boldsymbol{Hf}) = 0$$

$$\hat{\boldsymbol{f}} = (\boldsymbol{H}^\mathrm{T}\boldsymbol{H} + \gamma\boldsymbol{Q}^\mathrm{T}\boldsymbol{Q})^{-1}\boldsymbol{H}^\mathrm{T}\boldsymbol{g}$$

式中，$\gamma = \dfrac{1}{\alpha}$，可以调节，以满足约束条件。

设 $\boldsymbol{R}_f$ 和 $\boldsymbol{R}_n$ 为 $\boldsymbol{f}$ 和 $\boldsymbol{n}$ 的相关矩阵，即：

$$\begin{aligned} \boldsymbol{R}_f &= E\{\boldsymbol{ff}^\mathrm{T}\} \\ \boldsymbol{R}_n &= E\{\boldsymbol{nn}^\mathrm{T}\} \end{aligned} \tag{6.61}$$

$\boldsymbol{R}_f$ 的第 ij 个元素是 $E\{f_i f_j\}$，代表 $\boldsymbol{f}$ 的第 i 个和第 j 个元素的相关。因为 $\boldsymbol{f}$ 和 $\boldsymbol{n}$ 中的元素是实数，所以 $\boldsymbol{R}_f$ 和 $\boldsymbol{R}_n$ 都是实对称矩阵。对于大多数图像而言，像素间的相关不超过 20~30 个像素，所以典型的相关矩阵只在主对角线方向有一个条带不为 0，而右上角和左下角都是 0。在此条件下，$\boldsymbol{R}_f$ 和 $\boldsymbol{R}_n$ 可以近似为分块循环矩阵：

$$\begin{aligned} \boldsymbol{R}_f &= \boldsymbol{WAW}^{-1} \\ \boldsymbol{R}_n &= \boldsymbol{WBW}^{-1} \end{aligned}$$

式中，$\boldsymbol{W}$ 为酉阵，$\boldsymbol{A}$ 和 $\boldsymbol{B}$ 为对角阵，它们的元素分别对应 $\boldsymbol{R}_f$ 和 $\boldsymbol{R}_n$ 中相关元素的变换，这些相关元素的变换称为 $\boldsymbol{f}$ 和 $\boldsymbol{n}$ 的功率谱，在以下讨论中分别记为 $S_{ff}(u,v)$ 和 $S_{nn}(u,v)$。

现在我们定义 $\boldsymbol{Q}^\mathrm{T}\boldsymbol{Q}=\boldsymbol{R}_f^{-1}\boldsymbol{R}_n$，则有：

$$\hat{\boldsymbol{f}} = (\boldsymbol{H}^\mathrm{T}\boldsymbol{H} + \gamma\boldsymbol{R}_f^{-1}\boldsymbol{R}_n)^{-1}\boldsymbol{H}^\mathrm{T}\boldsymbol{g}$$

当 D 为对角阵时，分块循环矩阵为：

$$H = WDW^{-1}$$
$$H^T = WD^*W^{-1}$$

因而有：

$$W^{-1}\hat{f} = (DD^* + \gamma A^{-1}B)^{-1} D^* W^{-1} g$$

写成频率域形式为：

$$\hat{F}(u,v) = \left\{ \frac{H^*(u,v)}{|H(u,v)|^2 + \gamma \left[S_{nn}(u,v)/S_{ff}(u,v) \right]} \right\} G(u,v) \qquad (6.62)$$

如果 $\gamma=1$，括号中的项就是维纳滤波器，通常称为最小均方误差滤波器，或最小二乘方误差滤波器，是 N. Wiener 于 1942 年首次提出的概念。如果 γ 是变量，括号中的项就称为参数维纳滤波器。当没有噪声时，$S_{nn}(u,v)=0$，维纳滤波器退化成 6.6 节中的逆滤波器。

对于维纳滤波器，式（6.62）可写成：

$$\hat{F}(u,v) = \left[\frac{1}{H(u,v)} \frac{|H(u,v)|^2}{|H(u,v)|^2 + S_{nn}(u,v)/S_{ff}(u,v)} \right] G(u,v) \qquad (6.63)$$

式中，$H(u,v)$ 是退化函数，$|H(u,v)|^2 = H^*(u,v)H(u,v)$。$S_{nn}(u,v)=|N(u,v)|^2$ 是噪声的功率谱，$S_{ff}(u,v)=|F(u,v)|^2$ 是未退化图像的功率谱。在空间域被复原的图像由频率域估计值 $\hat{F}(u,v)$ 的傅里叶逆变换给出。

维纳滤波器的传递函数为：

$$H_w(u,v) = \frac{1}{H(u,v)} \frac{|H(u,v)|^2}{|H(u,v)|^2 + S_{nn}(u,v)/S_{ff}(u,v)} \qquad (6.64)$$

注意：

（1）维纳滤波能够自动抑制噪声。当 $H(u,v)=0$ 时，由于 $S_{nn}(u,v)$ 和 $S_{ff}(u,v)$ 的存在，分母不为 0，不会出现被零除的情形。

（2）如果信噪比较高，即 $S_{ff}(u,v)$ 远远大于 $S_{nn}(u,v)$ 时，$S_{nn}(u,v)/S_{ff}(u,v)$ 很小，$H_w(u,v)$ 趋向于 $1/H(u,v)$，即维纳滤波器变成了逆滤波器，所以说逆滤波是维纳滤波的特例。反之，当 $S_{nn}(u,v)$ 远大于 $S_{ff}(u,v)$ 时，则 $H_w(u,v)$ 趋向于 0，即维纳滤波器避免了逆滤波器过于放大噪声的问题。

（3）维纳滤波需要知道原始图像和噪声的功率谱 $S_{ff}(u,v)$ 和 $S_{nn}(u,v)$。实际上，$S_{ff}(u,v)$ 和 $S_{nn}(u,v)$ 都是未知的，这时常用一个常数 K 来代替 $S_{nn}(u,v)/S_{ff}(u,v)$，式（6.63）变为：

$$\hat{F}(u,v) = \left[\frac{1}{H(u,v)} \frac{|H(u,v)|^2}{|H(u,v)|^2 + K} \right] G(u,v) \qquad (6.65)$$

那么，如何确定特殊常数 K 呢？K 可由平均噪声功率谱和平均图像功率谱的比值得到，设图像的大小为 $M \times N$，则：

$$K = \left[\frac{1}{MN} \sum_u \sum_v S_{nn}(u,v) \right] \Big/ \left[\frac{1}{MN} \sum_u \sum_v S_{ff}(u,v) \right] \qquad (6.66)$$

MATLAB 直接提供了维纳滤波的 deconvwnr 函数，该函数有三种调用形式：

(1) J =deconvwnr(I, PSF)。

(2) J =deconvwnr(I, PSF, NSR)。

(3) J =deconvwnr(I, PSF, NCORR, ICORR)。

其中，I 表示退化后的二维图像矩阵；PSF 表示点扩散函数（退化函数的空间域模板）；NSR 表示含噪声图像平均功率与原始图像平均功率的比值；NCORR 和 ICORR 分别表示噪声的自相关函数和原始图像的自相关函数，它们可以通过分别计算噪声和原始图像功率谱的傅里叶反变换获得；输出 J 为与 I 大小和类型相同的矩阵，表示复原后的图像。形式（1）是在图像和噪声信息都未知情况下的维纳滤波形式，其效果相当于逆滤波形式。形式（2）是在已知噪信比 NSR 参数情况下的维纳滤波形式。形式（3）是在已知噪声和图像自相关函数等参数情况下的维纳滤波形式。下面的例子说明用三种维纳滤波形式对运动模糊退化且加噪声的图像进行滤波复原的结果。

【例 6.8】对运动模糊退化且加噪声的图像进行逆滤波和维纳滤波复原。

对图 6.18（a）进行运动模糊退化且加噪声后，进行维纳滤波复原处理，MATLAB 程序实现如下，运行结果图如图 6.19 所示。

```
I=imread('i_camera.bmp');                      %读取图像
figure(1);imshow(I,[]);                        %显示图像
PSF=fspecial('motion',25,11);      %运动模糊函数,运动位移是 25 像素,角度是 11°
Blurred=imfilter(I,PSF,'conv','circular');     %对图像进行运动模糊处理
Noise=0.1*randn(size(I));                      %正态分布的随机噪声
BlurredNoisy=imadd(Blurred,im2uint8(Noise));%对退化后的图像附加噪声
figure(2);imshow(BlurredNoisy,[]);             %显示运动模糊且加噪声后图像
WI1=deconvwnr(BlurredNoisy,PSF);               %不带参数的维纳滤波（逆滤波）复原
figure(3); imshow(WI1,[]);                     %显示逆滤波复原结果
NSR=sum(Noise(:).^2)/sum(im2double(I(:)).^2);  %计算噪信比
 WI2=deconvwnr(BlurredNoisy,PSF,NSR);          %带噪信比参数的维纳滤波复原
 figure(4);imshow(WI2,[]);                     %显示带噪信比参数的维纳滤波复原结果
 NP=abs(fftn(Noise)).^2;
 NCORR=real(ifftn(NP));                        %计算噪声的自相关函数
 IP=abs(fftn(im2double(I))).^2;
 ICORR=real(ifftn(IP));                        %计算信号的自相关函数
 WI3=deconvwnr(BlurredNoisy,PSF,NCORR,ICORR);
                                               %带自相关函数的维纳滤波复原
 figure(5);imshow(WI3,[]);
```

比较复原结果图不难发现，在对图像和噪声信息都未知的情况下采用不带参数的维纳滤波形式进行复原的效果很不好，在已知噪信比 NSR 参数情况下的维纳滤波复原效果有了较大的改善，在已知噪声和原始图像自相关函数等参数情况下的维纳滤波复原效果最佳。

(a) 运动模糊退化且加噪声后的图像 　　　(b) 不带参数的维纳滤波（逆滤波）复原

(c) 带噪信比参数的维纳滤波复原 　　　(d) 带自相关函数参数的维纳滤波复原

图 6.19　对运动模糊退化且加噪声的图像进行维纳滤波复原

本例是利用 MATLAB 自带的维纳滤波函数 deconvwnr 直接实现的。实际上，我们也可以通过上述推导的维纳滤波函数表达式自己编写程序加以实现，该实现部分的程序作为习题，留给读者完成。

6.8　几何失真校正
（Geometric Distortion Correction）

在图像的获取或显示过程中，往往会产生几何失真，如成像系统有一定的几何非线性。这主要是由于视像管摄像机及阴极射线管显示器的扫描偏转系统有一定的非线性，这会造成如图 6.20 所示的枕形失真或桶形失真。图 6.20（a）为原始图像，图 6.20（b）、图 6.20（c）和图 6.20（d）为失真图像。另外，由卫星拍摄的地球表面图像往往被覆盖较大的面积，由于地球表面呈球形，这样拍摄的平面图像也会有较大的几何失真。

图像的几何失真一般分为系统失真和非系统失真。系统失真是有规律的、能预测的；非系统失真则是随机的。当对图像进行定量分析时，要先对失真图像进行精确的几何校正（将存在几何失真的图像校正成无几何失真的图像），以免影响分析精度。几何校正的基本方法是首先建立几何校正的数学模型；其次利用已知条件确定模型参数；最后根据模型对图像进行几何校正。通常分以下两步：

（1）图像空间坐标的变换。
（2）确定校正空间各像素的灰度值（灰度内插）。

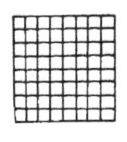

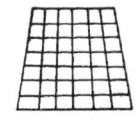

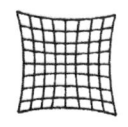

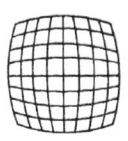

（a）原始图像　　　（b）透视失真　　　（c）枕形失真　　　（d）桶形失真

图 6.20　几种典型的几何失真

6.8.1　空间变换（Spatial Transformation）

假设一幅图像为 $f(x,y)$，经过几何失真变成了 $g(u,v)$，这里的 (u,v) 表示失真图像的坐标，它已不是原始图像的坐标 (x,y) 了。上述变化可表示为：

$$u = r(x,y) \tag{6.67}$$

$$v = s(x,y) \tag{6.68}$$

式中，$r(x,y)$ 和 $s(x,y)$ 是空间变换，产生了几何失真图像 $g(u,v)$。

若函数 $r(x,y)$ 和 $s(x,y)$ 已知，则可以从一个坐标系统的像素坐标算出另一坐标系统对应像素的坐标。在未知情况下，通常 $r(x,y)$ 和 $s(x,y)$ 可用多项式来近似：

$$u = \sum_{i=0}^{N-1}\sum_{j=0}^{N-1} a_{ij} x^i y^j \tag{6.69}$$

$$v = \sum_{i=0}^{N-1}\sum_{j=0}^{N-1} b_{ij} x^i y^j \tag{6.70}$$

式中，N 为多项式的次数；a_{ij} 和 b_{ij} 为各项系数。

1. $r(x,y)$ 和 $s(x,y)$ 已知时的几何校正

若我们具备先验知识 $r(x,y)$、$s(x,y)$，则希望将几何畸变图像 $g(u,v)$ 恢复为基准几何坐标图像 $f(x,y)$。几何校正方法可分为直接法和间接法两种。

（1）直接法。先由 $\begin{cases} u = r(x,y) \\ v = s(x,y) \end{cases}$ 推出 $\begin{cases} x = r'(u,v) \\ y = s'(u,v) \end{cases}$，然后依次计算每个像素的校正坐标值，保持各像素灰度值不变，这样生成一幅校正图像，但其像素分布是不规则的，会出现像素挤压、疏密不均等现象，不能满足要求。因此最后还须通过灰度内插将不规则图像生成规则的栅格图像。

（2）间接法。设恢复的图像像素在基准坐标系统为等距网格的交叉点，从网格交叉点的坐标 (x,y) 出发，算出其在已知畸变图像上的坐标 (u,v)，即：

$$(u,v) = [r(x,y), s(x,y)] \tag{6.71}$$

虽然点 (x,y) 坐标为整数，但 (u,v) 一般不为整数，不会位于畸变图像像素中心，因而不能直接确定该点的灰度值，而只能由其在畸变图像的周围像素灰度内插求出，作为对应像素 (x,y) 的灰度值，据此获得校正图像。由于间接法内插灰度容易，所以一般采用间接法进行几何校正。

2. $r(x,y)$ 和 $s(x,y)$ 未知时的几何校正

在这种情况下,通常用基准图像和几何畸变图像上多对连接点的坐标来确定 $r(x,y)$ 和 $s(x,y)$。

假定基准图像像素的空间坐标 (x,y) 和被校正图像对应像素的空间坐标 (u,v) 之间的关系用二元多项式来表示,即:

$$u = r(x,y) = \sum_{i=0}^{N-1}\sum_{j=0}^{N-1} a_{ij} x^i y^j \tag{6.72}$$

$$v = s(x,y) = \sum_{i=0}^{N-1}\sum_{j=0}^{N-1} b_{ij} x^i y^j \tag{6.73}$$

式中,N 为多项式的次数;a_{ij} 和 b_{ij} 为各项待定系数。

对于线性失真:

$$u = r(x,y) = a_{00} + a_{10}x + a_{01}y \tag{6.74}$$

$$v = s(x,y) = b_{00} + b_{10}x + b_{01}y \tag{6.75}$$

对于一般的(非线性)二次失真:

$$u = r(x,y) = a_{00} + a_{10}x + a_{01}y + a_{11}xy \tag{6.76}$$

$$v = s(x,y) = b_{00} + b_{10}x + b_{01}y + b_{11}xy \tag{6.77}$$

利用连接点建立失真图像与校正图像之间其他像素空间位置的对应关系,而这些连接点在输入(失真)图像和输出(校正)图像中的位置是精确已知的。图 6.21 显示了失真图像和校正图像中的四边形区域,这两个四边形的顶点就是相应的连接点。假设四边形区域中的几何变形过程可以用二次失真方程来表示,即:

$$r(x,y) = a_{00} + a_{10}x + a_{01}y + a_{11}xy \tag{6.78}$$

$$s(x,y) = b_{00} + b_{10}x + b_{01}y + b_{11}xy \tag{6.79}$$

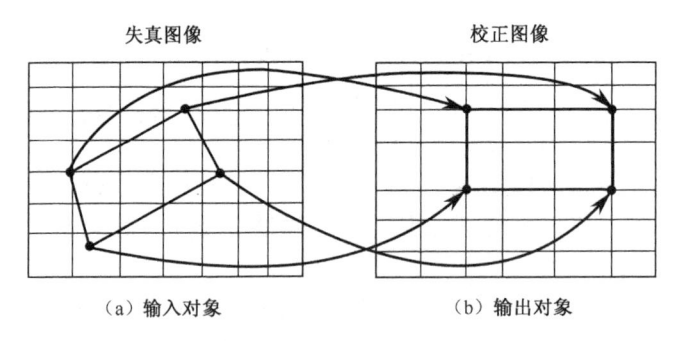

图 6.21 失真图像和校正图像的连接点

将式(6.78)和式(6.79)代入式(6.67)和式(6.68)中,得:

$$u = a_{00} + a_{10}x + a_{01}y + a_{11}xy \tag{6.80}$$

$$v = b_{00} + b_{10}x + b_{01}y + b_{11}xy \tag{6.81}$$

因为一共有四对连接点,代入式(6.80)和式(6.81)可得八个联立方程,由这些方程可以解出八个系数 a_{00}、a_{10}、a_{01}、a_{11}、b_{00}、b_{10}、b_{01}、b_{11}。这些系数构成用于变换四边形区域内所有像素的几何失真模型,即空间映射公式。一般来说,可将一幅图像分成一系列覆盖全图的四边形区域的集合,对每个区域都寻找足够的连接点以计算进行映射所需的系数。

一旦有了系数，产生校正（复原）图像就不困难了。如果想找到非失真图像在任意点 (x_0, y_0) 的值，需要简单地知道 $f(x_0, y_0)$ 在失真图像中的什么地方被映射。为此，可以把 (x_0, y_0) 代入式（6.80）和式（6.81）得到几何失真坐标 (u_0, v_0)。在无失真图像中被映射到点 (u_0, v_0) 的值是 $g(u_0, v_0)$。这样简单地令 $\hat{f}(x_0, y_0) = g(u_0, v_0)$，就得到了复原图像的值。

除以上介绍的连接点方法外，空间变换也可借助图像整体匹配的方法实现。例如，借助 10.5 节区域特征中介绍的重心、长轴长度和方向确定变换所需平移、旋转和尺度放缩的矩阵，从而进行空间校正。

6.8.2　灰度插值（Gray-Level Interpolation）

我们知道，数字图像中的坐标 (x, y) 总是整数。由于失真图像 $g(u, v)$ 是数字图像，其像素值仅在坐标为整数处有定义。而由式（6.80）和式（6.81）计算出来的坐标 (u, v) 值可能不是整数。此时，非整数处的像素值就要用其周围一些整数坐标处的像素值来推断。用于完成该任务的技术称为灰度插值，这部分内容已经在前面的章节进行了介绍。

最简单的灰度插值是最近邻插值（也称零阶插值），该方法实现起来简单方便，但有时不够精确，甚至经常有不希望产生的人为疵点，如高分辨率图像直边的扭曲；对于通常的图像处理，双线性插值很实用；更完善的技术如样条插值、立方卷积内插等可以得到较平滑的结果，但更平滑的近似所付出的代价是增加计算开销。

6.8.3　实现（Implementation）

MATLAB 提供了一组函数用于几何失真图像的校正，包括连接点选择、空间变换和灰度插值。下面对这些主要函数及其用法进行介绍。

1）tform=maketform（transform_type, transform_parameters）

该函数建立几何变换结构。其中，transform_type 表示变换类型，其值可以是"affine"（仿射变换）、"projective"（投影变换）、"custom"（用户自定义变换）、"box"（各个维度上独立的仿射变换）、"composite"（基本变换的组合变换）；transform_parameters 是根据变换类型设置的变换参数。例如，当变换类型是"affine"时，其变换参数为 3×3 矩阵。设原始图像坐标系统为 (x, y)，几何失真后图像的坐标系统为 (u, v)，则有

$$(u \quad v \quad 1) = (x \quad y \quad 1)\boldsymbol{T} \tag{6.82}$$

当 $\boldsymbol{T} = \begin{pmatrix} \cos\theta & \sin\theta & 0 \\ -\sin\theta & \cos\theta & 0 \\ 0 & 0 & 1 \end{pmatrix}$ 时，则表示失真后的图像是原始图像旋转一个角度 θ 后的结果。

2）g=imtransform（f, tform, interp）

这里，f 和 g 分别是几何变换前后的图像；interp 是字符串，用于规定灰度插值的方式，其值有"nearest"（最近邻插值）、"bilinear"（双线性插值）、"bicubic"（双三次插值），默认值为"bilinear"；tform 是变换结构。

例 6.9 是说明如何通过函数 maketform 得到几何变换结构 tform，再利用 tform 并采用某种灰度插值方式对图像进行几何变换的处理过程。

【例6.9】图像的仿射变换。

```
f=imread('fig620.jpg');              %读取图像
figure(1),imshow(f);                 %显示原始图像
k=0.7;                               %变换拉伸系数
theta=pi/6;                          %变换旋转角度
T=[k*cos(theta)  k*sin(theta)  0
   -k*sin(theta) k*cos(theta)  0
    0 0 1];                          %变换矩阵
tform1=maketform('affine',T);        %几何变换结构
g1=imtransform(f,tform1,'nearest');  %以最近邻插值进行仿射变换
figure(2),imshow(g1);                %显示变换结果
g2=imtransform(f,tform1,'bilinear'); %以双线性插值进行仿射变换
figure(3),imshow(g2);                %显示变换结果
```

程序的运行结果如图 6.22 所示，图 6.22（a）是原始图像，图 6.22（b）是按照最近邻插值方式对图像进行变换矩阵为 *T* 的仿射变换的变换结果，图 6.22（c）是按照双线性插值方式对图像进行变换矩阵为 *T* 的仿射变换的变换结果。

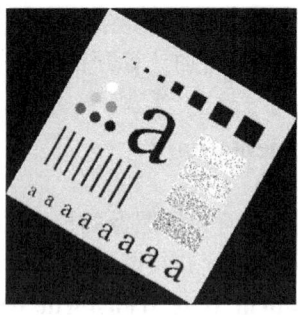

（a）原始图像　　　　　（b）最近邻插值的仿射变换　　　　（c）双线性插值的仿射变换

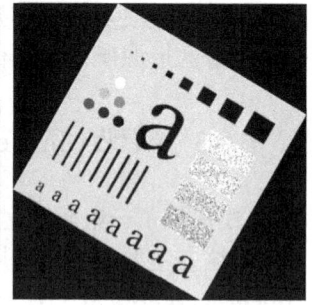

图 6.22　仿射变换实例

3）**cpselect**（*g*, *f*）

这里，*g* 和 *f* 分别是失真图像和原始图像。调用该函数，系统启动连接点交互选择工具，如图 6.23 所示。通过在两幅图像上寻找对应的连接点，并用鼠标单击。连接点选好后，将其保存在系统工作区的 input_points 和 base_points 两个矩阵中。其中，input_points 保存失真图像 *g* 中的点，而 base_points 保存原始图像 *f* 中的对应点。如图 6.23 所示，针对一幅图像和它的几何失真图像，启动连接点交互选择工具，选择两幅图像中对应的九对连接点；这九对连接点被分别存储在系统工作区的 input_points 和 base_points 两个矩阵中。再利用下面的函数 cp2tform 建立几何变换结构。

4）**tform=cp2tform（input_points, base_points, transformtype）**

该函数由连接点建立几何变换结构。其中，input_points 和 base_points 都是 *m*×2 矩阵，其值分别是几何失真图像和基准图像（原始图像）中对应连接点的坐标，由上述连接点交互选择工具得到；transformtype 指定空间变换类型，其值可以是 "affine" "projective" "polynomial" "piecewise linear" 等。

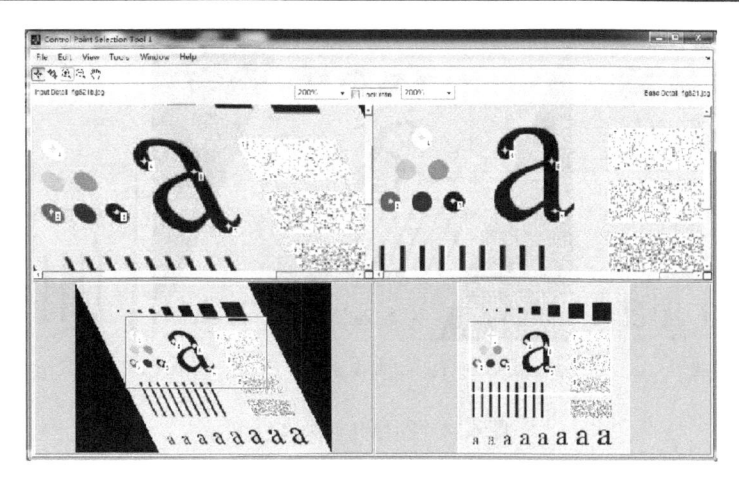

图 6.23 连接点交互选择工具

【例 6.10】利用连接点实施图像几何校正复原。

```
f=imread('fig622.jpg');              %读取原始图像
figure(1),imshow(f);                 %显示原始图像
g=imread('fig622b.jpg');             %读取几何失真图像
figure(2),imshow(g);                 %显示几何失真图像
                                     %利用cpselect(g, f)交互选择如下九对连接点
base_points=[61.7500  99.2500; 36.7500  149.2500;
   86.7500  148.7500;  128.2500  109.2500;
  168.7500  156.7500;  166.2500  117.7500;
  211.7500   91.7500;  212.2500  133.2500;
  211.7500  173.2500];               %从f中选择的九对连接点的坐标矩阵
 input_points=[111.7500  98.7500;  110.2500  148.2500;
  162.7500  148.7500;  184.7500  108.7500;
  251.7500  159.7500;  224.2500  117.2500;
  258.2500   91.7500;  279.7500  133.7500;
  299.7500  173.7500];               %从g中选择的九对连接点的坐标矩阵
tform=cp2tform(input_points,base_points,'projective');
                                     %由九对连接点坐标矩阵建立几何变换结构
gp=imtransform(g,tform,'XData',[1 256],'YData',[1 256]);
                                     %由得到的几何变换结构对失真图像g进行校正
figure(3),imshow(gp);                %显示校正后的图像
```

MATLAB 程序运行结果如图 6.24 所示，图 6.24（a）是原始图像，图 6.24（b）是几何失真图像。以图 6.24（b）和图 6.24（a）作为参数调用 cpselect，启动连接点交互选择工具，如图 6.23 所示，在两幅图像的矩形框中选择九对连接点，这九对连接点的坐标记录于 input_points 和 base_points 矩阵中，从而得到几何变换的结构，再按照这个变换对失真图像进行校正，最后得到校正后的图像，如图 6.24（c）所示。

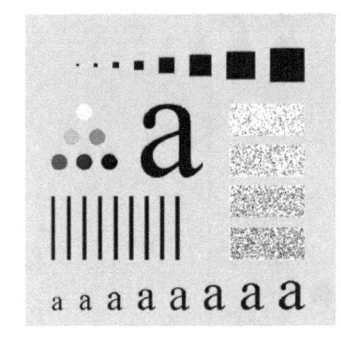

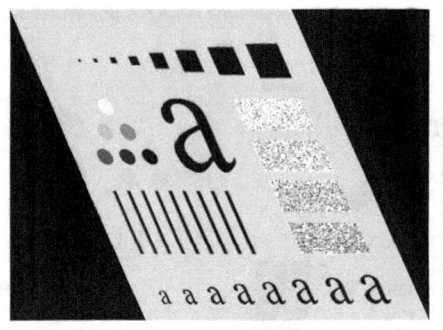

(a) 原始图像　　　　　　　　(b) 几何失真图像　　　　　　(c) 几何失真校正后的图像

图 6.24　图像几何失真校正

小结（Summary）

　　图像复原是通过计算机处理，对质量下降的图像加以重建或恢复的处理过程。因摄像机与物体相对运动、系统误差、畸变、噪声等因素的影响，导致拍摄图像往往不是真实景物的完善图像。在图像复原过程中，须建立造成图像质量下降的退化模型，然后运用相反过程来恢复原来的图像，并运用一定准则来判定是否得到图像的最佳复原。本章的主要结果建立在假定图像退化为线性位移不变并带有加性噪声的模型，噪声与图像值无关。甚至当这些假设不完全相符时，用前面几章的方法也有可能得到有用的结果。

　　本章介绍了图像复原的原理和方法，分析了图像退化的原因并建立了退化模型。在空间域中，基于不同噪声模型采用不同的均值滤波器或顺序统计滤波器进行滤波处理，其中中值滤波器对脉冲噪声非常有效；在频率域中，我们介绍的方法对于周期性噪声和某些重要的退化模型（如大气湍流和运动模糊）效果十分显著。

　　图像复原的任务是在给定退化图像，以及退化函数和噪声的某种了解或假设时，寻求对原始图像的最优估计，使得估计图像与原始图像的误差最小。当噪声不存在时，逆滤波和维纳滤波可以获得相同的复原效果。当噪声存在时，维纳滤波的效果明显优于逆滤波，这是因为逆滤波复原没有考虑噪声。

　　本章最后介绍了图像空间变换、几何失真、失真校正复原的原理，同时说明了利用MATLAB 的函数进行空间变换、实现几何失真校正的处理方法。

习题（Exercises）

　　6.1　试述图像复原的流程？画出退化模型及复原模型。
　　6.2　分析图像复原与图像增强的区别与联系。
　　6.3　简述中值滤波、均值滤波原理，分析比较中值滤波、均值滤波的性能特点，并通过实例予以说明。

6.4 图 6.25 是从图像中取出的一个小块区域，请分别用人工计算和 MATLAB 程序实现 3×3 的中值滤波处理，写出处理结果。

$$\begin{matrix} 2 & 1 & 7 & 5 & 8 & 9 & 1 & 3 \\ 3 & 5 & 1 & 2 & 1 & 10 & 1 & 1 \\ 1 & 6 & 5 & 6 & 5 & 1 & 1 & 7 \\ 7 & 1 & 5 & 1 & 5 & 1 & 8 & 1 \\ 9 & 1 & 1 & 5 & 2 & 5 & 2 & 3 \\ 1 & 2 & 6 & 3 & 1 & 1 & 8 & 1 \\ 3 & 6 & 1 & 8 & 12 & 5 & 1 & 9 \\ 7 & 8 & 3 & 9 & 1 & 7 & 8 & 1 \end{matrix}$$

图 6.25 习题 6.4 图

6.5 频率域滤波复原有哪些通用技术？分别适用于哪种情况的图像复原？

6.6 逆滤波复原的基本原理及其主要难点是什么？如何避开该难点？

6.7 简述维纳滤波优化的目标函数及推导结论，相较于逆滤波的优点。

6.8 请编写程序，用高斯带阻滤波器式（6.39）实现对一幅图像的滤波处理。

6.9 请编写程序，用巴特沃斯陷波带阻滤波器式（6.42）实现对一幅图像的滤波处理。

6.10 请编写出实现例 6.6 的程序。

6.11 根据 6.7 节推导出的维纳滤波表达式，不用 deconvwnr 函数，自己编写程序实现对退化图像的维纳滤波。

6.12 用三角形代替图 6.21 中的四边形，建立与式（6.80）和式（6.81）对应的校正几何失真的空间变换式。

6.13 选取一幅几何失真图像，或对一幅正常图像进行几何失真处理，然后借助 MATLAB，利用连接点实施图像校正复原。

第7章 图像压缩编码
(Image Compression Coding Technology)

本章首先介绍图像编码的一些基本概念，如信息量和熵、图像数据冗余、图像压缩编码分类、图像压缩技术性能指标，然后重点介绍了无失真图像压缩编码和有限失真图像压缩编码的几种方法和特点，最后介绍了子带编码与模型编码、分形编码等新型编码技术和图像压缩技术标准。

This chapter introduces some basic concepts of image compression coding, including information content and entropy, data redundancy, image compression coding classification, and the performance of image compression technology. Also, the principles and characteristics of lossless and lossy image compression coding are covered; current new image compression technology, as well as their standards, is illustrated in later section.

7.1 概 述
(Introduction)

图像信号经数字化后，数据量相当大。根据CCIR601号建议（电视演播中心数字电视编码标准），数字电视的数据率高达216MB/s。对于计算机图像，在VGA显示模式下当分辨率为640像素×480像素、256色的一帧图像数据为307200字节。若要达到每秒30帧的动态显示，其数据率为9.2 MB/s。显然，数据量是非常大的，很难直接保存。由此可见，为了提高信道利用率和在有限的信道容量下传输更多的图像信息，必须对图像数据进行压缩。因而数据压缩在数字图像传输中具有关键性的作用。

7.1.1 图像的信息量与信息熵（Information Content and Entropy）

由于图像信息的编码必须在保持信息源内容不变，或者损失不大的前提下才有意义，这就必然涉及信息的度量问题。为此，首先简单回顾一下有关信息论的基本内容，然后再将它们运用到图像信息的度量中。

1. 信息量

表面上看起来，信息似乎是一种无法度量的抽象概念，但是如果从概率统计学的角度来

看，信息出现的概率还是可以度量的，这个度量方法就是信息量。一般而言，小概率事件包含的信息量更大，所以事件包含的信息量与其发生的概率成反比例关系。将信息量定义为信息源发出的所有消息中该信息出现概率的倒数的对数。设信息源 X 可发出的消息符号集合为 $A = \{a_i | i = 1, 2, \cdots, m\}$，并设 X 发出符号 a_i 的概率为 $p(a_i)$，则定义符号 a_i 出现的自信息量为：

$$I(a_i) = -\log_2 p(a_i) \tag{7.1}$$

式（7.1）中对数的底数决定了衡量信息的单位。如果使用 k 作为对数的底数，则信息量单位为 k 元单位。通常，取 2 为对数的底数，这时定义的信息量单位为比特（bit）。本章讨论的内容都假定选取 2 作为对数的底数。

如果各符号 a_i 的出现是独立的，那么 X 发出一符号序列的概率等于各符号的概率之积，因而该序列出现的信息量等于相继出现的各符号的自信息量之和。这类信息源称为无记忆信息源。

2. 信息熵

对信息源 X 的各符号的自信息量取统计平均，可得平均自信息量为：

$$H(X) = -\sum_{i=1}^{m} p(a_i) \log_2 p(a_i) \tag{7.2}$$

在信息论中，香农借鉴热力学的概念，把平均自信息量 $H(X)$ 称为信息源 X 的信息熵（Information Entropy），用以衡量信息的不确定性。信息熵可以理解为信息源发出的一个符号所携带的平均信息量，单位为比特/符号，通常也称为 X 的零阶熵。在无失真信源编码中，信息熵给出了无失真编码时每个符号所需平均码长的下限。

现在把信息论中熵值的概念应用到图像信息源中。以灰度级为[0, L-1]的图像为例，可以通过直方图得到各灰度级概率 $p(s_k)$，k=0, 2, $\cdots$, L-1，这时图像的熵为：

$$H(X) = -\sum p(s_k) \log_2 p(s_k) \tag{7.3}$$

【例 7.1】 大小为 256 像素×256 像素、灰度级为 256 的 Lena 图像如图 7.1 所示，试求其熵。

图 7.1 Lena 图像

运用以下的 MATLAB 程序可以求出该图像的熵，程序代码如下：

```
I=imread('lena.bmp');           %读取图像
x=double(I);                    %转换成 double 型
n=256;                          %灰度级总数
xh=hist(x(:),n);                %计算出图像的直方图
xh=xh/sum(xh(:));               %求出各个灰度级出现的概率
```

```
i=find(xh);                    %直方图对应的灰度级
h=-sum(xh(i).*log2(xh(i)))     %求出图像的熵
```

程序的运行结果是 h=7.5534，说明对该图像进行无失真编码，其平均码长一定不会小于 7.5534。

7.1.2 图像数据冗余（Image Data Redundancy）

数字图像的数据量大与信道容量有限的矛盾说明了数据压缩的必要性，而通常一幅图像中各像素之间存在一定的相关性。特别是在活动图像中，由于两幅相邻图像之间的时间间隔很短，因此这两幅图像信息中包含了大量的相关信息。这些就是图像信息中的冗余。数据压缩的目的就是要去除图像信息中的大量冗余，同时又能保证图像的质量。一般针对不同类型的冗余，要采取不同的压缩方法。

1. 空间冗余

图 7.2 是一幅图像，其中心部分为一个灰色的方块，灰色区域中所有像素点的光强、色彩及饱和度都是相同的，因此该区域中的数据之间存在很大的冗余度。可见所谓的空间冗余就是指一幅图像中存在许多灰度或颜色相同的邻近像素，由这些像素组成局部区域，在此区域中各像素值具有很强的相关性。

空间冗余是图像数据中最基本的冗余。要去除这种冗余，人们通常将其视为一个整体，并用极少的数据量来表示，从而减少邻近像素之间的空间相关性，以达到数据压缩的目的。这种压缩方法称为空间压缩或帧内压缩。

图 7.2　空间冗余

2. 时间冗余

由于活动图像序列中任意两相邻图像之间的时间间隔很短，因此两幅图像中存在大量的相关信息，如图 7.3 所示。从图中可以看出，前后两幅图像的背景并没有变化，不同的是图中运动物体的位置随时间 t 发生变化，因此这两幅图像之间存在相关性。此时在前一幅图像的基础上，只需要改变少量的数据，便可以表示出后一幅图像，从而达到数据压缩的目的。

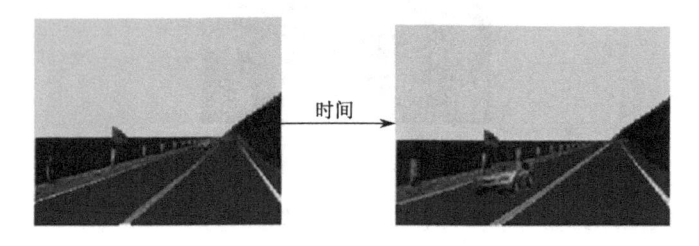

图 7.3　时间冗余

时间冗余是活动图像和语音数据中经常存在的一种冗余，这种压缩也称为时间压缩或帧间压缩。

3. 信息熵冗余

信息熵冗余是针对数据的信息量而言的。设某种编码的平均码长为：

$$L = \sum_{i=0}^{k-1} p(s_i)l(s_i) \tag{7.4}$$

式中，$l(s_i)$ 为分配给第 s_i 符号的比特数；$p(s_i)$ 为符号 s_i 出现的概率。

这种压缩的目的就是要使 L 接近 $H(X)$，但实际上 $L \geqslant H(X)$，即描述某一信息所需要的"比特数"大于理论上表示该信息所需要的最小"比特数"，因此它们之间存在冗余。这种冗余被称为信息熵冗余或编码冗余。

例如，图 7.4 表示一个图像块的灰度值，该块图像共有 64 像素，其中灰度值为 3 的点 40 个，灰度值为 255 的点 21 个，灰度值是 150 的点 3 个。若每个灰度值用 8 位二进制数表示，则共需要（64×8）位=512 位（比特）的存储空间。我们可以用一位二进制的 0 表示出现次数最多的 3，用一位二进制的 1 表示 255，用二位二进制的 10 表示出现次数最少的 150，则表示该块图像只需要（40+21+2×3）位=67 位（比特）空间即可。

3	255	3	255	3	255	3	3
3	255	3	255	3	255	3	3
3	255	3	255	3	255	3	3
3	255	3	255	3	255	3	3
3	255	3	255	3	255	3	3
3	255	3	150	3	255	3	3
3	255	3	150	3	255	3	3
3	255	3	150	3	255	3	3

图 7.4 编码冗余表图

4. 视觉冗余

人观察图像的目的就是获得有用的信息，但人眼并不是对所有的视觉信息都具有相同的敏感度，在实际应用中，人也不是对所有的信息都具有相同的关心度。在特定场合，一些信息相对另外一些信息而言不那么重要，这些相对不重要的信息就是视觉冗余。科学实验表明，人眼的分辨力是有限的，人眼不能区别各种颜色或灰度级。对整幅图像而言，人眼能区别 40～60 个灰度级，而对图像的局部，人眼只能区别 32 个灰度级，其他灰度级相对来说就是视觉冗余。图 7.4 与图 7.5 看起来是没有差别，但他们对应的数据却不一致。图 7.5 中 2、3、4 的灰度级与图 7.4 中 3 的相近；图 7.5 中 149、150、151 的灰度级与图 7.4 中 150 的相近；图 7.5 中 253、254、255 的灰度级与图 7.4 中 255 的相近。若将图 7.5 中的相应灰度级都换成图 7.4 中对应的 3、150、255，人眼看起来没有区别，但这样处理后便于压缩。

2	254	3	255	4	254	3	2
3	255	3	253	3	253	2	3
2	254	3	255	2	254	3	3
3	255	3	254	3	254	4	3
2	254	3	253	4	255	3	3
3	255	3	149	3	254	2	4
2	254	3	150	3	253	4	4
3	255	3	151	3	255	3	3

图 7.5 视觉冗余表图

5. 结构冗余

图 7.6 表示一种结构冗余。从图中可以看出。它存在非常强的纹理结构，这使图像在结构上产生了冗余。

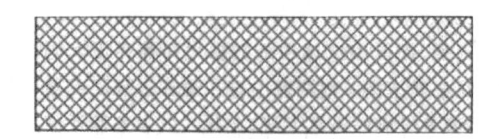

图 7.6 结构冗余

6. 知识冗余

随着人们对认识掌握的深入，某些图像所具有的先验知识，如人脸图像的固有结构（包括眼、耳、鼻、口等）为人们所熟悉。这些由先验知识得到的规律结构就是知识冗余。

7.1.3 图像压缩编码方法（Coding Methods of Image Compression）

数字图像压缩编码方法有很多，但从不同的角度，可以有不同的划分。从信息论角度划分，可以将图像的压缩编码方法分为无失真压缩编码和有限失真编码。

无失真压缩编码利用图像信息源概率分布的不均匀性，通过变长编码来减少信息源数据冗余，使编码后的图像数据接近其信息熵而不产生失真，因而也通常被称为熵编码。常用的无失真编码主要有 Huffman 编码、算术编码和游程编码。近年来，在无失真编码中一种被称为"通用编码"的编码方法受到很大关注。该编码方法不像其他无失真编码方法那样对信息源的统计特性十分敏感，因而特别适合于活动视频图像这类统计特性变化较大的信息源。但该方法目前仍处于研究阶段，尚不能使用。

有限失真编码则是根据人眼视觉特性，在允许图像产生一定失真的情况下（尽管这种失真常常不为人眼所觉察），利用图像信息源在空间和时间上具有较大相关性这一特点，通过某种信号变换来消除信息源的相关性、减少信号方差，达到压缩编码的目的。常用的有限失真编码方法主要有预测编码、变换编码和矢量量化编码，以及运动检测和运动补偿技术。在实际应用中，往往会综合利用上述各种编码方式以达到最佳压缩编码效果。

按照压缩原理划分，数字图像压缩编码方法可以分为预测编码、变换编码、标量量化编码和矢量量化编码、信息熵编码、子带编码、结构编码和模型编码。

7.1.4 图像压缩技术的性能指标（Performance Index of Image Compression Approaches）

在数字图像通信系统中，压缩比、平均码字长度、编码效率、冗余度是衡量数据压缩性能的重要指标。

1. 压缩比

为了表明某种压缩编码的效率，通常引入压缩比 c 这一参数，它的定义为：

$$c = \frac{b_1}{b_2} \tag{7.5}$$

式中，b_1表示压缩前图像每像素的平均比特数；b_2表示压缩后每像素所需要的平均比特数；在一般情况下，压缩比 c 总是大于等于 1 的，c 越大则压缩程度越高。

【例 7.2】 图 7.7（a）为压缩前的图像 lena.bmp，图 7.7（b）为压缩后的图像 lena1.jpg，压缩比的计算可以由以下 MATLAB 程序实现。

```
fi=imread('lena.bmp');              %读取原始图像（非压缩 BMP 图像）
imwrite(fi,'lena1.jpg');            %以 JPEG 压缩格式存储为 lena1
info1=dir('lena.bmp');
b1=info1.bytes                      %得到原始图像的字节数
info2=dir('lena1.jpg');
b2=info2.bytes                      %得到压缩图像的字节数
ratio=b1/b2                         %计算压缩比
figure;imshow('lena.bmp');          %显示原始图像
figure;imshow('lena1.jpg');         %显示压缩图像
```

MATLAB 程序运行结果如下：

```
b1=66616
b2=11390
ratio=5.8486
```

（a）压缩前的图像　　　　（b）压缩后的图像

图 7.7　图像压缩前后的比较（计算压缩比）

2. 平均码字长度

设 $l(c_k)$ 为数字图像第 k 个码字 C_k 的长度（C_k 编码成二进制码的位数），其相应的出现概率为 $p(c_k)$，则该数字图像所赋予的平均码字长度（单位为 bit）为：

$$L = \sum_{k=1}^{m} p(c_k) l(c_k) \tag{7.6}$$

3. 编码效率

在一般情况下，编码效率往往可用下列简单公式表示：

$$\eta = \frac{H}{L} \tag{7.7}$$

式中，H 是原始图像的熵；L 是实际编码图像的平均码字长度。

4. 冗余度

如果编码效率 $\eta \neq 100\%$，这说明还有冗余信息，冗余度 R 可由式（7.8）表示：

$$R = 1 - \eta \tag{7.8}$$

R 越小，说明可压缩的余地越小。

根据信息论中的信息源编码理论可以证明，在 $L \geqslant H$ 的条件下，总可以设计出某种无失真的编码方法。如果编码结果的平均码字长度 L 远大于信息源的信息熵 H，则其编码效率很低，占用比特数太多，但具有较高的保真度。例如，对图像样本量化值直接采用 PCM（脉冲编码调制）编码方法就属于这类情况。最好的编码结果应使 L 等于或很接近 H，这样的编码方法，称为最佳编码。它既不丢失信息，不引起图像失真，又占用最少的比特数，哈夫曼编码就属于这类情况。若要求编码结果 $L<H$，则必然会丢失有用信息而引起图像失真，这就是允许有某种失真条件下的所谓失真编码。一般来说，压缩比越大，图像信息就被压缩得越厉害。一个编码系统要研究的问题是平均码字长度 L 要尽可能小，使编码效率 η 接近于 1，冗余度尽量趋于 0。

7.1.5 保真度准则（Fidelity Criteria）

前面提到，消除视觉冗余数据会导致真实的或一定数量的视觉信息丢失。由于可能会由此丢失重要的信息，所以迫切需要一种可重复或可再生的，对于丢失信息的性质和范围定量评估的方法。目前有客观保真度准则和主观保真度准则两类评估准则。

1. 客观保真度准则

当信息损失的程度可以表示成输入图像，或先被压缩而后被解压缩的输出图像函数时，就称这是基于客观保真度准则的。最常用的客观保真度准则是输入、输出图像间的均方根误差准则。令 $f(x,y)$ 表示输入图像，$\hat{f}(x,y)$ 表示由对输入图像先压缩后解压缩得到的 $f(x,y)$ 的估计量或近似量。对于 x 和 y 的所有值，将 $f(x,y)$ 和 $\hat{f}(x,y)$ 之间的误差 $e(x,y)$ 定义为：

$$e(x,y) = \hat{f}(x,y) - f(x,y) \tag{7.9}$$

对于大小为 $M \times N$ 的图像，$f(x,y)$ 和 $\hat{f}(x,y)$ 之间的均方根误差（Root-Mean-Square Error）e_{rms} 定义为：

$$e_{rms} = \left\{ \frac{1}{MN} \sum \sum \left[\hat{f}(x,y) - f(x,y) \right]^2 \right\}^{\frac{1}{2}} \tag{7.10}$$

另一种常用的客观保真度准则是压缩—解压缩图像的均方信噪比。如果认为 $\hat{f}(x,y)$ 是输入图像和噪声信号 $e(x,y)$ 的和，则输出图像的均方信噪比（Mean-Square Signal-to-Noise ratio）用 SNR_{ms} 表示，定义为：

$$SNR_{ms} = \frac{\sum_{x=0}^{M-1} \sum_{y=0}^{N-1} \hat{f}(x,y)^2}{\sum_{x=0}^{M-1} \sum_{y=0}^{N-1} \left[\hat{f}(x,y) - f(x,y) \right]^2} \tag{7.11}$$

式（7.11）的平方根称为均方根信噪比 SNR_{rms}。

2．主观保真度准则

尽管客观保真度准则提供了一种简单便捷的评估信息损失的方法，但大部分解压缩图像最终还是由人来观察的。所以，使用观察者的主观评估衡量图像品质通常更为恰当。主观评估是通过向一组典型的观察者（通常多于 20 位）显示典型的解压缩图像并将他们的评估结果进行平均得到的。评估可以按照某种绝对尺度进行，如对一幅图像的观感，给出绝对等级，如分别用数量值{1，2，3，4，5，6}表示每个观察者的主观评估，即{极好，好，可用，勉强可以，差，不可用}；也可以通过比较两幅图像（标准图像与解压缩图像）进行，如分别用数量值{-3，-2，-1，0，1，2，3}表示每个观察者的主观评估，即{非常差，差，稍差，普通，稍好，好，非常好}。不管使用何种形式，这些评估都称为是基于主观保真度准则的。

7.2 无失真图像压缩编码（Lossless Image Compression）

无失真图像压缩编码是指图像经过压缩、编码后恢复的图像与原始图像完全一样，没有任何失真。图像无失真编码的理论极限是图像信息源的平均信息量（熵），总能找到某种适宜的编码方法，使每像素的平均编码长度不低于此极限，并且任意地接近信息源熵。有时也称无失真压缩编码为熵编码。

图像是由几十万以上的像素构成的，它们不仅在空间上存在相关性，而且还存在灰度或色度概率分布上的不均匀性。另外，在运动图像中还存在时间相关性，因而无失真图像编码可以通过减少图像数据的冗余度来达到数据压缩的目的。由于其中并没有考虑人眼的视觉特性，因此其所能达到的压缩比非常有限。

常用的无失真图像压缩编码有许多种，如哈夫曼编码、游程编码和算术编码。在实际应用中，常将游程编码与哈夫曼编码结合起来使用，如 H.261、JPEG、MPEG 等国际标准的正是采用这种编码技术，而在 JPEG2000、H.263 等国际标准中采用的则是算术编码技术。

7.2.1 哈夫曼编码（Huffman Coding）

哈夫曼编码是根据可变长最佳编码定理，应用哈夫曼算法产生的一种编码方法。

1．可变长最佳编码定理

对于一个无记忆离散信息源中的每个符号，若采用相同长度的不同码字代表相应符号，就称为等长编码；若对信息源中的不同符号用不同长度的码字表示，就称为不等长或变长编码。

在变长编码中，对出现概率大的信息符号赋予短码字，而对出现概率小的信息符号赋予长码字。如果码字长度严格按照所对应符号出现概率的大小逆序排列，则编码结果的平均码字长度一定小于任何其他排列形式。

2. 哈夫曼编码的编码思路

哈夫曼于 1952 年提出了一种编码方法，它完全依据信息源字符出现的概率大小来构造码字，这种编码方法形成的平均码字长度最短。实现哈夫曼编码的基本步骤如下。

（1）将信息源符号出现的概率按由大到小的顺序排列。

（2）将两处最小的概率进行组合相加，形成一个新概率。并按第（1）步方法重排，如此重复进行，直到只有两个概率为止。

（3）分配码字，码字分配从最后一步开始反向进行，对最后两个概率赋予码字，一个赋予"0"码字，一个赋予"1"码字。如此反向进行到开始的概率排列，在此过程中，若概率不变，则采用原码字。

【例 7.3】设输入图像的灰度级 $\{y_1, y_2, y_3, y_4, y_5, y_6, y_7, y_8\}$ 出现的概率分别为 0.40、0.18、0.10、0.10、0.07、0.06、0.05、0.04。试进行哈夫曼编码，并计算编码效率、压缩比、冗余度。

按照上述编码过程和例题所给的参数，其哈夫曼编码过程如图 7.8 所示。根据式（7.3）可求得图像信息源熵为：

$$H = -\sum_{K=1}^{M} P_K \log_2 P_K$$
$$= -(0.40 \times \log_2 0.40 + 0.18 \times \log_2 0.18 + 2 \times 0.10 \log_2 0.10 +$$
$$\quad 0.07 \times \log_2 0.07 + 0.06 \times \log_2 0.06 + 0.05 \times \log_2 0.05 + 0.04 \times \log_2 0.04)$$
$$= 2.55$$

说明：图中（）表示码字

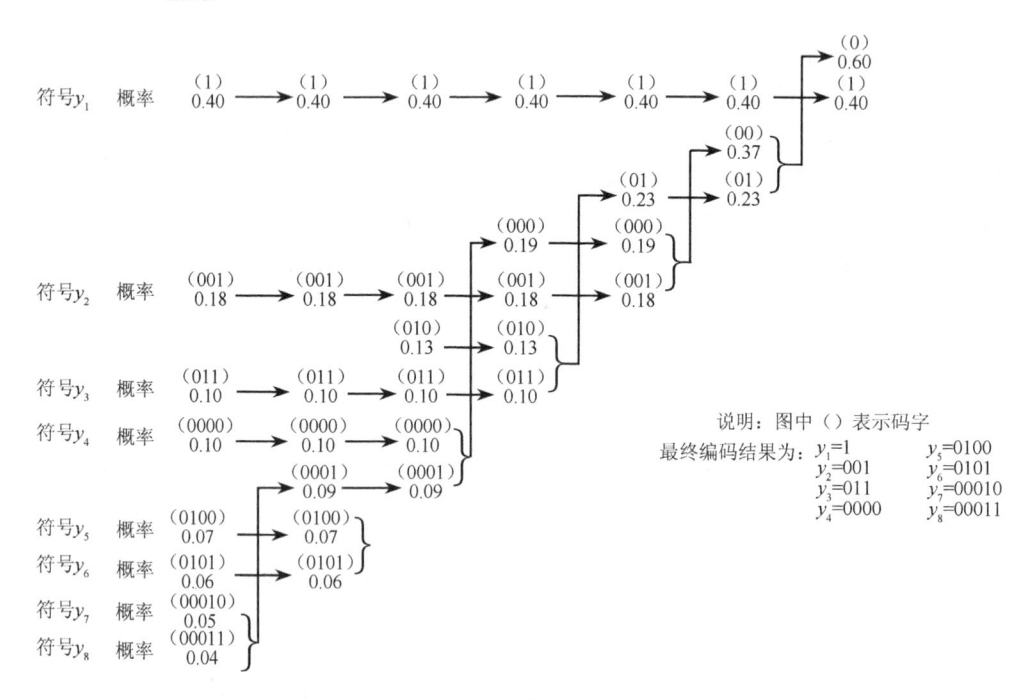

最终编码结果为：
y_1=1　　　　y_5=0100
y_2=001　　　y_6=0101
y_3=011　　　y_7=00010
y_4=0000　　 y_8=00011

图 7.8　哈夫曼编码过程

根据哈夫曼编码过程图给出的结果，可以求出它的平均码字长度：

$$L = \sum_{K=1}^{M} l_K P_K$$
$$= 0.40 \times 1 + 0.18 \times 3 + 0.10 \times 3 + 0.10 \times 4 + 0.07 \times 4 +$$
$$0.06 \times 4 + 0.05 \times 5 + 0.04 \times 5$$
$$= 2.61$$

根据式（7.7）求出编码效率：
$$\eta = H/L = 2.55/2.61 = 97.8\%$$

压缩之前八个符号须三个比特量化，经压缩的平均码字长度为 2.61，因此压缩比为：
$$C = 3/2.61 = 1.15$$

冗余度为：
$$R = 1 - \eta = 2.2\%$$

3. 哈夫曼编码的特点

（1）哈夫曼编码构造的码并不是唯一的，但其编码效率是唯一的。在对最小的两个概率符号赋值时，既可以规定较大的为"1"，较小的为"0"；又可以规定较大的为"0"，较小的为"1"。当两个符号出现概率相等时，在排序时哪个符号放在前面均可，由此获得的编码也不是唯一的，但对于同一个信息源而言，其平均码长不会因为上述原因而发生变化，即其编码效率是唯一的。

（2）对不同信息源，其编码效率是不同的。当信息源各符号出现的概率互不相同，分别为 2^{-n} 时（n 为正整数，$n=1, 2, 3, \cdots$），哈夫曼编码效率最高，可达 100%。但当信息源各符号出现的概率相等时，即 $p(s_i) = \dfrac{1}{n}$ 时，可以证明此时信息源具有最大熵，但其编码效率最低（产生定长码）。由此可知，只有当信息源各符号出现的概率很不平均时，哈夫曼编码的效果才显著。

（3）实现电路复杂，且存在误码传播问题。哈夫曼编码是一种变字长编码。当硬件实现编码/解码功能时，由于电路复杂，会导致编码/解码所须时间较长。因此在实际应用中，常使用默认的哈夫曼编码表。该表是通过大量统计得到的，分别存储在发送端和接收端。这样可以降低编码时间，从而改进编码和解码的时间不对称性。同时也能够使编码/解码电路得以简化，从而适应实时性的要求。

在哈夫曼编码的存储和传输过程中，一旦出现误码，易引起误码的连续传播，因而人们提出了双字长编码方法，即对于出现高概率的符号用短码字表示，而对于出现概率小的符号则使用长码字。尽管其编码效率不如哈夫曼编码，但硬件实现起来相对简单，而且抗干扰能力要强于哈夫曼编码。

（4）哈夫曼编码只能用近似的整数而不是理想的小数来表示单个符号，这也是哈夫曼编码无法达到最理想压缩效果的原因。

7.2.2 游程编码（Run-Length Coding）

某些图像特别是计算机生成的图像往往包含许多颜色相同的块，在这些块中，许多连续的扫描行或同一扫描行上有许多连续的像素都具有相同的颜色值。在这些情况下，就不需要存储每个像素的颜色值,而是仅仅存储一个像素值及具有相同颜色的像素数目,这种编码方法称为游程(或行程)编码(Run-Length Coding,RLC),连续的具有相同颜色值的所有像素构成一个行程。

下面以二值图像为例进行说明。二值图像是指图像中的像素值只有两种,即"0"和"1",在图像中这些符号会连续地出现,通常将连"0"的一段称为"0"游程,而连"1"的一段称为"1"游程,它们的长度分别为 $L(0)$ 和 $L(1)$,往往"0"游程和"1"游程会交替出现,即第一游程为"0"游程,第二游程为"1"游程,第三游程又为"0"游程。例如,已知一个二值序列 00101110001001……根据游程编码的规则,可知其游程序列为 21133121……对于复杂的图像,通常采用游程编码与哈夫曼编码的混合编码方式,即首先进行二值序列的游程编码,然后根据"0"游程与"1"游程长度的分布概率,进行哈夫曼编码。游程编码常用于二值图像的压缩,这种方法已经被 CCITT 制定为标准,主要用于在公用电话网上传真二值图像。

游程编码技术相当直观和经济,且运算简单,因此解压缩速度很快。压缩率的大小取决于图像本身的特点。图像中具有相同颜色的横向色块越大、图像块数目越多,压缩比就越大,反之就越小。如果图像中有大量纵向色块,则可先把图像旋转 90°,再用 RLC 压缩,也可以得到较大的压缩比。RLC 压缩编码适用于计算机生成的图像,尤其是二进制图像,能够有效地减少存储容量。然而由于自然图像往往是五光十色的,其行程长度非常短,若用 RLC 对它进行编码,不仅不能压缩数据,反而会造成更大的冗余,因此对复杂的图像就不能单纯地采用 RLC 进行编码。

【例 7.4】用游程编码对二值化后的 Lena 图像进行编码,写出 MATLAB 实现程序。
(1)主程序。

```
I=imread('lena.bmp');              %读入图像
if ndims(I)>2                      %将非单通道图像转换成灰度图像
    I=rgb2gray(I);
end
BW=im2bw(I,0.4);                   %将图像二值化
[zipped,info]=RLEencode(BW);       %调用 RLEencode 函数对 BW 进行游程编码
unzipped=RLEdecode(zipped,info);   %调用 RLEdecode 函数对 zipped 进行游程解码
subplot(131);imshow(I);            %显示原始图像
subplot(132);imshow(BW);           %显示二值化后的图像
subplot(133);imshow(uint8(unzipped)*255);  %显示二值图像经编解码后的图像
cr=info.ratio                      %显示压缩比
whos BW unzipped zipped            %显示二值图像、压缩解压图像、压缩图像的信息
```

MATLAB 程序运行结果如图 7.9 所示。

(a)原始图像　　　　　(b)二值化后的图像　　　　(c)图(b)经游程编码及解码的图像

图 7.9　游程编码及解码

计算得到的压缩比是 C_r = 41.2176，可见游程编码对二值图像的压缩比非常高。显示的二值图像 BW、压缩解压图像 unzipped、压缩图像 zipped 的信息如下：

Name	Size	Bytes	Class	Attributes
BW	256×256	65536	logical	
unzipped	256×256	65536	uint8	
zipped	3180×2	6360	uint8	

（2）游程编码函数 MATLAB 程序。

```
function [zipped,info]=RLEencode(vector)
[m,n]=size(vector);                          %获取图像的高度和宽度
vector=uint8(vector(:));                     %转换成整型
L=length(vector);                            %得到元素个数
c=vector(1);                                 %获取第 1 个像素值
e(1,1)=c;                                    %游程矩阵第 1 列为值
e(1,2)=0;                                    %游程矩阵第 2 列为游程长度
t1=1;                                        %游程矩阵行下标变量
for j=1:L                                    %对图像所有元素循环处理
    if (vector(j)==c)                        %如果值不变
        e(t1,2)=double(e(t1,2))+1;           %将游程长度加 1
    else                                     %如果值改变
        c=vector(j);                         %记录新的值
        t1=t1+1;                             %游程矩阵行下标变量加 1
        e(t1,1)=c;                           %游程矩阵新 1 行第 1 列的值
        e(t1,2)=1;                           %游程矩阵新 1 行第 2 列的值（游程长度）
    end
end
zipped=e;                                    %游程矩阵
info.rows=m;                                 %记录原始图像的高度
info.cols=n;                                 %记录原始图像的宽度
[m,n]=size(e);                               %获取游程矩阵的高度和宽度
info.ratio=(info.rows*info.cols)/m*n;        %显示压缩比
```

（3）游程编码的解码函数 MATLAB 程序。

```
function unzipped=RLEdecode(zip,info)
zip=uint8(zip);                              %将游程矩阵转换成整型
[m,n]=size(zip);                             %获取游程矩阵的高度和宽度
unzipped=[];                                 %解压矩阵初始化
for i=1:m                                    %对游程矩阵的每行循环处理
    section=repmat(zip(i,1),1,double(zip(i,2)));  %第 i 行复制还原
    unzipped=[unzipped section];             %与矩阵前面的部分进行拼接
end
unzipped=reshape(unzipped,info.rows,info.cols);  %按原始图像形式重排矩阵
```

7.2.3 算术编码（Arithmetic Coding）

前面已经说明，哈夫曼编码使用的是二进制符号进行编码，这种方法在许多情况下无法得到最佳的压缩效果。假设某个信息源符号出现的概率为 85%，那么其自信息量为 $-\log_2 0.85$，该值为 0.23456，也就是说用 0.2345 位编码就可以了。但是哈夫曼编码只能分配一位 0 或一位 1 进行编码。由此可知，整个数据 85%的信息在哈夫曼编码中用的是理想长度 4 倍的码字，其压缩效果可想而知。算术编码就能解决这个问题，算术编码在图像数据压缩标准（如 JPEG 2000）中起到很重要的作用。

算术编码是一种从整个符号序列出发，采用递推形式连续编码的方法。在算术编码中，源符号和码字间的一一对应关系并不存在。不是将单个信息源符号映射成一个码字，而是把整个信息源表示为实数线上 0~1 之间的一个区间。随着符号序列中符号数量的增加，用来代表它的区间减少，而用来表达区间所需信息单位的数量变大。每个符号序列中的符号根据区间的概率减少区间长度。与哈夫曼编码不同，这里不需要将每个信源符号转换为整数个码字（1 次编 1 个符号），所以在理论上它可以达到无失真编码定理给出的极限。

下面用一个简单的例子说明算术编码的编码过程。

【例 7.5】假设信息源符号为 X={00, 01, 10, 11}，其中各符号的概率为 $p(x)$={0.1, 0.4, 0.2, 0.3}，对这个信息源进行算法编码的具体步骤如下。

（1）已知符号的概率后，就可以沿着"概率线"为每个符号设定一个范围：[0, 0.1)，[0.1, 0.5)，[0.5, 0.7)，[0.7, 1.0)。把以上信息综合到表 7.1 中。

表 7.1 信息源符号、概率和初始区间

符 号	00	01	10	11
概 率	0.1	0.4	0.2	0.3
初始区间	[0, 0.1)	[0.1, 0.5)	[0.5, 0.7)	[0.7, 1.0)

（2）假如输入的消息序列为 10、00、11、00、10、11、01，其算术编码过程如下。

第 1 步：初始化时，范围 range 为 1.0，低端值 low 为 0。下一个范围的低端值、高端值分别由式（7.12）计算：

$$\begin{cases} \text{low}=\text{low}+\text{range}\times\text{range\_low} \\ \text{high}=\text{low}+\text{range}\times\text{range\_high} \end{cases} \quad (7.12)$$

式中，等号右边的 range 和 low 为上一个被编码符号的范围和低端值；range_low 和 range_high 分别为被编码符号已给定的出现概率范围的低端值和高端值。

对第一个信息源符号 10 编码：

$$\begin{cases} \text{low}=\text{low}+\text{range}\times\text{range\_low}=0+1\times0.5=0.5 \\ \text{high}=\text{low}+\text{range}\times\text{range\_high}=0+1\times0.7=0.7 \end{cases}$$

所以，信息源符号 10 将区间 [0,1) $\Rightarrow$ [0.5, 0.7)。

下一个信息源符号的范围为 range=range_high-range_low=0.2。

第 2 步：对第二个信息源符号 00 编码。

$$\begin{cases} \text{low}=\text{low}+\text{range}\times\text{range\_low}=0.5+0.2\times0=0.5 \\ \text{high}=\text{low}+\text{range}\times\text{range\_high}=0.5+0.2\times0.1=0.52 \end{cases}$$

所以信息源符号 00 将区间 $[0.5, 0.7) \Rightarrow [0.5, 0.52)$。

下一个信息源符号的范围为 range=range_high-range_low=0.02

第 3 步：对第三个信息源符号 11 编码。

$$\begin{cases} \text{low=low+range} \times \text{range\_low}=0.5+0.02 \times 0.7=0.514 \\ \text{high=low+range} \times \text{range\_high}=0.5+0.02 \times 1=0.52 \end{cases}$$

所以信息源符号 11 将区间 $[0.5, 0.52) \Rightarrow [0.514, 0.52)$。

下一个信息源符号的范围为 range=range_high-range_low=0.006。

第 4 步：对第四个信息源符号 00 编码。

$$\begin{cases} \text{low=low+range} \times \text{range\_low}=0.514+0.006 \times 0=0.514 \\ \text{high=low+range} \times \text{range\_high}=0.514+0.006 \times 0.1=0.5146 \end{cases}$$

所以，信息源符号 00 将区间 $[0.514, 0.52) \Rightarrow [0.514, 0.5146)$。

下一个信息源符号的范围为 range=range_high-range_low=0.0006。

第 5 步：对第五个信息源符号 10 编码。

$$\begin{cases} \text{low=low+range} \times \text{range\_low} = 0.514 + 0.0006 \times 0.5 = 0.5143 \\ \text{high=low+range} \times \text{range\_high} = 0.514 + 0.0006 \times 0.7 = 0.51442 \end{cases}$$

所以，信息源符号 10 将区间 $[0.514, 0.5146) \Rightarrow [0.514\ 3, 0.51442)$。

下一个信息源符号的范围为 range=range_high-range_low=0.00012。

第 6 步：对第六个信息源符号 11 编码。

$$\begin{cases} \text{low=low+range} \times \text{range\_low} = 0.5143 + 0.00012 \times 0.7 = 0.514384 \\ \text{high=low+range} \times \text{range\_high} = 0.5143 + 0.00012 \times 1 = 0.51442 \end{cases}$$

所以，信息源符号 11 将区间 $[0.5143, 0.51442) \Rightarrow [0.514384, 0.51442)$。

下一个信息源符号的范围为 range=range_high-range_low=0.000036。

第 7 步：对第七个信息源符号 01 编码。

$$\begin{cases} \text{low=low+range} \times \text{range\_low} = 0.514384 + 0.000036 \times 0.1 = 0.5143876 \\ \text{high=low+range} \times \text{range\_high} = 0.514384 + 0.000036 \times 0.5 = 0.514402 \end{cases}$$

所以，信息源符号 01 将区间 $[0.514384, 0.51442) \Rightarrow [0.5143876, 0.514402)$。

最后从 [0.5143876, 0.514402] 中选择一个数作为编码输出，这里选择 0.5143876。

综上所述，算术编码是从全序列出发，采用递推形式的一种连续编码，使得每个序列对应该区间内一点，也就是一个浮点小数；这些点把 [0,1) 区间分成许多小段，每段长度则等于某序列的概率。再在段内取一个浮点小数，其长度可与序列的概率匹配，从而达到高效的目的。

解码是编码的逆过程，通过编码最后的下标界值 0.5143876 得到的信息源 "10 00 11 00 10 11 01" 是唯一的编码。

由于 0.5143876 在 [0.5，0.7] 区间内，可知第一个信息源符号为 10。

得到信息源符号 10 后，由于已知信息源符号 10 的上界和下界，利用编码可逆性，减去信息源符号 10 的下界 0.5，得到 0.0143876；再用信息源符号 10 的范围 0.2 去除，得到 0.071938。由于已知 0.071938 落在信息源符号 00 的区间，所以得到的第二个信息源符号为 00。同样再减去信息源符号 00 的下界 0，除以信息源符号 00 的范围 0.1，得到 0.71938，已知 0.71938 落在信息源符号 11 区间，所以得到的第三个信息源符号为 11……已知 0.1 落在信息源符号 01 区间，再减去信息源符号 01 的下界得到 0，解码结束。解码操作过程综合如下：

$$\frac{0.5143876-0}{1}=0.5143876 \Rightarrow 10$$

$$\frac{0.5143876-0.5}{0.2}=0.071938 \Rightarrow 00$$

$$\frac{0.071938-0}{0.1}=0.71938 \Rightarrow 11$$

$$\frac{0.71938-0.7}{0.3}=0.0646 \Rightarrow 00$$

$$\frac{0.0646-0}{0.1}=0.646 \Rightarrow 10$$

$$\frac{0.646-0.5}{0.2}=0.73 \Rightarrow 11$$

$$\frac{0.73-0.7}{0.3}=0.1 \Rightarrow 01$$

$$\frac{0.1-0.1}{0.4}=0 \Rightarrow 结束$$

从以上算术编码算法可以看出，算术编码具有以下特点。

（1）由于实际的计算机精度不可能无限长，运算中会出现溢出问题。

（2）算术编码器对整个消息只产生一个码字，这个码字是在[0,1)区间的一个实数，因此译码器必须在接收到这个实数后才能译码。

（3）算术编码也是一种对错误很敏感的方法。

7.3 有限失真图像压缩编码（Lossy Image Compression）

实际生活中，人们一般并不要求获得完全无失真的消息，通常只要求近似地再现原始消息，即允许存在一定的失真。例如，打电话时，即使语音信号有一些失真，接电话的人也能听懂，音频在几千赫兹到十几千赫兹就可以满足人类听觉要求；放电影时，理论上需要无穷多幅静态画面，由于人眼的视觉暂留性，每秒传送 25 帧图，即可满足人类视觉要求；实际通信系统也允许存在一定的失真，有些失真没有必要完全消除。

从前面的分析可知，无失真图像压缩编码的平均码长存在一个下限，这就是信息熵。换句话说，如果无失真图像编码的压缩效率越高，那么编码的平均码长越接近信息源的熵。因此，无失真编码的压缩比不可能很高，而在有限失真图像编码方法中，则允许有一定的失真存在，因而可以大大提高压缩比。压缩比越大，引入的失真也就越大，但同样提出了一个新的问题，这就是在失真不超过某种极限的情况下，所允许的编码比特率的下限是多少，率失真函数回答的便是这一问题，因此本节首先介绍率失真函数。

7.3.1 率失真函数（Rate Distortion Function）

信源编码器的目的是使编码后所需要的信息传输率 R 尽量小，然而 R 越小，引起的平均失真就越大。给出一个失真的限制值 D，在满足平均失真 $\overline{D} \leqslant D$ 的条件下，选择一种编码方法使信息率 R 尽可能小，信息率 R 就是所须输出的有关信源 X 的信息量。将此问题对应到信道，即为接收端 Y 需要获得的有关 X 的信息量，也就是互信息 $I(X; Y)$。这样，选择信源编码方法的问题就变成了选择假想信道的问题。

率失真函数是指在信息源一定的情况下，使信号的失真小于或等于某一值 D 所必需的最小的信道容量，常用 $R(D)$ 表示，D 代表所允许的失真。对连续信息源的编码与传输，可以用失真度函数 $d(x, y)$ 和失真函数 $D(x, y)$ 表示，即：

$$D(x, y) = \iint p(x, y) d(x, y) \mathrm{d}x \mathrm{d}y \tag{7.13}$$

式中，x 代表信息源发出的信号；y 代表解码后通过有噪声信道后收到的信号；$p(x, y)$ 代表发出 x 信号，而接收到 y 信号的联合概率密度。

通常采用以下几种失真度量。

1. 均方误差

$$d(x, y) = \frac{1}{T} \int_0^T [x(t) - y(t)]^2 \mathrm{d}t \tag{7.14}$$

2. 绝对误差

$$d(x, y) = \frac{1}{T} \int_0^T |x(t) - y(t)| \mathrm{d}t \tag{7.15}$$

3. 频率域加权误差

由于人耳对语音信号和人眼对图像信号中不同频率的敏感度不同，人眼通常对高频成分不敏感，因此采用加权技术可以使误差的高频成分获得较小的权重以满足听觉和视觉特性的要求。这相当于将差值 $e(t) = x(t) - y(t)$ 通过一个成形滤波器。设该滤波器的响应函数为 $k(t)$，这样，滤波器的输出为 $f(t) = \int_{-\infty}^{+\infty} e(\tau) k(t - \tau) \mathrm{d}\tau$，误差函数为：

$$d(x, y) = \frac{1}{T} \int_0^T f^2(t) \mathrm{d}t = \frac{1}{T} \int_0^T \left[\int_{-\infty}^{+\infty} e(\tau) k(t - \tau) \mathrm{d}\tau \right]^2 \mathrm{d}t \tag{7.16}$$

4. 超视觉阈值均方误差

视觉试验表明，当图像信号的误差在一定范围内时，人眼未能觉察出它们引起的图像失真，通常称该范围为视觉阈值 L。当人眼作为信息的接收者时，只对那些大于 L 的误差进行计算，而忽略不计小于 L 的误差。按照上述定义可以写出函数 $\mu(T)$，即：

$$\mu(T) = \begin{cases} 1 & |x(t) - y(t)| \geqslant L \\ 0 & |x(t) - y(t)| < L \end{cases} \tag{7.17}$$

可见，超视觉阈值均方误差为：

$$d(x,y) = \frac{1}{T}\int_0^T [x(t) - y(t)]^2 \mu(T)\,\mathrm{d}t \tag{7.18}$$

如果信息源为离散信息源，同样可以用上面的结果定义失真度量和失真函数，只是用求和代替其中的积分。

失真度量的方法还有许多种，人们希望找到一种数学上既合理，又易于处理，同时还符合人眼视觉特性的方法。然而到目前为止，仍没有一个失真度量方法能同时满足这几方面的要求，大多数场合仍用均方误差进行度量。

图 7.10 给出了率失真函数 $R(D)$ 与失真 D 的关系曲线。

率失真函数具有以下性质：

(1) $D < 0$ 时，$R(D)$ 无定义。
(2) 存在一个 $D_{\max}$，使 $D > D_{\max}$ 时，$H(X)$ 的连续信源 $R(D)=0$。
(3) 在 $0 < D < D_{\max}$ 范围内，$R(D)$ 是离散信源正的连续单调递减下凸函数。
(4) 对于连续信源，当 D 趋于 0 时，$R(D)$ 趋于无穷大。
(5) 对于离散信源，$R(D)= H(X)$，即熵编码的结论。

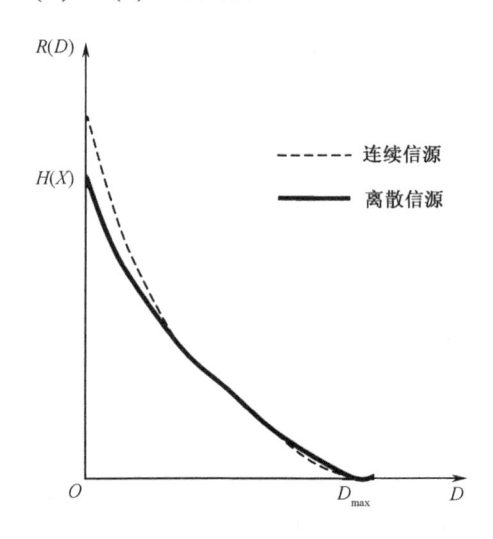

图 7.10 $R(D)$ 的典型曲线

率失真函数对信息源编码是具有指导意义的。然而遗憾的是，对实际信息源来说，计算其 $R(D)$ 是极其困难的。一方面，信息源符号的概率分布很难确定；另一方面，即使知道了概率分布，求解 $R(D)$ 也是极为困难的，它是一个条件极小值的求解问题，其解的一般结果以参数形式给出。

7.3.2 预测编码和变换编码（Prediction Coding and Transform Coding）

1. 预测编码

预测编码是根据离散信号之间存在一定相关的特点，利用前面的一个或多个信号预测当前信号，然后对实际值和预测值的差（预测误差）进行编码。如果预测比较准确，误差就会很小。在同等精度要求下，就可以用比较少的比特进行编码，以达到压缩数据的目的。

在图像压缩中，预测编码建立在去除图像空间冗余和时间冗余的基础上，利用邻近像素间或相邻帧之间图像的高度相关性，在编码时，只对新的信息（预测误差信息）进行编码，从而提高压缩率。

预测编码器由预测器、量化器和编码器构成。预测器的目的是由过去的信息预测当前的信息，在这一步并没有减少数据量。在图像编码中，预测器分为帧内预测和帧间预测。帧内预测是利用若干个像素点的值来预测当前像素点的灰度值，目的是去除空间冗余；帧间预测是利用过去的帧来预测当前帧，目的是去除时间冗余。量化器是用来表示如何看待误差的问题的，由于人眼存在心理视觉冗余，在图像压缩时，可以忽略较小的误差，减少数据量而不影响图像视觉效果，但这种损失不可恢复，因此我们将带有量化器的预测编码称为有损预测编码，而不带量化器的预测编码称为无损预测编码。编码器的目的在于对量化后的误差进行压缩，减少数据量。

预测器可分为线性预测器和非线性预测器。利用非线性方程计算预测值的预测器称为非线性预测器；用线性方程计算预测值的预测器称为线性预测器。在图像编码中，为了提高预测效率，一般采用线性预测器。本节我们主要介绍图像线性预测编码。

1）线性预测编码基本原理

正如前面所述，图像预测编码利用图像信号的空间或时间相关性，用已传输的像素对当前的像素进行预测，然后对预测值与真实值的差——预测误差进行编码处理和传输。目前用得较多的是线性预测方法，全称为差值脉冲编码调制（Differential Pulse Code Modulation，DPCM）。

DPCM 是图像编码技术中研究得最早且应用最广的一种方法，它的一个重要特点是算法简单，易于硬件实现。DPCM 系统框图如图 7.11 所示。其中左边的编码单元主要包括线性预测器和量化器两部分。编码器的输出不是图像像素的样值 f_0，而是该样值与预测值 $\hat{f}_0$ 之间的差值，即预测误差 e_0 的量化值 $\dot{e}_0$。根据对图像信号的统计特性的分析，可以做出一组恰当的预测系数，使得预测误差的分布大部分集中在"0"附近，经非均匀量化，采用较少的量化分层，图像数据得到了压缩。而量化噪声又不易被人眼觉察，从而使得图像的主观质量并不明显下降。图 7.11 的右边是 DPCM 解码器，其原理和编码器刚好相反。

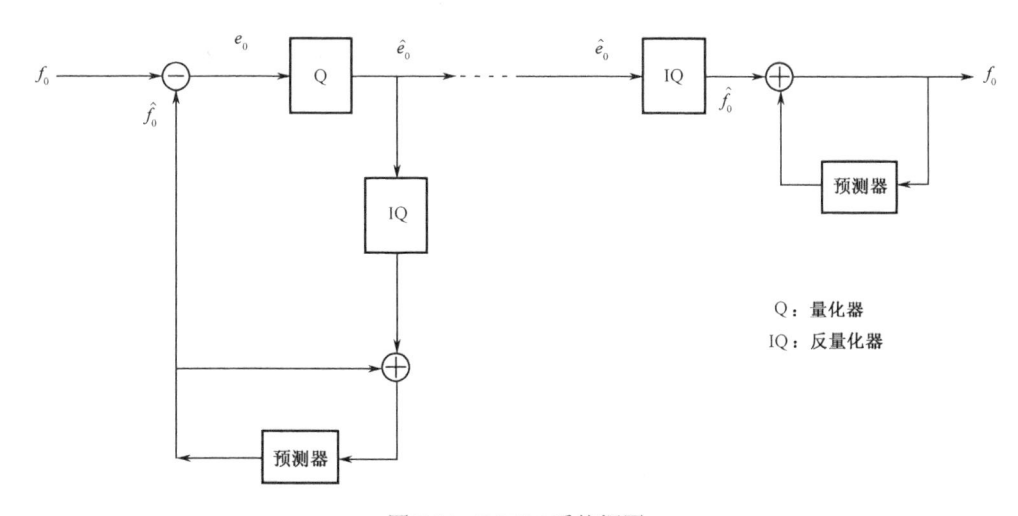

图 7.11 DPCM 系统框图

DPCM 编码性能的优劣，一方面取决于量化器产生失真的大小；另一方面取决于预测器的设计。预测器的设计主要是确定预测器的阶数 N 及各个预测系数 a_i。预测器的输出可表示为：

$$\hat{f}_0 = \sum_{i=1}^{N} a_i f_i \tag{7.19}$$

式（7.19）中，当 a_i 为常数时，当前编码像素的预测值 $\hat{f}_0$ 是前 N 个已编码像素 f_i 值的线性组合，故称为线性预测，这里 N 是线性预测器的阶。图 7.12 是一个四阶预测器的示意图，图 7.12（a）表示预测器所用的输入像素和被预测像素之间的位置关系，图 7.12（b）表示预测器的结构。

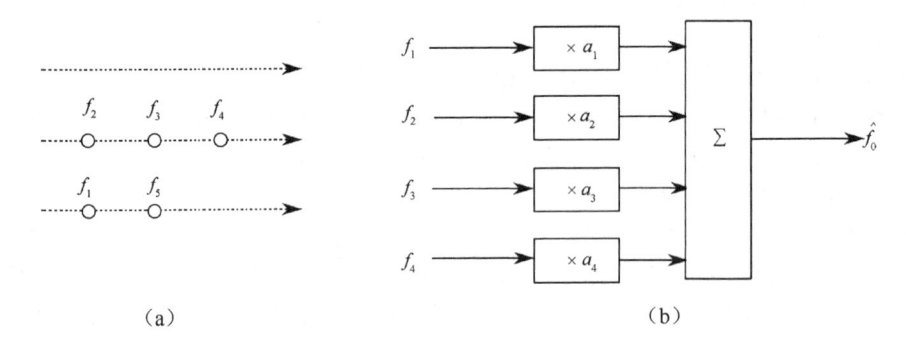

图 7.12 预测像素和预测器

2）最佳线性预测

假定当前待编码的像素为 f_0，其前面 N 个已编码像素分别为 $f_1, f_2, \cdots, f_N$，若用它们对 f_0 进行预测，并用 $\hat{f}_0$ 表示预测值，$\{a_i \mid i=1,2,\cdots,N\}$ 表示预测系数，则可写成：

$$\hat{f}_0 = a_1 f_1 + a_2 f_2 + a_3 f_3 + a_4 f_4 + \cdots + a_N f_N \tag{7.20}$$

则预测误差为：

$$e = f_0 - \sum_{i=1}^{N} a_i f_i \tag{7.21}$$

线性预测系统的数据压缩比的大小取决于预测器性能的好坏。最佳线性预测就是选择合适的系数 a_i，使得误差信号的均方误差最小。预测误差信号的均方误差（方差）为：

$$\sigma_e^2 = E[(f_0 - \hat{f}_0)^2] \tag{7.22}$$

采用均方误差极小准则，要求：

$$\frac{\partial \sigma_e^2}{\partial \alpha_j} = E\left[-2(f_0 - \hat{f}_0)\frac{\partial \hat{f}_0}{\partial \alpha_j}\right] = -2E\left[(f_0 - \hat{f}_0)f_j\right] = 0，\quad j=1,2,\cdots,N \tag{7.23}$$

整理后可得：

$$E\left[(f_0 - \hat{f}_0)f_j\right] = 0，\quad j=1,2,\cdots,N \tag{7.24}$$

这是一个 N 阶线性方程组，可由此解出 N 个预测系数 $\{a_i \mid i=1,2,\cdots,N\}$。由于它们使预测误差的均方值最小，因此称为最佳预测系数。

为了对恒定的输入能得到恒定的输出，预测系数应满足等式：

$$\sum_{i=1}^{N} a_i = 1 \tag{7.25}$$

在此条件的约束下,可将上面的各信号 f_i 都减去其均值,化为零均值,此时:

$$E\left[(f_0 - \hat{f}_0)f_j\right] = R_{0j} - \sum_{i=1}^{N} a_i R_{ij}, \quad j = 1, 2, \cdots, N \tag{7.26}$$

由此得到:

$$R_{0j} = \sum_{i=1}^{N} a_i R_{ij}, \quad j = 1, 2, \cdots, N \tag{7.27}$$

式中,$R_{ij} = E\left[f_i f_j\right]$,$j = 1, 2, \cdots, N$,正是信号的协方差。

这个方程写成矩阵形式为:

$$\begin{pmatrix} R_{11} & R_{12} & \cdots & R_{1N} \\ R_{21} & R_{22} & \cdots & R_{2N} \\ & & \cdots & \\ R_{N1} & R_{N2} & \cdots & R_{NN} \end{pmatrix} \tag{7.28}$$

式中,R_{ii} 就是图像信号的方差 σ^2。在平稳过程的假设下,用 σ^2 除以式(7.26)两边化简后,可以得到用相关系数表示的方程式:

$$\rho_{0j} = \sum_{i=1}^{N} a_i \rho_{ij}, \quad j = 1, 2, \cdots, N \tag{7.29}$$

在最佳预测的前提下,可以证明预测误差的均方值为:

$$\sigma_e^2 = E\left[(f_0 - \hat{f}_0)^2\right] = \sigma^2 - \sum_{i=1}^{N} a_i R_{i0} \tag{7.30}$$

由此可见,$\sigma_e^2 < \sigma^2$,这就说明误差序列的方差比信号序列的方差要小,甚至可能小很多;另外,其相关性也比原始信号序列的相关性弱一些,甚至弱很多。

【例 7.6】 下面是对大小为 256 像素×256 像素、灰度级为 256 的 Lena 图像进行的一阶预测编码,由于此例中没有对差值进行量化处理,所以该编码属于无损预测编码,其 MATLAB 程序实现如下。

(1) 主程序。

```
X=imread('13.BMP');                %装入图像
figure(1),imshow(X);               %显示原始图像
if (ndims(X)>2)                    %对于非灰度图像,需要转换成灰度图像
    X=rgb2gray(X);
end
X=double(X);                       %转换成 double 型
Y=LPCencode(X);                    %调用函数 LPCencode 进行线性预测编码
XX=LPCdecode(Y);                   %调用函数 LPCdecode 进行线性预测解码
figure(2),imshow(mat2gray(255-Y)); %为便于观察,对预测误差图取反后显示
e=double(X)-double(XX);            %计算原图与编解码后图像的误差
```

```
[m,n]=size(e);
erms=sqrt(sum(e(:).^2)/(m*n));       %计算均方根误差
figure(3);
[h,x]=hist(X(:));                    %得到原始图像的直方图
subplot(121);bar(x,h,'k');           %显示原始图像的直方图
[h,x]=hist(Y(:));                    %得到预测误差的直方图
subplot(122);bar(x,h,'k');           %显示预测误差的直方图
```

（2）编码函数。这里定义编码函数 LPCencode，该函数用一维线性预测编码压缩图像 x，f 为预测系数，默认值是1，就是前值预测。

```
function y=LPCencode(x,f)            %定义编码函数
error(nargchk(1,2,nargin));          %当调用函数的参数个数不对时提示出错
if nargin<2
    f=1;                             %当调用函数的参数个数小于2（默认情况下）时，f=1
end
x=double(x);                         %将 x 转换成 double 型
[m,n]=size(x);                       %得到 x 的高度和宽度参数
p=zeros(m,n);                        %设置存放预测值的矩阵，初始值为 0
xs=x;                                %计算是需要的中间矩阵变量
zc=zeros(m,1);                       %一个 0 值向量列
for j=1:length(f)
    xs=[zc xs(:,1:end-1)];           %构造预测矩阵
    p=p+f(j)*xs;                     %将 x 第 i-1 列的值作为 x 第 i 列的预测值
end
y=x-round(p);                        %计算原值与预测值的差值
```

（3）解码函数。这里定义解码函数 LPCdecode，该函数与编码函数 LPCencode 用的是同一个预测器，是针对编码函数 LPCencode 的解码。

```
function x=LPCdecode(y,f)            %定义解码函数
error(nargchk(1,2,nargin));          %当调用函数的参数个数不对时提示出错
if nargin<2
    f=1;                             %当调用函数的参数个数小于2（默认情况下）时，f=1
end
f=f(end:-1:1);
[m,n]=size(y);                       %得到 y 的高度和宽度
order=length(f);                     %得到 f 的元素个数
f=repmat(f,m,1);
x=zeros(m,n+order);                  %定义一个较大的用于解码的矩阵，初值为 0
for j=1:n
    jj=j+order;
```

```
x(:,jj)=y(:,j)+round(sum(f(:,order:-1:1).*x(:,(jj-1):-1:(jj-order)),
2));                           %计算用于解码的矩阵
    end
    x=x(:,order+1:end);         %得到解码矩阵
```

MATLAB 程序运行结果如图 7.13 所示。

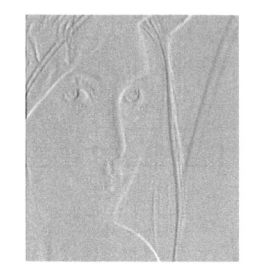

（a）原始图像　　　　　　　（b）对预测误差图像取反

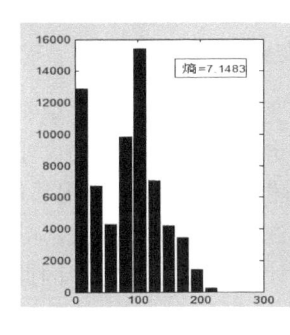

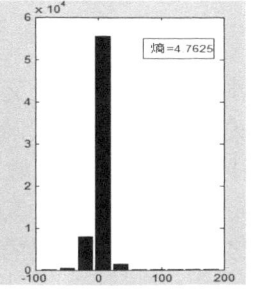

（c）原图直方图　　　　　　（d）预测误差图直方图

图 7.13　一阶预测编码运行结果

2. 变换编码

1）变换编码的基本原理

前面几节讨论的图像编码技术都是直接对像素空间进行操作，常称为空间域方法。本节将在第 4 章数字图像变换技术基础上，讨论数字图像变换编码。

图像数据一般具有较强的相关性，若所选用的正交矢量空间中的基矢量与图像本身的主要特征相近，在该正交矢量空间中描述图像数据则会变得更简单。图像经过正交变换后，把原来分散在原空间的图像数据在新的坐标空间中得到集中。对于大多数图像，大量变换系数很小，只需要删除接近于零的系数，并且对较小的系数进行粗量化，而保留包含图像主要信息的系数，以此进行压缩编码。在重建图像进行解码（逆变换）时，损失的将是一些不重要的信息，几乎不会引起图像的失真。图像的变换编码就是利用这些原理来压缩图像的，这种方法可得到较高的压缩比。

图 7.14 给出了变换编码系统图，从图中可以看出，变换编码并不是一次对整幅图像进行变换和编码，而是将图像分成 $n \times n$（常用的 n 为 8 或 16）个子图像后分别处理。这是因为：

(1)小块图像的变换计算容易。
(2)距离较远的像素之间的相关性比距离较近的像素之间的相关性小。

变换编码首先将一幅 $N×N$ 大小的图像分割成 $(N/n)^2$ 个子图像。然后对子图像进行变换操作,解除子图像像素间的相关性,达到用少量的变换系数包含尽可能多的图像信息的目的。接下来的量化步骤是,有选择地消除或粗量化带有很少信息的变换系数,因为它们对重建图像的质量影响很小。最后是编码,一般用变长码对量化后的系数进行编码。解码是编码的逆操作,由于量化是不可逆的,所以在解码中没有对应的模块。其实压缩并不是在变换步骤中取得的,而是在量化变换系数和编码时取得的。

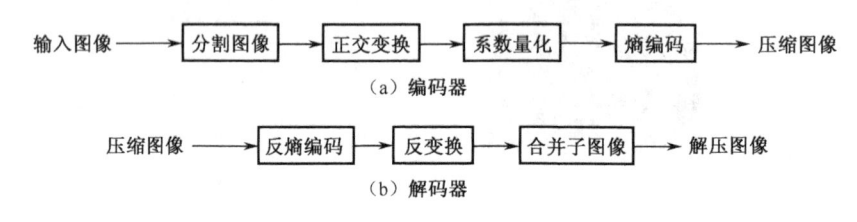

输入图像 → 分割图像 → 正交变换 → 系数量化 → 熵编码 → 压缩图像
(a)编码器

压缩图像 → 反熵编码 → 反变换 → 合并子图像 → 解压图像
(b)解码器

图 7.14 变换编码系统

在变换编码中,其性能与所选用的正交变换类型、图像类型、变换块的大小、压缩方式和压缩程度等因素有关。但在变换方式确定之后,变换块的大小选择就显得尤为重要,这是因为大量的图像统计结果显示,大多数图像仅在约 20 个相邻像素间有较大的相关性,而且一般当子图像尺寸 $n>16$(像素)时,其性能已经改善不大。同时,如果子图像块过大,其中所包含的像素就越多,变换时所需要的计算量也就越大,因此一般子图像块的大小选为 8 像素×8 像素或 16 像素×16 像素。

对图像进行子块划分的另一个好处是:它可以将传输误差造成的图像损伤限制在子图像的范围之内,从而避免误码的扩散。

2)基于 DCT 的图像压缩编码

图像的 DCT(离散余弦变换)已在 4.6 节中阐明。DCT 具有把高度相关数据能量集中的能力,这一点和傅里叶变换相似,且 DCT 得到的变换系数是实数。因此,DCT 广泛用于图像压缩。下面是用二维离散余弦变换进行图像压缩的例子。

例如,一个图像信号,其 $f(j,k)_{8×8}$ 灰度值为:

$$f(j,k)_{8×8} = \begin{pmatrix} 79 & 75 & 79 & 82 & 82 & 86 & 94 & 94 \\ 76 & 78 & 76 & 82 & 83 & 86 & 85 & 94 \\ 72 & 75 & 67 & 78 & 80 & 78 & 74 & 82 \\ 74 & 76 & 75 & 75 & 86 & 80 & 81 & 79 \\ 73 & 70 & 75 & 67 & 78 & 79 & 79 & 85 \\ 69 & 63 & 68 & 69 & 75 & 78 & 82 & 80 \\ 76 & 76 & 71 & 71 & 67 & 79 & 80 & 83 \\ 72 & 77 & 78 & 69 & 75 & 75 & 78 & 78 \end{pmatrix} \quad (7.31)$$

由式(4.46)得到 DCT 系数矩阵为:

$$F(\mu,v)_{8\times 8}=\begin{pmatrix} 619 & -29 & 8 & 2 & 1 & -3 & 0 & 1 \\ 22 & -6 & -4 & 0 & 7 & 0 & -2 & -3 \\ 11 & 0 & 5 & -4 & -3 & 4 & 0 & -3 \\ 2 & -10 & 5 & 0 & 0 & 7 & 3 & 2 \\ 6 & 2 & -1 & -1 & -3 & 0 & 0 & 8 \\ 1 & 2 & 1 & 2 & 0 & 2 & -2 & -2 \\ -8 & -2 & -4 & 1 & 5 & 1 & -1 & 1 \\ -3 & 1 & 5 & -2 & 1 & -1 & 1 & -3 \end{pmatrix} \qquad (7.32)$$

由式（7.32）可以看出 DCT 系数集中在低频区域，越是高频区域系数值越小。根据人眼的视觉特性，通过设置不同的视觉阈值或量化电平，将许多能量较小的高频分量量化为 0，可以增加变换系数中"0"的个数，同时保留能量较大的系数分量，从而获得进一步的压缩。在 JPEG 的基本系统中，就是采用二维 DCT 算法作为压缩基本方法的。

在 JPEG 图像压缩算法里，输入图像被分成 8 像素×8 像素和 16 像素×16 像素的小块，然后对每小块进行二维 DCT 变换。在 DCT 变换后舍弃那些不严重影响图像重构接近 0 的系数，然后进行系数量化、编码并传输。JPEG 文件解码量化了的 DCT 系数，对每块图像进行二维逆 DCT 变换，最后把结果块拼接成一个完整的图像。DCT 图像压缩可由下面的 MATLAB 程序来实现，图像压缩前后的比较如图 7.15 所示。

```
I=imread('cameraman.tif');              %读取图像
I=im2double(I);                         %转换成 double 型
T=dctmtx(8);                            %离散余弦变换矩阵
B=blkproc(I,[8 8],'P1*x*P2',T,T');      %对原始图像分块进行 DCT 变换
mask=[1 1 1 1 0 0 0 0
      1 1 1 0 0 0 0 0
      1 1 0 0 0 0 0 0
      1 0 0 0 0 0 0 0
      0 0 0 0 0 0 0 0
      0 0 0 0 0 0 0 0
      0 0 0 0 0 0 0 0
      0 0 0 0 0 0 0 0];                 %设置模板矩阵
B2=blkproc(B,[8 8],'P1.*x',mask);       %数据压缩，丢弃右下角高频数据
I2=blkproc(B2,[8 8],'P1*x*P2',T',T);    %进行 DCT 反变换，得到压缩后的图像
figure,imshow(I);                       %显示原始图像
figure,imshow(I2);                      %显示经过 DCT 压缩再解压后的图像
```

（a）原始图像　　　　　　（b）经过压缩解压后的图像

图 7.15　图像压缩前后的比较

图像块处理的整个过程由函数 blkproc 自动实现。函数 blkproc 的格式为：
$$B=\text{blkproc}(A, [M, N], \text{FUN}, P1, P2, \cdots)$$
函数 blkproc 的参量为：一幅输入图像 A，将被处理块的大小 $[M, N]$ 用于处理这些块的函数 FUN，以及块处理函数 FUN 的一些可选输入参数 $P1$、$P2$，并重新将结果组合到输出图像。

7.3.3 矢量量化编码（Vector Quantification Coding）

矢量量化编码是 20 世纪 70 年代后期发展起来的一种数据压缩技术，是图像、语音信号编码技术中研究较多的新型量化编码方法。在传统的预测和变换编码中，首先将信号经某种映射变换成数的序列，对其进行标量量化，然后进行熵编码。而在矢量量化编码中，输入图像数据分成许多互不重叠的组，将每组数据看成一个矢量，再根据一定的失真测度在码书中搜索出与输入矢量失真最小的码字的索引作为码字输出，这样图像就变成码矢量下标的序列，对这个序列进行熵编码去除编码冗余，然后传输出去。在解码端接收到码字后进行熵解码，根据索引号将码矢量从码书中（事先建立好或者从编码端传输过来）提出，放到图像中相应位置，以此类推，构成解码后的整幅图像。

1. 矢量量化原理

矢量量化的过程如图 7.16 所示，可以分为量化和反量化两部分。在矢量量化中，根据某种失真最小原则，来分别决定如何对 n 维矢量空间 X 进行划分，以得到合适的 C 个分块，以及如何从每个分块选出它们各自合适的代表 X_i'。

（1）量化过程。将一幅 $M×N$ 的图像依次分为若干组，每组由 n 个像素构成一个 n 维矢量 X。将得到的每个矢量 X 和码书中预先按一定顺序存储的码矢量集合 $\{X_i' | i=1,2,\cdots,C\}$ 相比较，得到最为接近的码矢量 X_j'，并将其序号 j 发送到信道上。

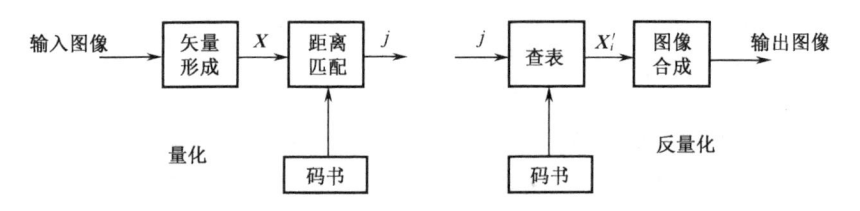

图 7.16　矢量量化编译码

（2）反量化过程。解码器按照收到的序号 j 进行查表，从与编码器完全相同的码书中找到矢量 X_j'，并用该矢量代替原始的编码矢量 X。

所谓矢量 X 和 X' 的接近程度可以有多种衡量方法，最常用的误差测度是均方误差，相当于两者之间的欧氏距离，即：

$$d(X, X') = \frac{1}{n}\sum_{i=1}^{n}(x_i - x_i')^2 \tag{7.33}$$

该误差虽不能总和视觉结果一致，但由于它计算简单而得到广泛应用。

2. 码书的设计

由上文可知，矢量量化编码中的一个关键问题就是码书的设计。码书的设计越适合待编码的图像类型，矢量量化器的性能就越好。因为实际中不可能为每幅待编码的图像单独设计一个码书，所以通常是以一些代表性的图像构成的训练集为基础，为一类图像设计出一个码书。

码书是所有的输出码矢量的集合，这里以二维矢量量化编码为例来说明码书的生成方法。此时的输入矢量为 $X = \{x_1, x_2\}$，它是一个二维矢量。图 7.17 所示为该二维矢量空间的划分示意图，通过适当的方法将此二维平面空间划分为多个小区域，每个小区域找出一个代表矢量 X'_j，也就是图中的黑点表示的码矢量。所有的这些代表码矢量的集合 $\{X'_i | i = 1, 2, \cdots, C\}$ 就是码书。因此，设计码书就是在给定训练矢量集的基础上对矢量空间进行划分，并确定所有的码矢量，以使量化误差为最小。

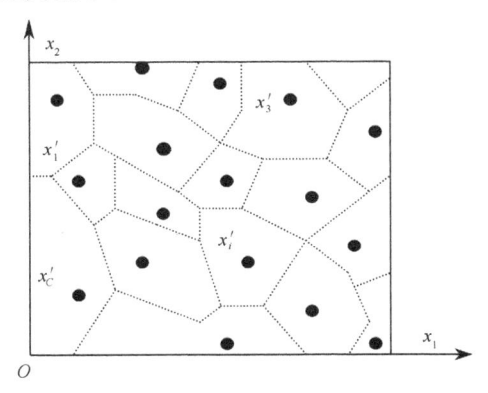

图 7.17 二维矢量空间的划分

码书设计常用的算法是 LBG（Linde-Buzo-Gray）算法，对于给定的训练矢量集 $\{X_i | i = 1, 2, \cdots, N\}$，$N$ 是训练矢量的个数，所设计的矢量量化编码的码书共有 C 个输出码字，具体过程如下。

（1）开始，置迭代次数初值为 $m = 1$，并任选初始码书为 $\{X'^{(m)}_i | i = 1, 2, \cdots, C\}$，取相对误差变化量阈值为 ε（在 0～1 之间，一般不大于 0.01，用于判断算法是否收敛），将所有训练矢量的平均量化误差 $D^{(0)}$ 初始化为一个较大的值。

（2）确定每个码矢量 $X'^{(m)}_i$ 所在的区间 R_i。即按照最小距离原则，将训练集中的每个矢量划归相应的码矢量。

（3）计算用码矢量代替所在判决区间中所有训练矢量的平均量化误差 $D^{(m)}$，若相对误差变化量 $[D^{(m-1)} - D^{(m)}]/D^{(m-1)} \leqslant \varepsilon$，则算法已收敛，结束迭代。否则，继续下一步。$D^{(m)}$ 可计算如下，先计算各个判决区中的判决量化误差：

$$D_j^{(m)} = \frac{1}{N_j} \sum_{X_i \in R_j}^{n} \left(|X_i - X'_j| \right)^2 \tag{7.34}$$

式中，N_j 为判决区间 R_j 中含有训练矢量的数目，然后计算总的平均量化误差：

$$D^{(m)} = \frac{1}{N} \sum_{j=1}^{c} N_j D_j^{(m)} \tag{7.35}$$

（4）重新确定各判决区间中的码矢量，使它等于各区间中所有训练矢量的平均矢量并转第（2）步。

$$X_i'^{(m+1)} = \frac{1}{N_j} \sum_{X_i \in R_j} X_j \qquad (7.36)$$

上述 LBG 算法只能保证设计的码书是局部最优的，但实际中通常存在多个局部最优点，而且有一些局部最优点的性能并不好。因此，初始码书的选择非常重要，好的初始码书通常能产生高性能的矢量量化器。选取初始码书的方法很多，大多是以给定的训练矢量集为基础产生。一种最为简单的办法是随机码书法，即随机地从训练矢量集中选取 C 个矢量作为初始码书，一般取前 C 个矢量。

如果 ε 取得太小，可能出现算法不收敛的情况。因此，通常规定迭代次数达到某个预定的最大值以后，算法强制结束。

3. 量化性能

矢量量化的量化性能可以用输出比特率来衡量。假定设计的码书共有 C 个输出码字，矢量量化器输出为 1, 2,…, C，只需要 $\log_2 C$ 比特。输入矢量为 n 个（n 维），那么每个抽样的输入所需要的比特数为：

$$B = (1/n)\log_2 C \qquad (7.37)$$

在满足一定失真条件下选定了量化级 C 后，由式（7-37）可以看出，矢量量化可以减少所需要的比特数。

7.4 图像编码新技术
（New Image Coding Technology）

7.4.1 子带编码（Subband Coding）

子带编码的基本思想是将信号分解为若干个频带分量，然后分别对这些子带信号进行频带搬移，将其转换成基带信号，再根据奈奎斯特定理对各个基带信号进行抽样、量化和编码，最后合并成一个数据流进行传送。

接收端将根据接收到的数据流，分解出与原来子带相应的子带码流，然后分别进行解码，即将频谱搬移到原子带所在的位置，最后经过带通滤波器和相加器，这样可以获得重建的图像信号，工作原理如图 7.18 所示。

在子带编码器中，由于编码、传输及解码都是以一个子带为基础进行的，因此，在此过程中引入的噪声在解码后仍被限制在该子带内，不会扩展到其他子带。根据人眼的视觉特性，不同子带分配不同的码率，从而在压缩图像数据量的条件下，又能保证图像的主观质量。因此，在相同压缩比的情况下，采用子带编码的图像质量要略高于未进行子带划分而直接使用预测编码或变换编码的图像质量。采用子带的划分技术，也可以使各子带的取样频率大幅下降。设将输入信号分成面积相同的 N 个子带，则每个子带的取样频带将下降为原始图像信号抽样频率的 1/N，这样可以采用并行处理手段以减少硬件实现的难度。

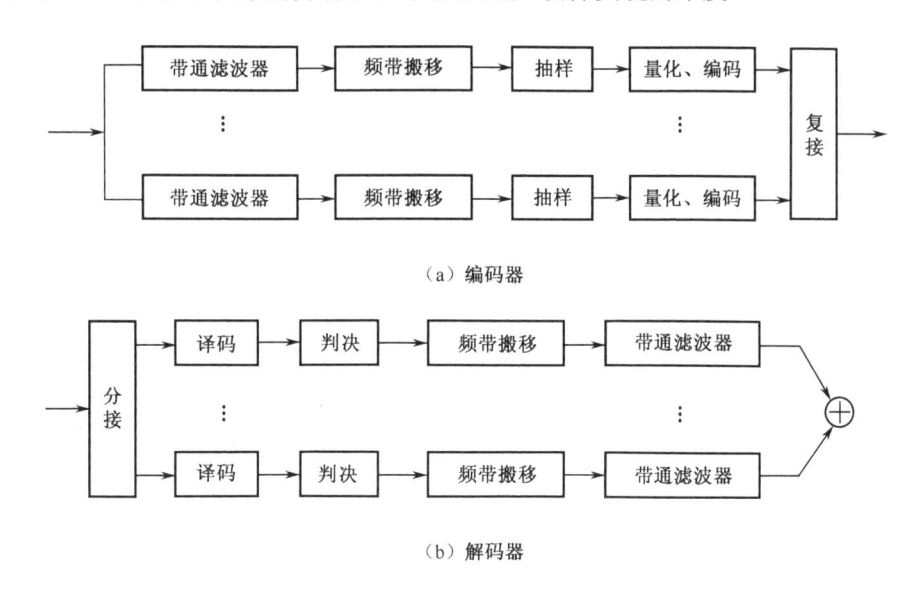

（a）编码器

（b）解码器

图 7.18　子带编码器工作原理

7.4.2　模型基编码（Model-Based Coding）

模型基编码主要是一种参数编码方法，它与基于保持信号原始波形的所谓波形编码相比有着本质的区别。相对于对像素进行编码而言，对参数的编码所需要的比特数要少得多，可以节省大量的编码数据。

模型基编码主要依据对图像内容的先验知识的了解，根据掌握的信息，编码器对图像内容进行复杂分析，并借助一定的模型，用一系列模型参数对图像内容进行描述，并把这些参数进行编码后传输到解码器中。解码器根据接收到的参数和用同样方法建立的模型重建图像内容。因此，这类编码器也可称为分析综合编码器，图 7.19 为其原理图。

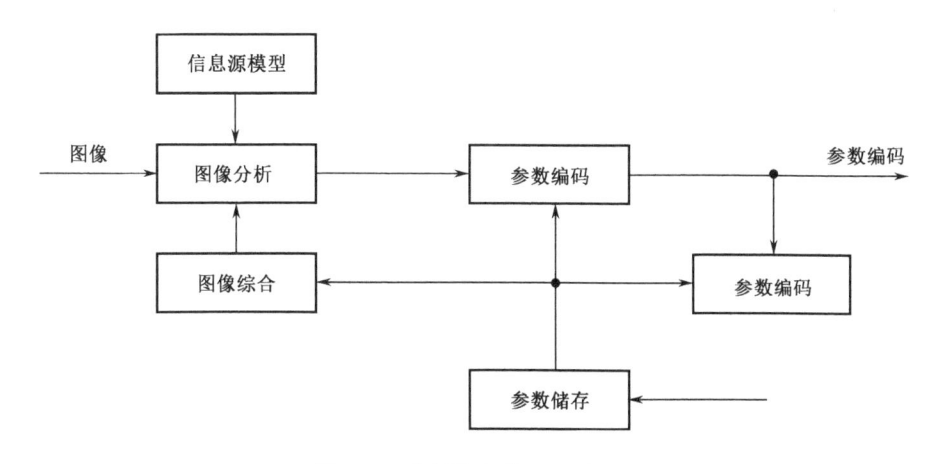

图 7.19　分析综合编码器原理图

根据对图像先验知识的使用程度，模型基编码可以分为三个层次。其中，物体基编码为最低层次，它使用的先验知识最少，相应地，适应的面较宽，但压缩比较低。语义基编码为最高层次，它使用的先验知识最多，目前主要以可视电话的头肩图像为目标，可以得到极高的压缩比。处在两者之间的情形是，编码对象基本为头肩图像，但没有像语义基编码时那样得到对象全面的知识，还需要用物理几何参数来描述对象的变化。这种情况压缩比稍低，定义的范围较宽，通常称为模型基编码或知识基编码。

7.4.3 分形编码（Fractal Coding）

分形编码使用迭代函数（IFS）理论、仿射理论和拼贴定理，具体应用过程如下。首先，采用如颜色分割、边缘检测、频谱分析等，将原始图像分割成一系列子图像，如一棵树、一片树叶……然后在分形集合中查找这些子图像，但分形集存储的并不是具体的子图像，而是迭代函数。因此，分形集中包含许多迭代函数。迭代只需要用几个参数来表示，能够得到高压缩比。由此可见，分形编码中存在两大难点，即如何进行图像分割和如何构造迭代函数系统。

图像编码的新技术层出不穷，本节仅对其中的几种进行简要介绍，其他新技术，如小波编码应用十分广泛，可以参考其他图书。

7.5 图像压缩技术标准
(Image Compression Standards)

基于巨大的商业利益和各生产商设备之间的兼容性，视频图像编解码标准应运而生。近 30 年来，国际电信联盟远程通信标准化组织（ITU-T，即原来的 CCITT）和国际标准化组织国际电工委员会（ISO/IEC，即原来的 ISO 和 CCIR）先后颁布了一系列有关静态图像和活动图像编码的国际标准，这些标准集成了图像编码 50 多年的研究成果，综合考虑压缩效率、实现复杂度及应用便捷性等因素，提出了相对最优的方案，代表了目前图像编码的发展水平。

7.5.1 概述（Introduction）

静态图像标准是由国际标准组织（ISO）所属从事静态图像压缩标准制定委员会——联合摄像专家组（Joint Photographic Expert Group）负责制定的。1992 年，它制定出了第一套国际静态图像压缩标准 ISO10918-1，这就是静态图像压缩的经典之作 JPEG。由于 JPEG 优良的品质，使它在几年内获得极大的成功，目前网站上 80%的图像都是采用 JPEG 的压缩标准。然而，随着多媒体应用领域的激增，传统 JPEG 压缩技术已无法满足人们对多媒体图像资料的要求了。因此，更高压缩率及更多新功能的新一代静态图像压缩技术 JPEG 2000 就诞生了。JPEG 2000 的正式名称为 ISO 15444。该标准是由联合摄像专家组于 1997 年开始征集提案，是 JPEG 标准的更新换代标准。其目标是进一步改进目前压缩算法的性能，以适应低带宽、高噪声的传输环境，拓展其在医疗图像、电子图书馆、传真、互联网上服务和安保等领域的应用。国际标准化组织的 WG1 小组已于 2000 年 12 月制定了最终的国际标准化草案。

目前视频编码标准包括国际电信联盟远程通信标准化组织（ITU-T）制定的 H.26x 系列标准和国际标准化组织国际电工委员会（ISO/IEC）制定的 MPEG-x 系列标准。从 H.261 视频编码标准到 H.262/3、MPEG-1/2/4 等都有一个不断追求的共同目标，即在尽可能低的码率（或存储容量）下获得尽可能好的图像质量。同时，随着市场对图像传输需求的增加，如何适应不同信道传输特性的问题也日益显现出来。于是 ISO/IEC 和 ITU-T 两大国际标准化组织联手制定了视频标准 H.264 来解决这些问题。

两大系列标准针对性不同。H.26x 系列标准是围绕各种电信网络所构成的信道而设计的，力图在有限的信道资源条件下，实现数字视频信息的高效传输，主要针对的是实时视频通信领域。而 MPEG-x 系列标准则针对更为广泛的多媒体信息处理，侧重通用多媒体产业未来发展的需要，并覆盖整个多媒体系统的系统层、视频层、音频等各个子系统。H.26x 系列标准相当于 MPEG-x 系列标准中的视频部分。两大系列标准在视频编码方面采用的原理基本相同，都是预测编码、变换编码和熵编码的有机融合，形成统一的基于图像块的混合编码系统模式，各种编码方案的差异在于其实现方式不同。

7.5.2 JPEG 压缩（JPEG Compression）

JPEG 压缩的目的是给出一个适合于各种连续色调图像的压缩方法，其中原始图像类型可以不受图像尺寸、内容、统计特性、像素形状及颜色空间等的限制，压缩性能可达到目前技术所能实现的最好效果。目前 JPEG 标准有两种：一种是第一套静态图像压缩标准 ISO 10918-1，俗称 JPEG；另一种是 2000 年发布的 ISO 15444，俗称 JPEG 2000（该标准将在 7.5.3 节中介绍）。

JPEG 提供了两种基本的压缩编码技术，即基于差分预测编码（DPCM）的无损压缩编码技术和基于离散余弦变换（DCT）的有损编码技术。JPEG 算法共有以下四种工作模式，其中一种是基于 DPCM 的无损压缩算法，另外三种是基于 DCT 的有损压缩算法，即基于 DCT 的顺序模式、基于 DCT 的渐进模式、基于 DCT 的分层模式。

在 JPEG 基准编码系统中，输入和输出图像都限制为 8bit 图像，而量化的 DCT 系数值限制在 11bit。图 7.20 给出了 JPEG 编码/解码方框图。

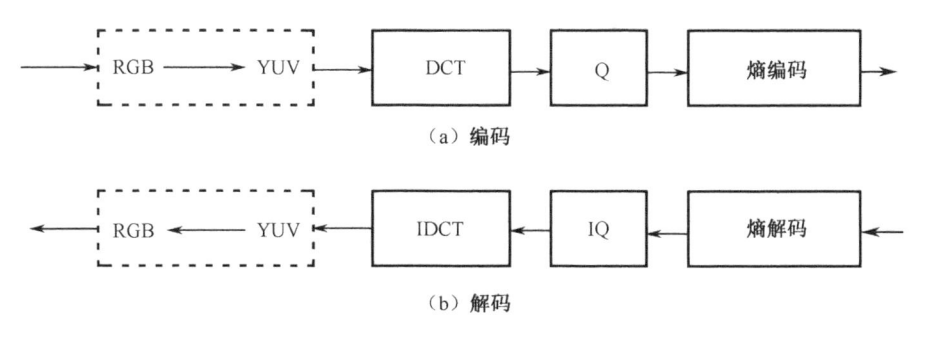

RGB → YUV → DCT → Q → 熵编码

(a) 编码

RGB ← YUV ← IDCT ← IQ ← 熵解码

(b) 解码

图 7.20　JPEG 编码/解码方框图

JPEG 压缩处理的第一步是将整个图像分为不重叠的 8 像素×8 像素子块（共有 Y、U、V 三个分量数字图像），接着对各个子块进行 DCT 变换，然后根据式（7.38）将得到的系数归一化和量化。

$$\hat{T}(\mu,v) = \text{round}\left[\frac{T(\mu,v)}{Z(\mu,v)}\right] \qquad (7.38)$$

式中，round(x) 是四舍五入函数；$T(\mu,v)$ 是图像 $f(x,y)$ 的一个 8 像素×8 像素块的 DCT；$Z(\mu,v)$ 是量化表，量化表可以采用推荐的量化表，也可以根据具体应用场合自行决定，或者在编码过程中根据需要进行调整。

量化之后，对 DCT 量化系数进行熵编码，进一步压缩码率。这里可以采用算术编码或哈夫曼编码、VLC 行程编码，但目前大部分应用都使用 VLC。

7.5.3 JPEG 2000

JPEG 静止图像压缩标准在高码率上有较好的压缩效果。但是，在低比特率情况下，重构图像存在严重的方块效应，不能很好地适应网络图像传输的要求。虽然 JPEG 标准有四种操作模式，但是大部分模式是针对不同应用提出的，不具备通用性，这给交换、传输压缩图像带来了很大的麻烦。因此，就诞生了更高压缩率和更多新功能的新一代静态图像压缩技术 JPEG 2000，JPEG 2000 把 JPEG 的四种模式（顺序模式、渐进模式、无损模式和分层模式）集成在一个标准之中，在编码端以最高的压缩质量（包括无失真压缩）和最大的图像分辨率压缩图像，在解码端可以从码流中以任意的图像质量和分辨率解压图像，解码后的图像质量最好可达到编码时的图像质量和分辨率。JPEG 2000 的设计满足了多样性的应用，包括互联网、彩色传真、打印、扫描、数字摄影、遥感、医学图像、数字图书馆及电子出版物等。

JPEG 2000 主要由六个部分组成，其中，第一部分为编码的核心部分，具有最小的复杂性，可以满足 80%的应用需要，其地位相当于 JPEG 标准的基本系统，是公开并可免费使用的。第二部分至第六部分则定义了压缩技术和文件格式的扩展部分，包括编码扩展（第二部分）、MotionJPEG 2000（MJP2，第三部分）、一致性测试（第四部分）、参考软件（第五部分）和混合图像文件格式（第六部分）。

图 7.21 是 JPEG 2000 的基本模块组成，包括预处理、离散小波变换（DWT）、均匀量化、自适应算术编码及码流组织五个模块，下面将分别对此进行简要介绍。

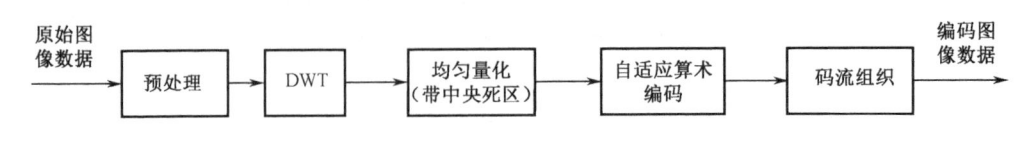

图 7.21 JPEG 2000 基本编码模块组成

1. 输入

输入图像可以包含多个分量。通常的彩色图像包含三个分量（R、G、B 或 Y、Cb、Cr），但为了适应多谱图像的压缩，JPEG 2000 允许一个输入图像最高有 16384（2^{14}）个分量。每个分量的采样值可以是无符号数或有符号数的，比特深度为 1~38bit。每个分量的分辨率、采样值符号及比特深度可以不同。

2. 预处理

在预处理中，第 1 步是把图像分成大小相同、互不重叠的矩形叠块（Tile）。叠块的尺寸是任意的，可以大到整幅图像或小到单个像素。每个叠块使用自己的参数单独进行编码。

第 2 步是对每个分量进行采样值的位移，使值的范围关于 0 电平对称。设比特深度为 B，当采样值为无符号数时，则每个采样值减去 2^{B-1}，当采样值是有符号数时则无须处理。

第 3 步是进行采样点分量间的变换，以便除去彩色分量之间的相关性，要求是分量的尺寸、比特深度相同。JPEG 2000 的第一部分中有两种变换可供选择，它们假设图像的前面三个分量为 R、G、B，并且只对这三个分量进行变换。一种是不可逆彩色变换 ICT，它是 R、G、B 到 Y、Cb、Cr 的变换；另一种是可逆彩色变换 RCT，它是对 ICT 的整数近似，既可用于有失真编码也可用于无失真编码。

3. 离散小波变换（DWT）

在 JPEG 基本系统中使用的基于子块的 DCT 被全帧 DWT 取代。如果图像被分为小的叠块，则是对各叠块进行 DWT。

4. 量化

JPEG 2000 第一部分采用中央有"死区"的均匀量化器，其区间宽度是量化步长的两倍。对于每个子带 b，首先由用户选择一个基本量化步长 Δ_b，它可以根据子带的视觉特性或码率控制的要求决定。将子带 b 的小波系数 $\gamma_b(\mu,v)$ 量化为量化系数 $q_b(\mu,v)$，即：

$$q_b(\mu,v) = \text{sign}[\gamma_b(\mu,v)] \cdot \text{floor}\left[\frac{|a_b(\mu,v)|}{\Delta_b}\right] \tag{7.39}$$

量化步长 Δ_b 被表示为 2byte（1byte=8bit），其中 11bit 为尾数 μ_b，5bit 为指数 ε_b：

$$\Delta_b = 2^{R_b - \varepsilon_b}\left[1 + \frac{\mu_b}{2^{11}}\right] \tag{7.40}$$

式中，R_b 为子带 b 的标称动态范围比特数。由此保证最大可能的量化步长被限制在输入样值动态范围的两倍左右。

5. 熵编码

为了达到抗干扰和任意水平的逐渐显示，JPEG 2000 对小波变换系数的量化值按不同的子带分别进行编码。它把子带分成小的矩形块——编码块（Codeblock），对每个编码块单独进行编码。编码块的大小由编码器设定，它必须是 2 的整数次幂，高不小于 4，总数不大于 4096。对每个编码块的各比特面分别进行三次扫描：重要性传播（Significancepropa-gationpass）、细化（Refinement Pass）及清除（Cleanup Pass）。对于每次扫描输出，使用 MQ 算法进行基于上下文的自适应算术编码。最后将压缩的各子比特面组织成数据包的形式输出。

7.5.4 H.26x 标准（H.26x Standards）

1. H.261

ITU-T（原 CCITT）于 1990 年 7 月通过 H.261 建议——$p\times64KB/s$ 视听业务的视频编解码器。其中，p 的范围是 1～30，覆盖了整个窄带 ISDN 基群信道速率。该标准的应用目标是会议电视和可视电话，通常 $p=1$、2 时适用于可视电话，$p>6$ 时适用于会议电视业务。H.261 是规范 ISDN 网上会议电视和可视电话应用中的视频编码技术，它采用可减少时间冗余的帧间预测和可减少空间冗余的 DCT 变换相结合的混合编码方法。

2. H.263

ITU-T 于 1995 年 4 月公布了用于低码率的视频编码建议草案，即 H.263 建议。该建议仍采用 H.261 建议的混合编码器，但去掉了信道编码部分。在信息源编码器中，DCT、量化器的种类，以及对 DCT 量化系数的 Z 字形扫描和二维 VLC 等处理与 H.261 建议是一致的，H.263 的基本编码方法与 H.261 是相同的，均为混合编码方法。但 H.263 在编码的各个环节上考虑得更加细致，以便节省码字。为了能适合极低码率的传输，H.263 增加了四个编码的高级选项，包括无限制的运动矢量模式、基于语法的算术编码、高级预测模式及 PB-帧模式。这是 H.263 在技术上显著区别于 H.261 的地方，这些高级选项的使用进一步提高了编码效率，在极低码率下获得了较好的图像质量。H.263 系列标准特别适用于公众电话（PSTN）网络、无线网络及互联网等环境的视频传输。

3. H.264

H.264 是 2001 年后由 ISO/IEC 与 ITU-T 组成的联合视频组（JVT）制定的新一代视频压缩编码标准。在 ISO/IEC 中，该标准被命名为 AVC（Advanced Video Coding），它是 MPEG-4 标准的第十个选项。H.264 的主导思想与现有的视频编码标准一致——基于块的混合编码。但是它运用了大量不同的技术，使得其视频编码性能远远优于其他任何标准。

7.5.5 MPEG 标准（MPEG Standards）

1. MPEG-1

国际标准化组织 ISO/IEC 的运动图像专家组 MPEG（Moving Picture Expert Group）一直致力于运动图像及其伴音编码标准化工作，并制定了一系列关于一般活动图像的国际标准。1992 年制定的 MPEG-1 标准是针对 1.5MB/s 速率的数字存储媒体运动图像及其伴音编码制定的国际标准，该标准的制定使得基于 CD-ROM 的数字视频及 MP3 等产品成为可能。MPEG-1 的带宽最多为 1.5MB/s，其中 1.1MB/s 用于视频，128B/s 用于音频，其余带宽用于 MPEG 系统本身。MPEG-1 标准视频编码部分的基本算法与 H.261/H.263 相似，采用运动补偿的帧间预测、二维 DCT、VLC 行程编码等措施。

2. MPEG-2

MPEG 组织于 1994 年推出的 MPEG-2 标准是对 MPEG-1 标准的进一步扩展和改进，它主要是针对数字视频广播、高清晰度电视和数字视频等制定的 4~9MB/s 运动图像及其伴音编码标准，MPEG-2 是数字电视机顶盒与 DVD 等产品的基础。MPEG-2 系统要求必须与 MPEG-1 系统向下兼容，因此其语法特点在于兼容性好并可扩展。MPEG-2 视频允许数据速率高达 100MB/s，支持隔行扫描视频格式和许多高级性能。

MPEG-3 是 ISO/IEC 最初为 HDTV 开发的编码和压缩标准，它要求传输速率在 20~40MB/s 之间。由于 MPEG-2 出色的性能表现，已能适用于 HDTV，使得原打算为 HDTV 设计的 MPEG-3 被扼杀在摇篮中。

3. MPEG-4

1998 年 11 月，MPEG 专家组决定开发新的适用于极低码率音频/视频（AV）编码的国际标准 MPEG-4。对于学术界而言，极低码率（小于 64KB/s）是视频编码标准的最后一个比特率范围。MPEG-4 标准主要应用于视频电话、视频电子邮件和电子新闻等，其传输速率要求较低，在 4.8~64KB/s 之间，分辨率为 176 像素×144 像素。MPEG-4 利用很窄的带宽，通过帧重建技术，压缩和传输数据，以求得最小的数据，获得最佳的图像质量。

MPEG-4 标准引入了基于视听对象（Audio Visual Object，AVO）的编码技术，大大提高了视频通信的交互能力和编码效率。MPEG-4 中采用了一些新技术，如形状编码、自适应 DCT、任意形状视频对象编码等，但 MPEG-4 的基本视频编码器还是采用和 H.263 相似的混合编码器。

4. MPEG-7

MPEG-7 是"多媒体内容描述接口"。它定义了一个描述符标准集，用于描述各种类型的多媒体信息，与之相应的描述方案可以用于规范多媒体描述符的生成和不同描述符之间的有机联系。MPEG-7 的目的在于提供一个标准化的核心技术，以便描述多媒体环境下的视频和音频内容，最终使视频和音频的搜索像文本搜索一样简单方便。MPEG-7 提供的是内容的描述而不是内容本身，它不能替代已有的 MPEG 标准（MPEG-1、MPEG-2、MPEG-4），仅仅是已有的三个标准的补充。

小结（Summary）

图像压缩是指以较少的比特有损或无损地表示原来像素矩阵的技术，在实现去除多余数据的过程中，以数学的观点来看，实际上就是将二维像素阵列变换为一个在统计上无关联的数据集合，其目的是减少图像数据中的冗余信息，从而用更加高效的格式存储和传输数据。

本章从数字图像压缩的理论基础入手，首先简单介绍信息理论中的信息量和信息熵、图像信息中存在的冗余类型，以及衡量数据压缩性能的重要参数压缩比、平均码字长度、编码效率；然后介绍几种熵编码方法，详细介绍了哈夫曼编码、算术编码和行程编码等重要的熵编码技术，给出了编码算法、部分 MATLAB 实现程序和相关的实现例子。在有失真编码中，主要介绍了线性预测编码、变换编码和矢量量化编码的主要原理和实现技术。本章还介绍了一些图像编码的新技术，如子带编码、模型基编码、分形编码；最后介绍了图像压缩技术的国际标准，包括静态图像压缩标准 JPEG、JPEG 2000，视频压缩标准 H.26x 和 MPEG-x。

习题（Exercises）

7.1 简述信息量与信息熵的概念，并写出它们之间的关系式。

7.2 简述率失真函数的概念。

7.3 简述线性预测编码的基本原理。

7.4 简述子带编码思路，并说明其特点。

7.5 试述 H.263 与 H.261 的区别。

7.6 已知四个符号 X1、X2、X3、X4，它们出现的概率分别为 3/8、1/4、1/4、1/8，试求其哈夫曼编码和编码效率。

7.7 简述数字图像压缩的必要性和可能性。

7.8 设信息源 $x = \{a,b,c,d\}$，且 $p(a)=1/8$，$p(b)=5/8$，$p(c)=1/8$，$p(d)=1/8$，计算各符号的自信息量和信息源熵。

7.9 设信息源 $x = \{a,b,c,d\}$，且 $p(a)=0.2$，$p(b)=0.2$，$p(c)=0.4$，$p(d)=0.2$，对数 0.0624 进行算术解码。

7.10 在图像变换编码中为什么要对图像进行分块？简述 DCT 编码的原理及其基本过程。

7.11 简要说明 JPEG 基本编码系统的编码过程和实现步骤。

7.12 举例说明 RLC 编码方法的适用场合。

第8章　图 像 分 割
(Image Segmentation)

图像分割是图像识别和图像理解的基本前提步骤。图像分割算法一般是基于灰度的不连续性和相似性两个性质之一的。第一个性质的应用是基于灰度的不连续变化来分割图像的，比如提取图像的边缘；第二个性质的应用主要是根据事先制定的准则将图像分割为相似的区域，如阈值分割和区域生长。本章主要讨论图像分割中涉及的各类算法，每种算法均有其不同用途。

Image segmentation is the preliminary step before recognition and analysis being carried on. Generally, the application of image segmentation algorithms relies on the utilization of two intrinsic properties, which are discontinuity and similarity. The principal approach in the first category is to partition an image based on abrupt changes in intensity, such as edges in an image. Yet the approach in the second category involves segmenting an image into regions that are similar according to a set of predefined criteria, such as thresholding, region growing. In this chapter, various image segmentation algorithms, together with their specific usage, will be covered.

8.1　概　　述
(Introduction)

人类感知外部世界的两大途径是听觉和视觉，尤其是视觉感知，因此图像和视频信息是非常重要的一类信息。在一幅图像中，人们往往只对其中的某些目标感兴趣，这些目标通常占据一定区域，并且在某些特性（如灰度、轮廓、颜色、纹理等）上和周围的图像有差别。这些特性差别可能非常明显，也可能很细微，以致人眼觉察不出来。计算机图像处理技术的发展，使得人们可以通过计算机来获取与处理图像信息。现在图像处理技术已成功地应用于许多领域，其中车牌识别、文字识别、指纹识别、人脸识别等已为人们所熟悉。如图 8.1 所示，图像识别的基础是图像分割，其作用是把反映物体真实情况的、占据不同区域的、具有不同特性的目标区分开来，以便计算各个目标的数字特征。图像分割是图像识别和图像理解的基本前提步骤，图像分割质量的好坏直接影响后续图像处理的效果，甚至决定其成败，因此，图像分割的作用至关重要。

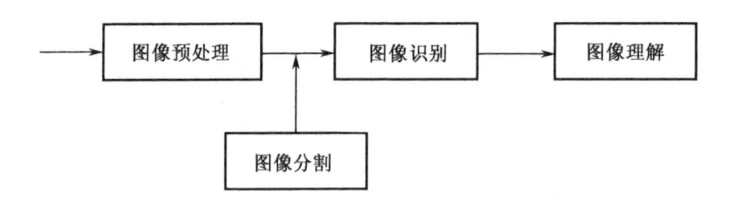

图 8.1 图像分割在图像处理过程中的作用

图像分割是指将一幅图像分解为若干互不交叠的、有意义的、具有相同性质的区域。好的图像分割应具备以下特征：

（1）分割出来的各区域对某种性质（如灰度、纹理）而言具有相似性，区域内部是连通的且没有过多小孔。

（2）相邻区域对分割依据的性质有明显的差异。

（3）区域边界是明确的。

大多数图像分割方法只是部分满足上述特征。如果强调分割区域的同性质约束，则分割区域很容易产生大量的小孔和不规整边缘；若强调不同区域间性质差异的显著性，则易造成不同性质区域的合并。具体处理时，不同的图像分割方法总是在各种约束条件之间寻找一种合理的平衡。

图像分割的形式化定义如下：令 I 表示整幅图像，图像分割将 I 划分为 n 个区域 $R_1, R_2, \cdots, R_n$，满足：

（1）$\bigcup_{i=1}^{n} R_i = I$。

（2）R_i 是一个连通的区域，$i = 1, 2, \cdots, n$。

（3）$R_i \bigcap R_j = \phi$，对所有的 i 和 j 有 $i \neq j$。

（4）$P(R_i) = \text{True}$，$i = 1, 2, \cdots, n$。

（5）$P(R_i \bigcup R_j) = \text{False}$，$i \neq j$。

这里，$P(R_i)$ 是定义在集合 R_i 的点上的逻辑谓词，ϕ 是空集。

条件（1）说明分割必须是完全的，即每个像素必须属于一个区域；条件（2）要求区域中的点必须与某个预定义的准则相联系（满足连通性）；条件（3）说明不同区域必须是不相交的；条件（4）表示区域内的像素必须满足相同的性质（如区域内的像素具有相同或相似的灰度级、像素值或纹理）；条件（5）表示区域 R_i 和 R_j 对于谓词 P 是不同的。

实际的图像处理和分析都是面向某种具体应用的，所以上述条件中的各种关系也要视具体情况而定。目前，还没有一种通用的方法可以很好地兼顾这些约束条件，也没有一种通用的方法可以完成不同的图像分割任务。其中一个原因在于实际的图像是千差万别的；另一个重要的原因在于图像数据质量不高，包括图像在获取和传输过程中引入的种种噪声及光照不均等因素。到目前为止，图像分割尚无统一的评价准则。图像分割是图像分析和计算机视觉中的经典难题。至今，提出的分割算法已有上千种，每年还有新的算法被提出。这些算法的实现方式各不相同，然而他们大都基于图像在像素级的不连续性和相似性，即属于同一目标的区域一般具有相似性，而不同的区域在边界表现出不连续性。

8.2 边缘检测和连接
(Edge Detection and Connection)

确定图像中物体边界的一种方法是先检测每个像素和其直接邻域的状态，以决定该像素是否确实处于一个物体的边界上，具有这种特性的像素被标为边缘点。当图像中各个像素的灰度级用来反映各像素符合边缘像素要求的程度时，这种图像被称为边缘图像或边缘图（Edgemap），也可用表示边缘点的位置而没有强弱程度的二值图像来表示。对边缘方向而不是幅度进行编码的图像称为含方向边缘图。

一幅边缘图通常用边缘点勾画出各个物体的轮廓，但很少能形成图像分割所需要的闭合且连通的边界。因此需要对边缘点进行连接才能完成物体的检测过程，边缘点连接就是一个将邻近的边缘点连接起来，从而产生一条闭合的连通边界的过程。这个过程填补了因为噪声和阴影的影响所产生的间隙。

8.2.1 边缘检测（Edge Detection）

图像的边缘对人的视觉具有重要意义，一般而言，当人看一个有边缘的物体时，首先感觉到的就是边缘。边缘处于灰度或结构等信息的突变处，是一个区域的结束，也是另一个区域的开始，利用该特征可以分割图像。需要指出的是，检测出的边缘并不等同于实际目标的真实边缘。由于图像数据是二维的，而实际物体是三维的，从三维到二维的投影必然会造成信息的丢失，再加上成像过程中的光照不均和噪声等因素的影响，使得有边缘的地方不一定能被检测出来，而检测出的边缘也不一定代表实际边缘。图像的边缘有方向和幅度值两个属性，沿边缘方向像素变化平缓，垂直于边缘方向的像素变化剧烈。边缘上的这种变化可以用微分算子检测出来，通常用一阶或二阶导数来检测边缘，不同的是一阶导数认为最大值对应边缘位置，而二阶导数则以过零点对应边缘位置，下面会详细讨论这个问题。

基于一阶导数的边缘检测算子包括 Roberts 算子、Sobel 算子、Prewitt 算子、Kirsch 算子等，在算法实现过程中，通过 2×2（Roberts 算子）或 3×3 算子模板作为核与图像中的每个像素点做卷积和运算，然后选取合适的阈值以提取边缘。Laplace 边缘检测算子是基于二阶导数的边缘检测算子，该算子对噪声敏感。一种改进方式是先对图像进行平滑处理，然后再应用二阶导数的边缘检测算子，其代表是 LoG 算子。

1. 边缘

直观上，一条边缘是一组相连的像素集合，这些像素位于两个区域的边界上。给边缘下一个合理的定义，需要具有以某种有意义的方式测量灰度级跃变的能力。从感觉上说，一条理想的边缘具有如图 8.2（a）所示模型的特性。依据这个模型生成的完美边缘是一组相连的像素的集合（此处在垂直方向上），是具有一个像素宽的直线条，每个像素都处在灰度级跃变的一个垂直台阶上。实际上，光学系统和图像采样等的不完善性使得到的边缘是模糊的，其模糊的程度取决于诸如图像采集系统的性能、取样率和获得图像的照明条件等因素。结果，边缘被更精确地模拟成具有"类斜面"的剖面，如图 8.2（b）所示。斜坡部分与边缘的模糊程度成比例。边缘的点包含斜坡中的任意点，且边缘成为一组彼此相连接的点集。边缘的"宽度"取决于从初始灰度级跃变到最终灰度级的斜坡的长度。这个斜坡的长度取决于斜坡，斜坡又取决于模糊程度。可见，模糊的边缘变得较粗而清晰的边缘变得较细。

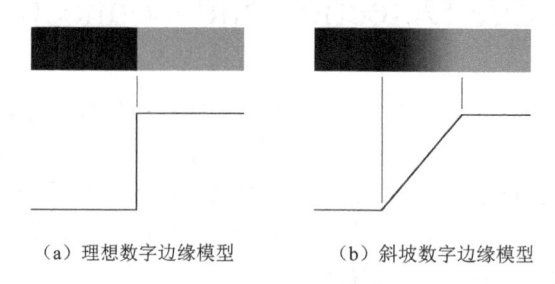

（a）理想数字边缘模型　　（b）斜坡数字边缘模型

图 8.2　边缘模型及水平线通过图像的灰度剖面图

图 8.3（a）显示的图像是从图 8.2（b）的放大特写中提取出来的。图 8.3（b）显示了两个区域之间边缘的一条水平灰度级剖面线。图 8.3 同时显示出灰度级剖面线的一阶和二阶导数。当我们沿着剖面线从左到右经过时，在进入和离开斜面的变化点，一阶导数为正；在灰度级不变的区域一阶导数为零。在边缘与黑色一边相关的跃变点二阶导数为正，在边缘与亮色一边相关的跃变点二阶导数为负，沿着斜坡和灰度为常数的区域为零。

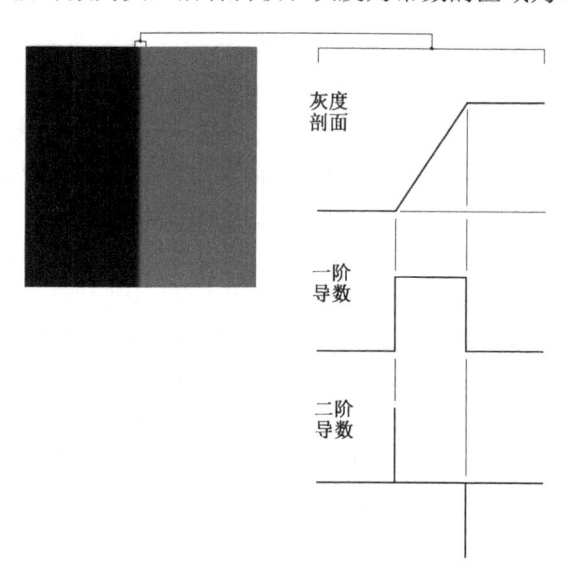

（a）由一条垂直边缘分开的两个不同区　　（b）边界附近的细节

图 8.3　边界处灰度剖面图和一阶、二阶导数的剖面图

由这些现象我们可以得到以下结论：一阶导数可以用于检测图像中的一个点是否是边缘点，即判断这个点是否在斜坡上。同样，二阶导数的符号可以用于判断一个边缘像素是在边缘亮的一边还是暗的一边。一条连接二阶导数正极值和负极值的虚构直线将在边缘中点附近穿过零点，二阶导数的这个过零点的性质对于确定粗边线的中心非常有用。尽管上述讨论是针对一维水平剖面线的，但同样的结论可以应用于图像中的其他任何方向上。

2. 梯度算子

如果一个像素落在图像中某个物体的边界上，那么它的邻域将成为一个灰度级变化的带。对这种变化最有用的两个特征是灰度的变化率和方向，它们分别用梯度向量的幅度值和方向来表示。

梯度算子是一阶导数算子。图像 $f(x,y)$ 在位置 (i,j) 的梯度定义为下列向量：

$$\nabla f = \begin{bmatrix} G_x(i,j) \\ G_y(i,j) \end{bmatrix} = \begin{bmatrix} \dfrac{\partial f(i,j)}{\partial x} \\ \dfrac{\partial f(i,j)}{\partial y} \end{bmatrix} \tag{8.1}$$

从向量分析中我们知道，梯度向量指向在坐标 (i,j) 的 $f(x,y)$ 的最大变化率方向。

该向量的幅度值为：

$$\nabla f = \mathrm{mag}(\nabla f) = \left(G_x^2 + G_y^2\right)^{\frac{1}{2}} = \left[\left(\dfrac{\partial f}{\partial x}\right)^2 + \left(\dfrac{\partial f}{\partial y}\right)^2\right]^{\frac{1}{2}} \tag{8.2}$$

∇f 给出了在 ∇f 方向上每增加单位距离后 $f(x,y)$ 值增大的最大变化率。

为了简化计算，幅度值可用式（8.3）～式（8.5）来近似：

$$M_1 = |G_x| + |G_y| \tag{8.3}$$

$$M_2 = G_x^2 + G_y^2 \tag{8.4}$$

$$M_3 = \max(G_x, G_y) \tag{8.5}$$

这些近似值仍然具有导数性质；换言之，它们在不变亮度区中的值为零，而且它们的值与像素值在可变区域中的亮度变化的程度成比例。在实际中，通常将梯度的幅度值或它的近似值称为"梯度"。

该向量的方向角表示为：

$$\alpha(i,j) = \arctan\left[\dfrac{G_y(i,j)}{G_x(i,j)}\right] \tag{8.6}$$

式中，角度是以 x 轴为基准度量的。边缘在 (i,j) 处的方向与此点梯度向量的方向垂直。

由于数字图像是离散的，计算偏导数 G_x 和 G_y 时，常用差分来代替微分。为计算方便，常用小区域模板和图像卷积来近似计算梯度值。采用不同的模板计算 G_x 和 G_y 可产生不同的边缘检测算子。设图像函数在某一点 (i,j) 处的邻域（3×3 邻域）像素灰度值如图 8.4 所示。

$f(i-1,j-1)$	$f(i-1,j)$	$f(i-1,j+1)$
$f(i,j-1)$	$f(i,j)$	$f(i,j+1)$
$f(i+1,j-1)$	$f(i+1,j)$	$f(i+1,j+1)$

图 8.4 图像在 (i,j) 处的邻域像素灰度值表图

1) Roberts 算子

Roberts 算子用图 8.5 所示的 2 像素×2 像素模板来近似计算图像函数 $f(x,y)$ 在点 (i,j) 对 x 和 y 的偏导数，如式（8.7）所示。用此方法可以计算得到图像中所有点的偏导数。

$$G_x(i,j) = f(i+1,j+1) - f(i,j)$$
$$G_y(i,j) = f(i+1,j) - f(i,j+1)$$
(8.7)

−1	0
0	1

0	−1
1	0

图 8.5　Roberts 模板

2）Prewitt 算子

Prewitt 算子用图 8.6 所示的 3 像素×3 像素模板来近似计算图像函数 $f(x,y)$ 在 (i,j) 对 x 和 y 的偏导数，如式（8.8）和式（8.9）所示。在这组公式中，3 像素×3 像素大小的图像区域的第 3 行和第 1 行间之差近似于 x 方向上的导数，第 3 列和第 1 列之差近似于 y 方向上的导数。

$$G_x(i,j) = [f(i+1,j-1) + f(i+1,j) + f(i+1,j+1)] - \\ [f(i-1,j-1) + f(i-1,j) + f(i-1,j+1)]$$
(8.8)

$$G_y(i,j) = [f(i-1,j+1) + f(i,j+1) + f(i+1,j+1)] - \\ [f(i-1,j-1) + f(i,j-1) + f(i+1,j-1)]$$
(8.9)

−1	−1	−1
0	0	0
1	1	1

−1	0	1
−1	0	1
−1	0	1

图 8.6　Prewitt 模板

3）Sobel 算子

Sobel 算子用图 8.7 所示的 3 像素×3 像素模板来近似计算图像函数 $f(x,y)$ 在 (i,j) 对 x 和 y 的偏导数，如式（8.10）和式（8.11）所示。这两个公式相对 Prewitt 算子一个小小的变化是在中心系数上使用一个权值 2，权值 2 用于通过增加中心点的重要性而实现某种程度的平滑效果。

$$G_x(i,j) = [f(i+1,j-1) + 2f(i+1,j) + f(i+1,j+1)] - \\ [f(i-1,j-1) + 2f(i-1,j) + f(i-1,j+1)]$$
(8.10)

$$G_y(i,j) = [f(i-1,j+1) + 2f(i,j+1) + f(i+1,j+1)] - \\ [f(i-1,j-1) + 2f(i,j-1) + f(i+1,j-1)]$$
(8.11)

−1	−2	−1
0	0	0
1	2	1

−1	0	1
−2	0	2
−1	0	1

图 8.7　Sobel 模板

计算出 G_x 和 G_y 的值后，用式（8.2）计算 (i,j) 点处的梯度幅值，计算出图像中每一点的梯度幅值后，设定一个合适的阈值 T，如果 (i,j) 处的梯度幅值 $\nabla f(i,j) \geqslant T$，则认为该点是边缘点。

3．Kirsch 算子

图 8.8 所示的是 Kirsch 算子的八个卷积核模板，该边缘算子使用这八个模板的梯度幅度值和梯度方向。图像中的每个点均与这八个模板进行卷积，每个掩模对某个特定边缘方向做出最大响应。所有八个方向中的最大值作为边缘幅度图像的输出，最大响应掩模的序号构成了对边缘方向的编码。

设在点 (x,y) 处由八个模板计算得到的值分别为 M_1、M_2、M_3、M_4、M_5、M_6、M_7、M_8，则 Kirsch 算子的梯度幅度值采用式（8.12）计算。

$$G(x,y) = \max\left(|M_1|,|M_2|,|M_3|,|M_4|,|M_5|,|M_6|,|M_7|,|M_8|\right) \quad (8.12)$$

式中，$G(x,y)$ 为对应图像 (x,y) 点的幅度值。

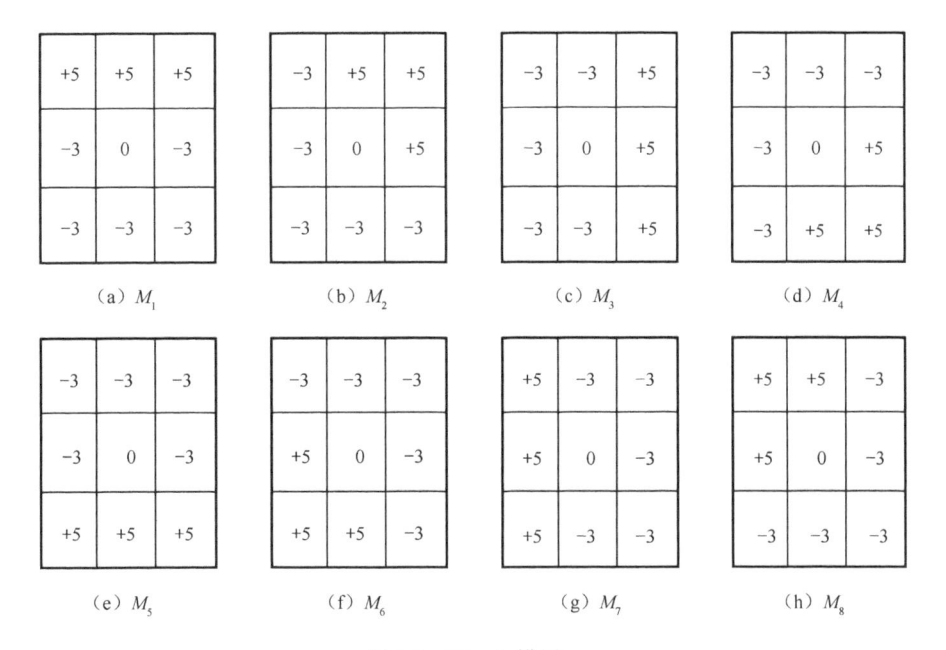

+5	+5	+5
-3	0	-3
-3	-3	-3

（a）M_1

-3	+5	+5
-3	0	+5
-3	-3	-3

（b）M_2

-3	-3	+5
-3	0	+5
-3	-3	+5

（c）M_3

-3	-3	-3
-3	0	+5
-3	+5	+5

（d）M_4

-3	-3	-3
-3	0	-3
+5	+5	+5

（e）M_5

-3	-3	-3
+5	0	-3
+5	+5	-3

（f）M_6

+5	-3	-3
+5	0	-3
+5	-3	-3

（g）M_7

+5	+5	-3
+5	0	-3
-3	-3	-3

（h）M_8

图 8.8 Kirsch 模板

4．拉普拉斯算子和高斯—拉普拉斯算子

拉普拉斯算子是对二维函数进行运算的二阶导数算子，它是一个标量，具有各向同性的性质。它定义为：

$$\nabla^2 f(x,y) = \frac{\partial^2}{\partial x^2}f(x,y) + \frac{\partial^2}{\partial y^2}f(x,y) \quad (8.13)$$

对于数字图像，用差分近似表示为：

$$\nabla^2 f(x,y) = f(x+1,y) + f(x-1,y) + f(x,y+1) + f(x,y-1) - 4f(x,y) \quad (8.14)$$

实际计算也是借助模板卷积来实现的，两种常用的拉普拉斯模板如图 8.9 所示。

0	1	0
1	-4	1
0	1	0

1	1	1
1	-8	1
1	1	1

图 8.9 两种常用的拉普拉斯模板

由于拉普拉斯算子是无方向的，因而计算时只需要一个模板即可。拉普拉斯算子是一个线性的移不变算子，它的传递函数在频率域空间的原点为零。因此，一个经拉普拉斯滤波过的图像具有零平均灰度。

如果一个无噪声图像具有陡峭的边缘，可用拉普拉斯算子将它们找出来。对经拉普拉斯算子滤波后的图像进行二值化，会产生闭合的、连通的轮廓并消除了所有的内部点。

拉普拉斯算子是二阶导数算子，它对噪声具有无法接受的敏感性，因此在实际应用中，一般先要对图像进行平滑滤波，然后再用拉普拉斯算子检测图像的边缘。常用的平滑函数为高斯低通滤波函数，高斯平滑滤波器对去除服从正态分布的噪声是很有效的。二维高斯函数及其一、二阶导数如下：

$$h(x,y) = \frac{1}{2\pi\sigma^2} \exp\left[-\frac{x^2+y^2}{2\sigma^2}\right] \tag{8.15}$$

$$\frac{\partial h(x,y)}{\partial x} = \frac{-x}{2\pi\sigma^4} \exp\left[-\frac{x^2+y^2}{2\sigma^2}\right], \quad \frac{\partial h(x,y)}{\partial y} = \frac{-y}{2\pi\sigma^4} \exp\left[-\frac{x^2+y^2}{2\sigma^2}\right] \tag{8.16}$$

$$\frac{\partial^2 h(x,y)}{\partial x^2} = \frac{1}{2\pi\sigma^4}\left[\frac{x^2}{\sigma^2}-1\right]\exp\left[-\frac{x^2+y^2}{2\sigma^2}\right], \quad \frac{\partial^2 h(x,y)}{\partial y^2} = \frac{1}{2\pi\sigma^4}\left[\frac{y^2}{\sigma^2}-1\right]\exp\left[-\frac{x^2+y^2}{2\sigma^2}\right] \tag{8.17}$$

式中，σ 为高斯分布的标准方差，它决定高斯滤波器的宽度，用该函数对图像进行平滑滤波，结果为：

$$g(x,y) = h(x,y) * f(x,y) \tag{8.18}$$

式中，*为卷积运算符，图像平滑后再应用拉普拉斯算子，结果为：

$$\nabla^2 g(x,y) = \nabla^2 [h(x,y) * f(x,y)] \tag{8.19}$$

由于线性系统中卷积与微分的次序是可以交换的，因而有：

$$\nabla^2 [h(x,y) * f(x,y)] = \nabla^2 h(x,y) * f(x,y) = \frac{1}{\pi\sigma^4}\left[\frac{x^2+y^2}{2\sigma^2} - 2\right]\exp\left[-\frac{x^2+y^2}{2\sigma^2}\right] * f(x,y) \tag{8.20}$$

式中，平滑和微分合并后的算子为：

$$\nabla^2 h(x,y) = \frac{1}{\pi\sigma^4}\left[\frac{x^2+y^2}{2\sigma^2} - 2\right]\exp\left[-\frac{x^2+y^2}{2\sigma^2}\right] = \frac{x^2+y^2-4\sigma^2}{\sigma^4}\frac{1}{2\pi\sigma^2}\exp\left[-\frac{x^2+y^2}{2\sigma^2}\right] \tag{8.21}$$

这种由高斯平滑和拉普拉斯微分合并得到的算子称为高斯-拉普拉斯（Laplacian of Gaussian，LoG）算子，这种边缘检测方法也称为 Marr 边缘检测方法。图 8.10 显示了一幅 LoG 函数的三维曲线、图像和 LoG 函数横截面，还显示了一个对该算子近似的 5×5 模板。这种近似不是唯一的，其目的是得到该算子本质的形状，即一个正的中心项，周围被一个相邻的负值区域围绕，并被一个零值的外部区域包围。模板系数的总和为零，这使得在灰度级不变的区域中模板的响应为零。这个小的模板仅对基本上无噪声的图像有用。由于图像的形状，LoG 算子有时被称为墨西哥草帽函数。

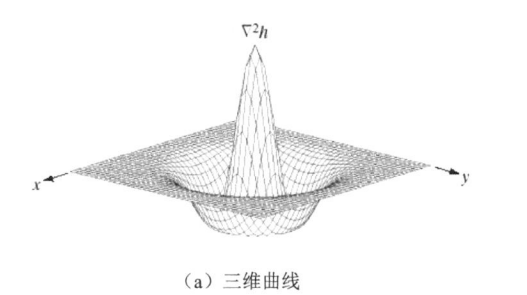

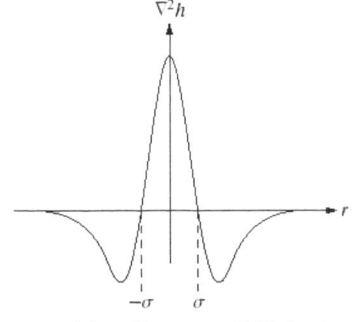

（a）三维曲线　　　　　　　　　　（b）图像

（c）零交叉的 LoG 函数横截面　　　（d）图形（a）近似的 5×5 模板

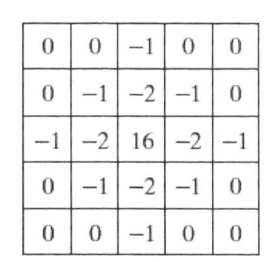

图 8.10　高斯—拉普拉斯算子（LoG）

5. 边缘检测算子的性能

【例 8.1】应用梯度算子和 LoG 算子进行检测边缘。

```
a=imread('i_peppers.bmp');              %读取图像
a=rgb2gray(a);                          %转换成灰度图像
bw1=edge(a,'sobel');                    %Sobel 边缘检测
bw2=edge(a,'prewitt');                  %Prewitt 边缘检测
bw3=edge(a,'roberts');                  %Roberts 边缘检测
bw4=edge(a,'log');                      %LoG 边缘检测
figure, imshow(a);                      %显示原始图像
subplot(2,2,1),imshow(bw1);             %显示 Sobel 边缘图
xlabel('sobel');
subplot(2,2,2),imshow(bw2);             %显示 Prewitt 边缘图
xlabel('prewitt');
subplot(2,2,3), imshow(bw3);            %显示 Roberts 边缘图
xlabel('roberts');
subplot(2,2,4),imshow(bw4);             %显示 LoG 边缘图
xlabel('log');
```

程序运行结果如图 8.11 所示。

由上述边缘算子产生的边缘图像具有一定的相似性。使用两个掩模板组成边缘检测器时，通常取较大的幅度作为输出值。这使得它们对边缘的走向有些敏感，而取它们平方和的开方可以获得性能更一致的全方位响应，更接近真实的梯度值。值得注意的是，3×3 的 Sobel 算子和 Prewitt 算子可扩展成八个方向。

在边缘检测中，边缘定位能力和噪声抑制能力是一对矛盾体，有的算法边缘定位能力比较强，有的算法抗噪声能力比较好，每种算子都具有各自的优缺点。

（a）原始图像

Sobel 算子 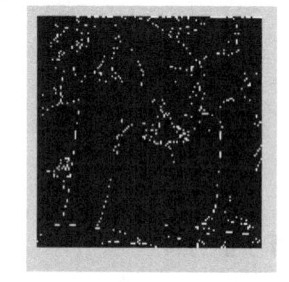　　　　　　　　　　　　　　Prewitt 算子

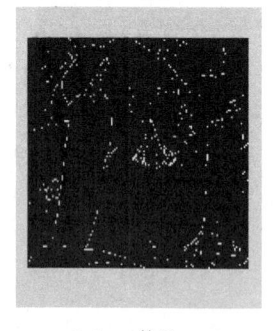

Roberts 算子 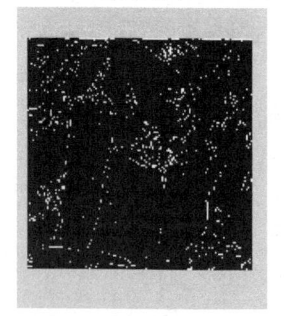　　　　　　　　　　　　　LoG 算子

（b）边缘提取

图 8.11　用几种常用的边缘检测算子提取边缘结果

（1）Roberts 算子。Roberts 算子利用局部差分算子寻找边缘，边缘定位精度较高，但容易丢失一部分边缘，同时由于图像没经过平滑处理，因此不具备抑制噪声的能力。该算子对具有陡峭边缘且含噪声少的图像效果较好。

（2）Prewitt 算子和 Sobel 算子。它们都是先对图像做加权平滑处理，然后再做微分运算，不同的是平滑部分的权值有些差异，因此它们对噪声具有一定的抑制能力。在噪声抑制方面，

Sobel 算子比 Prewitt 算子略胜一筹,但不能完全排除检测结果中出现虚假边缘的情况。虽然这两个算子边缘定位效果不错,但检测出的边缘容易出现多像素宽度。

(3) 拉普拉斯算子。它是无方向的二阶微分算子,对图像中的阶跃型边缘定位准确,该算子对噪声非常敏感,它使噪声成分得到加强。这两个特性使该算子容易丢失一部分边缘的方向信息,造成一些不连续的检测边缘。

(4) LoG 算子。该算子弥补了拉普拉斯算子抗噪声能力较差的缺点,但是在抑制噪声的同时也可能将原有比较尖锐的边缘也平滑掉了。应用 LoG 算子时,高斯函数中方差参数 σ 的选择很关键。高斯滤波器为低通滤波器,σ 越大,通频带越窄,对较高频率噪声的抑制作用越大,避免检出虚假边缘,但同时信号的边缘也被平滑了,造成某些边缘点的丢失;反之,σ 越小,通频带越宽,可以检测到图像更高频率的细节,但对噪声的抑制能力相对下降,容易出现虚假边缘。因此,应用 LoG 算子时,为取得更佳的效果,对不同图像应该选择不同参数。

上面介绍了几种比较有代表性的边缘检测算法。边缘检测还有很多种方法,具体哪种方法最好,没有通用的答案。每种方法都是在一定的假设前提下给出的,效果的好坏要看实际与假设的符合程度。

8.2.2 边缘连接(Edge Connection)

如果边缘很明显,而且噪声极低,那么可以将边缘图像二值化并将其细化为单像素宽的闭合连通边界图。然而,由于噪声、不均匀的照明而产生的边缘间断及其他由于引入虚假亮度间断带来的影响,使得到的一组像素很少能完整地描述一条边缘。因此,典型的做法是在使用边缘检测算法后紧接着使用连接过程将边缘像素组合成有意义的边缘。

1. 局部处理

连接边缘点最简单的方法是分析图像中每个点 (x,y) 的一个小邻域(如 3×3、5×5)内像素的特点,该点是用 8.2.1 节中讨论过的某种技术标记了的边缘点。将所有依据事先预定的准则而被认为是相似的点连接起来,形成由共同满足这些准则的像素组成的一条边缘。

确定边缘像素相似性的两个主要性质是:①边缘像素梯度算子的响应强度;②边缘像素梯度算子的方向。由式(8.2)中 ∇f 的定义,第①条性质可以描述为:

$$|\nabla f(x,y) - \nabla f(x_0,y_0)| \leqslant E \tag{8.22}$$

式中,点 (x_0,y_0) 是点 (x,y) 邻域内的像素点,E 是一个非负阈值。由式(8.6)中 $\alpha(x,y)$ 的定义,第②条性质可以描述为:

$$|\alpha(x,y) - \alpha(x_0,y_0)| < C \tag{8.23}$$

式中,点 (x_0,y_0) 是点 (x,y) 邻域内的像素点,C 是一个非负阈值。正如式(8.6)说明的那样,(x,y) 处边缘的方向是垂直于此点处梯度向量的方向的。

1)启发式搜索

假定在一幅边缘图像的某条边界上有一个像素间隙的缺口,但是这个缺口太长而不能仅用一条直线填充,它还可能不是同一条边界上的缺口,可能在两条边界上。作为质量的度量,我们可以建立一个可以在任意连接两端点(称为 A、B)的路径上进行计算的函数。这个边缘质量函数可以包括各点边缘强度的平均值,也可能会减去反映它们在方向角上的差值的某个度量。

首先要对 A 的邻域点进行评价，衡量哪个可作为走向 B 第一步的候选点，通常只考虑位于通向 B 的大致方向上的邻点。选择哪一点，以能使 A 点到该点的边缘质量函数最大为原则，然后该点成为下一次迭代的起点。当最后连接到 B 时，将新建路径的边缘质量函数与一个阈值比较。如果新建边缘不满足阈值条件，则被舍弃。

如果边缘质量函数很复杂而且要评价的缺口既多又长，启发式搜索技术的计算会很复杂。这样的技术在相对简单的图像中性能很好，但不一定能找出两端点间的全局最佳路径。

2）曲线拟合

如果边缘点很稀疏，那么可能需要用分段线性或高阶样条曲线来拟合这些点，从而形成一条为抽取物体所适用的边界。这里，我们介绍一种称为迭代端点拟合的分段线性方法。

假定有一组散布在两个特定边缘点 A 和 B 之间的边缘点，我们希望从中选取一个子集作为从 A 到 B 一条分段线性路径上的节点集。首先从 A 到 B 引一条直线，然后计算其他的每个边缘点到该直线的垂直距离。其中，最远的点成为所求路径上的另一个节点，这样一来这条路径有 2 条分支。对路径上的每条新分支重复这个过程，直到剩下的边缘点与其最近分支的距离都不大于某固定距离时为止。对所有围绕物体的点对（A，B）施行此过程会产生边界的一个多边形近似。

2. 通过 Hough 变换进行整体处理

如果点在一条特定形状的曲线上，则先确定这些边缘点再进行连接。与上述讨论的局部分析方法不同，这里考虑像素之间的整体关系。本小节介绍一种图像分割中常用的对直线及各种形状曲线的检测算法——Hough 变换。

1）利用直角坐标系中的 Hough 变换检测直线

在二维平面中，经过点 (x, y) 的直线可以表示为：

$$y = ax + b \tag{8.24}$$

式中，a 为斜率，b 为截距。式（8.24）可以变换为：

$$b = -xa + y \tag{8.25}$$

该变换即为直角坐标系中对 (x, y) 点的 Hough 变换，它表示参数空间的一条直线，如图 8.12 所示。图像空间中的点 (x_i, y_i) 对应于参数空间中的直线 $b = -x_i a + y_i$，点 (x_j, y_j) 对应于参数空间中的直线 $b = -x_j a + y_j$，这两条直线的交点 (a', b') 即为图像空间中过点 (x_i, y_i) 和点 (x_j, y_j) 的直线的斜率和截距。事实上，图像空间中所有过这条直线的点经 Hough 变换后，在参数空间中的直线都会交于 (x_i, y_i) 点。这样，通过 Hough 变换，就可以将图像空间中对直线的检测问题转化为参数空间中对点的检测问题。Hough 变换的具体计算步骤如下：

（1）在参数空间中建立一个二维累加数组 A，开始时将数组 A 初始化为零，数组的第一维为图像空间中直线的斜率，第二维为图像空间中直线的截距。

（2）对图像空间中的点用 Hough 变换计算出所有的 a、b 值，每计算出一对 a、b 值，就对数组元素 $A(a, b)$ 加 1。计算结束后，$A(a, b)$ 的值就是图像空间中落在以 a 为斜率、b 为截距的直线上点的数目。

数组 A 的大小对计算量和计算精度影响很大，当图像空间中有直线为竖直线时，斜率 a 为无穷大，使得计算量大增。此时，参数空间可采用极坐标。

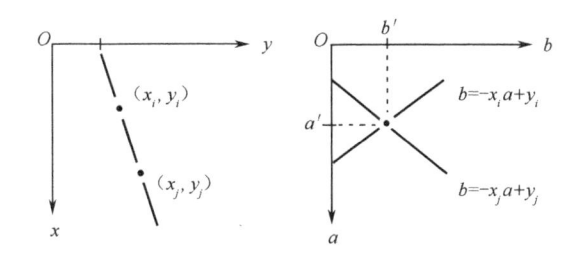

图 8.12 直角坐标系中的 Hough 变换

2）利用极坐标系中的 Hough 变换检测直线

与直角坐标系类似，可以在极坐标系中通过 Hough 变换将图像空间中的直线对应于参数空间中的点。如图 8.13 所示，对于图像空间中的一条直线，ρ 代表直线距原点的法线距离，θ 代表该法线与 x 轴的夹角，可以用参数方程式（8.26）来表示该直线：

$$\rho = x\cos\theta + y\sin\theta \tag{8.26}$$

式（8.26）就是极坐标系中对点 (x,y) 的 Hough 变换。在极坐标系中，横坐标为直线的法向角，纵坐标为直角坐标原点到直线的法向距离。

图像空间中的点 (x,y)，经 Hough 变换映射到参数空间中是一条曲线，这条曲线其实是正弦曲线。图像空间中共直线的点 (x_i,y_i) 和点 (x_j,y_j) 映射到参数空间中是两条正弦曲线，这两条正弦曲线相交于点 (ρ',θ')，该点即为图像空间中过点 (x_i,y_i) 和点 (x_j,y_j) 的直线的法向角和原点到直线的法向距离，同样，图像空间中所有过这条直线的点经 Hough 变换后，映射到参数空间中的曲线都会交于点 (ρ',θ')。

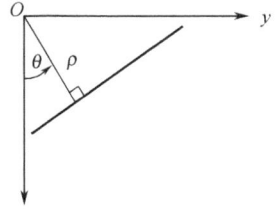

图 8.13 极坐标系中的 Hough 变换

与直角坐标系类似，极坐标系中也要在参数空间中建立一个二维累加数组 A，但是数组范围不同，第一维的范围为 $[-d,d]$，d 为图像的对角线长度；第二维的范围为 $[-90°,90°]$。开始时把数组 A 初始化为零，然后对图像空间中的点用 Hough 变换计算出所有的 (ρ,θ) 值，每计算一对 (ρ,θ) 值，就对数组元素 $A(\rho,\theta)$ 加 1，计算结束后，$A(\rho,\theta)$ 的值就是图像空间中落在距原点法线距离为 ρ、法线与 x 轴的夹角为 θ 的直线上点的数目。下面是用 MATLAB 编程实现利用 Hough 变换检测直线的例子。

【例 8.2】Hough 变换直线检测。

```
I=imread('circuit.jpg');                    读取图像
I=rgb2gray(I);                              %转换为灰度图像
rotI=imrotate(I,33,'crop');                 %原始图像旋转 33°
BW=edge(rotI,'log');                        %LoG 算子边缘检测
[H,T,R]=hough(BW);                          %对边缘图进行 Hough 变换
P=houghpeaks(H,5,'threshold',ceil(0.3*max(H(:))));
x=T(P(:,2)); y=R(P(:,1));                   %找出线段
lines=houghlines(BW,T,R,P,'FillGap',5,'MinLength',7);
figure, imshow(rotI);                       %显示旋转后的图像
hold on;
```

```
max_len=0;
for k=1:length(lines)
    xy=[lines(k).point1; lines(k).point2];        %找出线段的起止点
    plot(xy(:,1),xy(:,2),'LineWidth',2,'Color','green');
                                                   %按不同颜色画出线段
    plot(xy(1,1),xy(1,2),'x','LineWidth',2,'Color','yellow');
    plot(xy(2,1),xy(2,2),'x','LineWidth',2,'Color','red');
end
```

MATLAB 程序运行结果如图 8.14 所示。

（a）原始图像　　　　　　（b）直线检测结果

图 8.14　Hough 变换直线检测结果

8.3　阈 值 分 割
（Image Segmentation Using Threshold）

阈值分割是一种区域分割技术，它适用于分割物体与背景有较强对比的景物。它计算简单，而且总能用封闭而且连通的边界定义不交叠的区域。当使用阈值规则进行图像分割时，所有灰度值大于或等于某阈值的像素都被判属于物体，所有灰度值小于该阈值的像素则被排除在物体之外。于是，边界就成为这样一些内部点的集合，这些点都至少有一个邻域点不属于该物体。

如果受关注的物体在其内部具有均匀一致的灰度值，并分布在一个具有另一个灰度值的均匀背景上，使用阈值分割效果就很好。如果物体与背景的差别在于某些性质而不是灰度值（如纹理等），那么可以首先把某些性质转化为灰度，然后利用灰度阈值分割待处理的图像。

8.3.1　基础（Foundation）

基于灰度阈值的分割方法是通过设置阈值，把像素点按灰度级分成若干类，从而实现图像分割。当图像的直方图具有比较明显的双峰或多峰时，利用这种方法进行图像分割是非常有效的。

假设图 8.15（a）所示的灰度级直方图对应于一幅图像 $f(x,y)$，这幅图像由亮的对象和暗的背景组成，这样的组成方式将对象和背景具有灰度级的像素分成两组不同的支配模式。从背景中提取对象的一种方法是选择一个阈值 T，将这两个模式分离开。所有 $f(x,y)>T$ 的点 (x,y) 称为对象点；否则，就称为背景点。

图 8.15（b）显示了这种方法更为一般化的情况。这里三个主模式描绘了图像的直方图特性（如在暗色背景上的两类亮色对象）。这里，多阈值处理把一个点分类，当 $T_1<f(x,y)\leqslant T_2$ 时将点分为某一对象；当 $f(x,y)>T_2$ 时则归为另一个对象；当 $f(x,y)\leqslant T_1$ 时归为背景。总的来说，需要多个阈值的分割问题用区域生长方法能得到最好的解决，如 8.4 节中讨论的方法。

基于以上论述，阈值处理可被看成是测试形式函数 G [式（8.27）] 的一种操作。

$$G = G[x,y,p(x,y),f(x,y)] \tag{8.27}$$

式中，$f(x,y)$ 表示点 (x,y) 的灰度级；$p(x,y)$ 表示这个点的局部性质，如以 (x,y) 为中心的邻域的平均灰度级。经阈值处理后的图像 $g(x,y)$ 定义为：

$$g(x,y) = \begin{cases} 1 & f(x,y)>T \\ 0 & f(x,y)\leqslant T \end{cases} \tag{8.28}$$

标记为 1（或其他任何合适的灰度级）的像素对应于对象（物体），而标记为 0（或任何其他没有被标记为对象的灰度）的像素对应于背景。

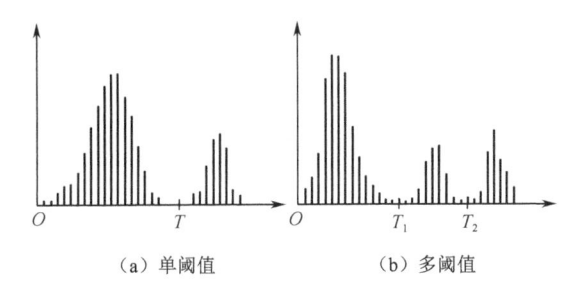

（a）单阈值　　（b）多阈值

图 8.15　具有双峰或多峰的图像灰度级直方图

当 T 仅取决于 $f(x,y)$（仅取决于灰度级值）时，阈值就称为全局阈值。如果 T 取决于 $f(x,y)$ 和 $p(x,y)$ 时，阈值就是局部阈值。如果 T 取决于空间坐标 x 和 y，阈值就是动态的或自适应的。基于灰度阈值的分割方法，不论是全局阈值，还是自适应阈值，其关键是如何合理地选择阈值。

8.3.2　全局阈值（Global Threshold）

采用阈值确定边界最简单做法是在整个图像中将灰度阈值设置为常数，也就是全局阈值。如果背景的灰度值在整个图像中可合理地看作恒定，而且所有物体与背景都具有几乎相同的对比度，如图 8.15（a）所示，图像的直方图具有明显的双峰，只要选择了正确的阈值，使用一个固定的全局阈值一般会有较好的效果。下面介绍全局阈值选择的主要方法，包括人工选择法、直方图技术选择法、自动计算选择法，在自动计算选择法中主要介绍迭代式阈值选择法和最大类间方差阈值选择法。

1. 人工选择法

人工选择法是通过人眼观察，应用人对图像的知识，在分析图像直方图的基础上，人工选出合适的阈值。也可以在人工选出阈值后，根据分割效果，不断地交互操作，从而选择出最佳的阈值。

2. 直方图技术选择法

一幅含有一个与背景明显对比的物体图像，有包含双峰的灰度级直方图（见图 8.16）。两个尖峰对应于物体内部和外部较多数目的点，两尖峰间的谷对应于物体边缘附近相对较少数目的点。在这样的情况下，通常使用直方图来确定灰度阈值。

【例 8.3】生成直方图。

```
a=imread('i_boat_gray.bmp');           %读取图像
imshow(a);                              %显示图像
figure; imhist(a);                      %计算并显示图像的直方图
```

（a）原始图像　　　　　　（b）双峰直方图

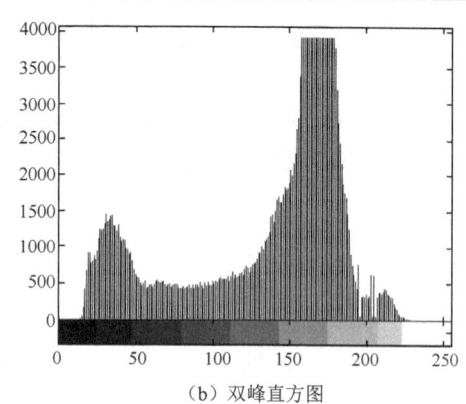

图 8.16　生成直方图

利用灰度阈值 T 对物体面积进行计算的定义为：

$$A = \int_T^{+\infty} h(t) dt \tag{8.29}$$

式中，t 为灰度级变量，$h(t)$ 为直方图。显然，如果阈值对应于直方图的谷，阈值从 T 增加到 $T+\Delta T$ 只会使面积略微减少。可见，把阈值设在直方图的谷，可以把阈值选择中的错误对面积测量的影响降到最低。

如果图像或包含物体图像的区域面积不大且有噪声，那么直方图本身就会有噪声。除凹谷特别尖锐的情况外，噪声会使谷的定位难以辨认，或至少使不同幅图像得到的结果不稳定可靠。这个问题在一定程度上可以通过用卷积或曲线拟合对直方图进行平滑加以克服。如果两峰大小不一样，那么平滑化可能会导致最小值的位置发生移动。但是，在平滑化程度适当的情况下，峰值还是容易定位并且也是相对稳定的。一种更可靠的方法是把阈值设在相对于两峰的某个固定位置上，如设在中间位置上，这两个峰分别代表物体内部点和外部点典型（出现最频繁）的灰度值。在一般情况下，对这些参数的估计比对最少出现的灰度值，即直方图谷的估计更可靠。

可以构造一个只包含具有较大梯度幅值的像素直方图，如取最高的 10%。这种方法排除了大量的内部和外部像素，而且可能会使直方图的谷点更容易被检测到。还可以用各灰度级像素的平均梯度值除直方图来增强凹谷，或利用高梯度像素的灰度平均值来确定阈值。

拉普拉斯滤波是一个二维的二阶导数算子。使用拉普拉斯滤波，并随之进行平滑，然后将阈值设在值为 0 或略偏正处，可以在二阶导数的过零点处分割物体。这些过零点对应于物体边缘上的拐点。由灰度—梯度组成的二维直方图也可以用来确定分割准则。

3. 迭代式阈值选择法

迭代式阈值选择法的基本思想是：开始时选择一个阈值作为初始估计值，然后按某种策略不断地改进这一估计值，直到满足给定的准则为止。在迭代过程中，关键之处在于选择什么样的阈值改进策略。好的阈值改进策略应该具备两个特征：一是能够快速收敛，二是在每个迭代过程中，新产生的阈值优于上一次的阈值。其算法步骤如下：

（1）选择图像灰度的中值作为初始阈值 T_0。

（2）利用阈值 T_i 将图像分割成两个区域——R_1 和 R_2，用式（8.30）计算区域 R_1 和 R_2 的灰度均值 μ_1 和 μ_2：

$$\mu_1 = \frac{\sum_{i=0}^{T_i-1} ip_i}{\sum_{i=0}^{T_i-1} p_i} \quad \mu_2 = \frac{\sum_{i=T_i}^{L-1} ip_i}{\sum_{i=T_i}^{L-1} p_i} \tag{8.30}$$

式中，L 是图像的灰度级总数，p_i 是第 i 个灰度级在图像中出现的次数。

（3）计算出 μ_1 和 μ_2 后，用式（8.31）计算出新的阈值 T_{i+1}：

$$T_{i+1} = \frac{1}{2}(\mu_1 + \mu_2) \tag{8.31}$$

（4）重复步骤（2）～（3），直到 T_{i+1} 和 T_i 的差小于某个给定值。

4. 最大类间方差阈值选择法

最大类间方差阈值选择法又称为 Otsu 算法，该算法是在灰度直方图的基础上用最小二乘法原理推导出来的，具有统计意义上的最佳分割阈值。它的基本原理是以最佳阈值将图像的灰度直方图分割成两部分，使两部分之间的方差取得最大值，即分离性最大。

设 X 是一幅具有 L 级灰度级的图像，其中，第 i 级像素为 n_i 个，i 的值在 0～L–1 之间，图像的总像素点个数为：

$$N = \sum_{i=0}^{L-1} n_i \tag{8.32}$$

第 i 级出现的概率为：

$$p_i = \frac{n_i}{N} \tag{8.33}$$

在 Otsu 算法中，以阈值 k 将所有的像素分为目标 C_0 和背景 C_1 两类。其中，C_0 类的像素灰度级为 0～k–1，C_1 类的像素灰度级为 k～L–1。

图像的总平均灰度级为：

$$\mu = \sum_{i=0}^{L-1} ip_i \tag{8.34}$$

C_0 类像素所占面积的比例为：

$$w_0 = \sum_{i=0}^{k-1} p_i \tag{8.35}$$

C_1 类像素所占面积的比例为:

$$w_1 = \sum_{i=k}^{L-1} p_i = 1 - w_0 \tag{8.36}$$

C_0 类像素的平均灰度为:

$$\mu_0 = \mu_0(k)/w_0 \tag{8.37}$$

C_1 类像素的平均灰度为:

$$\mu_1 = \mu_1(k)/w_1 \tag{8.38}$$

其中

$$\mu_0(k) = \sum_{i=0}^{k-1} i p_i \tag{8.39}$$

$$\mu_1(k) = \sum_{i=k}^{L-1} i p_i = 1 - \mu_0(k) \tag{8.40}$$

由式（8.34）～式（8.40）可得：

$$\mu = w_0 \mu_0 + w_1 \mu_1 \tag{8.41}$$

则类间方差公式为：

$$\begin{aligned} \sigma^2(k) &= w_0(\mu_0 - \mu)^2 + w_1(\mu_1 - \mu)^2 \\ &= w_0(\mu_0 - w_0\mu_0 - w_1\mu_1)^2 + w_1(\mu_1 - w_0\mu_0 - w_1\mu_1)^2 \\ &= w_0 w_1^2 (\mu_0 - \mu_1)^2 + w_1 w_0^2 (\mu_1 - \mu_0)^2 \\ &= w_1 w_2 (\mu_0 - \mu_1)^2 \end{aligned} \tag{8.42}$$

令 k 从 0～L–1 变化取值，计算在不同 k 值下的类间方差 $\sigma^2(k)$，使得 $\sigma^2(k)$ 最大时的那个 k 值就是所要求的最佳阈值。MATLAB 工具箱提供的 graythresh 函数求取阈值采用的就是 Otsu 算法。

【例 8.4】用人工选择法、Otsu 算法及迭代式阈值选择法求阈值，并对图像进行分割。

给定一幅灰度图像，显示该图像的直方图，然后分别用人工选择法、Otsu 算法、迭代法确定阈值，根据阈值对图像进行分割，分割后的图像用二值图像表示。参考程序如下所示，实验结果图如图 8.17 所示。

```
I=imread('20080.bmp');              %读取图像
[width,height]=size(I)              %获取图像的高度和宽度
figure,imshow(I);                   %显示图像
figure,imhist(I);                   %计算并显示该图像的直方图
T1=80                               %用人工选择法，选择阈值为 80
for i=1:width
    for j=1:height
        if(I(i,j) < T1)
            BW1(i,j)=0;             %用人工选择阈值 80 对图像进行分割
        else
```

```
            BW1(i,j)=1;
        end
    end
end
figure,imshow(BW1);             %显示人工阈值图像分割结果
T2=graythresh(I)                %用Otsu算法,通过MATLAB函数graythresh选择阈值
BW2=im2bw(I,T2);                %用Otsu阈值对图像进行分割
figure,imshow(BW2);             %显示Otsu阈值图像分割结果
f=double(I);                    %用迭代式阈值选择法,求出阈值
T=(min(f(:))+max(f(:)))/2;
done=false;
i=0;
while ~done
    r1=find(f<=T);
    r2=find(f>T);
    Tnew=(mean(f(r1))+mean(f(r2)))/2
    done=abs(Tnew-T)<1
    T=Tnew;
    i=i+1;
end
f(r1)=0;
f(r2)=1;                        %用迭代式阈值选择法得到的阈值对图像进行分割
figure,imshow(f);               %显示迭代式阈值选择法阈值图像分割结果
```

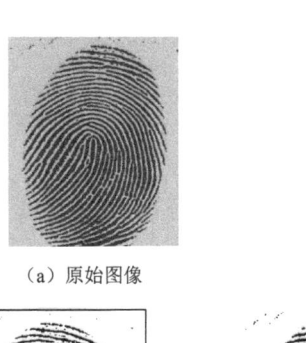

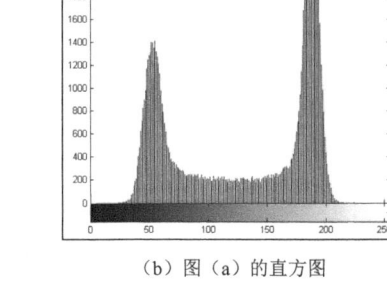

（a）原始图像　　　　　　　　　（b）图（a）的直方图

（c）人工选择阈值　　　　（d）Otsu算法求阈值　　　（e）迭代式阈值选择法求阈值

图8.17　用人工选择法、Otsu算法及迭代式阈值选择法求阈值的分割

在本例中，人工选择法的阈值为 80，Otsu 算法计算得到的阈值为 123.01，用迭代式阈值选择法计算经过 1 次迭代完成最终求得的阈值是 123.74。利用全局阈值对图像进行分割，结果是否有效，取决于物体和背景之间是否有足够的对比度。

8.3.3 自适应阈值（Adaptive Threshold）

在许多的情况下，背景的灰度值并不是常数，物体和背景的对比度在图像中也有变化。这时，一个在图像中某一区域效果良好的阈值在其他区域却可能效果很差。在这种情况下，需要把灰度阈值取成一个随图像中位置缓慢变化的函数值，即为自适应阈值。

一种处理这种情况的方法就是将图像进一步细分为子图像，并对不同子图像使用不同的阈值进行分割。这种方法的关键问题是如何将图像进行细分和如何为得到的子图像估计阈值。

8.3.4 最佳阈值的选择（Optimal Threshold）

下面讨论一种最佳阈值（最小误差阈值）选择法。该方法以图像中的灰度为模式特征，假设各模式的灰度是独立同分布的随机变量，并假设图像中待分割的模式服从一定的概率分布，此时可以得到满足最小误差分类准则的分割阈值。

假设图像中只有目标和背景两种模式，先验概率分别是 $p_1(z)$ 和 $p_2(z)$，均值分别为 μ_1 和 μ_2，如图 8.18 所示。设目标的像素点数占图像总像素点数的百分比为 w_1，背景像素点占比为 $w_2 = 1 - w_1$，混合概率密度为：

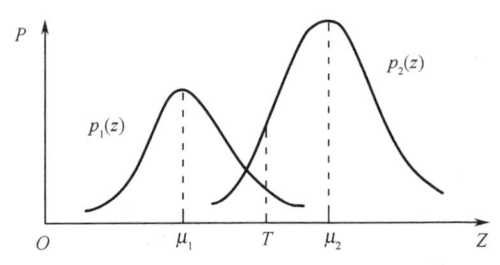

$$p(z) = w_1 p_1(z) + w_2 p_2(z) \tag{8.43}$$

图 8.18 图像目标和背景概率分布

当选定阈值 T 时，目标像素点错划为背景像素点的概率为：

$$e_1(T) = \int_T^\infty p_1(z) \mathrm{d}z \tag{8.44}$$

把背景像素点错划为目标像素点的概率为：

$$e_2(T) = \int_{-\infty}^T p_2(z) \mathrm{d}z \tag{8.45}$$

则总错误概率为：

$$e(T) = w_1 e_1(T) + w_2 e_2(T) = w_1 e_1(T) + (1 - w_1) e_2(T) \tag{8.46}$$

最佳阈值就是使总错误概率最小的阈值，将式（8.46）对 T 求导，并令其为 0，得：

$$w_1 p_1(T) = (1 - w_1) p_2(T) \tag{8.47}$$

利用式（8.47）解出 T，即最佳阈值。注意：如果 $w_1 = w_2$，则最佳阈值位于曲线 $p_1(z)$ 和 $p_2(z)$ 的交点处。

得到一个 T 的分析表达式（8.47）需要知道两个概率密度函数，在实践中并不是总可以对这两个密度进行估计。通常做法是利用参数比较容易得到的密度，此时使用的主要密度之一是高斯密度。高斯密度可以用两个参数均值和方差完全描述。对于正态分布：

$$p_1(z) = \frac{1}{\sqrt{2\pi}\sigma_1} \exp\left[-\frac{(z-\mu_1)^2}{2\sigma_1^2}\right] \tag{8.48}$$

$$p_2(z) = \frac{1}{\sqrt{2\pi}\sigma_2} \exp\left[-\frac{(z-\mu_2)^2}{2\sigma_2^2}\right] \tag{8.49}$$

将式（8.48）和式（8.49）代入式（8.47）且两边取对数得：

$$\ln\frac{w_1\sigma_2}{(1-w_1)\sigma_1} - \frac{(T-\mu_1)^2}{2\sigma_1^2} = -\frac{(T-\mu_2)^2}{2\sigma_2^2} \tag{8.50}$$

当 $\sigma_1^2 = \sigma_2^2 = \sigma^2$ 时，有：

$$T = \frac{\mu_1 + \mu_2}{2} + \frac{\sigma^2}{\mu_1 - \mu_2}\ln\frac{1-w_1}{w_1} \tag{8.51}$$

当 $w_1 = w_2 = \frac{1}{2}$ 时，有：

$$T = \frac{\mu_1 + \mu_2}{2} \tag{8.52}$$

可见，当图像中目标和背景像素灰度呈正态分布，并且方差相等、目标和背景的像素比例相等时，则最佳分割阈值就是目标和背景像素灰度均值的平均值。对于其他形式的概率密度函数，可以用类似的方法得到阈值。用最小误差法自动选取阈值的困难在于待分割模式的概率分布难以获得。

8.3.5 分水岭算法（Watershed Algorithm）

最常用的分水岭算法是 F. Meyer 在 20 世纪 90 年代早期提出的基于灰度图像的分割算法。分水岭算法是一种与自适应二值化有关的一个算法。图 8.19 说明了这种方法的工作机理。假定图 8.19 中的物体灰度值低，而背景的灰度值高。图中显示了沿一条扫描线的灰度分布，该线穿过两个靠得很近的物体。

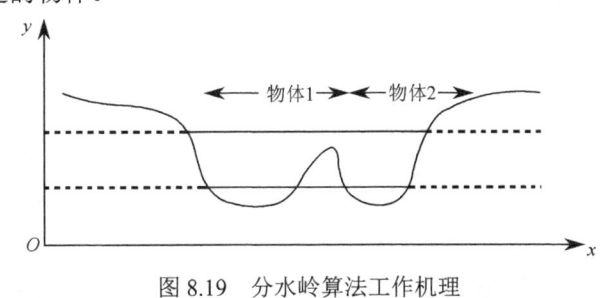

图 8.19 分水岭算法工作机理

图像最初在一个低灰度值上二值化。该灰度值把图像分割成正确数目的物体，但它们的边界偏向物体内部。随后阈值逐渐增加，每次增加一个灰度级。物体的边界将随着阈值的增加而扩展,当边界相互接触时,这些物体并没有合并。因此,这些初次接触的点变成了相邻物体间的最终边界。这个过程在阈值达到背景的灰度级之前终止。

分水岭算法不是简单地将图像在最佳灰度级进行阈值处理,而是从一个偏低但仍然能正确分割各个物体的阈值开始,然后随着阈值的增加逐渐上升到最佳值,使各个物体不会被合并。这个方法可以解决那些由于物体靠得太近而不能用全局阈值解决的问题。只要所采用最初的阈值进行分割的结果是正确的,那么,最后的分割也是正确的(图像中每个实际物体都有相应的边界)。

最初和最终的阈值灰度级都必须很好地选取。如果初始的阈值太低,那么低对比度的物体开始时会被丢失,然后随着阈值的增加就会和相邻的物体合并。如果初始阈值太高,物体一开始便会被合并。最终的阈值决定了最后的边界与实际物体的吻合程度。

MATLAB 图像处理工具箱中的 watershed 函数可用于实现分水岭算法,该函数的调用语法为:

```
L=watertshed(f)
```

其中,f 为输入图像,L 为输出的标记矩阵,其元素为整数值,第一个吸水盆地被标记为1,第二个吸水盆地被标记为2,以此类推,分水岭被标记为0。

【例8.5】用分水岭算法分割图像。

```
f=imread('fig819.bmp');              %读取图像
f=rgb2gray(f);                       %转换成灰度图像
figure(1), imshow(f);                %显示原读取图像
f=double(f);                         %转换为double型
hv=fspecial('prewitt');              %取prewitt模板
hh=hv.';                             %转置
gv=abs(imfilter(f,hv,'replicate'));  %垂直方向梯度
gh=abs(imfilter(f,hh,'replicate'));  %水平方向梯度
g=sqrt(gv.^2+gh.^2);                 %梯度幅值
L=watershed(g);                      %分水岭处理
wr=L==0;
figure(2), imshow(wr);               %显示分水岭结果
f(wr)=255;
figure(3), imshow(uint8(f));         %显示分水岭结果
rm=imregionalmin(g);                 %得到局部最小值
figure(4), imshow(rm);               %显示局部最小值
```

实验结果如图 8.20 所示。

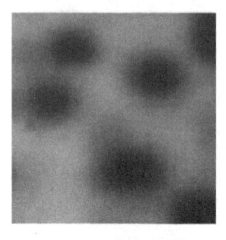

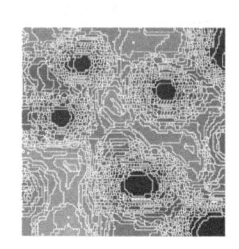

(a) 原始图像　　(b) 分水岭算法　　(c) 分割结果　　(d) 局部极小值

图 8.20　分水岭算法分割图像

8.4 区域分割
(Region Segmentation)

分割的目的是将图像划分为不同区域，8.2 节是根据区域间灰度的不连续性通过搜寻区域之间的边界来处理这一问题的；而在 8.3 节中，分割是通过用以像素性质的分布为基础的阈值来进行的，如灰度级或颜色。阈值分割法由于没有或很少考虑空间关系，使阈值分割方法应用受限，基于区域的分割方法可以弥补这点不足。区域分割方法利用的是图像的空间性质，认为分割出来的属于同一区域的像素应具有相似的性质。传统的区域分割方法主要有区域生长法和区域分裂合并法，该类方法在没有先验知识可以利用，对含有复杂场景或自然场景等先验知识不足的图像进行分割时，也可以取得较好的性能。但是，传统的区域分割方法是一种迭代的方法，空间和时间开销都比较大。

8.4.1 区域生长法（Region Growing）

区域生长法主要考虑像素及其空间邻域像素之间的关系，开始时确定一个或多个像素点作为种子，然后按某种相似性准则增长区域，将相邻的具有相似性质的像素或区域归并，从而逐步增长区域，直到没有可以归并的点或其他小区域为止。区域内像素的相似性度量可以是平均灰度值、纹理、颜色等信息。

图 8.21 为区域生长示例。图 8.21（a）是从一幅图像中取出的一个块，数字代表像素点的灰度值，其中带阴影的三个像素为初始种子点，灰度值分别为 2、5、9，假设生长准则为所考虑的像素点和种子点区域灰度值之差的绝对值，它小于或等于某个阈值 T，如果满足这一准则，就将该像素点归入种子点区域。图 8.21（b）为 $T=1$ 时的区域生长结果，每个种子点生长得到一个区域，图像块被分成三个小区域。图 8.21（c）为 $T=2.7$ 时的区域生长结果，图像块被分成两个小区域。图 8.21（d）为 $T=5$ 时的区域生长结果，图像块被分成一个区域。

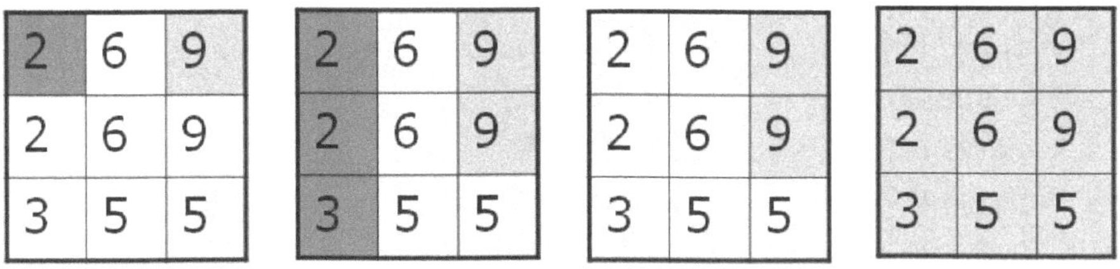

(a) 初始情形　　(b) $T=1$　　(c) $T=2.7$　　(d) $T=5$

图 8.21　区域生长示例

可见，区域生长法主要由以下三个步骤组成：
(1) 选择合适的种子点。
(2) 确定相似性准则（生长准则）。
(3) 确定生长停止条件。

下面的例子说明了用 MATLAB 程序实现区域生长的过程。首先指定几个种子点，然后以种子点为中心，如果邻域中各像素点与种子点的灰度值之差不超过某个阈值，则认为该像素点和种子点具有相似性质，并将该像素点加入种子点的生长区域中。区域生长是通过 MATLAB 图像处理工具箱中的函数 imreconstruct 完成的，该函数的调用语法为：

```
outim=imreconstruct(markerim, maskim)
```

其中，markerim 为标记图像；maskim 为模板图像；outim 为输出图像。imreconstruct 函数的工作过程是一个迭代过程，大致过程如下：

（1）把 f_1 初始化为标记图像 markerim。

（2）创建一个结构元素 $\boldsymbol{B} = \begin{bmatrix} 1 & 1 & 1 \\ 1 & 1 & 1 \\ 1 & 1 & 1 \end{bmatrix}$。

（3）计算 $f_{k+1} = (f_k \oplus \boldsymbol{B}) \cap \text{maskim}$，其中，$\oplus$ 为数学形态学中的膨胀算子（在 8.5 节说明）。

（4）重复（3），直到 $f_{k+1} = f_k$。

imreconstruct 函数完成图像的生长后，用 MATLAB 图像处理工具箱中的函数 bwlabel 把八连通的区域连接起来完成图像的分割。bwlabel 函数的调用语法为：

```
[L, NUM]=bwlabel(BW,N)
```

其中，BW 为输入图像；N 可取值为 4 或 8，分别表示按照 4 连通或 8 连通；NUM 为找到的连通区域数目；L 为输出矩阵，其元素值为整数值，背景被标记为 0，第一个连通区域被标记为 1，第二个连通区域被标记为 2，以此类推。

利用 MATLAB 函数 imreconstruct 和 bwlabel 进行区域生长的图像分割较简单，相关的例子可以在一些教材中找到。这里给出一个不用这两个 MATLAB 函数，而是直接按照区域生长的思想对图像进行区域分割的例子。

【例 8.6】区域生长法分割图像。

```
I=imread('coins.png');          %读取图像
if isinteger(I)
    I=im2double(I);             %将 uint 类型转换成 double 类型
end
figure,imshow(I);               %显示原始图像
[M,N]=size(I);                  %获取图像的大小
[y,x]=getpts;                   %选取种子点
x1=round(x);                    %横坐标取整
y1=round(y);                    %纵坐标取整
seed=I(x1,y1);                  %将种子点灰度值存入 seed 中
J=zeros(M,N);                   %一个全零与原始图像等大的图像矩阵 J，作为输出图像矩阵
J(x1,y1)=1;                     %将 J 中与所取点相对应位置的点设置为白
sum=seed;                       %存储符合区域生长条件的点的灰度值之和
suit=1;                         %存储符合区域生长条件的点的个数
count=1;                        %记录每次判断一点周围八个点符合条件的新点的数目
threshold=0.15;                 %阈值。注意：需要和 double 型存储的图像相符合
while count>0
```

```
    s=0;                          %记录判断一点周围八个点时,符合条件的新点的灰度值之和
  count=0;
  for i=1:M
    for j=1:N
      if J(i,j)==1                %判断此点是否为目标点,下面判断该点的邻域点是否越界
        if (i-1)>0 & (i+1)<(M+1) & (j-1)>0 & (j+1)<(N+1)
          for u= -1:1             %判断点周围八个点是否符合生长规则
            for v= -1:1
              if  J(i+u,j+v)==0 & abs(I(i+u,j+v)-seed)<=threshold
                                  %判断符合尚未标记,且满足条件的点
                J(i+u,j+v)=1;     %将满足条件的点在J中对应位置设置为白
                count=count+1;
                s=s+I(i+u,j+v);   %此点的灰度值加入s中
              end
            end
          end
        end
      end
    end
  end
  suit=suit+count;                %将count加入符合点数计数器中
  sum=sum+s;                      %将s加入符合点的灰度值总和中
  seed=sum/suit;                  %计算新的灰度平均值
end
figure,imshow(J);                 %显示区域生长结果图
```

本例中,通过调用函数 getpts,在最上面的那个硬币上选择一个种子点,如图 8.22(b)所示,以该种子点按照程序中规定的生长规则进行区域生长分割,得到的分割结果如图 8.22(c)所示。我们也可以在每个图像块中选择一个种子点,生长得到一些互不连通的区域。

（a）原始图像　　　　　　（b）在最上面那个硬币上　　　（c）以种子点进行区域生长结果
　　　　　　　　　　　　　选择标识一个种子点

图 8.22　区域生长示例

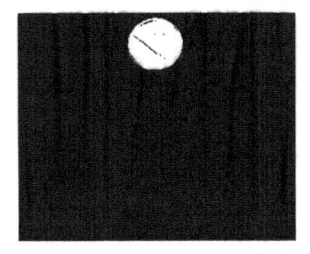

例 8.6 是用人工方法选择种子点进行区域生长的。在实际问题中,我们可以根据图像像素点灰度值的特性自动选择种子点来进行区域生长,一般种子点应该在区域的内部（非边

界），而且种子点所在的邻域应该比较平滑，这两个特性可以作为选择种子点的条件。

8.4.2 区域分裂合并法（Region Splitting and Merging）

1. 区域分裂法

如果区域的特性差别比较大，即不满足一致性准则时，需要采用区域分裂法。分类过程是从图像的最大区域开始的，在一般情况下，是从整幅图像开始的，区域分裂要注意以下两大问题：

（1）确定分裂准则（一致性准则）。

（2）确定分类方法，即如何分裂区域，使得分裂后子区域的特性尽可能都满足一致性准则。

如果用一个阈值 $T(x)$ 运算来表示区域的一致性准则，其算法步骤如下：

（1）形成初始区域。

（2）对图像的每个区域 R_i 计算 $T(R_i)$，如果 $T(R_i)$ = False，则沿着某一合适的边界分类区域。

（3）重复步骤（2），当没有区域需要分裂时，算法结束。

2. 区域合并法

上述区域分裂算法存在的问题是，将整体区域分裂成不同子区域，每个子区域由于区域分类规则不同，导致其区域分割算法结果不同，可能存在某些相连子区域满足一致性准则。因此，需要采用区域合并的方法将这些子区域再合并到一起。

这里假设同样的一致性阈值规则 $T(x)$，进行区域合并，其算法过程如下：

（1）根据"区域分裂法"获得分割区域。

（2）对图像中相邻的区域，计算是否满足一致性阈值规则 $T(x)$，满足则合并为一个区域。

（3）重复步骤（2），直到没有区域可以合并，算法结束。

3. 区域分裂合并法

区域生长法通常需要人工交互以获得种子点，这样使用者必须在每个需要抽取出的区域中植入一个种子点。区域分裂合并法不需要预先指定种子点，它按照某种一致性准则分裂或合并区域，当一个区域不满足一致性准则时被分裂成几个小的区域，当相邻区域性质相似时合并成一个大区域。

分裂合并算法可以先进行分裂运算，再进行合并运算；也可以分裂运算和合并运算同时进行，经过连续的分裂运算和合并运算，最后得到图像的精确分割结果。

具体实现时，分裂合并算法通常是基于四叉树数据表示方式进行的。如图 8.23 所示，用 R 表示整个图像，$T(x)$ 表示一致性准则，对某一区域 R_i，如果 $T(R_i)$=False，则将 R_i 分割为四个正方形子区域。这种分割从整幅图像区域开始直到 $T(R_i)$=True 或 R_i 为单个像素时止。如图 8.24 所示，阴影部分为目标图像，对整个图像 R 有 $T(R)$=False，所以先将其分裂为图 8.24（a）所示的四个正方形区域，由于左上角区域满足 T，所以不必继续分裂，其他三个区域继续分裂而得到图 8.24（b），此时除包括目标下部的两个子区域外，其他区域都满足 T，不再分裂，对下面的两个子区域继续分裂可得到图 8.24（c），因为此时所有区域都已满足 T，再经过合并可得到图 8.24（d）的分割结果。

基于四叉树数据的区域分裂合并算法可表述如下：

（1）设整幅图像为初始区域。

（2）对每个区域 R_i，如果 $T(R_i)$=False，则把该区域分裂成四个子区域。

（3）重复步骤（2），直到没有区域可以分裂。

（4）对图像中任意两个相邻的区域 R_i 和 R_j，如果 $T(R_i \bigcup R_j)$=True，则把这两个区域合并成一个区域。

（5）重复步骤（4），直到没有相邻区域可以合并时，算法结束。

区域分裂合并法是针对区域的分割算法，这种算法能够较好地将图像中的相似区域分割出来，但是由于该类方法存在对一致性准则的设定，使算法结果存在一定的可变性。而且该类算法是一个迭代过程，因此算法需要的时间较长。

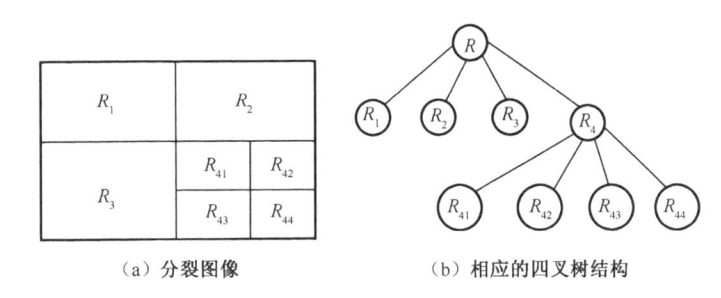

（a）分裂图像　　　　　（b）相应的四叉树结构

图 8.23　图像分裂合并数据结构

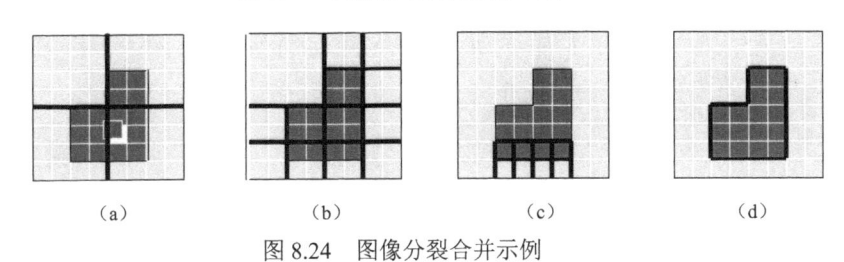

（a）　　　（b）　　　（c）　　　（d）

图 8.24　图像分裂合并示例

8.5　二值图像处理
（Binary Image Processing）

二值图像也就是只具有两个灰度级的图像，它是一类重要的数字图像。一个二值图像（如一个剪影像或一个轮廓图）通常是由一个图像分割操作产生的。如果初始的分割不够令人满意，对二值图像某些形式的处理通常能提高其质量。

有两种可供选择的连通性标准，如果只依据上、下、左、右四个相邻的像素确定连通，就称为 4 连通，物体也就被称为是 4 连通的。如果再加上对角相邻的像素也被认为是连通的，就得到 8 连通。这两种连通中的任何一种都可用，只要具有一致性即可。通常 8 连通的结果与人的感觉更接近。

本节讨论的许多过程都是在 3×3 邻域进行运算执行的。在一幅二值图像中，任意点加上其八个邻域点代表了 9 位信息。因此在一幅二值图像中，一个 3×3 邻域只有 $2^9 = 512$ 种可能的配置。

【例 8.7】 二值图像的 4 连通和 8 连通区域标记。

```
BW=[1 1 1 0 0 0 1 0 1 0 1 1
    1 0 1 0 1 1 0 1 0 1 0 1
    0 1 0 1 0 1 0 1 1 1 1 1
    1 1 0 1 0 1 1 0 0 1 1 1
    0 0 0 1 0 0 1 0 1 0 1 1]         %一幅二值图像
L4=bwlabel(BW,4)                     %按 4 连通标记出各连通区域
L8=bwlabel(BW,8)                     %按 8 连通标记出各连通区域
```

程序运行结果如图 8.25 所示。

```
1 1 1 0 0 0 5 0 7 0 6 6
1 0 1 0 4 4 0 6 0 6 0 6
0 2 0 3 0 4 0 6 6 6 6 6
2 2 0 3 0 4 4 0 0 6 6 6
0 0 0 3 0 0 4 0 8 0 6 6
```

(a) 4 连通结果

```
1 1 1 0 0 0 1 0 1 0 1 1
1 0 1 0 1 1 0 1 0 1 0 1
0 1 0 1 0 1 0 1 1 1 1 1
1 1 0 1 0 1 1 0 0 1 1 1
0 0 0 1 0 0 1 0 1 0 1 1
```

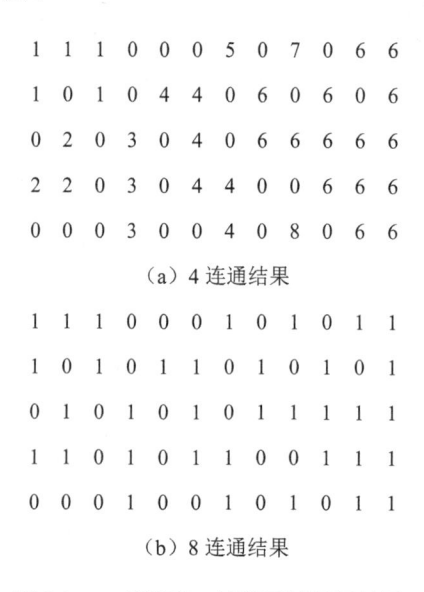

(b) 8 连通结果

图 8.25　4 连通和 8 连通区域标记结果

从图 8.25（a）可以看出，按照 4 连通，该二值图像被分为 8 个不同的连通区域，这 8 个不同的连通区域被分别标记为 1、2、3、4、5、6、7、8，标记为同一个数字的像素点属于同一个连通区域。从图 8.25（b）可知，按照 8 连通，该二值图像的所有目标点都属于同一个连通区域，即图像只有一个连通区域，标记为 1。

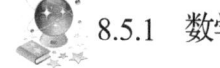

8.5.1　数学形态学图像处理（Mathematical Morphology Image Processing）

形态学（Morphology）一词通常代表生物学的一个分支，它是研究动植物形态和结构的学科。我们在这里使用同一词语表示数学形态学的内容，将数学形态学（Mathematical Morphology）作为工具从图像中提取对于表达和描述区域形状有用的图像分量，如边界、骨架及凸壳等。同时在图像预处理和后处理中，数学形态学起的作用非常大，如形态学过滤、细化、修剪、填充等。

一个有效的二值图像处理运算集是从数学形态学下的集合论方法发展起来的。尽管它的基本运算很简单，但它们和它们的推广结合起来可以产生复杂得多的效果。并且，它们适合于用相应的硬件构造查找表的方式，实现快速的流水线处理。这种方法通常用于二值图像，但也可以扩展到灰度级图像的处理。

在通常的情况下，形态学图像处理以在图像中移动一个结构元素并进行一种类似卷积操作的方式进行，如图8.26所示。像卷积核一样，结构元素可以具有任意大小，也可以包含任意0与1的组合。在每个像素位置，结构元素核与在它下面的二值图像之间进行一种特定的逻辑运算。逻辑运算的二进制结果存在输出图像中对应该像素的位置上。产生的效果取决于结构元素的大小、内容及逻辑运算的性质。

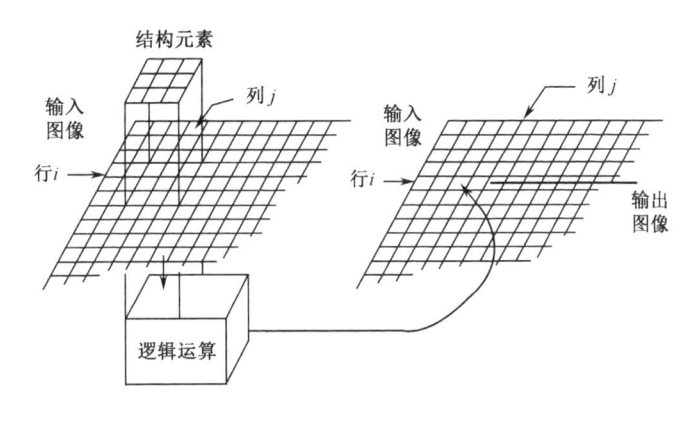

图8.26 形态学图像处理

1. 集合论术语（Definition）

在形态学处理语言中，二值图像 A 和结构元素 B 都是定义在二维笛卡儿网格上的集合，"1" 是这些集合中的元素。

当一个结构元素的原点位移到点 (x,y) 处时，我们将其记为 B_{xy}。形态学运算的输出是另一个集合，这个运算可用一个集合论方程来确定。

2. 腐蚀（Erosion）

一般意义的腐蚀概念定义为：
$$E = A \ominus B = \{x, y \mid B_{xy} \subseteq A\} \tag{8.53}$$

也就是说，由 B 对 A 腐蚀产生的二值图像 E 是这样的点 (x,y) 的集合：如果 B 的原点位移到点 (x,y)，那么 B 将完全包含于 A 中。

图8.27（a）显示了一个简单的二值图像，图8.27（b）显示了一个结构元素（黑色点表示元素的原点）。图8.27（c）中的虚线显示了作为基准的初始图像 A，阴影区域的边界说明 B 的原点进一步移动的界限，超出这个界限会使集合不再完全包含于 A 中。因此，在这个边界内（阴影区域）点的位置构成了使用 B 对 A 进行的腐蚀。图8.27（d）显示了一个拉长的结构元素，图8.27（e）显示了用这个元素腐蚀 A 的结果，发现原来的图像被腐蚀成一条线了。可见，腐蚀结果与结构元素的大小相关。除此之外，结构元素可以有不同的形状，如线

段形、十字形、矩形、正方形等。如图 8.28 所示，这里采用的是十字形结构元素，阴影部分表示原始图像，标记"×"的是腐蚀后的图像部分。

简单的腐蚀，如结构元素是一个 2×2 的小块，是消除物体的所有边界点的一种过程，其结果使剩下的物体沿其周边比原物体小一像素的面积。如果物体是圆的，它的直径在每次腐蚀后将减少 2 个像素。如果物体任一点的宽度少于 3 像素，那么它在该点将变为非连通的（变为两个物体），在任何方向的宽度不大于 2 像素的物体将被除去。腐蚀对从一幅分割图像中去除小且无意义的物体来说是很有用的。

(a) 原图　(b) 方形结构元素　(c) B对A进行腐蚀

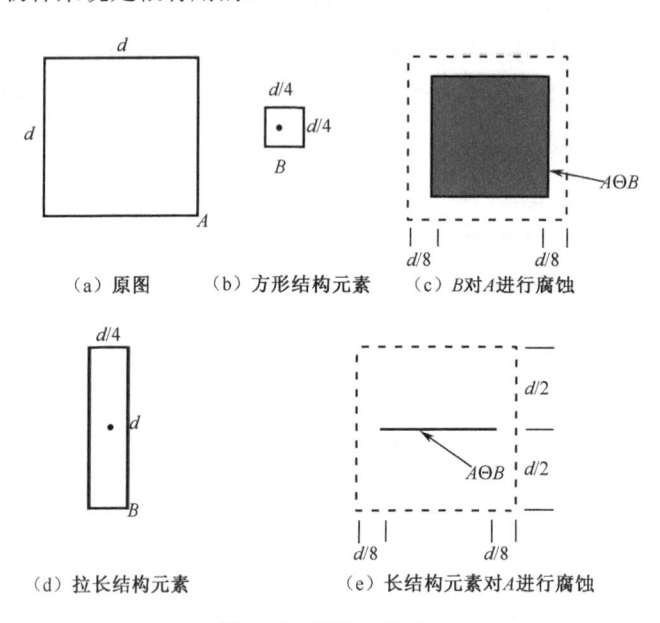

(d) 拉长结构元素　(e) 长结构元素对A进行腐蚀

图 8.27　图像的腐蚀

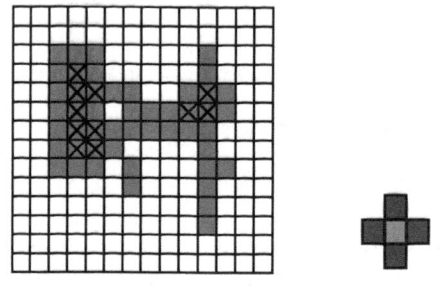

图 8.28　用十字形结构元素腐蚀图像

3. 膨胀（Dilation）

一般膨胀定义为：

$$D = A \oplus B = \{x, y \mid B_{xy} \cap A \neq \varnothing\} \tag{8.54}$$

也就是说，B 对 A 膨胀产生的二值图像 D 是由这样的点 (x, y) 组成的集合，如果 B 的原点位移到 (x, y)，那么它与 A 的交集非空。

图 8.29（a）是二值图像，图 8.29（b）是结构元素（黑色点表示元素的原点）。图 8.29（c）中的虚线显示了作为基准的初始图像 A，阴影区域的边界说明了 B 的原点进一步移动的界限，

超出这个界限会使 B_{xy} 和 A 的交集为空。因此，所有处在这个边界内的点的位置构成了使用 B 对 A 进行的膨胀。图 8.29（d）显示了一个拉长的结构元素，图 8.29（e）显示了用这个元素膨胀 A 的结果。可见，膨胀结果与结构元素的大小相关。除此之外，结构元素可以有不同的形状，如线段形、十字形、矩形、正方形等。如图 8.30 所示，采用的结构元素是十字形，阴影部分表示原始图像，标记"×"的是膨胀后的图像部分。

（a）原图　（b）方形结构元素　（c）B对A进行膨胀

（d）拉长结构元素　（e）长结构元素对A进行膨胀

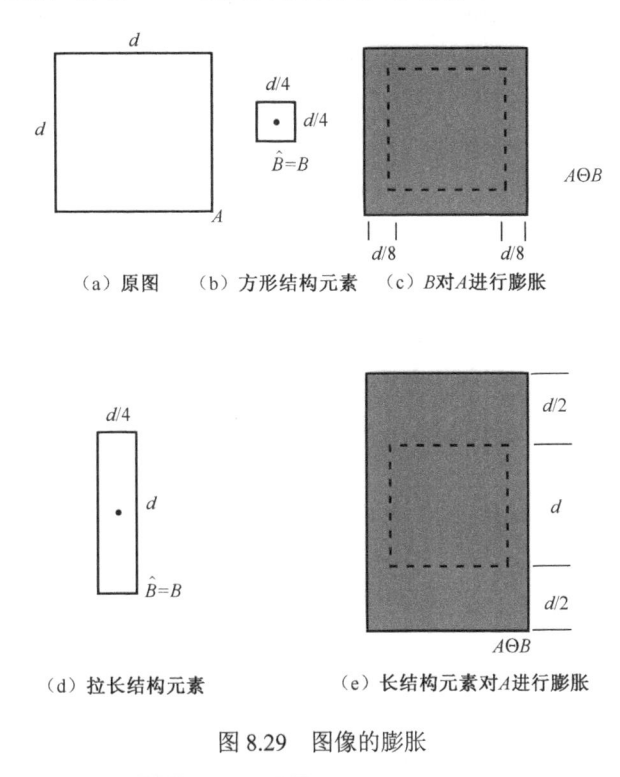

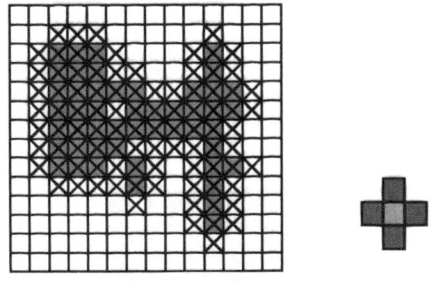

图 8.29　图像的膨胀

图 8.30　用十字形结构元素膨胀图像

简单的膨胀，如结构元素是一个 2×2 的小块，是将与某物体接触的所有背景点合并到该物体中的过程。该过程的结果是使物体的面积增加了相应数量的点，如果物体是圆的，它的直径在每次膨胀后增加两个像素；如果两个物体在某一点相隔少于三个像素，它们将在该点连通起来（合并成一个物体），如图 8.31 所示。膨胀对填补分割后物体中的空洞很有用。

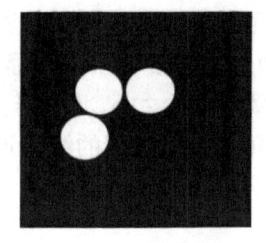

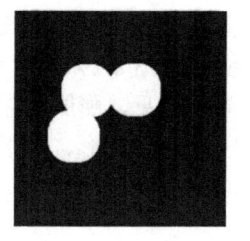

(a) 原始图像　　　　(b) 结构元素　　　　(c) 膨胀处理

图 8.31　用结构元素膨胀图像来连通分离物体

8.5.2　开运算和闭运算（Open Operation and Close Operation）

正如我们所看到的，膨胀使图像扩大而腐蚀使图像缩小。本节我们讨论另外两个重要的形态学运算：开运算和闭运算。开运算一般使对象的轮廓变得光滑，断开狭窄的间断和消除细的凸出物。闭运算同样使轮廓线更为光滑，但与开运算相反的是，它通常弥合狭窄的间断和长细的鸿沟，消除小的孔洞，并填补轮廓线中的断裂。

使用结构元素 B 对 A 进行开运算，定义为：

$$A \cdot B = (A \ominus B) \oplus B \tag{8.55}$$

可见，用 B 对 A 进行开运算就是用 B 对 A 进行腐蚀，然后用 B 对结果进行膨胀。

同样，使用结构元素 B 对 A 进行闭运算，定义为：

$$A \cdot B = (A \oplus B) \ominus B \tag{8.56}$$

可见，用 B 对 A 进行闭运算就是用 B 对 A 进行膨胀，然后用 B 对结果进行腐蚀。

【例 8.8】使用开运算除去图像的某些部分。

图 8.32（a）显示的二值图像包含边长为 1、3、5、7、9、15（像素）的正方形。假设我们只想留下最大的正方形而除去其他正方形，可以通过用比我们要保留的对象稍小的结构元素对图像进行开运算。这里我们选择 13 像素×13 像素大小的结构元素。图 8.32（b）显示了用这个结构元素对原始图像进行腐蚀后得到的结果，此时只保留了三个最大正方形的点。再用同样大小的结构元素对这三个正方形进行膨胀，以恢复其 15 像素×15 像素的尺寸，如图 8.32（c）所示。

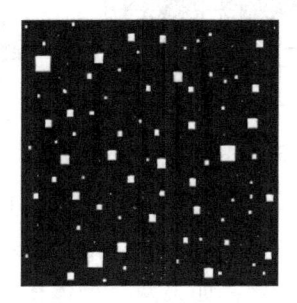

(a) 内部边长为 1、3、5、7、9、15（像素）的正方形图像

图 8.32　使用开运算除去图像的某些部分

（b）用方形结构元素对（a）进行腐蚀　　　（c）使用相同的结构元素对（b）进行膨胀

图 8.32　使用开运算除去图像的某些部分（续）

【例 8.9】 形态学滤波的开运算和闭运算应用。

图 8.33（a）中的二值图像显示了受噪声污染的部分指纹图像。这里噪声表现为黑色背景上的亮元素和亮指纹部分的暗元素。我们的目的是消除噪声及其对印刷造成的影响，使图像失真尽可能减小。由开运算后紧接着进行闭运算形成的形态学滤波器可用于实现这个目的。

图 8.33（b）显示了该例使用的结构元素，图 8.33（c）显示了使用结构元素对 A 进行腐蚀的结果。由于噪声部分的物理尺寸均比结构元素小，所以背景噪声在腐蚀过程中被完全消除了。然后再进行膨胀，消除包含于指纹中的噪声元素（黑点），结果如图 8.33（d）所示。刚才描述的两种运算构成了用 B 对 A 进行的开运算。我们注意到，图 8.33（d）的指纹纹路间产生了新的间断，为了消除这种情况的影响，我们在开运算的基础上进行膨胀，如图 8.33（e）所示。大部分间断被恢复了，但指纹的纹路变粗了，这种问题通过腐蚀来弥补，结果如图 8.33（f）所示，该结果构成了对图 8.33（d）中开运算的闭运算。最后结果显示，噪声斑点清除得相当干净。

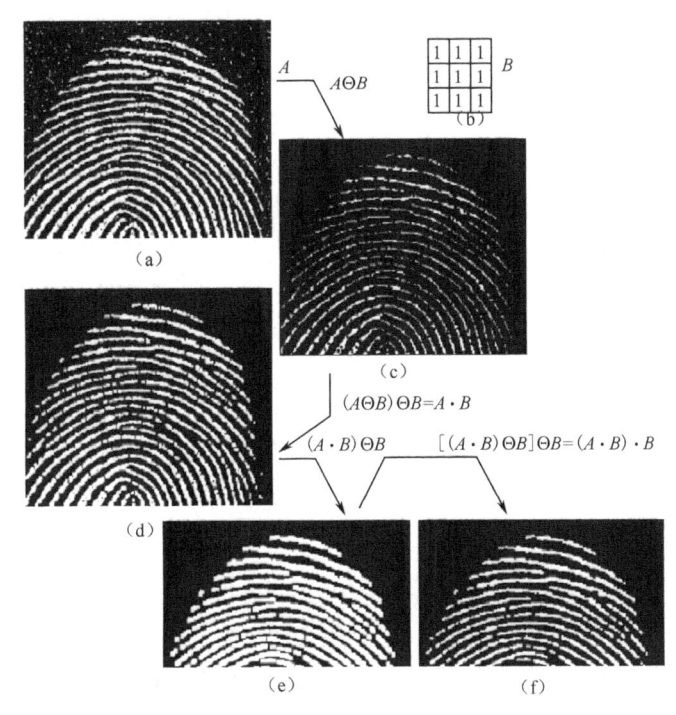

图 8.33　形态学滤波的开运算和闭运算应用

8.5.3 一些基本形态学算法（Some Basic Morphological Algorithms）

以前面的讨论作为背景，我们现在可以考虑一些形态学的实际应用。当处理二值图像时，形态学的主要应用是提取对于描绘和表达形状有用的图像成分。形态学算法如边界提取、连通分量、凸壳、区域骨架等，预处理或后处理方法如区域填充、细化、粗化、修剪等，这些算法非常重要，在实际中非常有用。限于篇幅，本书仅对边界提取和区域填充进行讨论，其余内容可以参考其他相关资料。

1. 边界提取

要在二值图像中提取物体的边界，容易想到的一个方法是将所有物体内部的点删除（置为背景色）。具体而言，可以逐行扫描原始图像，如果发现一个白点的八个邻域都是白点，则该点为内部点，可在目标轮廓中将它删除。实际上这相当于采用一个 3 像素×3 像素的结构元素对原始图像进行腐蚀，腐蚀保留的都是物体的内部点，再用原始图像减去腐蚀后的图像，留下的就是边界像素。一般边界提取可以描述如下。

设 B 是一个适当的结构元素，集合 A 的边界表示为 $\beta(A)$，它可以通过先由 B 对 A 进行腐蚀，而后用 A 减去腐蚀得到，即：

$$\beta(A) = A - (A \ominus B) \tag{8.57}$$

我们可以按照式（8.57）直接提取图像的边界轮廓。此外 MATLAB 图像处理工具箱提供了 bwperim() 函数，可用来检测二值图像中对象的边缘像素。其语法格式为：

```
BW2=bwperim(BW1,N)
```

N 表示邻接的类型，可以为 4、8 等，默认值为 4。下面的例子是对一幅人脸图像先进行二值化，然后用这两种方法分别提取图像边界轮廓的 MATLAB 程序实现。

【例 8.10】边界轮廓提取。

```
I=imread('fig834.jpg');              %读取图像
I=im2bw(I);                          %图像二值化
figure,imshow(I);                    %显示原始图像
se=strel('square',3);                %选取 3×3 正方形结构元素
Ie=imerode(I,se);                    %对原始图像进行腐蚀
Iout1=I-Ie;                          %原始图像减去腐蚀结果
figure,imshow(Iout1);                %显示边界轮廓
Iout2=bwperim(I,4);                  %用 bwperim 提取边界
figure,imshow(Iout2);                %显示边界提取结果
```

图 8.34（a）是原始人脸二值图像，图 8.34（b）是用式（8.57）直接提取的边界，图 8.34（c）是用 bwperim() 函数提取的边界。从结果可以看出，这两种方法都可以提取很好的图像边界轮廓。

2. 区域填充

下面讨论一个简单的区域填充算法，它以集合的膨胀、求补和交集为基础。在图 8.35 中，A 表示一个包含子集的集合，其子集元素均是区域的 8 连通边界点。我们的目的是从边界内的一个点开始，用 1 填充整个区域。

(a)人脸二值图像　　　　　(b)直接边界轮廓提取　　　　(c)用 bwperim( )函数提取边界

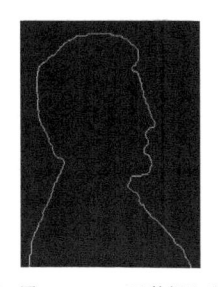

图 8.34　边界轮廓提取

这里的二值图像用 1 显示阴影区域，0 显示白色。所有的非边界（背景）点标记为 0，以 1 赋给 p 点开始。下面过程将整个区域用 1 填充：

$$X_k = (X_{k-1} \oplus B) \cap A^c, \quad k = 1, 2, 3, \cdots \tag{8.58}$$

式中，A^c 是 A 的补集，如图 8.35（b）所示，$X_0 = p$，B 是图 8.35（c）中的对称结构元素。如果 $X_k = X_{k-1}$，则算式在迭代的第 k 步结束。X_k 和 A 的并集包含被填充的集合和它的边界。

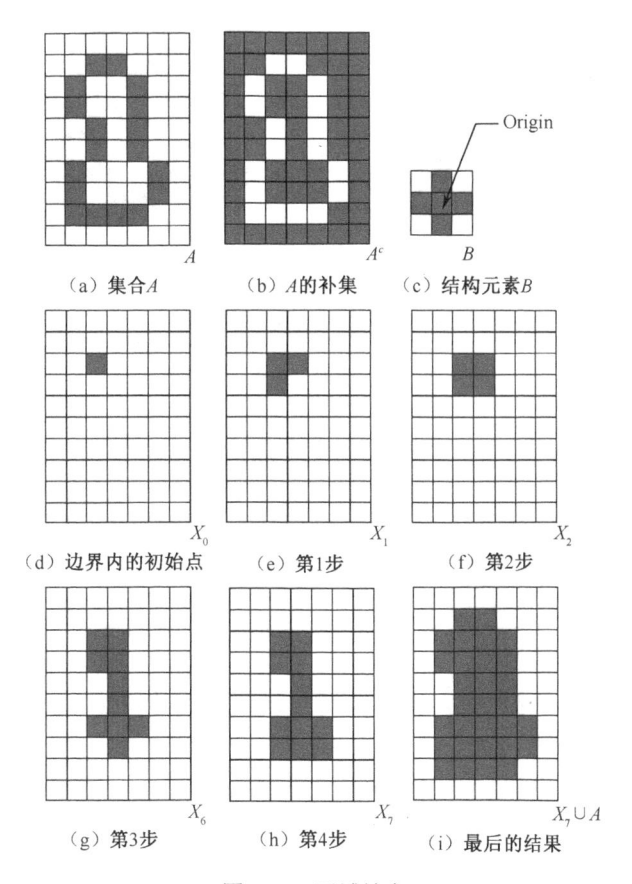

(a)集合 A　　　(b) A 的补集　　　(c)结构元素 B

(d)边界内的初始点　　(e)第1步　　(f)第2步

(g)第3步　　(h)第4步　　(i)最后的结果

图 8.35　区域填充

205

边界内的初始点显示如图 8.35（d）所示，式（8.58）经过 $k=1,2,3,\cdots,7$ 次运算后的结果如图 8.35（e）～图 8.35（h）所示，当 $k=8$ 时 $X_k=X_{k-1}$，迭代结束。此时，$X_7 \bigcup A$ 包含被填充的集合和它的边界，如图 8.35（i）所示。

如果对公式的左边不加限制，则式（8.58）的膨胀处理将填充整个区域。但在每一步中，用与 A^c 的交集将得到的结果限制在感兴趣的区域内，这种处理被称为条件膨胀。

MATLAB 提供了 bwfill( ) 函数，用来实现二值图像的区域填充，其语法格式和使用说明可通过 help bwfill 查阅。下面是利用该函数进行区域填充的一个例子。

【例 8.11】 形态学区域填充。

```
I=imread('fig836.jpg');              %读取原始图像
BW1=im2bw(I);                         %二值化
figure,imshow(BW1);                   %显示二值图像
BW2=bwfill(BW1,'holes');              %进行区域填充
figure,imshow(BW2);                   %显示填充后的结果
```

程序运行结果如图 8.36 所示，可以发现，每个区域都得到了很好的填充。

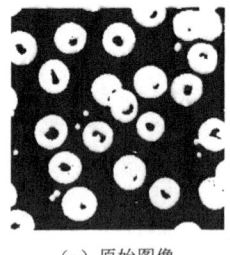

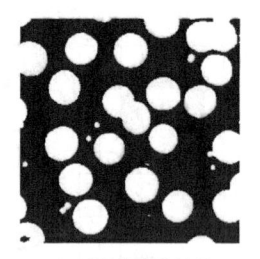

（a）原始图像　　　　　　（b）区域填充的结果

图 8.36　形态学运算

8.6　分割图像的结构（Construction of Image Segmentation）

如果只要求每个物体粗略的测量值，没有必要从原始图像中把物体抽取出来。而在其他场合，可能希望制作一幅新图像，以显示物体是如何调整的，或者用单独的图像显示每个物体，甚至还可能希望对单个物体逐个地进行进一步测量或其他处理。在这些情况下，就需要抽取并以更方便的形式存储各物体。

通常，每个物体在被检测时都应该标一个序号，这个物体序号可用来识别和跟踪景物中的物体。本节将介绍两种对分割图像进行结构化的方法。

8.6.1　物体隶属关系图（Relationships Between Objects）

一种保存分割信息的方法是另外生成一幅与原始图像大小相同的图像，在这幅图像中逐

个像素地用物体隶属关系进行编码。在物体隶属关系图中，每个像素的灰度级按其在原始图像中对应的像素所属物体序号进行编码。

物体隶属关系图技术通用性很强，但它不是一种对保存分割信息特别紧凑的方法，它需要一幅附加的全尺寸数字图像来描述甚至只包含一个小物体的场景。然而它正是一种可以显著压缩的图像，因为它通常包含大片具有恒定灰度级的区域。

如果仅对物体的大小和形状感兴趣，分割后可舍弃原始图像。如果仅有一个物体或物体不需要区分，还可以进一步减少数据量。无论是哪一种情况，物体隶属关系图都会变成一幅二值图像。

有时根据对图像分割的不同需要，可要求该过程用对整幅图像的多遍扫描来实现。在这种多遍图像扫描的分割过程中，一个二值图像或多值物体隶属关系图经常作为其中的一个中间步骤。

8.6.2 边界链码（Edge Chain Code）

存储图像分割信息一个更紧凑的形式是边界链码。既然边界已经定义了一个物体，就没有必要再存储内部点的位置。此外，边界链码还利用了边界是连通路径这一事实。

链码是从在物体边界上任意选取的某个起始点 (x, y) 开始的。这个起始点有八个邻接点，其中至少有一个是边界点。边界链码规定了从当前边界点走到下一个边界点这一步骤必须采用的方向。

由于有八种可能的方向，因此，可以将它们从 0 到 7 编号。图 8.37 显示了一种可用的八个方向的编码方案。因此边界链码包含了起始点坐标，以及用来确定围绕边界路径走向的编码序列。边界链码在 10.4 节有较为详细的介绍。

3	2	1
4		0
5	6	7

图 8.37 边界方向码

用边界链码存储一个物体的分割，只需要一个起始点 (x, y) 及每个边界点的 3bit 信息。这比物体隶属关系图所需的存储空间少了许多。当一个复杂场景被分割时，程序可以用一个单记录的方式存储每个物体的边界，其中包含物体编号、周长（边界点的数目）和链码。

生成边界链码时，由于必须在整幅图像中跟踪边界，所以常常需要对输入图像进行随机存取。采用图像分割中的边界跟踪技术时，链码的生成是一个自然的副产品。采用二值方法确定边界时，链码的生成不适于对存储在磁盘上的图像进行逐行处置。由于内部点被舍弃，边界链码在对单个物体图像有进一步的处理要求时，用处不大。

小结（Summary）

图像分割是一个将一幅数字图像划分为不交叠的、连通的像素集的过程，其中一个对应背景，其他的则对应图像中的各物体。利用为物体指定其像素或找出物体之间（或物体和背景之间）边界的方法来实现图像分割，在图像分割之间进行背景平滑和噪声消除，常常能改善分割时的性能。在图像分割中，采用自适应阈值方法较采用直方图分割方法具有更好的分割效果。针对较为复杂的图像可以采用区域分割技术来实现，针对图像分割结果则可以通过采用物体隶属关系图或边界链码来存储。

图像分割是一种重要的图像技术，在理论研究和实际应用中都得到了人们的广泛重视。图像分割的方法和种类有很多，有些分割运算可直接应用于任何图像，而另一些只能应用于特殊类别的图像。有些算法需要先对图像进行粗分割，因为它们需要从图像中提取出的信息。因此，没有唯一的、标准的分割方法。许多不同种类的图像或景物都可作为待分割的图像数据，不同类型的图像，已经有相对应的分割方法对其进行分割，同时，某些分割方法也只是适用于某些特殊类型的图像分割。分割结果的好坏需要根据具体的场合及要求来衡量。

形态学概念和技术构成了一系列能从图像中提取某些感兴趣特征的有力工具集。腐蚀和膨胀是基本操作，它们是各类形态学算法的基础。在图像预处理和后处理中，形态学运算显得十分重要，可以用来对图像的分割结果进行优化。

习题（Exercises）

8.1 设一幅7像素×7像素的二值图像中心处有一个值为0的3像素×3像素的正方形区域，其余区域的值为1，如图8.38所示。使用Sobel算子来计算这幅图的梯度，并画出梯度幅度图（需要给出梯度幅度图中所有像素的值）。

1	1	1	1	1	1	1
1	1	1	1	1	1	1
1	1	0	0	0	1	1
1	1	0	0	0	1	1
1	1	0	0	0	1	1
1	1	1	1	1	1	1
1	1	1	1	1	1	1

图8.38 习题8.1图

8.2 噪声会对利用直方图取阈值进行图像分割的算法生产哪些影响？

8.3 试求图 8.39 中 4 连通和 8 连通区域的数量。

1	0	1	1	0	0	0	0	1
1	0	0	0	0	0	1	1	1
0	1	0	0	0	1	1	1	1
0	0	1	0	0	1	1	0	1
0	0	0	1	1	1	0	0	0
0	1	1	0	0	1	1	1	0
0	0	0	0	0	1	1	1	0
0	1	0	1	1	0	1	0	1
0	1	1	1	1	0	0	0	0

图 8.39 习题 8.3 图

8.4 选择一幅灰度图像，用迭代阈值法进行分割，试写出 MATLAB 程序，并给出分割结果。

8.5 选择一幅灰度图像，用最大类间方差法进行分割，不用函数 graythresh( )，根据最大类间方差法原理写出 MATLAB 程序，并给出分割结果。

8.6 一幅图像背景部分的均值为 25、方差为 625，在背景上分布着一些互不重叠的均值为 150、方差为 400 的小目标。设所有目标合起来约占图像总面积的 20%，给出一个阈值分割算法，将这些目标分割出来。

8.7 对于题 8.6，给出一种区域生长的分割方法。

8.8 在图 8.40 所示的图像块中选择种子点和不同的阈值进行区域生长法分割。

4	3	3	1	6	5
6	5	4	4	8	6
9	6	4	7	8	7
8	4	4	5	6	4
5	3	3	4	3	3
2	2	3	4	3	2

图 8.40 习题 8.8 图

8.9 找出两幅灰度图像进行试验，分别用区域生长法和区域分裂合并法进行分割，并对分割结果进行比较分析。

8.10 选择一幅灰度图像，将其转换成二值图像，试用 3 像素×3 像素方形模板和 3 像素×4 像素矩形模板分别对其进行膨胀和腐蚀操作，写出 MATLAB 程序，并给出结果。

8.11 选择一幅灰度图像，将其转换成二值图像，试用形态学运算，提取图像中物体的边界。

8.12 选择一幅灰度图像，将其转换成二值图像，试用形态学运算，对图像中物体内部的孔洞进行填充。

第三部分 图像处理的扩展内容

第9章 彩色图像处理
（Color Image Processing）

在图像处理中要引入颜色主要由以下两个因素驱动。其一，颜色是一个强有力的描述子，它常常可以简化目标物的区分及从场景中抽取目标；其二，人类可以辨别几千种颜色色调和亮度，相比之下只能辨别几十种灰度层次。本章主要介绍彩色基本模型、全彩色处理和伪彩色处理技术，以及彩色图像的分割方法等。

The use of color in image processing is mainly motivated by two factors. One factor stems from the fact that color would largely simplify identification and extraction of the target from the image. Another factor is due to the fact that human beings can discern the shades and intensities of thousands of color much more easily than the two dozen shades of gray. This chapter discusses color models, full-color image processing, pseudocolor image processing, and color segmentation, etc.

9.1 彩色图像基础
（Fundamentals of Color Image）

9.1.1 彩色图像的概念（Concepts of Color Image）

彩色图像（Color Image）直观地说对应我们对周围彩色环境的感知（对应人的视觉器官的感知）。从计算的角度，一幅彩色图像被看成一个向量函数（一般具有三个分量），设函数的范围是一个具有范数的向量空间，也称为彩色空间（Color Space）。对于一幅（三通道的）彩色数字图像（Digital Color Image）任意向量 c，赋予一个像素 (x,y) 三个向量分量 f_1、f_2、f_3：

$$c(x,y) = [f_1(x,y), f_2(x,y), f_3(x,y)]^T = [f_1, f_2, f_3]^T \tag{9.1}$$

设向量分量各自具有 L 个量化等级（在通常情况下，L 可以取 256），用向量分量 f_1、f_2、f_3 的具体数值组合来表达的彩色只有相对意义。具有整数分量 $0 \leqslant f_1, f_2, f_3 \leqslant L-1$ 的每个向量$[f_1, f_2, f_3]^T$刻画了基本彩色空间中的一种彩色。典型的彩色空间包括用于在显示器(彩色加性混合)上表示彩色图像的 RGB 彩色空间,以及用于打印机(彩色减性混合)打印彩色图像的 CMY(K)彩色空间。

如果一幅数字化彩色图像的向量分量代表可见光的光谱传输,那么这幅彩色图像称为真彩色图像(True-Color Image)。真彩色图像可由彩色 CCD 摄像机获得,商用的彩色 CCD 摄像机一般量化为每个彩色通道或向量分量为 8 bit(256 个等级)。真彩色图像由三个颜色分量(红色 R、绿色 G、蓝色 B)组成,每个像素的像素值是一个由三个分量(R、G、B)组成的向量,每个分量用 1 字节表示,这样每个像素需要 3 字节(24 比特)存储。

假彩色图像(False-Color Image)与真彩色图像的定义形式类似,它允许将可见光以外的光谱也转换为彩色图像的向量分量。例如,红外图像,其信息内容并不来自可见光的,而是为了表达和显示,将处在红外光谱的信息转换到了可见光的范围内。

伪彩色图像(Pseudocolor Image)是指将所选的像素编码或彩色化的图像。对这些像素,相关联的像素值(灰度值或彩色向量)被给定的彩色向量所替换。原始图像可以是灰度图像,其中重要的区域(如 X 射线图像中用来帮助放射专家诊断的区域)被记录为彩色。

彩色量化一般通过索引的彩色(Indexed Color)来实现。例如,根据量化算法,从图像中选择 256 个彩色向量并放入颜色表(Colormap)或调色板(Palette)中,列出每个像素关联的索引值,按照这个索引值,在颜色表中找到对应的颜色值,在显示器上显示彩色图像。真彩色图像借助索引彩色时,将减少图像的彩色信息并降低彩色图像的质量,这些彩色图像对进一步用图像分析技术进行加工并不太合适。

上述讨论的是三个通道的彩色图像。这些技术也可以推广到 n 个通道,这就是多通道(Multichannel)或多带图像(Multiband Image):

$$c(x,y) = [f_1(x,y), f_2(x,y), \cdots, f_n(x,y)]^T = [f_1, f_2, \cdots, f_n]^T \tag{9.2}$$

式(9.2)的特例是 $n=1$ 时,为灰度图或强度图;$n=3$ 时,如三个通道的真彩色图。

例如,多光谱图像(Multispectral Image),即对给定场景用多个谱带获得的图像,某些(或全部)谱带有可能处在可见光范围之外,如 LANDSAT 图像的谱带为 500~600nm(蓝色-绿色)、600~700nm(黄色-红色)、700~800nm(红色-红外)和 800~1100nm(红外),LANDSAT 图像的图像值用包含四个分量的向量来表示。其他多通道图像的例子还有雷达图像,其中各通道代表不同波长和极化情况下的信号。近期的研究还包括采集、表达和处理多谱,其中包括可见光谱内多于三个通道的彩色图像。一般具有超过 100 个谱带的图像被称为超光谱图像(Hyperspectral Image),但没有公认的超光谱图像谱带个数的最小数目。

9.1.2 彩色基础(Color Fundamentals)

虽然人的大脑感知和理解颜色所遵循的过程是一种生理和心理现象,这一现象还远没有被完全了解,但颜色的物理性质可以由实验和理论结果支持的基本形式来表示。1666 年,牛顿(Isaac Newton)发现了一个现象,当一束太阳光通过一个玻璃棱镜时,出现的光束不是白色的,而是由紫色过渡到红色的连续彩谱组成的。彩色谱可分为七个宽的区域:紫色、蓝色、青色、绿色、黄色、橙色和红色。从而证明白光是由不同颜色(而且这些颜色并不能再进一步被分解)的光线相混合而成的,这些不同颜色的光线实际上就是不同频率的电磁波,人类的脑、眼将不同频率的电磁波感知为不同的颜色。

人类和某些动物接收的一个物体的颜色由物体反射光的性质决定，如图 9.1 所示。可见光是由电磁波谱中相对较窄的波段组成的。一个物体反射的光如果在所有可见光波长范围内是平衡的，对观察者来说显示白色；而若一个物体对有限的可见光谱范围反射，则物体呈现某种颜色。例如，绿色物体反射 500～570nm 范围内的光，吸收其他波长光的多数能量。

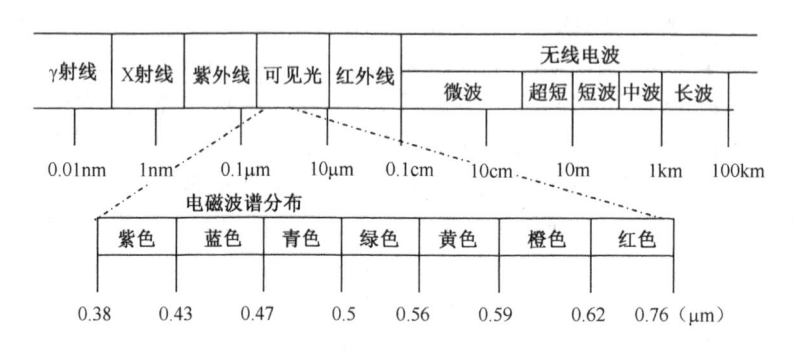

γ射线	X射线	紫外线	可见光	红外线	无线电波			
					微波	超短 短波 中波	长波	
0.01nm	1nm	0.1μm	10μm	0.1cm	10cm	10m	1km	100km

电磁波谱分布

紫色	蓝色	青色	绿色	黄色	橙色	红色
0.38	0.43	0.47	0.5	0.56	0.59	0.62 0.76（μm）

图 9.1　可见范围电磁波谱的波长组成

光特性是颜色科学的核心。如果光是消色的（缺乏颜色），则它的属性仅仅是亮度，消色光就是黑白电视的光，由灰度来度量亮度，它是一个标量，其范围从黑到灰最后到白。

可见光覆盖电磁波谱 400～700nm 的范围，可用辐射率、光强和亮度三个基本量描述彩色光源的质量。辐射率是从光源流出能量的总量，通常用瓦特（W）度量。光强用流明（Lumen）度量，它给出了观察者从光源接收的能量总和的度量。例如，光从工作在远红外波普范围的光源中发出，它可能具有实际意义上的能量，但是观察者却很难感觉到，它的光强几乎是零。亮度是物体表面发光的量度，是从一个表面进入人眼的可见光的数量。换句话说，它是由于反射、透射和（或）发射沿给定方向离开表面上一点的可见光的数量，是一个主观描述子。

正如 2.1 节提到的，人眼的视锥细胞是负责彩色视觉的传感器，详细的实验结果表明，在人眼中的 600 万～700 万视锥细胞可分为三个主要的感觉类别，它们对应红光、绿光、蓝光。大约 65%的视锥细胞对红光敏感，33%的对绿光敏感，只有 2%的对蓝光敏感。图 9.2 显示了眼睛对红光、绿光、蓝光吸收的平均实验曲线。由于人眼的这些吸收特性，被看到的彩色是所谓的原色红（R，Red）、绿（G，Green）和蓝（B，Blue）的各种组合。为标准化起见，国际照明委员会（CIE）在 1931 年设计了特定波长值为主原色：蓝色=435.8nm，绿色=546.1nm，红色=700nm。这一标准在图 9.2 所示的详细实验曲线得到之前（该曲线于 1965 年得到）就做了规定。这样，CIE 标准只是实验数据的近似。从图 9.1 和图 9.2 可以看出，没有单一颜色可称为红色、绿色、蓝色。由于光源的光谱是连续渐变的，所以并没有一种颜色可以准确地称为红色、绿色、蓝色。另外，为标准化目的而定义的三种基本波长并不意味着仅三个固定的 R、G、B 分量就可组成所有颜色。

自然界中的绝大多数颜色都可以用这三原色按照不同比例混合得到。同样，绝大多数色光也可以分解成红、绿、蓝三种色光，这就是三原色原理。该原理是 T. Young 在 1802 年提出的，其基本内容是：绝大多数颜色都可以用三种不同的基本颜色按照不同比例混合得到，即：

$$C = aC_1 + bC_2 + cC_3 \tag{9.3}$$

式中，a、b、$c \geq 0$，为三种原色的权值或者比例；C_1、C_2、C_3 为三原色（又称为三基色）；C 为所合成的颜色，可为任意颜色。

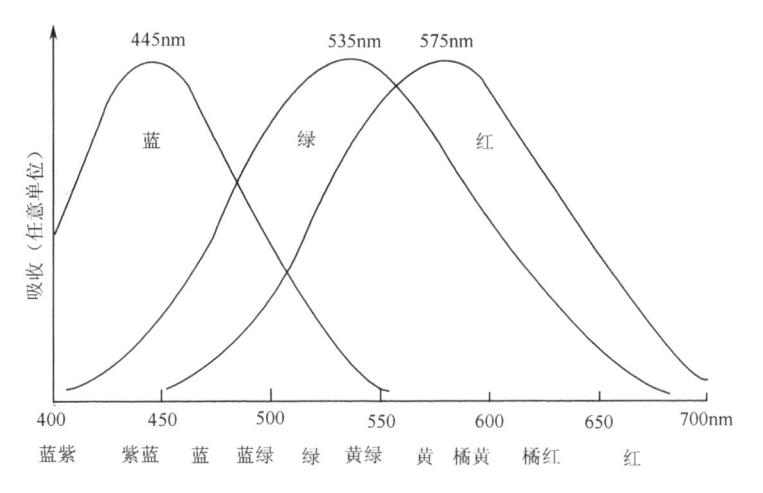

图 9.2　人眼中视锥细胞的波长吸收函数

三原色原理指出：

（1）自然界中的绝大多数颜色都可以用三种原色按一定比例混合得到；反之，绝大多数颜色都可以分解为三种原色。

（2）作为原色的三种颜色应该相互独立，即其中任何一种都不能用其他两种混合得到。

（3）三原色之间的比例直接决定混合色调的饱和度。

（4）混合色的亮度等于各原色的亮度之和。

三原色原理是色度学中最基本的原理。红、绿、蓝三原色按照比例混合可以得到绝大多数颜色，其配色方程为。

$$C = aR + bG + cB，（a, b, c \geq 0，为三种原色的权值或比例） \tag{9.4}$$

式中，C 为任意一种颜色；R 代表红色分量；G 代表绿色分量；B 代表蓝色分量。

原色相加可产生二次色，如红色+蓝色=品红色（M，Magenta）（也称深红色），绿色+蓝色=青色（C，Cyan），红色+绿色=黄色（Y，Yellow）。以一定比例混合光的三原色或以一种二次色与其相反的原色相混合可以产生白色（W，White），即红色+绿色+蓝色=白色，其结果如图 9.3 所示。

光原色与颜料原色之间具有很大区别。颜料原色定义为吸收一种光原色并让其他两种光原色反射的颜色，所以颜料的三种原色正是光的三种二次色，而颜料的三种二次色正是光的三种原色。如果以一定比例混合颜料的三种原色或将一种二次色与其相反的原色混合就可以得到黑色，即品红色+青色+黄色=黑色，其结果如图 9.3 所示。

彩色电视机中采用加基色混色（Additive Color Mixture）系统，使用红、绿、蓝三色作为基色来混合。彩色电视接收机是色光相加的例子，许多彩色电视显像管内部是由电敏荧光粉三角形点阵形式组成的。当激发时，像素三色组中的每一点能产生三原色中的一种光。发射红光的荧光粉的像点亮度由显像管内的电子枪调制，该电子枪产生的脉冲与电视摄像机摄取的"红能量"相对应。像素三色组中的绿点和蓝点荧光物以相同的方式被调制。在电视接收机上观察到的效果是，像素三色组每一荧光点原色加在一起并由眼睛对颜色敏感的视锥细胞以全彩色图像的方式接收。在绘画时采用减基色混色（Subtractive Color Mixture）系统，一般使用品红色、黄色、青色作为原色来混合，如图 9.3 所示。

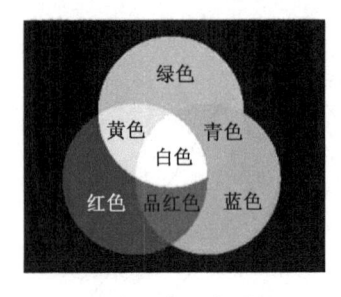

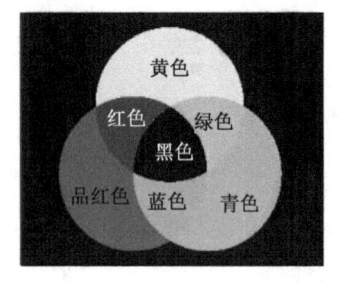

（a）加基色混色系统　　　　（b）减基色混色系统

图 9.3　光及颜料的原色和二次色

对于强度相同的不同单色光，人眼的主观亮度感觉不同。相同亮度的三原色，人眼看去的感觉是，绿色光的亮度最亮，而红色光其次，蓝色光最弱。如果用 Y 来表示白色光的亮度（灰度），那么根据 NTSC（美国国家电视制式）电视制式推导，可以得到白光亮度与红色光、绿色光、蓝色光的关系：

$$Y=0.299R+0.587G+0.114B \tag{9.5}$$

而根据 PAL（相位逐行交变）电视制式，可得：

$$Y=0.222R+0.707G+0.071B \tag{9.6}$$

采用三原色来表示各种颜色，使得彩色图像的获取、表示、传输和复制成为可能，它被广泛应用于彩色绘制、印染、摄影等多个方面。

区分颜色常用的三种基本特性量为：亮度、色调和饱和度。正如前面所述，亮度是色彩明亮度的概念；色调是光波混合中与主波长有关的属性；色调表示观察者接收的主要颜色。这样，当我们说一个物体是红色、橘黄色、黄色时，是指它的色调。饱和度与一定色调的纯度有关，纯光谱色是完全饱和的，像粉红色（红加白）和淡紫色（紫加白）是欠饱和的，饱和度与所加白光数量成反比。

色调和饱和度一起称为彩色（也称为色度），因此，颜色是用亮度和色度共同表征的。形成任何特殊颜色需要的红色、绿色、蓝色的量称为三色值，并分别用 X、Y、Z 表示。进一步地，一种颜色可用它的三个色系数表示，它们分别是：

$$x=\frac{X}{X+Y+Z} \tag{9.7}$$

$$y=\frac{Y}{X+Y+Z} \tag{9.8}$$

$$z=\frac{Z}{X+Y+Z} \tag{9.9}$$

由式（9.7）～式（9.9）可得：

$$x+y+z=1 \tag{9.10}$$

1931 年 CIE 制定了一个色度图，如图 9.4 所示，图中波长单位是毫微米，用组成某种颜色的三原色比例来规定这种颜色。图 9.4 中横轴代表红色色系数，纵轴代表绿色色系数，蓝

色色系数可由 $z=1-(x+y)$ 求得。例如，图 9.4 中标记为绿色的点有 62%的绿色和 25%的红色成分，从而计算得到蓝色的成分约为 13%。图 9.4 中各点给出光谱各颜色的色度坐标，深蓝色在色度图的左下部，绿色在色度图的左上部，红色在色度图的右下部。

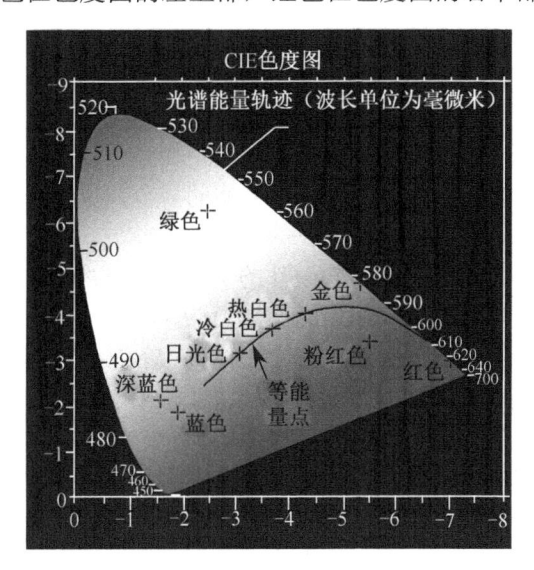

图 9.4 色度图

通过对图 9.4 的观察分析可知：

（1）在色度图中每一点都对应一种颜色，或者说任何颜色都在色度图中占据确定的位置。

（2）可见光的波长范围为 380～780nm，从 380nm 的紫色到 780nm 的红色的各种谱色的位置标在舌形色度图的边界上，它们都是纯色。任何不在边界上而在色度图内部的点都表示谱色的混合色。图 9.4 中的等能量点与三原色百分率相对应，它表示相对白光的 CIE 标准。位于色度图边界上的任何点都是全饱和的，如果一点离开边界并接近等能量点，就在颜色中加入了更多的白光，该颜色就变成欠饱和的了，等能量点的饱和度为零。

（3）色度图对彩色混合非常有用，因为在色度图中用连接任意两点的直线段定义所有不同颜色的变化，这些颜色可以由这两类颜色相加得到。例如，从图 9.4 中的红色点到绿色点画一条直线，如果有比绿光多的红光，则确切地表示新颜色的点将处在线段上，但与绿色点相比更接近红色点。类似地，从等能量点到位于色度图边界上的任意点画一条线段将定义特定谱色的所有色调。

（4）可以把这一过程扩展到三种颜色，如果要确定由三个给定颜色组合成的颜色范围，只需要将这三种颜色对应的三个点连成三角形，在该三角形中的任意颜色都可由这三种颜色组成，而在该三角形外的颜色则不能由这三种颜色组成。由于给定三个固定颜色而得到的三角形并不能包含色度图中所有的颜色，所以这个结果从图解上支持前面得出的用三个单波长的、确定的原色不能组合得到所有颜色的论点。

215

9.2 彩色模型
(Color Models)

彩色模型(也称彩色空间或彩色系统)的用途是在某些标准下用通常可接受的方式简化彩色规范。本质上,彩色模型是坐标系统和子空间的规范,位于系统中的每种颜色都由单个点来表示。

现在所用的大多数彩色模型都是面向硬件的(如彩色监视器和彩色打印机)或是面向应用的。在数字图像处理中,实际中最通用的面向硬件模型是 RGB(红、绿、蓝)彩色模型。该彩色模型用于彩色监视器和一大类彩色视频摄像机。CMY(青、深红、黄)彩色模型、CMYK(青、深红、黄、黑)彩色模型是针对彩色打印机的。HSI(色调、饱和度、亮度)彩色模型符合人类描述和解释颜色的方式。HSI 彩色模型还有一个优点,就是它把图像分成彩色和灰度信息,这将更便于许多灰度处理技术的应用。CIE 颜色空间(CIE Luv、CIE Lab)是另一种符合人类描述和解释颜色的方式。由于彩色科学涉及的应用领域很宽广,所以使用的彩色模型还有不少。本章主要讨论几种图像处理应用的主要彩色模型。

9.2.1 RGB 彩色模型(RGB Color Model)

RGB 彩色模型是目前常用的一种彩色信息表达方式,它使用红、绿、蓝三原色的亮度来定量表示颜色。该彩色模型也称为加色混色模型,是以 RGB 三色光相互叠加来实现混色的方法,适合于显示器等发光体的显示,其混色效果如图 9.5 所示。

RGB 彩色模型可以看成三维直角坐标彩色系统中的一个单位正方体,如图 9.6 所示。任何一种颜色在 RGB 彩色系统中都可以用三维空间中的一个点来表示(为方便起见,假定所有颜色值都归一化,即所有 R、G、B 的值都在[0, 1]范围内取值)。图 9.6 中,R(Red)、G(Green)、B(Blue)位于三个角上,坐标分别为(1,0,0)、(0,1,0)、(0,0,1)。二次色品红(Magenta)、

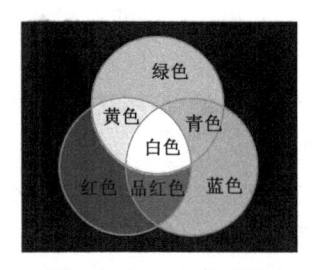

图 9.5 RGB 混色效果

青(Cyan)、黄(Yellow)位于另外三个角上,坐标分别为(1,0,1)、(0,1,1)、(1,1,0)。黑色在原点(0,0,0)处,白色位于离原点最远的角上,坐标为(1,1,1)。在该彩色模型中,在连接黑色与白色的对角线上,是由亮度等量的三基色混合而成的灰色,该线称为灰色线。在该彩色模型中,不同的颜色处在立方体上或其内部,并可用从原点分布的向量来定义。

在 RGB 彩色模型中,所表示的图像由三个图像分量组成,每个图像分量都是其原色图像。当送入 RGB 监视器时,这三幅图像在荧光屏上混合产生一幅合成的彩色图像。在 RGB 空间,用以表示每一像素的比特数称为像素深度。考虑 RGB 图像,其中每幅红、绿、蓝图像都是一幅 8 bit 图像,在这种条件下,每个 RGB 彩色像素有 24 bit 深度(三个图像平面乘以每平面比特数,即 3×8 bit)。24 bit 的彩色图像也称全彩色图像。在 24 bit RGB 图像中颜色总数是 2^{24}=16 777 216。图 9.7 显示了与图 9.6 对应的 24 bit 彩色立方体。

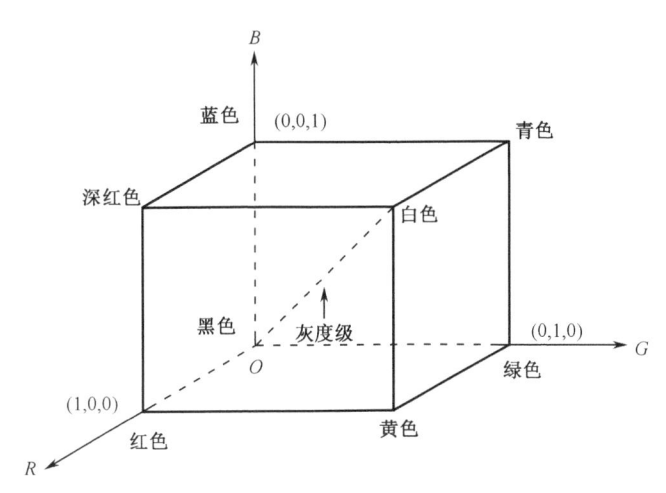

图 9.6 RGB 彩色立方体示意图

根据该彩色模型,每幅彩色图像包括三个独立的基色平面,或者说可分解到三个平面上。反过来,如果一幅图像可被表示为三个平面,使用该彩色模型比较方便。例如,在处理多频谱的卫星遥感图像时常用 RGB 彩色模型。

一幅 $m \times n$(m、n 为正整数,分别表示图像的高度和宽度)的 RGB 彩色图像可以用一个 $m \times n \times 3$ 的矩阵来描述,图像中的每个像素点对应于由红、绿、蓝三个分量组成的三元组。在 MATLAB 中,不同的图像类型其图像矩阵的取值范围也不一样。例如,若一幅 RGB 图像是 double 类型的,则其取值范围为[0, 1],而如果是 uint8 或者 uint16 类型的,则取值范围分别是[0, 255]或[0, 65535]内的整数。

图 9.7 24 bit RGB 彩色立方体

在 MATLAB 中要生成一幅 RGB 彩色图像可以采用 cat 函数来得到。

其基本语法如下:
```
B=cat(dim, A₁, A₂, A₃, …)
```
其中,dim 为维数,cat 函数将 A_1,A_2,A_3,…矩阵连接成维数为 dim 的矩阵。对图像生成而言,可以取 dim=3,然后将三个代表 RGB 分量的矩阵连接在一起:

$$I = \text{cat}(3, \text{rgb\_R}, \text{rgb\_G}, \text{rgb\_B}) \tag{9.11}$$

在这里,rgb_R、rgb_G、rgb_B 分别为生成的 RGB 图像 I 的三个分量的值,可以使用下列语句从图像 I 中得到:

```
rgb_R=I(:, :, 1);
rgb_G=I(:, :, 2);
rgb_B=I(:, :, 3);
```

【例 9.1】生成一幅 128 像素×128 像素的 RGB 图像,该图像左上角为红色,左下角为蓝色,右上角为绿色,右下角为黑色。

其 MATLAB 程序如下:
```
clear
rgb_R=zeros(128,128);           %生成一个 128 像素×128 像素的零矩阵,作为 R 分量
rgb_R(1:64,1:64)=1;             %将其左上角的 64 像素×64 像素设置为 1
```

```
rgb_G=zeros(128,128);              %生成一个128像素×128像素的零矩阵,作为G分量
rgb_G(1:64,65:128)=1;              %将其右上角的64像素×64像素设置为1
rgb_B=zeros(128,128);              %生成一个128像素×128像素的零矩阵,作为B分量
rgb_B(65:128,1:64)=1;              %将其左下角的64像素×64像素设置为1
rgb=cat(3,rgb_R,rgb_G,rgb_B);      %使用cat函数将三个分量组合
figure, imshow(rgb), title('RGB 彩色图像');
```

结果如图 9.8 所示。

图 9.8 采用 cat 函数生成 RGB 彩色图像

9.2.2 CMY 彩色模型和 CMYK 彩色模型（CMY Color Model and CMYK Color Model）

在用彩色打印机将彩色图像打印输出时，使用的是 CMY 彩色模型和 CMYK 彩色模型。在 RGB 彩色模型中，红色（Red）、绿色（Green）、蓝色（Blue）是在黑色光中增加这种颜色得到的，所以红色、绿色、蓝色称为加色基色，RGB 彩色模型称为加色混色模型。与此不同的是，在 CMY 彩色模型中，青色（Cyan）、品红色（Magenta）、黄色（Yellow）是在白色光中减去红色、绿色、蓝色而得到的，它们分别是红色、绿色、蓝色的补色，所以青色、品红色、黄色称为减色基色，CMY 彩色模型称为减色混色模型。在笛卡儿坐标系中，CMY 彩色模型与 RGB 彩色模型外观相似，但原点和顶点刚好相反，CMY 彩色模型的原点是白色，相对的顶点是黑色。

大多数在纸上沉积彩色颜料的设备，如彩色打印机和彩色复印机，要求输入 CMY 数据或在内部作 RGB 彩色模型到 CMY 彩色模型的转换，这一转换就是执行以下操作：

$$\begin{bmatrix} C \\ M \\ Y \end{bmatrix} = \begin{bmatrix} 1 \\ 1 \\ 1 \end{bmatrix} - \begin{bmatrix} R \\ G \\ B \end{bmatrix} \tag{9.12}$$

这里再次假设所有的彩色值范围都归一化为[0, 1]。式（9.12）显示了从涂覆青色颜料的表面反射的光不包含红色，即式（9.12）中 $C=1-R$。与此相似，纯品红色不反射绿色，纯黄色不反射蓝色。

由于在印刷时 CMY 彩色模型不可能产生真正的黑色，因此在印刷业中实际使用的是 CMYK 彩色模型，K 为第四种颜色，表示黑色。在彩色打印及彩色印刷中，由于彩色墨水、

油墨的化学特性、色光反射和纸张对颜色的吸附程度等因素，用等量的 CMY 三色得不到真正的黑色，所以在 CMY 色彩中需要另加一个黑色（K），才能弥补这三种颜色混合不够黑的问题。从 CMY 彩色模型到 CMYK 彩色模型的转换公式为：

$$\begin{cases} K = \min(C,M,Y) \\ C = C - K \\ M = M - K \\ Y = Y - K \end{cases} \quad (9.13)$$

RGB 彩色模型与 CMY 彩色模型的相互转换可以使用函数 imcomplement：I_2= imcomplement(I_1)，该函数可得到图像 I_1 的互补图像 I_2。其中，I_1 可以是二值图像、灰度图像或彩色图像，而 I_2 与 I_1 互补。

9.2.3 HSI 彩色模型（HSI Color Model）

RGB 彩色模型和 CMY 彩色模型对硬件实现很理想，同时 RGB 系统与人眼很强地感觉红、绿、蓝三原色的事实能很好地匹配。但是，RGB 彩色模型、CMY 彩色模型和其他类似的彩色模型不能很好地适应实际上人类解释的颜色。例如，两个 RGB 像素点的距离与人类对这两点的视觉感知距离并不一致。

HSI（Hue-Saturation-Intensity）彩色模型用 H、S、I 三个参数描述颜色特性，它是由 Munseu 提出的一种彩色模型。其中，H 定义颜色的波长，称为色调；S 表示颜色的深浅程度，称为饱和度；I 表示强度或亮度。在这里，I 规定为 R、G、B 三个灰度级的平均值，在有的地方也使用对不同分量用不同权值的彩色机制。强度值确定了像素的整体亮度，而不管彩色是什么。人们可以通过平均 RGB 分量将彩色图像转化为单色图像，这样就丢掉了彩色信息。

HSI 彩色模型在图像处理和识别中广泛采用，主要基于两个重要的事实：其一，I 分量与图像的彩色信息无关；其二，H 分量和 S 分量与人类感受颜色的方式是紧密相连的。这些特点使得 HSI 彩色模型非常适合借助人类的视觉系统来感知彩色特性的图像处理算法。由于 HSI 彩色模型与人类的视觉是近似一致的，所以两个 HSI 彩色点之间的视觉感知距离可以近似地用它们在 HSI 彩色空间中像素点之间的距离来度量。

包含彩色信息的两个参数是色调（H）和饱和度（S），也有人使用与其等价的其他定义。图 9.9 中的色环描述了这两个参数，色调 H 用角度表示，彩色的色调反映了该彩色最接近什么样的光谱波长（彩虹中对应的颜色）。不失一般性，可以假定 0° 的彩色为红色，120° 的为绿色，240° 的为蓝色。色调从 0°～360° 覆盖了所有可见光谱的彩色。

饱和度 S 表示颜色的深浅程度，饱和度越高，颜色越深，如深红色、深绿色等。饱和度参数是色环的原点（圆心）到彩色点的半径长度，如图 9.9 所示。环外围圆周是纯的（或称饱和的）颜色，其饱和度为 1；在环中心是中性（灰色），即饱和度为 0。

试验获得的实验数据上的饱和度的概念可描述如下：假设你有一桶纯红色的颜料，它对应的色调为 0，饱和度为 1。混入白色染料后使红色变得不再强烈，降低了它的饱和度，但没有使它变暗。粉红色对应的饱和度约为 0.5。随着更多白色染料加入混合物中，红色变得越来越淡，饱和度降低，最后接近于零（白色）。相反，如果将黑色染料与纯红色混合，它的亮度将降低（变黑），而它的色调（红色）和饱和度（1）将保持不变。

亮度 I 是指光波作用于感受器发生的效应，其大小由物体反射系数来决定。物体反射系数越大，物体的亮度越大，反之越小。如果把色环的垂线作为亮度，那么 H、S、I 三个分量构成一个柱形彩色空间，即 HSI 彩色模型的三个属性定义了一个三维柱形彩色空间，如图 9.10 所示。灰度阴影沿轴线自下而上亮度逐渐增加，底部的黑色逐渐变为顶部的白色。圆柱顶部圆周上的颜色具有最高亮度和最大饱和度。

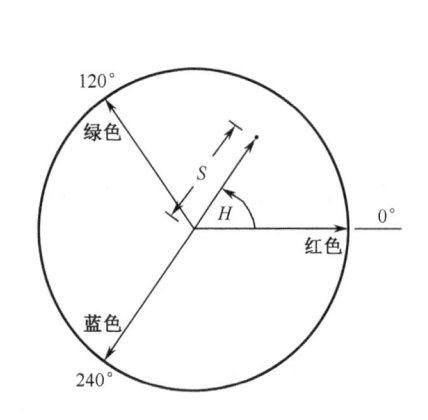

图 9.9　HSI 彩色模型色环　　　　　图 9.10　柱形彩色空间

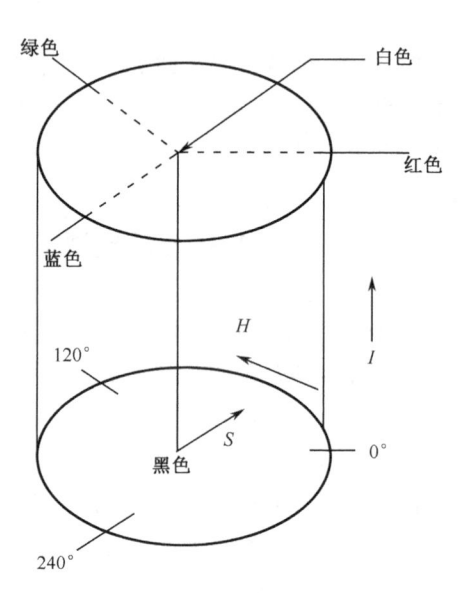

1. 从 RGB 彩色模型转换到 HSI 彩色模型

从 RGB 彩色模型到 HSI 彩色模型的转换是一个非线性变换。对任何三个在[0，1]范围内的 R、G、B 值，其对应 HSI 彩色模型中的 I、S、H 分量可由式（9.14）～式（9.17）计算：

$$I = \frac{1}{3}(R+G+B) \tag{9.14}$$

$$S = 1 - \frac{3}{R+G+B}\min(R,G,B) \tag{9.15}$$

$$H = \begin{cases} \theta & G \geqslant B \\ 2\pi - \theta & G < B \end{cases} \tag{9.16}$$

其中

$$\theta = \arccos\left\{\frac{\frac{1}{2}[(R-G)+(R-B)]}{\sqrt{(R-G)^2+(R-B)(G-B)}}\right\} \tag{9.17}$$

当 $S = 0$ 时，对应的是无色的中心点，这时 H 没有意义，定义 H 为 0；当 $I = 0$ 时，S 没有意义。

2. 从 HSI 彩色模型转换到 RGB 彩色模型

若设 H、S、I 的值在[0，1]范围内，R、G、B 的值也在[0，1]范围内，则从 HSI 彩色模型到 RGB 彩色模型的转换公式如下。

1) $H \in \left[0, \dfrac{2\pi}{3}\right]$

$$B = I(1-S) \tag{9.18}$$

$$R = I\left[1 + \dfrac{S\cos H}{\cos\left(\dfrac{\pi}{3} - H\right)}\right] \tag{9.19}$$

$$G = 3I - (B+R) \tag{9.20}$$

2) $H \in \left[\dfrac{2\pi}{3}, \dfrac{4\pi}{3}\right]$

$$R = I(1-S) \tag{9.21}$$

$$G = I\left[1 + \dfrac{S\cos\left(H - \dfrac{2\pi}{3}\right)}{\cos(\pi - H)}\right] \tag{9.22}$$

$$B = 3I - (R+G) \tag{9.23}$$

3) $H \in \left[\dfrac{4\pi}{3}, 2\pi\right]$

$$G = I(1-S) \tag{9.24}$$

$$B = I\left[1 + \dfrac{S\cos\left(H - \dfrac{4\pi}{3}\right)}{\cos\left(\dfrac{5\pi}{3} - H\right)}\right] \tag{9.25}$$

$$R = 3I - (G+B) \tag{9.26}$$

【例 9.2】 将一幅彩色图像从 RGB 彩色空间转换到 HSI 彩色空间。

其主要 MATLAB 程序如下：

```
rgb=imread('i_flower673.jpg');      %读入 RGB 彩色图像
rgb1=im2double(rgb);                %为了方便计算，将其转换为 double 型
r=rgb1(:,:,1);                      %得到 R 分量图像
g=rgb1(:,:,2);                      %得到 G 分量图像
b=rgb1(:,:,3);                      %得到 B 分量图像
I=(r+g+b)/3;                        %按照式（9.14）计算得到 I 分量
tmp1=min(min(r,g),b);               %按照式（9.15）计算 R、G、B 的最小值
tmp2=r+g+b;
```

```
tmp2(tmp2==0)=eps;              %避免除数为0
S=1-3.*tmp1./tmp2;              %按照式(9.15)计算得到S分量
tmp1=0.5*((r-g)+(r-b));
tmp2=sqrt((r-g).^2+(r-b).*(g-b));
theta=acos(tmp1./(tmp2+eps));   %按照式(9.17)计算得到θ
H=theta;
H(b>g)=2*pi-H(b>g);             %按照式(9.16)计算得到H分量
H=H/(2*pi);
H(S==0)=0;                      %当S为0时,H也取0
hsi=cat(3,H,S,I);               %三个分量混合得到HSI图像
figure,imshow(rgb);             %显示如图9.11(a)
figure,imshow(H);               %显示如图9.11(b)
figure,imshow(S);               %显示如图9.11(c)
figure,imshow(I);               %显示如图9.11(d)
```

结果如图 9.11 所示。

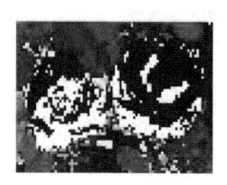

(a) RGB 原始图像　　(b) H 分量　　(c) S 分量　　(d) I 分量

图 9.11　RGB 原始图像到 HSI 彩色空间的转换

9.3　伪彩色处理
(Pseudocolor Image Processing)

在遥感、医学、安全检查等图像处理中，为了直观地观察和分析图像数据，常采用将灰度图像映射到彩色空间的方法，突出兴趣区域或待分析的数据段，这种显示方法称为伪彩色处理。伪彩色处理不改变像素的几何位置，仅改变其显示的颜色。伪彩色处理是一种很实用的图像增强技术，主要用于提高人眼对图像的分辨能力。这种处理可以用计算机来完成，也可以用专用硬件设备来实现。

9.3.1　背景(Background)

在 X 射线行李扫描中获得对危险物品的高检出率是机场安检人员非常迫切希望得到的结果。由于各行李内容的复杂性及恐怖分子隐藏危险物品的方法越来越多且更复杂，从目前使用的行李检查系统直接获得的 X 射线行李扫描图像还不能 100%揭示感兴趣的目标，特别是潜在的低密度危险目标。

对于 X 射线图像，低密度危险目标是指其组成、厚度对彩色的吸收非常低，因而其输出图像的灰度值非常低（接近 0）。如玻璃、树脂玻璃、各种级别的木材、陶瓷、铝、碳或环氧树脂和塑料都被用来制造致命武器，它们不能像传统金属武器（高密度）那样能在 X 射线图像中显现出来。大多数现有的 X 射线检查系统主要关注由金属组成的物品（刀和枪等），而非传统武器很容易被漏检。

已知人类仅可以区分几十级灰度值却可以分辨几千种彩色，所以通过使用彩色可以增加人类能辨识的目标种类。在此之上，彩色还能增强图像的活泼性，这样就会减少厌倦感并增加安检人员的关注度。对灰度图像的伪彩色化是一种典型的处理方法，用于在许多领域，如医学、监控、军事及数据显示，应用中增加信息。这种方法可以通过提供原本不容易被注意的细节来明显地提高对图像中弱特征、结构和模式的检测能力。彩色编码的主要作用就是利用人类视觉系统的感知能力从图像中提取更多信息，这也将提供更好的对复杂数据集合的定性综合观察，并能帮助操作者在场景中相邻的相似区域内辨识出感兴趣区域，以进行更细致的定量分析。通过帮助操作者区分各种密度的目标，彩色编码还能最小化操作者在监视和检测中扮演的角色，减少其执行检查的时间，降低由于疲劳而产生错误的机会。

伪彩色（Pseudocoloring）处理是指将灰度图像转化为彩色图像，或者将单色图像变换成给定彩色分布的图像。其主要目的是提高人眼对图像细节的分辨能力，以达到图像增强的目的。伪彩色处理的基本原理是将灰度图像或单色图像的各灰度级匹配到彩色空间中的一点，从而使单色图像映射成彩色图像。在处理中，需要对灰度图像中不同的灰度级赋予不同的彩色。

设 $f(x,y)$ 为一幅灰度图像，$R(x,y)$、$G(x,y)$、$B(x,y)$ 为 $f(x,y)$ 映射到 RGB 空间的三个彩色分量，则伪彩色处理可以表示为：

$$R(x,y)=f_R[f(x,y)] \qquad (9.27)$$
$$G(x,y)=f_G[f(x,y)] \qquad (9.28)$$
$$B(x,y)=f_B[f(x,y)] \qquad (9.29)$$

式中，f_R、f_G、f_B 为某种映射函数。给定不同的映射函数就能将灰度图像转化为不同的伪彩色图像。伪彩色处理虽然能将灰度转化为彩色，但这种彩色并不是真正表现图像的原始颜色，而仅仅是一种便于识别的伪彩色。在实际应用中，通常是为了提高图像分辨率而进行伪彩色处理，所以应采用分辨效果最好的映射函数。

伪彩色处理方法主要有强度分层法和灰度级到彩色变换法，下面将分别介绍这两种方法。

9.3.2 强度分层（Intensity Slicing）

强度分层技术是伪彩色图像处理最简单的方法之一。如果一幅图像被描述为空间坐标 (x, y) 的强度函数 $f(x, y)$，分层的方法可以看成是放置一些平行于图像坐标平面 (x, y) 的平面，然后每个平面在相交的区域中切割图像函数。图 9.12 显示了利用平面把图像函数 $f(x,y) = l_i$（l_i 表示灰度级）切割为两部分的情况。

如果将图 9.12 所示平面的每一面赋予不同彩色，如平面之上任何灰度级上的像素将编码成一种彩色，平面之下的像素将编码为另一种彩色，位于平面上的灰度级本身被任意赋予两种彩色之一，其结果便是一幅两色图像。

一般地，该技术可以总结为：令 $[0, L-1]$ 表示灰度级，使 l_0 代表黑色 $[f(x,y) = 0]$，l_{L-1} 代表白色 $[f(x,y) = L-1]$。假定将垂直于强度轴的 P 个平面定义为量级 $l_1, l_2, \cdots, l_M$；并假定 $0<M<L-1$，

M 个平面将灰度级分为 $M+1$ 个间隔 $V_1, V_2, \ldots, V_{M+1}$。从灰度级到彩色的赋值根据以下关系进行：

$$f(x,y) = C_k \quad f(x,y) \in V_k \tag{9.30}$$

式中，C_k 是与强度间隔 V_k 第 k 级强度有关的彩色，V_k 是由 $l=k-1$ 和 $l=k$ 分割平面定义的。如图 9.13 所示。

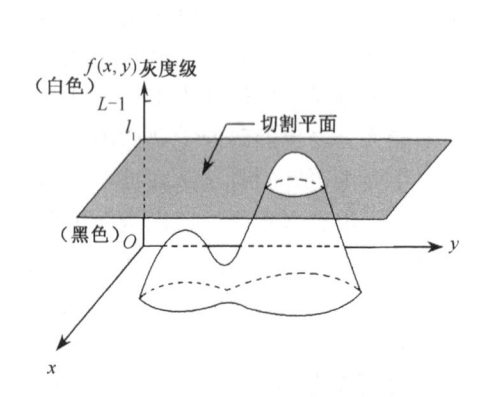

图 9.12　强度分层技术的几何解释 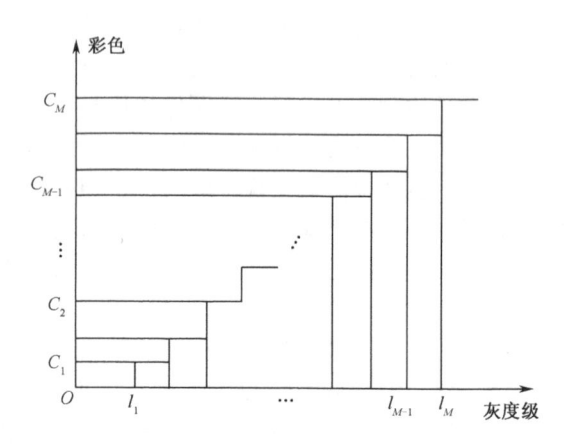　　　　图 9.13　多灰度伪彩色分层示意图

【例 9.3】灰度图像的强度分层。

其主要 MATLAB 程序实现如下。

```
I=imread('moongray.bmp');
GS8=grayslice(I,8);
GS64=grayslice(I,64);
subplot(1,3,1), imshow(I), title('原始灰度图像');
subplot(1,3,2), subimage(GS8,hot(8)), title('分成8层伪彩色');
subplot(1,3,3), subimage(GS64,hot(64)), title('分成64层伪彩色');
```

上述程序中的关键函数是 GSM=grayslice(*I*, *M*)，该函数用多重（*M*-1 个）等间隔阈值将灰度图像转换为索引图像，即 *M* 色图像（本例中 *M* 分别为 8 和 64）。本例的运行结果如图 9.14 所示。

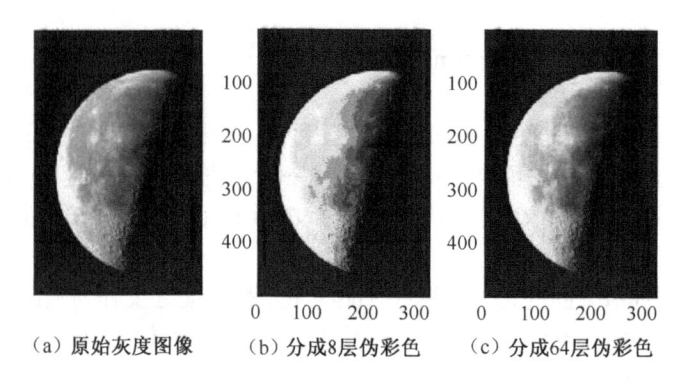

（a）原始灰度图像　　（b）分成 8 层伪彩色　　（c）分成 64 层伪彩色

图 9.14　强度分层法伪彩色处理

9.3.3 灰度级到彩色变换（Transformation of Gray Levels to Color）

与 9.3.2 节讨论的强度分层技术比较，灰度级到彩色变换伪彩色处理技术可以将灰度图像变换为具有多种颜色渐变的连续彩色图像。该方法的基本概念是对任何输入像素的灰度级执行三个独立的变换。然后，将三个变换结果分别送入彩色电视监视器的红、绿、蓝通道。这种方法产生一幅合成图像，其彩色内容受变换函数特性调制。由于三个变换器对同一灰度级实施不同变换，导致三个变换器的输出不同，使不同大小的灰度级可以合成不同颜色。灰度级到彩色变换伪彩色处理原理如图 9.15 所示，通过这种方法变换后的图像视觉效果好。

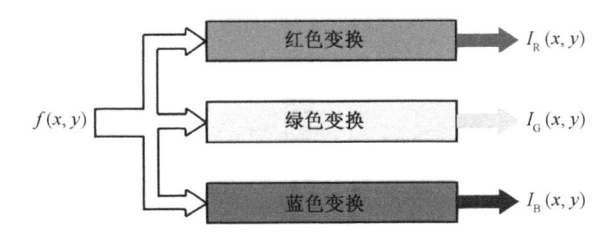

图 9.15 灰度级到彩色变换伪彩色处理技术原理示意图

在前面介绍的灰度分层中，用以产生彩色的是灰度级的分段线性函数。这里讨论的灰度级到彩色变换方法是基于平滑的线性和非线性函数，这种方法有相当大的技术灵活性，用这种方法得到的图像彩色信息将更丰富。灰度级到彩色的线性变换典型的传递函数如图 9.16 所示，而利用灰度级到彩色的非线性变换凸显行李内爆炸物的伪彩色应用可参考其他资料。

图 9.16 中三个图形依次表示红色分量的传递函数、绿色分量的传递函数、蓝色分量的传递函数。从图 9.16（a）中可以看出，凡灰度级小于 $L/2$ 的像素将被转变为尽可能暗的红色；而灰度级位于 $L/2 \sim 3L/4$ 之间的像素则是红色从暗到亮的线性变换；凡灰度级大于 $3L/4$ 的像素均被转变成最亮的红色。图 9.16（b）和图 9.16（c）可以类似地加以说明。例 9.4 就是按照这种典型的传递函数进行变换的例子。

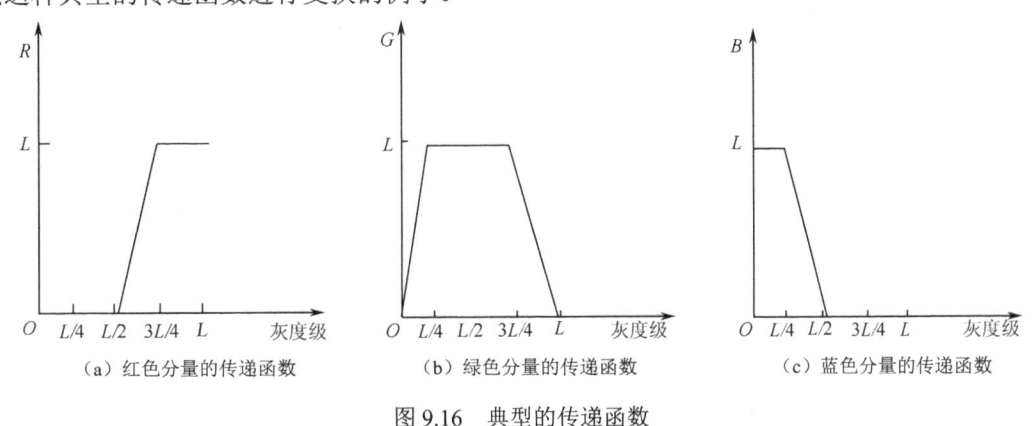

（a）红色分量的传递函数　　（b）绿色分量的传递函数　　（c）蓝色分量的传递函数

图 9.16 典型的传递函数

【例 9.4】 采用典型的传递函数（见图 9.16）实现灰度级到彩色图像的变换处理，结果如图 9.17 所示。

```
I=imread('moongray.bmp');              %读取图像
I=double(I);                           %转换成 double 型，便于计算
[m,n]=size(I);                         %得到图像的高度和宽度
```

```
L=256;                                          %灰度的最大等级数为L=256
for i=1:m
    for j=1:n                                   %二重循环,对每个点的值进行变换
        if I(i,j)<L/4                           %当灰度值I<L/4时
            R(i,j)=0;                           %R=0
            G(i,j)=4*I(i,j);                    %G=4*I
            B(i,j)=L;                           %B=L
        else if I(i,j)<=L/2                     %当L/4≤I≤L/2时
            R(i,j)=0;                           %R=0
            G(i,j)=L;                           %G=L
            B(i,j)=-4*I(i,j)+2*L;               %B=(-4)*I+2*L
        else if I(i,j)<=3*L/4                   %当L/2<I≤3L/4时
            R(i,j)=4*I(i,j)-2*L;                %R=4*I-2L
            G(i,j)=L;                           %G=L
            B(i,j)=0;                           %B=0
        Else                                    %当I>3L/4时
            R(i,j)=L;                           %R=L
            G(i,j)=-4*I(i,j)+4*L;    %G=(-4)*I+4*L
            B(i,j)=0;                           %B=0
                end
            end
        end
    end
end
for i=1:m
    for j=1:n                                   %二重循环,对每个点赋值
        G2C(i,j,1)=R(i,j);                      %将R的值作为G2C的第一个分量
        G2C(i,j,2)=G(i,j);                      %将G的值作为G2C的第二个分量
        G2C(i,j,3)=B(i,j);                      %将B的值作为G2C的第三个分量
    end
end
G2C=G2C/256;                                    %值归一化
figure,imshow(G2C);                             %显示变换得到的伪彩色图像
```

(a) 原始图像　　　　　(b) 灰度级到彩色变换后的图像

图9.17　灰度级到彩色图像的变换处理

图 9.15 所示的过程是以一幅单色图像为基础。在多光谱图像处理中,需要将多幅单色图像合成为一幅彩色图像,如图 9.18 所示。这里,不同的传感器在不同的谱段产生独立的单色图像。图 9.18 中的附加处理可以是彩色平衡混合图像,经过平衡混合处理后选择三幅用于显示的图像。

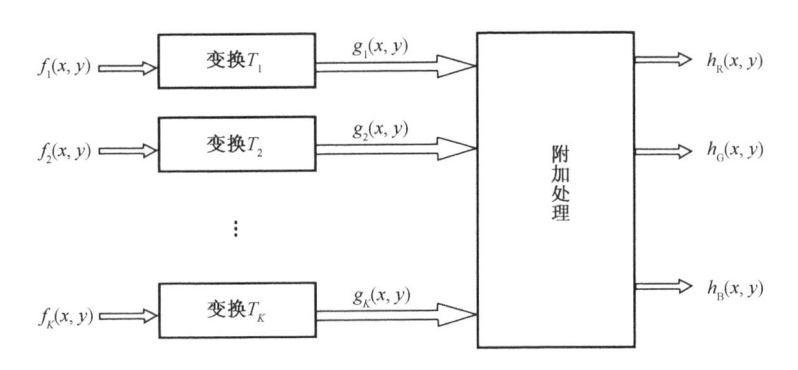

图 9.18 适用于一些单色图像的伪彩色编码

9.3.4 假彩色处理（False-Color Image Processing）

假彩色图像处理可以允许将可见光以外的光谱也转换为彩色图像的向量分量,如红外图像,其信息内容并不是来自可见光的,为了表达和显示,将处在红外光谱的信息转换到可见光的范围内。我们也可以把真实的自然彩色图像或遥感多光谱图像处理成假彩色图像。

真彩色图像可以按照式（9.31）处理成假彩色图像:

$$\begin{bmatrix} R_g \\ G_g \\ B_g \end{bmatrix} = \begin{bmatrix} \alpha_1 & \beta_1 & \gamma_1 \\ \alpha_2 & \beta_2 & \gamma_2 \\ \alpha_3 & \beta_3 & \gamma_3 \end{bmatrix} \begin{bmatrix} R_f \\ G_f \\ B_f \end{bmatrix} \tag{9.31}$$

例如:

$$\begin{bmatrix} R_g \\ G_g \\ B_g \end{bmatrix} = \begin{bmatrix} 0 & 0 & 1 \\ 1 & 0 & 0 \\ 0 & 1 & 0 \end{bmatrix} \begin{bmatrix} R_f \\ G_f \\ B_f \end{bmatrix} \tag{9.32}$$

则原来的红（R_f）、绿（G_f）、蓝（B_f）三个分量相应变换成绿（G_g）、蓝（B_g）、红（R_g）三个分量。

遥感多光谱（如四波段）图像可以按照式（9.33）处理成假彩色图像:

$$\begin{aligned} R_g &= T_R[f_1, f_2, f_3, f_4] \\ G_g &= T_G[f_1, f_2, f_3, f_4] \\ B_g &= T_B[f_1, f_2, f_3, f_4] \end{aligned} \tag{9.33}$$

式中,f_i（i=1, 2, 3, 4）是第 i 波段图像,$T_R(\cdot)$、$T_G(\cdot)$、$T_B(\cdot)$ 均为函数变换。

假彩色图像增强的用途有以下三种:

(1) 如上所述,把景物映射成奇怪的彩色,会比本色更加引人注目。

(2) 适应人眼对颜色的灵敏度,以提高鉴别能力。例如,视网膜上的视锥细胞和视杆细胞对绿色亮度的响应最灵敏,若把原来是其他颜色的细小物体变换成绿色,就容易为人眼所鉴别。又如,人眼对于蓝光强弱的对比灵敏度最大,于是可把某些细节丰富的物质按各像素明暗的程度利用假彩色显示成亮度与深浅不一的蓝色。

(3) 把遥感多光谱图像用自然彩色显示。在遥感多光谱图像中,有一些是不可见光波段的图像,如近红外波段、红外波段,甚至是远红外波段。因为这些波段不仅具有夜视能力,而且通过与其他波段的配合,易于区分地物。用假彩色技术处理多光谱图像,目的不在于使景物恢复自然的彩色,而是从中获得更多的信息。

总之,假彩色处理也是一种很有实用意义的技术,其中蕴含着颇为深刻的心理学问题。

【例9.5】多光谱图像彩色编码。

图 9.19(a)~图 9.19(d)显示了四幅华盛顿地区的光谱卫星图像,包括波托马克河部分。前三幅是可见光蓝、绿、红的图像,第四幅是近红外光图像。图 9.19(e)是将前三幅图像合成为 RGB 图像得到的全彩色图像。密度大的全彩色图像区域很难判读,但该图像的显著特点是波托马克河的各部分颜色不同。图 9.19(f)较有趣,这幅图像是由近红外光图像代替图 9.19(c)的红色分量形成的,近红外光图像对场景的生物分量有较强的反映。图 9.19(f)显示的生物和场景中人造目标的特性间有十分明显的差别,由混凝土和柏油组成的部分在图像中呈现浅蓝色。

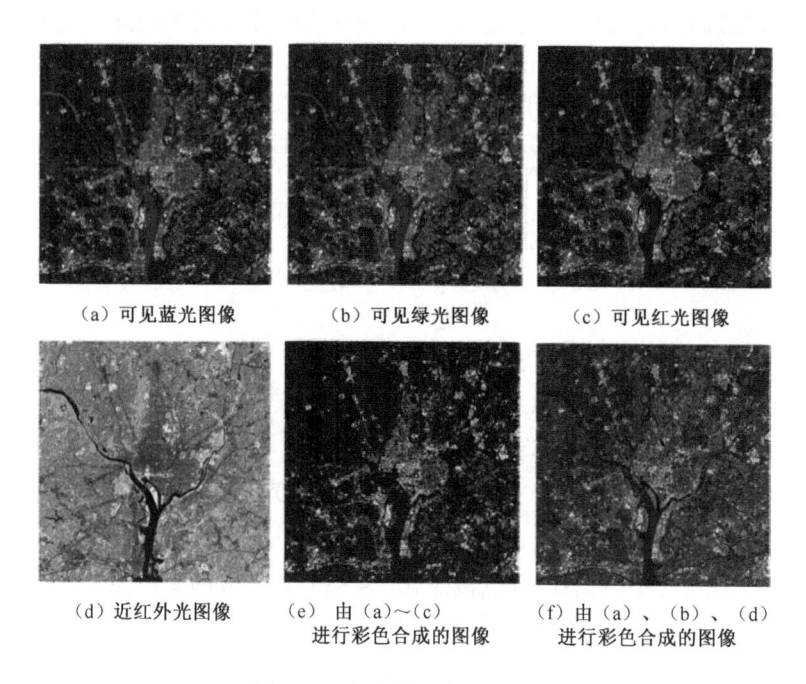

(a) 可见蓝光图像　　(b) 可见绿光图像　　(c) 可见红光图像

(d) 近红外光图像　　(e) 由(a)~(c)进行彩色合成的图像　　(f) 由(a)、(b)、(d)进行彩色合成的图像

图 9.19　多光谱图像彩色编码

9.4 全彩色图像处理
（Full-Color Image Processing）

9.4.1 全彩色图像处理基础（Basics of Full-Color Image Processing）

全彩色图像处理分为两大类。第一类是分别处理每一分量图像，然后将分别处理过的分量图像形成合成彩色图像。对每个分量的处理可以应用灰度图像处理的技术，但是这种各通道独立处理的技术忽略了通道间的相互影响。第二类是直接对彩色像素进行处理。因为全彩色图像至少有三个分量，彩色像素实际上是一个向量。

令 c 代表 RGB 彩色空间中的任意向量，$c(x, y)$的分量是一幅彩色图像在一点上的 RGB 分量。彩色分量是坐标（x, y）的函数，表示为：

$$c(x,y) = \begin{pmatrix} c_R(x,y) \\ c_G(x,y) \\ c_B(x,y) \end{pmatrix} = \begin{pmatrix} R(x,y) \\ G(x,y) \\ B(x,y) \end{pmatrix} \qquad (9.34)$$

对于大小为 $M \times N$（M、N 是正整数，分别表示图像的高度和宽度）的图像，有 $M \times N$ 个这样的向量，其中，$x=0, 1, 2, \ldots, M-1$；$y=0, 1, 2, \ldots, N-1$。

可以用第 3、5 章介绍的标准灰度图像处理方法分别处理彩色图像的每一分量。但是，单独的彩色分量处理结果并不总等同于在彩色向量空间的直接处理结果，在这种情况下，就必须采用新的方法。为了使每一彩色分量处理和基于向量的处理等同，必须满足两个条件：第一，处理必须对向量和标量都可用；第二，对向量每一分量的操作对于其他分量必须是独立的。图 9.20 显示了邻域灰度空间处理和全彩色处理。假设该处理是邻域平均的，在图 9.20（a）中，平均是将邻域内的所有像素灰度级相加，然后除以邻域内的像素总数。在图 9.20（b）中，平均是把邻域内所有向量相加，并除以邻域内的向量总数。但平均向量的每个分量是对应其分量的图像像素值的平均，这与在每个彩色分量值基础上做平均后形成向量得到的结果是相同的。

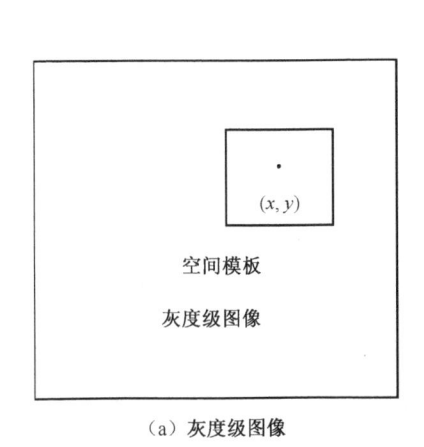

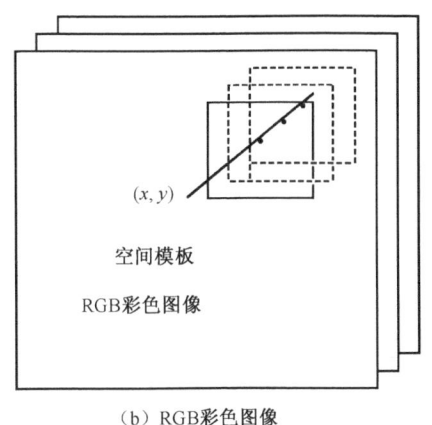

（a）灰度级图像　　　　（b）RGB彩色图像

图 9.20　邻域灰度空间处理和全彩色处理

9.4.2 彩色平衡（Color Balance）

当一幅彩色图像数字化后，在显示时颜色经常看起来有些不正常。这是因为颜色通道中不同的敏感度、增光因子、偏移量等因素会导致数字化中的三个图像分量出现不同的线性变换，使得结果图像的三原色"不平衡"，从而造成图像中所有物体的颜色都偏离其原有的真实色彩。最突出的现象就是那些本来是灰色的物体有了颜色。

检查彩色是否平衡最简单的方法是看图像中原灰色物体是否仍然为灰色，高饱和度的颜色是否有正常的色度。如果图像有明显的黑白背景或白色背景，这就会在 R、G、B 分量图像的直方图中产生显著的峰。如果各直方图峰处在三原色不同的灰度级上，则表明彩色出现了不平衡。这种不平衡现象可通过对 R、G、B 三个分量分别使用线性灰度变换进行纠正。一般只需要变换分量图像中的两个来匹配第三个即可。最简单的灰度变换函数设计方法如下：

（1）选择图像中相对均匀的浅灰色和深灰色两个区域。
（2）计算这两个区域中三个分量图像的平均灰度值。
（3）调节其中两个分量图像的线性对比度来与第三幅图像匹配。

如果三个分量图像在这两个区域中具有相同的灰度级，则完成了彩色平衡。彩色平衡校正算法如下：

（1）从画面中选出两点颜色为灰色的点，设为 $F_1 = (R_1, G_1, B_1)$，$F_2 = (R_2, G_2, B_2)$。

（2）设以 G 分量为基准，匹配 R 分量和 B 分量。由 $F_1 = (R_1, G_1, B_1)$，得到 $F_1^* = (G_1, G_1, G_1)$；由 $F_2 = (R_2, G_2, B_2)$，得到 $F_2^* = (G_2, G_2, G_2)$。

（3）计算 R 分量和 B 分量的线性变换。由 $R_1^* = k_1 R_1 + k_2$ 和 $R_2^* = k_1 R_2 + k_2$ 求出 k_1 和 k_2；由 $B_1^* = l_1 B_1 + l_2$ 和 $B_2^* = l_1 B_2 + l_2$ 求出 l_1 和 l_2。

（4）用式（9.35）所示的线性变换对图像所有点进行变换处理，得到的图像就是彩色平衡后的图像。

$$\begin{cases} R(x,y)^* = k_1 R(x,y) + k_2 \\ B(x,y)^* = l_1 B(x,y) + l_2 \\ G(x,y)^* = G(x,y) \end{cases} \quad (9.35)$$

【例 9.6】彩色平衡 MATLAB 程序应用举例。

```
clear;
im=double(imread('i_building.jpg'));    %读入图像
[m,n,p]=size(im);                        %得到图像的大小、通道数参数
F1=im(1,1,:);                            %选取第一个彩色点，坐标为（1,1）
F2=im(1,2,:);                            %选取第二个彩色点，坐标为（1,2）
F1_(1,1,1)=F1(:,:,2);                    %将第一个点的绿色值赋给 F1_红色分量
F1_(1,1,2)=F1(:,:,2);                    %将第一个点的绿色值赋给 F1_绿色分量
F1_(1,1,3)=F1(:,:,2);                    %将第一个点的绿色值赋给 F1_蓝色分量
F2_(1,1,1)=F2(:,:,2);                    %将第二个点的绿色值赋给 F2_红色分量
F2_(1,1,2)=F2(:,:,2);                    %将第二个点的绿色值赋给 F2_绿色分量
F2_(1,1,3)=F2(:,:,2);                    %将第二个点的绿色值赋给 F2_蓝色分量
```

```
K1=(F1_(1,1,1)-F2_(1,1,1))/(F1(1,1,1)-F2(1,1,1));
                                        %计算R分量线性变换系数K1
K2=F1_(1,1,1)-K1*F1(1,1,1);             %计算R分量线性变换系数K2
L1=(F1_(1,1,3)-F2_(1,1,3))/(F1(1,1,3)-F2(1,1,3));
                                        %计算B分量线性变换系数L1
L2=F1_(1,1,3)-L1*F1(1,1,3);             %计算B分量线性变换系数L2
for i=1:m
    for j=1:n                           %二重循环，变换每个点的值
        new(i,j,1)=K1*im(i,j,1)+K2;     %R分量线性变换
        new(i,j,2)=im(i,j,2);           %G分量线性变换
        new(i,j,3)=L1*im(i,j,3)+L2;     %B分量线性变换
    end
end
im=uint8(im);                           %原始图像转换成uint8型
new=uint8(new);                         %结果图像转换成uint8型
figure,imshow(im);                      %显示原始图像
figure,imshow(new);                     %显示结果图像
```

结果如图9.21所示。

（a）原始图像　　　　　　　　　　（b）彩色平衡后的图像

图9.21 彩色平衡效果

9.4.3 彩色图像增强（Color Image Enhancement）

由于受到各种因素的制约或条件的限制，有时会使得得到的彩色图像颜色偏暗、对比度低，以及某些局部细节不突出等。所以常常需要对彩色图像进行增强处理，其目的是突出图像中的有用信息，以改善图像的视觉效果。

1. 彩色图像增强

通过分别对彩色图像的 R、G、B 三个分量进行处理，可以对单色图像进行增强，从而达到对彩色图像进行彩色增强的目的。需要注意的是，在对三色彩色图像的R、G、B分量进行操作时，必须避免破坏彩色平衡。

彩色图像的饱和度和亮度描述了不同类型的图像信息。饱和度指示了相对于亮度其是否更具有色度特性，对比度比较低的彩色图像细节可根据饱和度与背景区分开。在特殊情况下，对图像对比度的增强可通过改变彩色饱和度（相对饱和度对比度）来实现。除去对图像细节的检

测效果，相对亮度对比度的增加和相对饱和度对比度的增加具有不同的美学效果。饱和色的效果常用"强"来描述，而亮彩色的效果常用"亲切"来描述。进一步地，需要考虑感知饱和度的改变也可通过增加亮度来得到。为分别观察色调、饱和度和亮度，可将图像数据转换到 HSI 彩色空间。先在 HSI 彩色空间对图像进行处理，其后再将坐标变换回 RGB 彩色空间。

在 HSI 彩色模型的图像上操作，实际上在许多情况下，只对强度 I 进行处理，而包含在色调 H 和饱和度 S 中的彩色信息，常被不加改变地保留下来。对饱和度的增强可以通过将每个像素的饱和度乘以一个大于 1 的常数来实现，这样会使图像的彩色更为鲜明；反之，可以乘以一个小于 1 的常数来减弱彩色的鲜明程度。由前面的介绍可知，色调是一个角度，因此给每个像素的色调加一个常数是可行的，这样就能够得到改变颜色的效果。加减一个小的角度只会使彩色图像变得相对"冷"或"暖"，而加减一个大的角度将使图像发生剧烈变化。由于色调是用角度来表示的，处理时必须考虑灰度级的"周期性"，如在 8 位/像素的情况下，则灰度级结果为 255+1=0 和 0-1=255。

2．彩色图像直方图处理

在灰度图像处理中，直方图均衡化自动地确定一种变换，该变换试图产生具有均匀灰度的直方图。由于彩色图像是由多个分量组成的，所以必须考虑适应多于一个分量的直方图的灰度级技术。独立地进行彩色图像分量的直方图均衡通常是不可取的，这将产生不正确的彩色。一个更符合逻辑的方法是均匀地扩展彩色强度，而保留彩色本身（色调和饱和度不变）。下面的例子显示出 HSI 彩色空间是适合这种情况的理想方法。

【例 9.7】HSI 彩色空间中的直方图均衡化。

图 9.22 显示了一幅飞机图像，其强度分量 I 的范围值归一化后为[0, 1]。正如在处理前强度分量 I 的直方图中看到的，强度分布过窄。只对强度分量 I 均衡化处理而不改变图像的色调 H 和饱和度 S，将其结果转换到 RGB 彩色空间，从显示的图像上可以看出，它的确影响了整体图像的彩色感观。

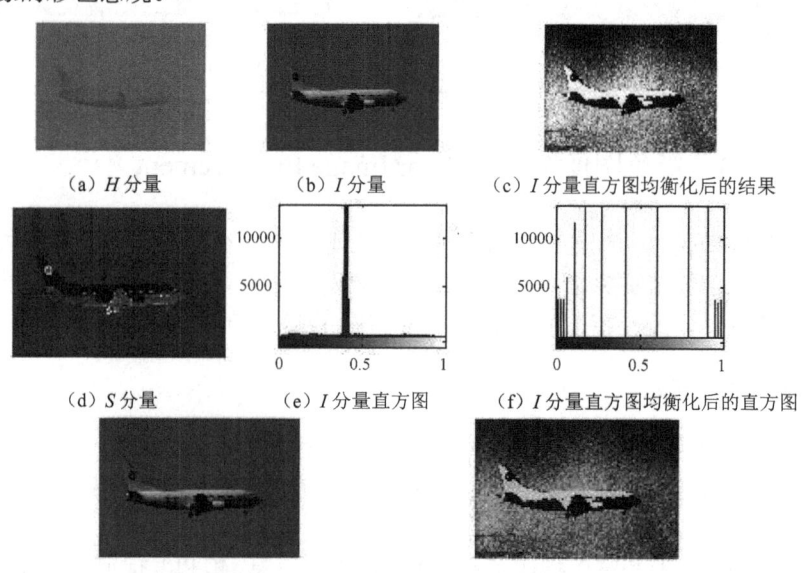

（a）H 分量　　（b）I 分量　　（c）I 分量直方图均衡化后的结果

（d）S 分量　　（e）I 分量直方图　　（f）I 分量直方图均衡化后的直方图

（g）RGB 原始图像　　（h）对 I 分量均衡化后的彩色图像转换成拥有显示的 RGB 图像

图 9.22　HSI 彩色空间的直方图均衡

其 MATLAB 程序实现如下。

```matlab
rgb=imread('i_fly18.jpg');  rgb1=im2double(rgb);
r=rgb1(:,:,1);  g=rgb1(:,:,2);  b=rgb1(:,:,3);
                                        %分别得到红色分量、绿色分量和蓝色
                                         分量
I1=(r+g+b)/3;                           %计算HSI彩色模型的I分量
tmp1=min(min(r,g),b);                   %计算r、g、b的最小值
tmp2=r+g+b;
tmp2(tmp2==0)=eps;                      %避免除数为0
S=1-3.*tmp1./tmp2;                      %计算HSI彩色模型的S分量
tmp1=0.5*((r-g)+(r-b));
tmp2=sqrt((r-g).^2+(r-b).*(g-b));
theta=acos(tmp1./(tmp2+eps));           %计算θ
H1=theta;
H1(b>g)=2*pi-H1(b>g);
H1=H1/(2*pi);                           %计算HSI彩色模型的H分量
H1(S==0)=0;
I=histeq(I1);                           %对HSI彩色模型的I分量均衡化
hsi=cat(3,H1,S,I);                      %得到I均衡化后的HSI图像
H=hsi(:,:,1)*2*pi;                      %得到处理后的HSI图像的H分量
S=hsi(:,:,2);                           %得到处理后的HSI图像的S分量
I=hsi(:,:,3);                           %得到处理后的HSI图像的I分量
R=zeros(size(hsi,1),size(hsi,2));       %HSI彩色模型转换到RGB彩色模型
                                         的R分量初值
G=zeros(size(hsi,1),size(hsi,2));       %HSI彩色模型转换到RGB彩色模型
                                         的G分量初值
B=zeros(size(hsi,1),size(hsi,2));       %HSI彩色模型转换到RGB彩色模型
                                         的B分量初值
ind=find((H>=0)&(H<2*pi/3));            %当H∈[0, 2π/3]
B(ind)=I(ind).*(1.0-S(ind));            %计算B分量
R(ind)=I(ind).*(1.0+S(ind).*cos(H(ind))./cos(pi/3.0-H(ind)));
                                        %计算R分量
G(ind)=3.0-(R(ind)+B(ind));             %计算G分量
ind=find((H>2*pi/3)&(H<4*pi/3));        %当H∈[2π/3, 4π/3]
H(ind)=H(ind)-pi*2/3;
R(ind)=I(ind).*(1.0-S(ind));            %计算R分量
G(ind)=I(ind).*(1.0+S(ind).*cos(H(ind))./cos(pi/3.0-H(ind)));
                                        %计算G分量
B(ind)=3.0-(R(ind)+G(ind));             %计算B分量
ind=find((H>=4*pi/3)&(H<2*pi));         %当H∈[4π/3, 2π]
```

```
H(ind)=H(ind)-pi*4/3;
G(ind)=I(ind).*(1.0-S(ind));              %计算G分量
B(ind)=I(ind).*(1.0+S(ind).*cos(H(ind))./cos(pi/3.0-H(ind)));
                                          %计算B分量
R(ind)=3.0-(G(ind)+B(ind));               %计算R分量
RGB=cat(3,R,G,B);                         %得到用于显示的RGB图像
figure,imshow(H1);                        %显示H分量图像
figure,imshow(I1);                        %显示I分量图像
figure,imshow(I);                         %显示I分量均衡化后的图像
figure,imshow(S);                         %显示S分量图像
figure,imshow(rgb);                       %显示RGB原始图像
figure,imshow(RGB);                       %显示均衡化后的RGB图像
```

9.4.4 彩色图像平滑（Color Image Smoothing）

参考图9.20（a），灰度级图像平滑可以看成是空间滤波处理，在这一处理中滤波模板的系数都是1。当模板滑过图像时，图像被平滑了，每一像素由模板定义的邻域中像素的平均值代替。正如图9.20（b）所示，这一概念很容易扩展到全彩色图像处理中。全彩色图像处理与灰度图像处的主要差别是它代替了灰度标量，必须处理式（9.34）给出的分量向量。

令 S_{xy} 表示在RGB图像中定义一个中心在（x, y）的邻域坐标集，在该邻域中 R、G、B 分量的平均值为：

$$\overline{c}(x,y) = \frac{1}{K} \sum_{(x,y) \in S_{xy}} c(x,y) \qquad (9.36)$$

按照式（9.34）可得：

$$\overline{c}(x,y) = \begin{pmatrix} \dfrac{1}{K} \sum_{(x,y) \in S_{xy}} R(x,y) \\ \dfrac{1}{K} \sum_{(x,y) \in S_{xy}} G(x,y) \\ \dfrac{1}{K} \sum_{(x,y) \in S_{xy}} B(x,y) \end{pmatrix} \qquad (9.37)$$

可以看出，如标量图像那样，该向量分量可以用传统的灰度邻域单独平滑处理RGB图像每一平面的方法得到。

可以得到以下结论：用邻域平均值平滑可以在每个彩色平面的基础上进行，其结果与用RGB彩色向量执行平均是相同的。平滑滤波可以使图像模糊化，从而减少图像中的噪声。

【例9.8】用空间滤波法—邻域平均进行彩色图像平滑滤波。

其主要MATLAB程序实现如下：

```
rgb=imread('flower608.jpg');              %读取图像
fR=rgb(:,:,1);                            %图像的红色分量
fG=rgb(:,:,2);                            %图像的绿色分量
```

```
fB=rgb(:,:,3);                              %图像的蓝色分量
w=fspecial('average');                      %均值滤波模板
fR_filtered=imfilter(fR,w);                 %对图像红色分量滤波
fG_filtered=imfilter(fG,w);                 %对图像绿色分量滤波
fB_filtered=imfilter(fB,w);                 %对图像蓝色分量滤波
rgb_filtered=cat(3,fR_filtered,fG_filtered,fB_filtered);
                                            %将滤波后的三个分量组合得到新的彩色图像
```

其结果如图 9.23 所示。

(a) R 分量　　　　　(b) G 分量　　　　　(c) B 分量

(d) R 分量滤波结果　(e) G 分量滤波结果　(f) B 分量滤波结果

(g) 原始彩色图像　　　(h) 彩色图像平滑后的结果

图 9.23　彩色图像的平滑滤波

【例 9.9】彩色图像平滑中两种方法的比较。

9.2 节指明 HSI 彩色模型的重要优点是解除了强度和彩色信息的关系，这就使得许多灰度处理技术适用于彩色处理，并且可能仅对 HSI 描述的强度分量 I 平滑更有意义。为了说明这一方法的优点和重要性，下面仅对强度分量进行平滑（保持色调分量和饱和度分量不变），并把处理结果变换为 RGB 图像加以显示。平滑后的图像如图 9.24（b）所示。注意图 9.24（b）与图 9.24（a）很相似，但是正如图 9.24（c）所示的那样，这两幅图像是有差别的。

(a) 处理 RGB 图像每一分量的结果 　　(b) 处理 HSI 图像强度分量，而色调分量和饱和度分量不变，并转换为 RGB 图像的结果　　(c) 两种结果之间的差别

图 9.24　用 5×5 平均模板平滑图像

9.4.5 彩色图像锐化（Color Image Sharpening）

锐化的主要目的是突出图像的细节。本节考虑用拉普拉斯算子（Laplacian）进行锐化处理，其他锐化算子的处理类似。从向量分析知道，向量的 Laplacian 被定义为一个向量，其分量等于输入向量的独立标量分量的 Laplacian 微分。

在 RGB 彩色模型中，式（9.34）中向量 c 的 Laplacian 变换为：

$$\nabla^2[c(x,y)] = \begin{pmatrix} \nabla^2 R(x,y) \\ \nabla^2 G(x,y) \\ \nabla^2 B(x,y) \end{pmatrix} \quad (9.38)$$

正如本节前面所述，它告诉我们可以通过分别计算每一分量图像的 Laplacian 去计算全彩色图像的 Laplacian。

【例 9.10】彩色图像锐化。使用经典的 Laplacian 滤波模板分别对每个分量图像进行锐化。其主要 MATLAB 程序实现如下。

```
rgb=imread('flower608.jpg');                    %读取图像
fR=rgb(:,:,1);                                  %图像的红色分量
fG=rgb(:,:,2);                                  %图像的绿色分量
fB=rgb(:,:,3);                                  %图像的蓝色分量
lapMatrix=[1 1 1;1 -8 1;1 1 1];                 %Laplacian 滤波模板
fR_tmp=imfilter(fR,lapMatrix,'replicate');      %对图像 R 分量进行锐化滤波
fG_tmp=imfilter(fG,lapMatrix,'replicate');      %对图像 G 分量进行锐化滤波
fB_tmp=imfilter(fB,lapMatrix,'replicate');      %对图像 B 分量进行锐化滤波
rgb_tmp=cat(3,fR_tmp,fG_tmp,fB_tmp);            %滤波后三个分量组合
rgb_sharped=imsubtract(rgb,rgb_tmp);            %原始图像与锐化图像之差
```

其结果如图 9.25 所示。

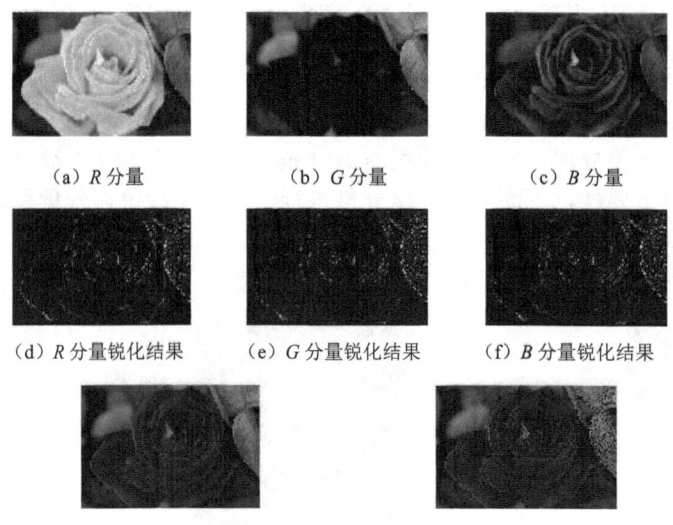

(a) R 分量　　　　(b) G 分量　　　　(c) B 分量

(d) R 分量锐化结果　　(e) G 分量锐化结果　　(f) B 分量锐化结果

(g) 原始彩色图像　　　　(h) 彩色图像锐化后的结果

图 9.25　彩色图像的锐化

【例 9.11】彩色图像锐化中两种方法的比较。

图 9.26（a）是通过分别计算彩色图像 R、G、B 分量图像的 Laplacian，并混合它们产生

锐化的全彩色结果产生的。图 9.26（b）显示了将图像转换到 HSI 彩色空间后，只对强度分量进行 Laplace 变换而色调分量和饱和度分量不变，再转换到 RGB 彩色空间进行显示的结果。两者的差别如图 9.26（c）所示。注意：图 9.26（b）与图 9.26（a）很相似，但是正如图 9.26（c）所示的那样，这两幅图像是有差别的。

（a）处理每个 RGB 通道的结果　（b）仅处理强度分量而色调分量和饱和度分量不变，并转换为 RGB 图像的结果　（c）两种结果的差别

图 9.26　彩色图像锐化

9.5　彩色图像分割（Color Image Segmentation）

第 8 章介绍了图像分割，图像分割是把一幅图像分成若干区域的处理方法。彩色图像分割描述从图像中提取一个或多个相连的、满足均匀性（同质）准则区域的过程。这里均匀性准则基于从图像光谱成分中提取的特征，这些成分定义在给定的彩色空间中。分割过程可基于有关场景中目标的知识，如几何特性和光学特性。下面简要介绍彩色图像分割技术。

9.5.1　HSI 彩色空间分割（Segmentation in HSI Color Space）

如果希望基于彩色分割一幅图像，并且想在单独的平面上执行处理，首先会很自然地想到 HSI 彩色空间，因为在色度图像中描述彩色是很方便的。以饱和度作为一个模板图像，从色调图像中分离出感兴趣的特征区。由于强度不携带彩色信息，彩色图像分割一般不使用强度图像。下面是在 HSI 彩色空间中执行分割的例子。

【例 9.12】在 HSI 彩色空间的图像分割。

假定感兴趣的是分割图 9.27 中的红色花朵。图 9.27（b）～图 9.27（d）是它的 H、S、I 分量图像。注意：比较图 9.27（a）和图 9.27（b），我们感兴趣的区域有相对高的色调。图 9.27（e）显示了门限产生的二值饱和度模板图像，该图像在饱和度图像中门限等于最大饱和度的 30%，任何比门限大的像素赋值 1（白色），其他赋值 0（黑色）。图 9.27（f）是用饱和度二值模板作用于色调图像产生的红色花朵分割结果。在该图像中，白色点的空间位置识别原像点感兴趣的红色花朵。

其主要 MATLAB 程序如下，其结果如图 9.27 所示。

```
S1=(S>0.3*(max(max(S(:)))));
F=S1.*H;
```

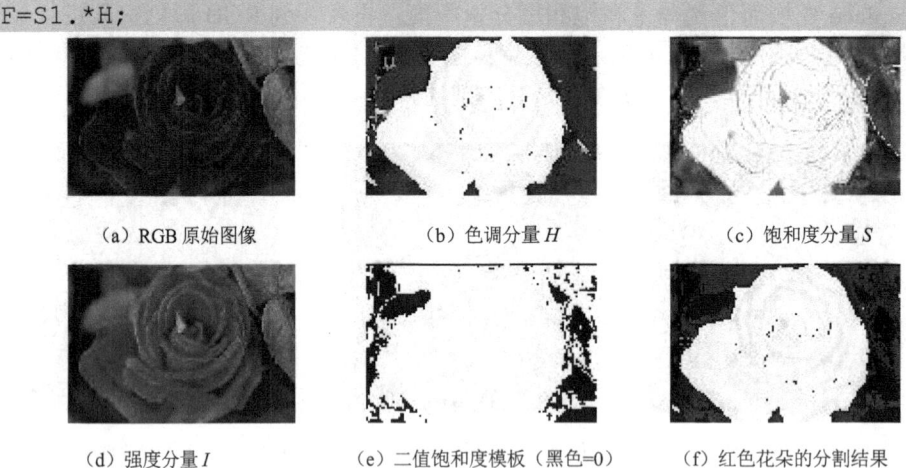

（a）RGB 原始图像　　　（b）色调分量 H　　　（c）饱和度分量 S

（d）强度分量 I　　　（e）二值饱和度模板（黑色=0）　　　（f）红色花朵的分割结果

图 9.27　在 HSI 彩色空间的图像分割

9.5.2　RGB 彩色空间分割（Segmentation in RGB Color Space）

虽然在 HSI 彩色空间图像较直观，但通常用 RGB 彩色向量方法进行分割。假设目标是 RGB 图像中特殊彩色区域的物体，给定一个感兴趣的有代表性的彩色点样品集，可得到一个彩色"平均"估计，这种彩色是我们希望分割的彩色。令这个平均彩色用 RGB 向量 **a** 来表示，分割的目标是对给定图像中每个 RGB 像素进行分类。这就需要一个相似性度量，最简单的度量之一是欧氏距离。令 z 代表 RGB 空间中的任意一点，如果它们之间的距离小于特定的阈值 D_0，我们就说 z 与 **a** 是相似的，z 和 **a** 之间的欧氏距离由下式给出：

$$D(z,a)=\|z-a\|=\left[(z-a)^T(z-a)\right]^{\frac{1}{2}}=\left[(z_R-a_R)^2+(z_G-a_G)^2+(z_B-a_B)^2\right]^{\frac{1}{2}} \quad (9.39)$$

式中，下标 R、G、B 表示向量 **a** 和 z 的 R、G、B 分量。$D(z,a) \leq D_0$ 的点的轨道是半径为 D_0 的实心球，如图 9.28（a）所示。包含在球内部和表面上的点符合特定的彩色准则，球外面上的点则不符合准则。在图像中对这两类点集编码，如黑色或白色，产生一幅二值分割图像。

式（9.39）的一个有用推广是如下形式的距离测度：

$$D(z,a)=\left[(z-a)^T C^{-1}(z-a)\right]^{\frac{1}{2}} \quad (9.40)$$

式中，**C** 是希望分割的彩色典型的样本协方差矩阵。$D(z,a) \leq D_0$ 的点的轨道描述了一个实心的三维球体。当 **C** = **I**，即 3×3 单位矩阵时，式（9.40）就简化为式（9.39），如图 9.28（b）所示。

执行式（9.39）和式（9.40）的计算代价较高。可以采用计算代价不高的边界盒，如图 9.28（c）所示。在该方法中，盒的中心在 **a** 上，沿每个彩色轴选择与沿每个轴取样的标准偏差成比例，标准偏差的计算只使用一次样本彩色数据。给定一个任意的彩色点，根据它是否在盒子表面或内部来进行分割，如同用式（9.39）和式（9.40）所示的距离方法一样。

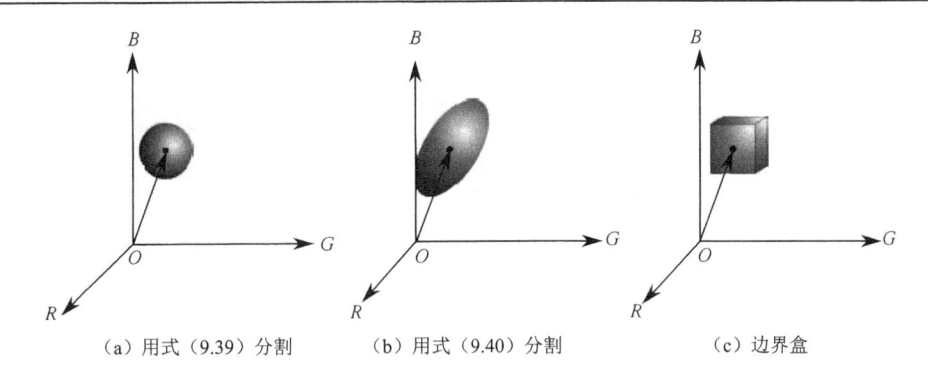

（a）用式（9.39）分割　　　　　（b）用式（9.40）分割　　　　　（c）边界盒

图 9.28　对于 RGB 向量分割封闭数据范围的三种方法

【例 9.13】 RGB 彩色空间的彩色分割。

对一幅 RGB 彩色图像，在要分割的目标中选择一块区域，计算该区域中彩色点的平均向量 a，然后计算这些样本点 R、G、B 分量的标准差。盒子的中点在 a，它的尺度沿每个 R、G、B 轴，以沿相应轴数据标准差的 1.25 倍选择。例如，令 σ_R 代表样本点 R 分量的标准差，盒子的尺度沿 R 轴从（$a_R - 1.25\sigma_R$）扩展到（$a_R + 1.25\sigma_R$），这里 a_R 代表平均向量 a 的 R 分量。

其主要 MATLAB 程序如下。

```
rgb=imread('flower608.jpg');                %读取图像
rgb1=im2double(rgb);                        %转换成 double 型
r=rgb1(:,:,1);                              %图像的 R 分量
g=rgb1(:,:,2);                              %图像的 G 分量
b=rgb1(:,:,3);                              %图像的 B 色分量
r1=r(129:256,86:170);                       %在花朵的 R 分量中选择一块矩形区域
r1_u=mean(mean(r1(:)));                     %计算该矩形区域的均值
[m,n]=size(r1);                             %得到该矩形区域的高度和宽度
sd1=0.0;                                    %该区域标准偏差变量
for i=1:m
    for j=1:n                               %二重循环对差值的平均进行累加
        sd1=sd1+(r1(i,j)-r1_u)*(r1(i,j)-r1_u);
    end
end
r1_d=sqrt(sd1/(m*n));                       %计算得到该区域的标准偏差
r2=zeros(size(rgb1,1),size(rgb1,2));
ind=find((r>r1_u-1.25*r1_d)&(r<r1_u+1.25*r1_d));%找到符合条件的点
r2(ind)=1;                                  %将符合条件的点的灰度赋值为 1
```

其结果如图 9.29 所示。在整个彩色图像中编码每点的结果为：如果点位于盒子表面或内部为白色，否则为黑色，如图 9.29（e）所示。

(a) RGB 原始图像　　　　(b) R 分量　　　　(c) G 分量

(d) B 分量　　　　(e) RGB 向量空间彩色分割的结果

图 9.29　RGB 彩色空间分割

9.5.3　彩色边缘检测（Color Edge Detection）

边缘检测对图像分割是一个重要的工具，本节我们比较一下以各单独颜色分量图像为基础，计算边缘和在彩色空间直接计算边缘的问题。

梯度算子边缘检测在梯度增强部分已经介绍过了，但是只定义了标量函数的梯度，没有定义和讨论向量的梯度。这样，一般会想到分别计算各彩色分量图像的梯度，然后形成彩色图像的梯度，这将导致错误的结果。我们可以从下面的例子来分析其原因。

考虑两幅 $M \times M$ 彩色图像（M 为奇数），如图 9.30（d）和图 9.30（h）所示，它们分别是由图 9.30（a）～图 9.30（c）和图 9.30（e）～图 9.30（g）中的三个分量图像合成的。例如，如果根据第 5 章的方法计算每个分量图像的梯度，并将结果相加形成两幅相应的 RGB 梯度图像，则在点 $[(M+1)/2, (M+1)/2]$ 处梯度在两种情况下相同。直观地看，我们希望图 9.30（d）中图像中心点的梯度更强，因为 RGB 图像的边缘在该图像中处在相同的方向上。而图 9.30（h）中只有 R、G 这两个分量图像的边缘在相同的方向上。从这个简单的例子可以看到，处理三个独立平面形成的合成梯度图像可导致错误结果。

如果问题只是检测边缘中的一个，则单独分量方法通常可以得到可以接受的结果。然而，如果我们要精确地检测边缘，则很明显需要一个可用于向量的梯度的新定义。

令 c 代表 RGB 彩色空间中的任意向量，c 的分量是一幅彩色图像在一点上的 R、G、B 分量。彩色分量是坐标 (x, y) 的函数，表示为：

$$c(x,y) = \begin{pmatrix} c_R(x,y) \\ c_G(x,y) \\ c_B(x,y) \end{pmatrix} = \begin{pmatrix} R(x,y) \\ G(x,y) \\ B(x,y) \end{pmatrix} \tag{9.41}$$

首要的问题是需要定义向量 c 在任意点 (x, y) 处的梯度（幅度和方向）。标量函数 $f(x, y)$ 在坐标 (x, y) 处的梯度是指向 f 的最大变化率方向的向量，将这一思想扩展到向量梯度，下面介绍多种方法中的一种。

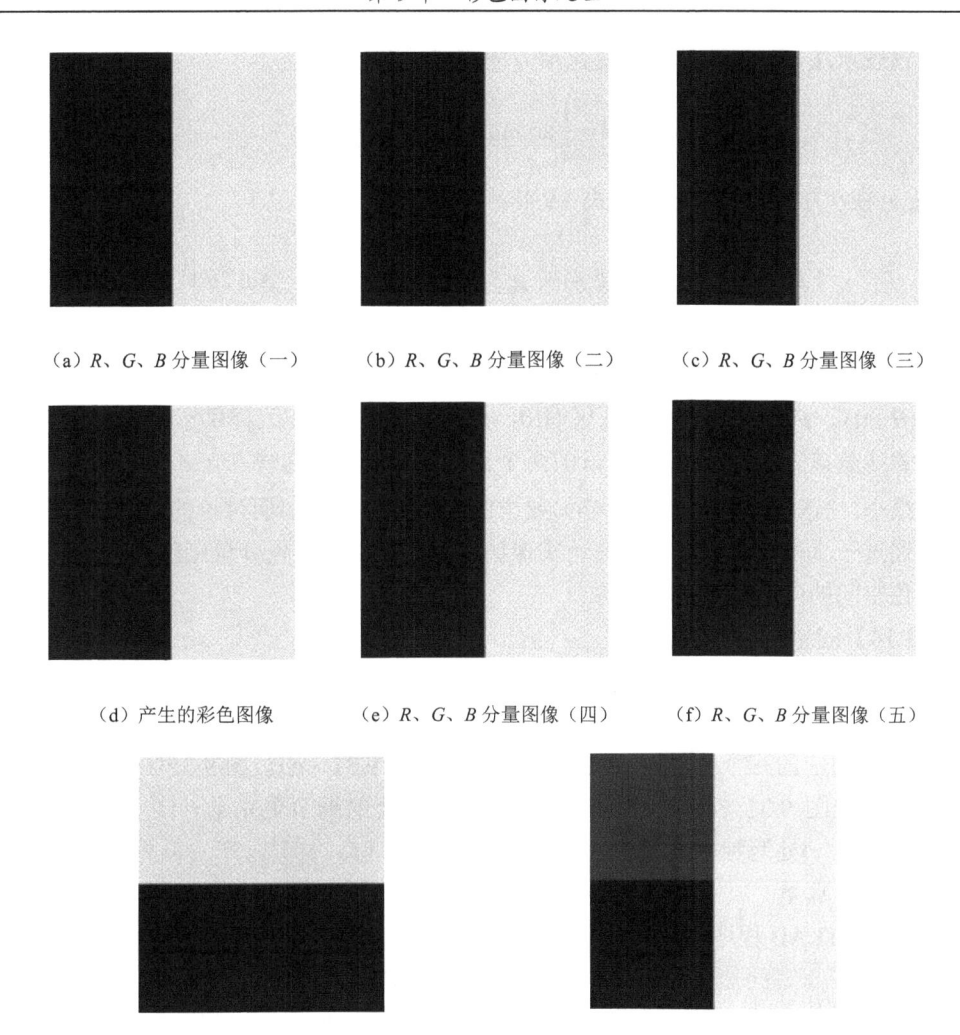

（a）R、G、B 分量图像（一）　　（b）R、G、B 分量图像（二）　　（c）R、G、B 分量图像（三）

（d）产生的彩色图像　　（e）R、G、B 分量图像（四）　　（f）R、G、B 分量图像（五）

（g）R、G、B 分量图像（六）　　（h）产生的彩色图像

图 9.30　彩色边缘检测

令 r、g、b 是 RGB 彩色空间（见图 9.6）沿 R、G、B 轴的单位向量，可定义向量为：

$$u = \frac{\partial R}{\partial x}r + \frac{\partial G}{\partial x}g + \frac{\partial B}{\partial x}b \tag{9.42}$$

$$v = \frac{\partial R}{\partial y}r + \frac{\partial G}{\partial y}g + \frac{\partial B}{\partial y}b \tag{9.43}$$

数量 g_{xx}、g_{yy}、g_{xy} 定义为这些向量的点乘，如下所示：

$$g_{xx} = u \cdot u = u^\mathrm{T} u = \left|\frac{\partial R}{\partial x}\right|^2 + \left|\frac{\partial G}{\partial x}\right|^2 + \left|\frac{\partial B}{\partial x}\right|^2 \tag{9.44}$$

$$g_{yy} = v \cdot v = v^\mathrm{T} v = \left|\frac{\partial R}{\partial y}\right|^2 + \left|\frac{\partial G}{\partial y}\right|^2 + \left|\frac{\partial B}{\partial y}\right|^2 \tag{9.45}$$

$$g_{xy} = u \cdot v = u^\mathrm{T} v = \frac{\partial R}{\partial x}\frac{\partial R}{\partial y} + \frac{\partial G}{\partial x}\frac{\partial G}{\partial y} + \frac{\partial B}{\partial x}\frac{\partial B}{\partial y} \tag{9.46}$$

利用该表示法，$c(x,y)$ 的最大变化率方向可以由角度给出：

$$\theta = \frac{1}{2}\arctan\left(\frac{2g_{xy}}{g_{xx}-g_{yy}}\right) \tag{9.47}$$

点 (x,y) 在 θ 方向上的变化率由式（9.48）给出：

$$F(\theta) = \left\{\frac{1}{2}\left[(g_{xx}+g_{yy})+(g_{xx}-g_{yy})\cos 2\theta + 2g_{xy}\sin 2\theta\right]\right\}^{\frac{1}{2}} \tag{9.48}$$

因为 $\tan(\alpha) = \tan(\alpha\pm\pi)$，如果 θ_0 是式（9.47）的一个解，$\theta_0\pm\frac{\pi}{2}$ 也是它的解。由于 $F(\theta) = F(\theta\pm\pi)$，$F$ 仅需对 θ 在半开区间 $[0，\pi]$ 计算。式（9.47）提供了两个相隔 90° 的值，这一事实意味着该方程涉及每点 (x,y) 的两个正交方向。沿着这些方向之一，F 最大，沿其他方向其值最小。式（9.44）～式（9.46）要求的偏导数可以用前面讨论的 Sobel 算子来计算。

下面通过一个例子来比较两种彩色图像边缘检测：由各彩色分量图像梯度的混合检测边缘和用彩色空间的向量梯度检测边缘。

【例 9.14】向量梯度检测边缘。

图 9.31（f）是图 9.31（a）图像的梯度，是用刚刚讨论的向量梯度方法得到的。图 9.31（b）～图 9.31（d）显示了计算每个 R、G、B 分量图像的梯度图像，通过在每一坐标点 (x,y) 处叠加相应的三个分量混合的梯度图像得到图 9.31（e）。图 9.31（f）中向量梯度图像的边缘细节比图 9.31（e）中单独平面梯度图像混合的细节更完全。图 9.31（g）图像显示了在每一点 (x,y) 处两种梯度图像间的差别。图 9.31（f）中可以产生额外的细节，但同时也增加了附加计算量。

其主要 MATLAB 程序如下。

```
rgb=imread('lena.jpg');            %读取图像
sob=fspecial('sobel');             %得到Sobel算子模板
Rx=imfilter(double(rgb(:,:,1)),sob,'replicate');
                                   %对R分量进行x方向Sobel算子滤波
Ry=imfilter(double(rgb(:,:,1)),sob','replicate');
                                   %对R分量进行y方向Sobel算子滤波
Gx=imfilter(double(rgb(:,:,2)),sob,'replicate');
                                   %对G分量进行x方向Sobel算子滤波
Gy=imfilter(double(rgb(:,:,2)),sob','replicate');
                                   %对G分量进行y方向Sobel算子滤波
Bx=imfilter(double(rgb(:,:,3)),sob,'replicate');
                                   %对B分量进行x方向Sobel算子滤波
By=imfilter(double(rgb(:,:,3)),sob','replicate');
                                   %对B分量进行y方向Sobel算子滤波
r_gradiant=mat2gray(max(Rx,Ry));    %得到R分量的最大梯度图像
g_gradiant=mat2gray(max(Gx,Gy));    %得到G分量的最大梯度图像
b_gradiant=mat2gray(max(Bx,By));    %得到B分量的最大梯度图像
```

```
rgb_gradiant=rgb2gray(cat(3,r_gradiant,g_gradiant,b_gradiant));
                                     %将三个分量梯度图像合成
gxx=Rx.^2+Gx.^2+Bx.^2;               %计算u的模
gyy=Ry.^2+Gy.^2+By.^2;               %计算v的模
gxy=Rx.*Ry+Gx.*Gy+Bx.*By;            %计算u与v的点积
theta=0.5*(atan(2*gxy./(gxx-gyy+eps)));%计算变化率最大的方向
G1=0.5*((gxx+gyy)+(gxx-gyy).*cos(2*theta)+2*gxy.*sin(2*theta));
                                     %计算变化率最大方向上梯度的幅度
theta=theta+pi/2;                    %由于tan函数的周期性,旋转90°再次计算
G2=0.5*((gxx+gyy)+(gxx-gyy).*cos(2*theta)+2*gxy.*sin(2*theta));
                                     %计算变化率最大方向上梯度的幅度
G1=G1.^0.5;
G2=G2.^0.5;
rgb_vectorgradiant=mat2gray(max(G1,G2)); %取两个幅值的最大值
diff=abs(rgb_vectorgradiant-rgb_gradiant);
                                     %计算两种方法得到的梯度之差
figure, imshow(rgb);                 %显示原始图像
figure,imshow(r_gradiant);           %显示R分量边缘图像
figure,imshow(g_gradiant);           %显示G分量边缘图像
figure,imshow(b_gradiant);           %显示B分量边缘图像
figure,imshow(rgb_gradiant);         %显示三个分量边缘合成的边缘图像
figure,imshow(rgb_vectorgradiant);   %显示向量方法计算得到的边缘图像
figure,imshow(diff);                 %显示两种边缘图之差
```

其结果如图9.31所示。

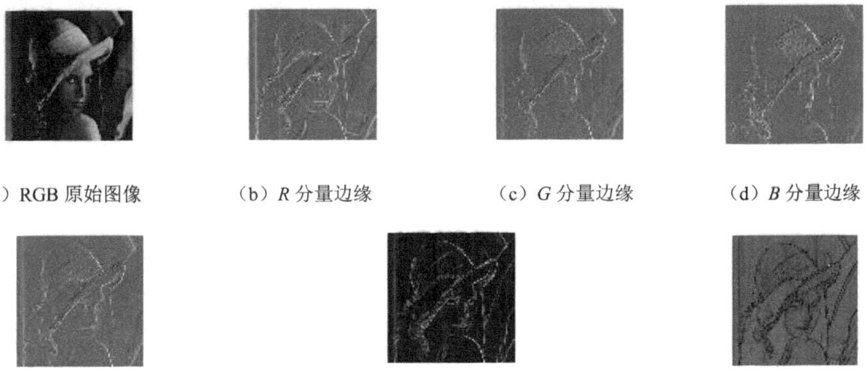

(a) RGB原始图像　　(b) R分量边缘　　(c) G分量边缘　　(d) B分量边缘

(e) 三个分量叠加后的边缘　　(f) 彩色向量梯度计算后的边缘　　(g) 图(f)和图(e)之间的差别

图9.31　向量梯度检测边缘

9.6 彩色图像处理的应用
（Applications of Color Image Processing）

彩色图像处理的应用非常广泛，本节将以去红眼、肤色检测、基于彩色的跟踪等为例进行简要说明。

1. 去红眼

用照相机拍摄人像时，有时会出现红眼现象。在光线较暗的环境中拍摄时，闪光灯会使人眼瞳孔瞬时放大，视网膜上的血管被反射到底片上，从而产生红眼现象。

去红眼技术常用的颜色模型有：RGB 彩色模型、CIE Lab 彩色模型、HSI 彩色模型。这里我们采用 HSI 彩色模型进行处理。统计资料表明，人像中的红眼有以下特征：

$$\begin{cases} -\dfrac{\pi}{4} < H < \dfrac{\pi}{4} \\ S > 0.3 \end{cases} \qquad (9.49)$$

由式（9.49）得出以下去红眼算法：
（1）确定眼部区域 R_{eye}。
（2）将 R_{eye} 中的每个像素，由 RGB 彩色模型转换为 HSI 彩色模型。
（3）将满足式（9.49）的像素饱和度 S 置为 0，即变成灰色。
（4）重复执行（2）～（3），直到处理完 R_{eye} 中的所有像素。

图 9.32 是采用该算法进行处理的结果。

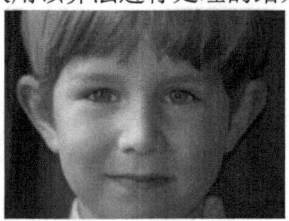

（a）红眼图像　　　　　　　　　　　　（b）去红眼后的图像

图 9.32　去红眼处理

2. 肤色检测

肤色检测技术在基于内容的图像检索、身份鉴定和确认、人机交互操作等方面有着广泛的应用。

根据肤色特征，利用肤色模型，将肤色在彩色空间进行聚类分析，便可完成肤色检测。常用的肤色检测模型有：高斯模型、混合高斯模型和直方图模型。常见的彩色空间有 RGB、CIE Lab、HSI、YCbCr 等，由于皮肤颜色受种族、光照强度、光源颜色等环境因素的影响较大，因此选择合适的彩色空间是非常重要的。

由于统计表明不同人种的肤色区别主要受强度信息影响，而受色度信息的影响较小，所以直接考虑 YCbCr 彩色空间的 Cb、Cr 分量，映射为 CbCr 彩色空间，在 CbCr 彩色空间下，受强度变化的影响少，且是两维独立分布。通过实践，选取大量肤色样本进行统计，发现肤色在 CbCr 彩色空间的分布呈现良好的聚类特性。即统计分布满足 77≤Cb≤127，并且 133≤Cr≤173。

不同人种的肤色虽然相差很大，但在色度上的差异远远小于强度上的差异，其实不同人的肤色在色度上比较接近，但在强度上的差异很大，在二维色度平面上，肤色的区域比较集中，可以用高斯分布描述。

这里简要说明用二维高斯模型 $G(m, V^2)$，在 YCbCr 彩色空间对肤色检测的过程。

二维高斯模型 $G(m, V^2)$ 定义为：

$$\begin{cases} m = (\overline{\mathrm{Cr}}, \overline{\mathrm{Cb}}) \\ V = \begin{bmatrix} \sigma_{\mathrm{CrCr}}, \sigma_{\mathrm{CrCb}} \\ \sigma_{\mathrm{CbCr}}, \sigma_{\mathrm{CbCb}} \end{bmatrix} \end{cases} \qquad (9.50)$$

式中，$\overline{\mathrm{Cr}}$、$\overline{\mathrm{Cb}}$ 为 Cr、Cb 的平均值；V 为协方差矩阵；σ 为方差。

基于式（9.50）所示模型的肤色检测算法如下：

（1）根据肤色模型，将一幅彩色图像转换为灰度图像，像素的灰度对应该点属于皮肤区域的概率。

（2）选取合适的阈值，将灰度图像转换为二值图像，其中 0、1 分别表示非皮肤区域和皮肤区域。

（3）以该二值图像作为模板，在原始图像中检测肤色区域。

图 9.33 是采用该算法进行肤色检测的结果。

（a）原始图像　　（b）肤色检测结果

图 9.33　肤色检测

3．基于彩色的跟踪

在视频序列中，跟踪人体并识别他们的动作在许多应用中显得越来越重要。基于摄像机的安全系统，包括用计算机视觉软件控制的网络连接协同的摄像机。自动目标获取可通过固定和扫视—倾斜—变焦（PTZ）摄像机的协同合作进行，而跟踪仅通过 PTZ 摄像机进行。

通常，一个目标跟踪算法包含三个主要功能：① 背景建模；② 运动目标检测；③ 目标跟踪。根据背景和当前图像的差别可辨识运动目标。最简单的办法是使用一幅没有任何运动的图像，但这并不能处理照明变化的问题。在这里使用的方法中，用一个在 N 帧连续图像中不改变的像素来更新背景图像。在生成一幅背景图像后，通过比较背景和当前图像来提取运动像素。使用一个经验确定的阈值来提取运动像素，并使用形态学操作，如开运算和闭运算，以在检测运动像素时消除噪声。

为了跟踪，需要提取如彩色分布、目标高度和运动信息等特征。将图像 RGB 彩色模型转换到 YUV 彩色模型，得到彩色分布，包括每个片段中分量 U 和 V 的均值和方差。高度是一个重要的特征，因为一个人的高度通常不会改变很多，而其宽度会由于位置和视角的变化而变化。运动信息特征包括对每个目标区域改变的方向和上一帧的加速度。

在跟踪过程中，对每个特征要计算相关，将匹配最好的区域定为当前目标的位置。为在一个大的公共区域，如机场候机厅，用多个摄像机实现无缝跟踪，建议的系统需要从当前摄像机转换到另一个能有更好观察视场的摄像机。一般来说，一个接近的摄像机能提供更好的目标图像，它包含整个目标且有最小的遮挡。

当检测到一个侵犯事件，负责追踪运动方向的摄像机触发一个警报，并提供目标在世界坐标系中的位置。PTZ 摄像机使用这些以确定它的扫视和倾斜角度，并锁定目标进行接下来的跟踪。只有当 PTZ 摄像机能从背景中提取运动目标并锁定时，目标移交才认为全部完成。

由 PTZ 摄像机导致的失真使跟踪工作变得困难。跟踪工作需要能对这些失真鲁棒的特征，目标的彩色信息可以是这样的特征。当彩色恒常性被保持时，感兴趣区域的彩色分布可用于工作目标。彩色索引是在连续帧中发现相似彩色目标的技术之一，先分析从俯视摄像机得到的视频以检测和提取侵犯，用每个提取的区域构建一个直方图模型，一旦获得了直方图模型，借助直方图相交搜索最近和最相似的彩色区域，结果给出引起警报物体的轨迹。

小结（Summary）

从色度学角度来说，自然界中的颜色可以用三种原色合成得到，因此彩色图像可以在一个三维的彩色空间中表示。常用的彩色空间模型有 RGB 彩色模型、CMY（K）彩色模型、HSI 彩色模型等。RGB 彩色模型和 CMY（K）彩色模型是面向机器的（其中 RGB 彩色模型适用于显示器、摄像机，CMY（K）彩色模型适用于打印机），HSI 彩色模型与人类的视觉感知一致，是面向颜色处理的。彩色图像处理可以根据应用的需要在不同的彩色模型下进行，各个彩色模型之间可以相互转换。假彩色图像处理利用另一组三基色彩色坐标替换原三基色，使目标图像呈现出奇异的彩色，从而更加引人注目；通过选取合适的新三基色彩色坐标，可以将图片中感兴趣的目标醒目化，更容易被分辨。灰度图像通过伪彩色处理达到突出某些部分的细节的目的，该方法的缺点是：相同物体或大物体各部分由于光照等条件的不同，形成不同的灰度级，结果出现不同的彩色，往往会产生错误的判断。全彩色处理有两种操作方式，一种是对全彩色图像的各分量分别进行类似灰度图像的处理，然后合成；另一种是采取直接彩色向量处理的方法。对于彩色图像的处理而言，这两种方式操作并不等效，如在 9.5 节看到的彩色图像的边缘检测，用这两种方法得到的结果存在差异。本章介绍了一些彩色图像处理的基础问题，主要包括彩色图像增强、平滑、锐化、分割等方法。

习题（Exercises）

9.1 什么是三原色原理？

9.2 在RGB彩色系统中，每个RGB分量图像是一幅8位图像，共有多少不同的彩色级？

9.3 （1）存储一幅512像素×512像素的256个灰度级的图像需要多少位？

（2）一幅384像素×256像素的24位全彩色图像的容量为多少位？

9.4 为什么从RGB彩色空间向HSI彩色空间转换时分两段计算H，而从HSI彩色空间向RGB彩色空间转换时分三段计算H？

9.5 一幅512像素×512像素大小的RGB彩色图像，均分成四块，左上角为绿色，右上角为红色，左下角为蓝色，右下角为绿色，试编写MATLAB程序，生成该幅图像。

9.6 将习题9.5的图像转换到HSI彩色空间，请用MATLAB程序实现如下问题，并简述观察结果。

（1）用25×25平均模板模糊H分量图像，并转换回RGB彩色空间。

（2）用25×25平均模板模糊S分量图像，并转换回RGB彩色空间。

9.7 参考9.5.2节，以流程图的形式给出一个过程来确定一个彩色向量z是否在一个立方体内部，立方体宽度为w，中心在平均彩色向量a处，不允许计算距离。

9.8 参考9.5.3节，也许会想到，在任何点定义RGB图像梯度的逻辑方法是，计算每个分量图像的梯度向量，然后把三个单独的梯度向量求和形成彩色图像梯度向量。遗憾的是，有时这一方法会导致错误结果。特别是对明确定义了边缘，并有0梯度的彩色图像，如果用这一方法容易产生错误。给出一幅这样图像的例子（提示：置一个彩色平面为恒定值，简化你的分析）。

9.9 什么是伪彩色增强处理？其主要目的是什么？

9.10 试设计运用频率域法实现彩色图像高频加强滤波的算法，写出主要步骤。

9.11 打开一幅RGB彩色图像，用MATLAB编程，将绿色和蓝色通道进行互换，观察通道互换后的效果，并对结果进行说明。若将所有蓝色加倍，结果又将如何？

9.12 用MATLAB编程，实现人像中去红眼的处理操作。

第10章 图像表示与描述
（Image Representation and Description）

图像特征的表示和描述是图像识别和图像检索等应用的前期步骤，颜色特征是图像的全局特征，纹理特征是描述图像内容的重要手段之一。本章首先介绍图像特征在空间域和频率域的表示和描述方法，考虑对图像进行分割时需要对图像的对象或区域进行表达和描述，本章还将介绍图像的边界特征及区域特征的表达和描述方法。

The representation of image feature is one essential preliminary step prior to image retrieval and recognition. Color feature and texture feature, which are two important global features of image, can be used to describe the content of image to a large extent. This chapter mainly discusses the methods of image representation in the spatial domain and frequency domain. Besides, topics regarding region feature and edge feature being used from image segmentation are also included.

10.1 背 景
（Background）

数字图像分析与理解是图像处理的高级阶段，它研究的是使用计算机分析和识别周围物体的视觉图像，从而得出结论性判断。但是，计算机不认识图像，只认识数字，为了让计算机系统识别人类视觉系统能够认识的图像，就必须分析图像的特征，并将其特征用数学的方法描述出来，从而使计算机具有识别图像的能力，即图像模式识别。在识别过程中，对获得的图像直接进行分类是不现实的。原因在于：首先，图像的数据量大，占用较多的存储空间，难以满足实时性要求；其次，图像中包含许多与识别无关的信息，需要进行特征的提取与选择。进行特征的提取与选择后，就能对被识别的图像数据进行大量简化，有利于图像识别。因此，图像的特征提取与特征选取是图像分析与识别的关键因素之一。

特征是通过测量或处理能够抽取的数据，图像特征是指某一幅或一类图像区别于其他图像的本质特点或特性，或是这些特点和特性的集合。图像特征有些是视觉直接感受到的自然特征，如区域的亮度、边缘的轮廓、纹理、色彩等；有些是需要通过变换或测量才能得到的人为特征，如直方图、变换频谱等。常用的特征可以分为颜色特征、纹理特征、边界特征、区域特征等。其中颜色特征和纹理特征属于内部特征，需要借助分割图像从原始图像上测量。

边界特征属于外部特征，可以从分割图像上测量。当关注的主要焦点集中于边界特征时，可以选择外部特征；而当主要的焦点集中于内部性质时，可以选择内部特征。我们常常将某一（类）图像的多个或多种特征组合在一起，形成一个特征向量来代表该（类）图像，如果只有单个数值特征，则特征向量为一个一维向量；如果是 n 个数值的组合，则为一个 n 维特征向量，该特征向量常常被作为识别系统的输入。实际上，一个 n 维特征向量就是一个位于 n 维空间中的点，而识别（分类）的任务就是找到对这个 n 维空间的一种划分，使该（类）图像与其他（类）图像在空间上分开。

特征选择和提取的基本任务是从众多特征中找到最有效的特征。一个图像的特征有很多种类，每个种类又有多种不同的表示和描述方法。需要对特征进行选择，选择的特征不仅要能够很好地描述图像，更重要的是能够很好地区分不同类别的图像。我们希望选择那些在同类图像之间差别较小（较小的类内距），在不同类别图像之间差异较大（较大的类间距）的图像特征。

对图像的描述常借助一些称为目标特征的描述符来进行，它们代表了目标区域的特性。图像分析和理解的一个主要工作就是从图像中获得目标特征的量值，这些量值的获取常需要借助于对图像分割后得到的分割结果。对目标特征的测量是利用分割结果进一步从图像中获取有用信息，为达到这个目的要解决两个关键问题：一是选用什么特征来描述目标，二是如何精确地测量这些特征。随着图像分析与理解的广泛深入应用，对特征的精确测量越来越重要，也得到越来越多的重视。

在汽车车牌识别、指纹识别、人脸识别和基于内容的图像检索等应用中，都需要进行图像的特征描述和提取。以指纹识别为例，在对指纹图像进行预处理后，关键要对指纹图像进行描述，提取其细节点特征，指纹匹配通常基于细节点匹配，并给出匹配与否的结果。指纹识别的准确率依赖于指纹细节点特征提取的准确性。

10.2 颜色特征
（Color Feature）

颜色特征是一种全局特征，描述了图像或图像区域对应景物的表面性质。一般颜色特征是基于像素点的特征，所有属于图像或图像区域的像素都有各自的贡献。颜色特征是图像检索和识别中应用最为广泛的视觉特征，与其他视觉特征相比，它对图像尺寸、方向、视角的依赖性较弱，因此具有较高的稳定性。但颜色特征不能很好地刻画图像的对象局部特征。本节主要讨论图像的颜色特征。

10.2.1 灰度特征（Gray Feature）

灰度特征可以在图像某些特定的像素点或其邻域内测定，也可以在某个区域内测定。以 (i, j) 为中心的 $(2M+1) \times (2N+1)$ 邻域内的平均灰度为：

$$\bar{f}(i,j) = \frac{1}{(2M+1)(2N+1)} \sum_{x=-M}^{M} \sum_{y=-N}^{N} f(i+x, j+y) \quad (10.1)$$

除灰度均值外，在有些情况下，还可能要用到区域中的灰度最大值、最小值、中值、顺序值及方差等。

【例 10.1】如图 10.1 所示，将图像分为四个相等的方块，计算左上角方块的灰度均值，并计算整幅图像像素灰度的最大值和最小值。

图 10.1　Lena 图像

其 MATLAB 程序如下。

```
I=imread('lena.bmp');                %读取图像
I=double(I);                         %转换成double型
[m,n]=size(I);                       %获取图像的高度m和宽度n
mw=round(m/2);                       %得到高度的一半mw
mh=round(n/2);                       %得到宽度的一半mh
sumg=0.0;                            %变量初始化
for i=1:mw
    for j=1:mh                       %二重循环计算左上角灰度之和
        sumg=sumg+I(i,j);
    end
end
avg=sumg/(mw*mh)                     %计算图像左上角灰度的均值
maxg=max(max(I))                     %计算得到图像灰度的最大值
ming=min(min(I))                     %计算得到图像灰度的最小值
```

计算结果为：区域灰度均 avg=94.7202，区域最大灰度 maxg=238，区域最小灰度 ming=3。

10.2.2　直方图特征（Histogram Feature）

设图像 f 的像素总数为 n，灰度等级数为 L，灰度为 k 的像素全图共有 n_k 个，那么

$$h_k = \frac{n_k}{n}, \quad k=0,1,\cdots,L-1 \quad (10.2)$$

称为 f 的灰度直方图。彩色图像可以定义其各彩色分量的直方图。如果是 RGB 彩色模型，可

以分别计算 R、G、B 分量的直方图；如果是 HSI 彩色模型，可以分别计算 H、S、I 分量的直方图。其他彩色模型下也可进行类似操作。

图像灰度直方图可以认为是图像灰度概率密度的估计，可以由直方图产生下列特征。

（1）平均值：

$$\bar{f} = \sum_{k=0}^{L-1} k h_k \tag{10.3}$$

（2）方差：

$$\sigma_f^2 = \sum_{k=0}^{L-1} (k - \bar{f})^2 h_k \tag{10.4}$$

（3）能量：

$$f_N = \sum_{k=0}^{L-1} h_k^2 \tag{10.5}$$

（4）熵：

$$f_E = -\sum_{k=0}^{L-1} h_k \log_2 h_k \tag{10.6}$$

可以类似地得到彩色图像各分量直方图的相关特征。

【例 10.2】计算图 10.1 的直方图的有关特征。

其 MATLAB 程序如下。

```
I=imread('i_lena.bmp');              %读取图像
[m,n]=size(I);                       %获取图像的高度m和宽度n
h=imhist(I)/(m*n);                   %计算图像的直方图
avh=0;enh=0;enth=0;                  %变量初始化
for k=1:256
        avh=avh+k*h(k);              %计算均值
        enh=enh+h(k)*h(k);           %计算能量
        if(h(k)~=0)
            enth=enth-h(k)*log2(h(k)); %计算熵
        end
end
avh, enh, enth                       %显示均值、能量、熵
vah=0;
for k=1:256
        vah=vah+(k-avh)*(k-avh)*h(k); %计算方差
end
vah                                  %显示方差
```

计算结果为：平均值 avh = 98.7724，能量 enh = 0.0059，熵 enth = 7.5534，方差 vah = 2.784×10^3。

10.2.3 颜色矩（Color Moments）

可以通过计算颜色矩来描述颜色的分布。图像中任何颜色的分布均可以用它的矩来表示，颜色矩可以直接在 RGB 彩色空间计算。由于颜色分布信息主要集中在低阶矩，因此仅采用颜色的一阶矩（Mean）、二阶矩（Variance）和三阶矩（Skewness）就足以表达图像的颜色分布。它们的定义分别为：

$$\mu_i = \frac{1}{n}\sum_{j=1}^{n} p_{ij} \tag{10.7}$$

$$\sigma_i = \sqrt{\frac{1}{n}\sum_{j=1}^{n}(p_{ij}-\mu_i)^2} \tag{10.8}$$

$$s_i = \sqrt[3]{\frac{1}{n}\sum_{j=1}^{N}(p_{ij}-\mu_i)^3} \tag{10.9}$$

式中，p_{ij} 是第 i 个彩色分量的第 j 个像素的值；n 是图像中像素点的个数。事实上，一阶矩定义了每个彩色分量的平均值，二阶矩和三阶矩分别定义了彩色分量的方差和偏斜度。颜色矩特征和颜色直方图一样都缺乏对彩色空间分布的信息表示，不能区分彩色区域的空间分布位置。

10.3 纹理特征（Textural Feature）

纹理是图像描述的重要内容，纹理特征描述图像或图像区域对应景物的表面性质。类似布纹、草地、砖砌地面等重复性结构称为纹理。一般来说，纹理是对图像像素灰度级在空间上的分布模式的描述，反映了物品的质地，如粗糙度、光滑性、颗粒度、随机性和规范性等。

纹理的标志有三个要素：一是某种局部的序列性，该序列在更大的区域内不断重复；二是序列是由基本部分非随机排列组成的；三是各部分大致都是均匀的统一体，纹理区域内任何地方都有大致相同的尺寸结构。

纹理图像在很大范围内没有重大细节变化，在这些区域内图像往往显示出重复性结构。纹理可分为人工纹理和天然纹理，人工纹理是由自然背景上的符号排列组成的，这些符号可以是线条、点、字母、数字等；自然纹理是具有重复排列现象的自然景象，如砖墙、种子、森林、草地之类的照片。人工纹理往往是有规则的，而自然纹理往往是无规则的。归纳起来，对纹理有两种看法，一是凭人们的直观印象，二是根据图像本身的结构。

与颜色特征不同，纹理特征不是基于像素点的特征，它需要在包含多个像素点的区域中进行统计计算。在图像模式识别的模式匹配时，此类区域性的特征具有一定的优势，可以避免由于局部的偏差造成匹配失败。作为一种统计特征，纹理特征一般具有旋转不变性，并且对于噪声有较强的抵抗能力。但是，纹理特征也有其缺点：其一，当图像的分辨率变化时，计算出来的纹理可能会有较大偏差；其二，由于有可能受到光照、反射情况的影响，从 2D

图像中反映出来的纹理不一定是 3D 物体表面真实的纹理。在计算彩色图像的纹理特征时，一般是将其按照式（9.5）转换成灰度图像，再计算对应灰度图像的纹理特征。

常用的纹理特征表示方法有以下几种：

（1）统计法。统计法典型代表中的一种是灰度共生矩阵的纹理特征分析方法，可以由灰度共生矩阵得到能量、惯性、熵和相关性四个参数；另一种是利用图像的自相关函数（也称图像的能量谱函数）提取纹理特征，即通过对图像能量谱函数的计算，提取纹理的粗细度及方向性等特征参数。

（2）模型法。模型法以图像的构造模型为基础，采用模型的参数作为纹理特征。典型的方法是随机场模型法，如马尔可夫随机场模型法和 Gibbs 随机场模型法。自回归纹理模型是马尔可夫随机场模型的一种应用实例。

（3）几何法。几何法是建立在纹理基元（基本的纹理元素）理论基础上的一种纹理特征分析方法。纹理基元理论认为，复杂的纹理可以由若干简单的纹理基元以一定的有规律的形式重复排列构成。在几何法中，比较有影响的算法有 Voronio 棋盘格特征法和结构法两种。

（4）频谱法。由于图像的傅里叶频谱能够很好地描述图像中的周期或近似周期的空间特性，所以有些在空间域很难描述检测到的纹理特征在频率域中可以很好地获得。频谱法基于傅里叶频谱特性，主要用于通过识别频谱中高能量的窄波峰，寻找图像中的整体周期。

此外，小波变换也可以用于纹理特征的提取，最常见的是利用 Gabor 滤波器提取图像纹理特征。

10.3.1 自相关函数（Autocorrelation Function）

图像纹理结构的粗糙性与局部结构的空间重复周期有关，周期大的纹理粗糙，周期小的纹理细致。空间自相关函数可以用于度量图像纹理结构的粗糙性。

设灰度图像或图像区域为 $\{f(i,j); i=0,1,2,\cdots,M-1; j=0,1,2,\cdots,N-1\}$，其自相关函数定义为：

$$c(x,y) = \frac{\sum_{i=0}^{M-1}\sum_{j=0}^{N-1} f(i,j)f(i+x,j+y)}{\sum_{i=0}^{M-1}\sum_{j=0}^{N-1} [f(i,j)]^2} \tag{10.10}$$

式中，$x,y=0,\pm 1,\pm 2,\cdots,\pm T$，$T$ 为常数。若 $i+x<0$，或 $i+x>M-1$，或 $j+y<0$，或 $j+y>N-1$，可以定义 $f(i+x,j+y)=0$，即图像之外的灰度为 0。自相关函数 $c(x,y)$ 随着 x,y 的大小而变化，与图像中纹理粗细的变化有着对应的关系。

【例 10.3】自相关函数的 MATLAB 实现。

设原始图像为 I，偏移量分别为 shiftx 和 shifty，则自相关函数计算的 MATLAB 代码如下。

```
function autocorcoeficient(I,shiftx,shifty);
A=imread(I);                                %读取图像
[M,N]=size(A);                              %获取图像的高度 M 和宽度 N
B=zeros(M+abs(shiftx),N+abs(shifty));       %设置一个偏移矩阵用于计算
A=double(A);                                %转换成 double 型
```

```
    B=double(B);                            %转换成double型
    if((shiftx>0)&(shifty>0))
        B(1:M,1:N)=A;
    end
    if((shiftx>0)&(shifty<0))               %偏移量处理,超出范围像素为0
        B(1:M,abs(shifty)+1:abs(shifty)+N)=A;
    end
    if((shiftx<0)&(shifty>0))               %偏移量处理,超出范围像素为0
        B(abs(shiftx)+1:abs(shiftx)+M,1:N)=A;
    end
    if((shiftx<0)&(shifty<0))               %偏移量处理,超出范围像素为0
        B(abs(shiftx)+1:abs(shiftx)+M,
abs(shifty)+1:abs(shifty)+N)=A;
    end
    sum1=0;                                 %设置分子变量初值
    sum2=0;                                 %设置分母变量初值
    for i=1:M
        for j=1:N
            sum1=sum1+A(i,j)*B(i,j);        %二重循环累加得到分子
            sum2=sum2+A(i,j)*A(i,j);        %二重循环累加得到分母
        end
    end
    c=sum1/sum2                             %得到自相关函数
```

10.3.2 灰度差分统计 (Statistics of Intensity Difference)

对于给定的灰度图像 $\{f(i,j); i=0,1,2,\cdots,M-1; j=0,1,2,\cdots,N-1\}$ 和取定的较小整数 Δi、Δj,求差分图像:

$$g(i,j) = f(i,j) - f(i+\Delta i, j+\Delta j) \tag{10.11}$$

式中,g 称为灰度差分。设灰度差分的所有可能取值有 m 级,求出灰度差分图像已归一化的直方图 $\{h_g(k), k=0,1,2,\cdots,m-1\}$。当较小差值 k 的频率 $h_g(k)$ 较大时,说明纹理较粗糙;当直方图较平坦时,说明纹理较细致。

可以由灰度差分直方图得到二次统计量,作为纹理特征,反映图像纹理的细致程度。

(1) 平均值:

$$\text{MEAN} = \frac{1}{m}\sum_i i h_g(i) \tag{10.12}$$

(2) 对比度:

$$\text{CON} = \sum_i i^2 h_g(i) \tag{10.13}$$

（3）角度方向二阶矩：
$$\mathrm{ASM} = \sum_i [h_g(i)]^2 \tag{10.14}$$

（4）熵：
$$\mathrm{ENT} = -\sum h_g(i) \log_2 h_g(i) \tag{10.15}$$

当灰度差分的直方图分布 $h_g(k)$ 较平坦时，ASM 较小，ENT 较大；当 $h_g(k)$ 在原点附近集中分布时，MEAN 较小，反之 MEAN 较大。

【例 10.4】计算如图 10.2 所示两幅纹理图像的灰度差分统计特征。

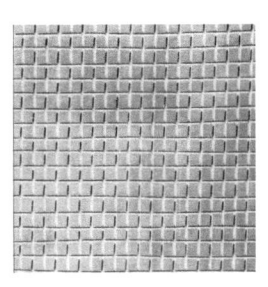

（a）纹理图像 1 　　　　（b）纹理图像 2

图 10.2　两幅纹理图像

其 MATLAB 实现的主要程序如下。

```
I=imread('i_texture1.bmp');              %读取图像
A=double(I);                             %转换成double型
[m,n]=size(A);                           %得到图像的高度和宽度
B=A;
C=zeros(m,n);
for i=1:m-1
    for j=1:n-1
        B(i,j)=A(i+1,j+1);
        C(i,j)=abs(round(A(i,j)-B(i,j)));%计算灰度差分图像
    end
end
h=imhist(mat2gray(C))/(m*n);             %计算灰度差分图像直方图
MEAN=0;                                  %设置变量初值
CON=0;                                   %设置变量初值
ASM=0;                                   %设置变量初值
ANT=0;                                   %设置变量初值
for i=1:256
    MEAN=MEAN+(i*h(i))/256;              %计算平均值
    CON=CON+i*i*h(i);                    %计算对比度
    ASM=ASM+h(i)*h(i);                   %计算角度方向二阶矩
```

```
        if(h(i)>0)
            ENT=ENT-h(i)*log2(h(i));                    %计算熵
        end
    end
MEAN,CON,ASM,ENT                                        %显示计算结果
```

本例中，取 $\Delta i=\Delta j=1$。计算得到第一幅纹理图像的纹理特征为：平均值 MEAN=0.0866，对比度 CON=1.3648×10³，角度方向二阶矩 ASM=0.417，熵 ENT=5.4606。第二幅纹理图像的纹理特征为：平均值 MEAN=0.1235，对比度 CON=1.723 9×10³，角度方向二阶矩 ASM=0.0362，熵 ENT=5.3789。

10.3.3 灰度共生矩阵（Gray-Level Co-occurrence Matrix）

灰度共生矩阵法是描述纹理特征的重要方法之一，它能较精确地反映纹理的粗糙程度和重复方向。

由于纹理反映了灰度分布的重复性，人们自然要考虑图像中点对之间的灰度关系。灰度共生矩阵定义为：对于取定的方向 θ 和距离 d，在方向为 θ 的直线上，一个像素灰度为 i，另一个与其相距为 d 的像素的灰度为 j 的点对出现的频数作为这个矩阵的第 (i,j) 元素的值。对于一系列不同的 d、θ，就有一系列不同的灰度共生矩阵。由于计算量的原因，一般 d 只取少数几个值，而 θ 取 0°、45°、90°、135°。研究表明，d 值取得较小时，可以提供较好的特征描述和分析结果。

【例 10.5】 一幅 5 像素×5 像素的灰度图像，其灰度矩阵是 $I=\begin{pmatrix} 0 & 0 & 0 & 1 & 2 \\ 1 & 1 & 0 & 1 & 1 \\ 2 & 2 & 1 & 0 & 0 \\ 1 & 1 & 0 & 2 & 0 \\ 0 & 0 & 1 & 0 & 1 \end{pmatrix}$，计算它在 $d=1$，θ 分别为 0°、45°、90°、135° 时的共生矩阵。

在 $d=1$，θ 分别取 0°、45°、90°、135° 四个方向时，由于图像具有三个灰度级（0,1,2），则 I 在这四个方向上的共生矩阵都是 3×3 矩阵，如果 0° 和 180° 不区分，45° 与 225° 不区分，90° 与 270° 不区分，135° 与 315° 不区分，则这四个共生矩阵分别是：

$$\begin{pmatrix} 8 & 8 & 2 \\ 8 & 6 & 2 \\ 2 & 2 & 2 \end{pmatrix}, \begin{pmatrix} 6 & 5 & 2 \\ 5 & 4 & 4 \\ 2 & 4 & 0 \end{pmatrix}, \begin{pmatrix} 4 & 10 & 2 \\ 10 & 2 & 5 \\ 2 & 5 & 0 \end{pmatrix}, \begin{pmatrix} 8 & 4 & 1 \\ 4 & 6 & 4 \\ 1 & 4 & 0 \end{pmatrix}$$

【例 10.6】 灰度图像共生矩阵计算的 MATLAB 程序实现。

一般的灰度图像都有 256 个灰度级，这样得到的共生矩阵都是 256×256，矩阵维数太高，为了减少计算量，要对原始图像的灰度级进行压缩，如可以将原始图像的灰度级量化为 16 级或更少。同时，d 取某个定值（一般为 1），θ 一般取 0、45°、90°、135° 四个方向。

```
gray=imread('i_lena.bmp');                              %读取图像
[M,N]=size(gray);                                       %得到图像的高度和宽度
for i=1:M
```

```
        for j=1:N
            for n=1:256/16                          %将图像的灰度级量化成16级
                if (gray(i,j)>=(n-1)*16)&&(gray(i,j)<=(n-1)*16+15)
                    gray(i,j)=n-1;
                end
            end
        end
end
P=zeros(16,16,4);                                   %四个16×16的共生矩阵初始化
for m=1:16
    for n=1:16
        for i=1:M
            for j=1:N
                if (j<N)&&(gray(i,j)==m-1)&&(gray(i,j+1)==n-1)
                                                    %水平方向
                    P(m,n,1)=P(m,n,1)+1;
                    P(n,m,1)=P(m,n,1);
                end
                if
(i>1)&&(j<N)&&(gray(i,j)==m-1)&&(gray(i-1,j+1)==n-1)  %45°方向
                    P(m,n,2)=P(m,n,2)+1;
                    P(n,m,2)=P(m,n,2);
                end
                if (i<M)&&(gray(i,j)==m-1)&&(gray(i+1,j)==n-1)
                                                    %垂直方向
                    P(m,n,3)=P(m,n,3)+1;
                    P(n,m,3)=P(m,n,3);
                end
            if (i<M)&&(j<N)&&(gray(i,j)==m-1)&&(gray(i+1,j+1)==n-1)% 135°
方向
                    P(m,n,4)=P(m,n,4)+1;
                    P(n,m,4)=P(m,n,4);
                end
            end
        end
        if (m==n)                                   %共生矩阵主对角线上元素
            P(m,n,:)=P(m,n,:)*2;
        end
    end
end
```

```
end
P                                              %显示计算得到的四个共生矩阵
```

灰度共生矩阵能够反映图像灰度关于方向、相邻间隔、变化幅度的综合信息，是分析图像局部模式和像素排列规则的基础。作为纹理分析的特征量，一般不是直接应用计算的灰度共生矩阵，而是在灰度共生矩阵的基础上再提取纹理特征量，称为二次统计量。二次统计量主要有能量、对比度、熵、均匀度、相关等。

设在给定参数 d、θ 下的共生矩阵元素已归一化成为频率，并记为 $p(i,j)$。

（1）能量：

$$N_1 = \sum_i \sum_j p(i,j)^2 \tag{10.16}$$

粗纹理 N_1 较大，细纹理 N_1 较小。

（2）对比度：

$$N_2 = \sum_i \sum_j (i-j)^2 p(i,j) \tag{10.17}$$

粗纹理 N_2 较小，细纹理 N_2 较大。

（3）熵：

$$N_3 = -\sum_i \sum_j p(i,j) \lg p(i,j) \tag{10.18}$$

粗纹理 N_3 较小，细纹理 N_3 较大。

（4）均匀度：

$$N_4 = \sum_i \sum_j \frac{1}{1+(i-j)^2} p(i,j) \tag{10.19}$$

粗纹理 N_4 较大，细纹理 N_4 较小。

（5）相关：

$$N_5 = \frac{\sum \sum (i-\bar{x})(j-\bar{y}) p(i,j)}{\sigma_x \sigma_y} \tag{10.20}$$

其中

$$\bar{x} = \sum_i i \sum_j p(i,j)$$

$$\bar{y} = \sum_j j \sum_i p(i,j)$$

$$\sigma_x^2 = \sum_i (i-\bar{x})^2 \sum_j p(i,j)$$

$$\sigma_y^2 = \sum_j (j-\bar{y})^2 \sum_i p(i,j)$$

【例 10.7】灰度图像由共生矩阵二次统计量表示的纹理特征计算的 MATLAB 程序实现。

在例 10.6 计算得到灰度图像共生矩阵的基础上，首先对灰度共生矩阵进行归一化处理，然后根据能量、对比度、熵、均匀度、相关定义，计算这些特征。

```
for n=1:4
  P(:,:,n)=P(:,:,n)/sum(sum(P(:,:,n)));   %对共生矩阵进行归一化处理
end
```

```
A=zeros(1,4);
E=A; I=A; H=A; U=A;                              %能量、对比度、熵和均匀度向量初始化
Ux=A; Uy=A; deltaX=A; deltaY=A; C=A;              %相关向量初始化
for n=1:4
    E(n)=sum(sum(P(:,:,n).^2));                   %计算能量
    for i=1:16
        for j=1:16
            I(n)=I(n)+(i-j)^2*P(i,j,n);           %计算对比度
            if P(i,j,n)~=0
                H(n)=H(n)-P(i,j,n)*log(P(i,j,n)); %计算熵
            end
            U(n)=U(n)+(1/(1+(i-j)^2))*P(i,j,n);   %计算均匀度
            Ux(n)=Ux(n)+i*P(i,j,n);
            Uy(n)=Uy(n)+j*P(i,j,n);
        end
    end
end
for n=1:4
    for i=1:16
        for j=1,16
            deltaX(n)=deltaX(n)+(i-Ux(n))^2*P(i,j,n);
            deltaY(n)=deltaY(n)+(j-Uy(n))^2*P(i,j,n);
            C(n)=C(n)+i*j*P(i,j,n);
        end
    end
    C(n)=(C(n)-Ux(n)*Uy(n))/(deltaX(n)*deltaY(n)); %计算相关性
end
E,I,H,U,C                                          %显示计算结果
```

10.3.4 频谱特征（Spectrum Features）

傅里叶频谱是一种理想的可用于描绘周期或近似周期二维图像模式的方向性的方法。频谱特征正是基于傅里叶频谱的一种纹理描述。全局纹理模式在空间域中很难检测出来，但是转换到频率域中则很容易分辨。因此，频谱纹理对区分周期模式或非周期模式及周期模式之间的不同十分有效。通常，全局纹理模式对应傅里叶频谱中能量十分集中的区域，即峰值凸起处。

在实际应用中，通常会把频谱转化到极坐标中，用函数 $S(r,\theta)$ 描述，从而简化表达。其中，S 是频谱函数，r 和 θ 是坐标系中的变量。将这个二元函数通过固定其中一个变量转化成一元函数，如对每个方向 θ，可以把 $S(r,\theta)$ 看成是一个一元函数 $S_\theta(r)$；同样对每个频率 r，可用一元函数 $S_r(\theta)$ 来表示。

对给定的方向 θ，分析其一元函数 $S_\theta(r)$，可以得到频谱在从原点出发的某个放射方向上的行为特征。而对某个给定的频率 r，对其一元函数 $S_r(\theta)$ 进行分析，将会获取频谱在以原点为中心的圆上的行为特征。

如果分别对上述两个一元函数按照其下标求和，则会获得关于区域纹理的全局描述：

$$S(r) = \sum_{\theta=0}^{\pi} S_\theta(r) \tag{10.21}$$

$$S(\theta) = \sum_{r=1}^{R_0} S_r(\theta) \tag{10.22}$$

式中，R_0 是以原点为中心的圆的半径，$S(r)$ 表示离圆心距离为 r 的图像频谱的总和，$S(\theta)$ 表示旋转角度为 θ 时图像频谱的总和。对极坐标中的每对 (r,θ)，$[S(r),S(\theta)]$ 构成了对整个区域的纹理频谱能量的描述。

【例 10.8】给出纹理图像，用 MATLAB 编程计算图像纹理的频谱特征。

其 MATLAB 实现的主要程序如下。

```
I1=imread('fig1003a.gif');              %读取一幅纹理图像
s=fftshift(fft2(I1));                   %进行傅里叶变换，将原点移至矩形中心
s=abs(s);                               %得到幅值
[nc,nr]=size(s);                        %得到图像的高度和宽度
x0=floor(nc/2+1);                       %得到矩形中心的 x 坐标
y0=floor(nr/2+1);                       %得到矩形中心的 y 坐标
figure,imshow(I1);                      %显示原始图像
figure,imshow(mat2gray(log(1+s)));      %显示图像的频谱幅值（经对数变换）
rmax=floor(min(nc,nr)/2-1);             %得到 srad 的最大取值 rmax
srad=zeros(1,rmax);                     %初始化 srad
srad(1)=s(x0,y0);                       %中心点的幅值
thetha=91:270;                          %取一个角度范围，半圆
for r=2:rmax                            %从 2 到 rmax 的半径
        [x,y]=pol2cart(thetha,r);       %得到极坐标
        x=round(x)'+x0;
        y=round(y)'+y0;
        for j=1:length(x)               %求和得到 S(r)
            srad(r)=sum(s(sub2ind(size(s),x,y)));
        end
end
figure,plot(srad);                      %画出频谱能量图 $S_\theta(r)$
[x,y]=pol2cart(thetha,rmax);            %在 r 取 rmax 时得到极坐标
x=round(x)'+x0;
y=round(y)'+y0;
```

```
sang=zeros(1,length(x));               %初始化sang
for th=1:length(x)
    vx=abs(x(th)-x0);
    vy=abs(y(th)-y0);
    if((vx==0)&(vy==0))
        xr=x0; yr=y0;
    else
        m=(y(th)-y0)/(x(th)-x0);
        xr=(x0:x(th)).';
        yr=round(y0+m*(xr-x0));
    end
    for j=1:length(xr)                 %计算得到S(θ)
        sang(th)=sum(s(sub2ind(size(s),xr,yr)));
    end
end
figure,plot(sang);                     %画出频谱能量图$S_r(\theta)$
```

程序运行计算结果如图 10.3 所示。图 10.3 给出了两幅不同纹理图像的计算结果，从得到的结果可以看出，这两幅图像的频谱幅值、频谱能量 $S_\theta(r)$、频谱能量 $S_r(\theta)$ 等都有明显的区别。

(a) 纹理原图1　　(b) 纹理原图2　　(c) 纹理原图1的频谱图　　(d) 纹理原图2的频谱图

(e) 纹理原图1频谱能量$S_\theta(r)$　　(f) 纹理原图2频谱能量$S_\theta(r)$

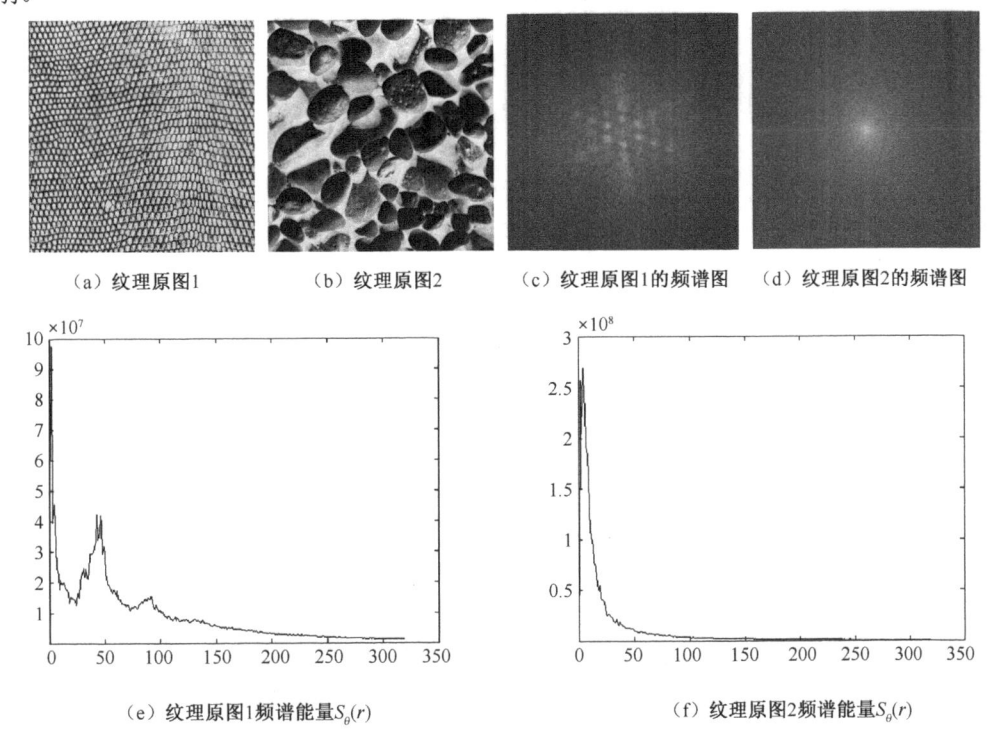

图 10.3　纹理图像的频谱特征

（g）纹理原图1频谱能量$S_r(\theta)$　　　　　（h）纹理原图2频谱能量$S_r(\theta)$

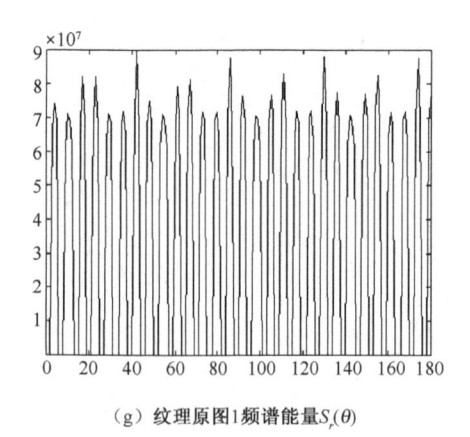

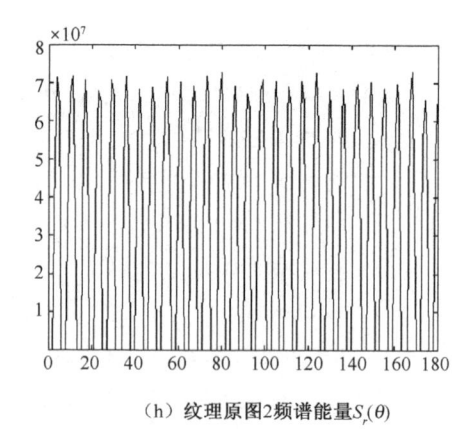

图 10.3　纹理图像的频谱特征（续）

10.4　边界特征 （Boundary Feature）

边界描述主要借助区域的外部特征即区域的边界来描述。当希望关注区域的形状特征时，一般会采用这种描述方式，我们可以选定某种预定的方案对边界进行表达，再对边界特征进行描述。

10.4.1　边界表达（Boundary Representation）

当一个目标物区域边界上的点已被确定时，就可以利用这些边界点来区别不同区域的形状。这样既可以节省存储信息，又可以准确地确定物体。这里主要介绍几种常用的表达形式。

1. 链码

在数字图像中，边界或曲线由一系列离散的像素点组成，最简单的表达方法是由美国学者 Freeman 提出的链码方法。链码用于表示由顺次连接的具有指定长度和方向的直线段组成的边界线。在典型的情况下，这种表示方法基于线段的 4 连接或 8 连接。每一段的方向使用数字编号方法进行编码，如图 10.4 所示。

获取或处理数字图像经常使用在 x 和 y 方向上大小相同的网格格式。链码可以顺时针方向沿着边界线，并且对连接每对像素的线段赋予一个方向生成。有两个原因使我们通常无法采用这种方法：①得到的链码往往太长；②噪声或边界线段的缺陷都会在边界上产生干扰。任何沿着边界的小干扰都会使编码发生变化，使其无法和边界形状保持一致。

(a) 4向链码　　　　(b) 8向链码

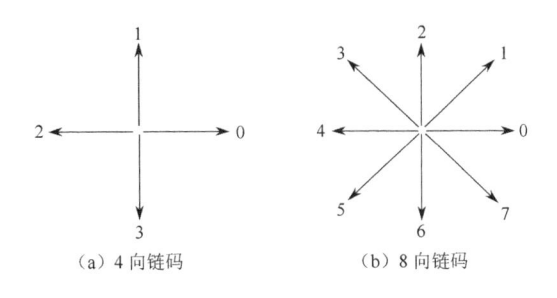

图10.4　链码的方向编号

经常用来防止产生上述问题的方法是，选择更大间隔的网格对边界进行重新取样，如图10.5（a）所示。然后，由于网格线穿过边界线，则边界点就被指定为大网格的节点，这与距原始边界点最接近的节点为边界点的情况近似，如图10.5（b）所示。使用这种方法得到的重新取样的边界可以用4向链码或8向链码表示，分别如图10.5（c）和图10.5（d）所示。图10.5（c）中的起始点（任意的）是顶部左方的点，边界是图10.5（b）所示网格中允许的最短4通路或8通路。图10.5（c）中的边界表达是链码0033…01，图10.5（d）是链码0766…12。如预期的那样，编码表达方法的精确度依赖于取样网格的大小。

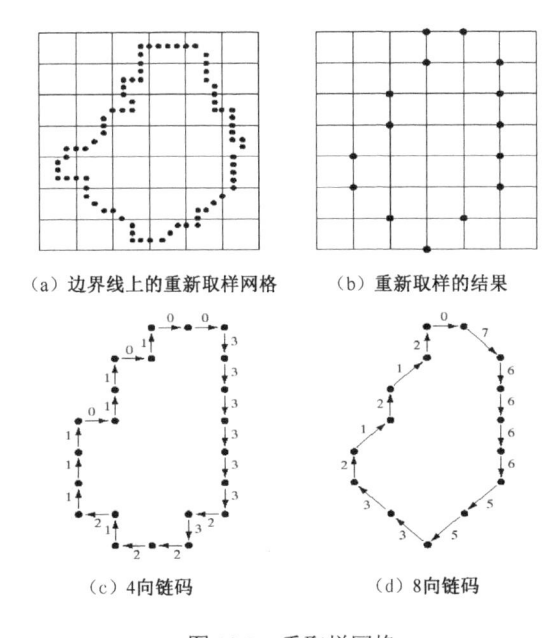

(a) 边界线上的重新取样网格　　　　(b) 重新取样的结果

(c) 4向链码　　　　(d) 8向链码

图10.5　重取样网格

边界的链码依赖于起始点。为了确定链码表示的曲线在图像中的位置，并能由链码准确地重建曲线，则需要标出起点的坐标。但当用链码来描述闭合边界时，由于起点和终点重合，因此往往不关心起点的具体位置，起点位置的变化只引起链码的循环位移。为了解决这个问题，必须将链码进行归一化处理。

给定一个从任意点开始产生的链码，可把它看成一个由各方向数构成的自然数，将这些方向数依一个方向循环，使它们所构成的自然数的值最小，将转换后对应的链码起点作为这个边界的归一化链码的起点。例如，4向链码10103322的归一化链码为01033221。

用链码表示给定目标的边界时，如果目标平移，链码不会发生变化，但如果目标旋转则链码会发生变化。利用链码的一阶差分来重新构造一个序列，这相当于把链码进行旋转归一化，这个差分可用相邻两个方向数（按反方向）相减得到。例如，4 向链码 10103322 的一阶差分是 3133030。如果把编码看成循环序列，则差分的第一个元素是通过链的最后一个成员放在第一个成员之前计算得到的，此时的结果是 33133030。尺寸的归一化可以通过改变取样网格的大小来实现。

2. 多边形近似

由于噪声及采样等的影响，边界有许多较小的不规则处，这些不规则处常对链码表达产生较明显的干扰。一种抗干扰性能更好、更节省表达所需数据量的方法就是用多边形去近似逼近边界。

多边形是一系列线段的封闭集合，它可用来逼近大多数曲线到任意精度。实践中，多边形表达的目的是用尽可能少的线段来代表边界，并保持边界的基本形状，这样就可以用较少的数据和简洁的形式来表达和描述边界。常用的多边形表达方法主要有以下三种。

1）基于收缩的最小周长多边形法

该方法是将边界看成有弹性的线，将组成边界的像素序列的内外边各看成一堵墙，如图 10.6（a）所示。如果将线拉紧则可以得到如图 10.6（b）所示的最小周长多边形。

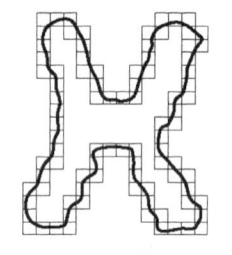

（a）被单元包围的对象边界　　（b）最小周长多边形

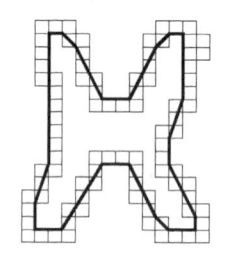

图 10.6　基于收缩的最小多边形

2）基于聚合的最小均方误差线段逼近法

基于平均误差或其他准则的聚合技术已经应用于多边形近似问题。一种方法是沿着边界线寻找聚合点，直到适合聚合点的最小均方误差线超过一个预先设置的阈值，这时就将点聚合。当这种情况出现时，直线的参量就被存储下来，误差设为 0，并且这个过程会不断重复下去，继续沿着边界线寻找，直到误差再次超出阈值，再聚合新的点。这一过程的最后，相邻线段的交点构成多边形的顶点。这种方法的一个主要难点在于，得到的近似图形的顶点并不总是与原来边界的拐点（如拐角处）一致，因为新的线段只有超出误差阈值的时候才开始画。例如，如果沿着一条长的直线追踪，而它出现了一个拐角，在超出阈值之前，拐角上的一些点（取决于阈值大小）会被丢弃，然而在聚合的同时进行分裂可以缓解这个难点。

3）基于分裂的最小均方误差线段逼近法

边界线分裂的一种方法是，将一条线段不断地分割为两个部分，直到满足定好的某一标准。例如，可能出现这样的要求：从边界线到某一直线的最大垂直距离不得超过预定阈值，而这条直线要求连接此边界的两个端点。如果这个条件满足，则距离此直线的最远点成为一个顶点，这样将初始的线段再细分为两条子线段。这种方法在寻找凸出的拐点时有优势。对一条闭合边界线，最好的起始点是边界上的两个最远点。例如，图10.7（a）显示了一个对象的边界线，而图10.7（b）显示了对这条边界线的一次关于其最远点的再分割（实线）。标记为 c 的点是从顶部边界线段到直线 ab 的最远点（在垂直距离上）；同样，点 d 是从底部边界线段到直线 ab 的最远点。图10.7（c）显示了使用直线 ab 长度的 0.25 倍作为阈值的分裂结果。由于在新的边界线段上没有超过阈值的垂直距离（相当于直线段）的点，分裂过程终止于图10.7（d）所示的多边形。

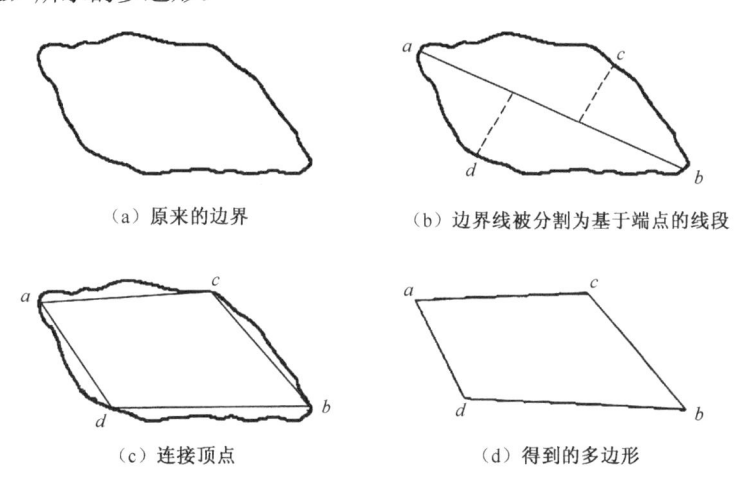

(a) 原来的边界

(b) 边界线被分割为基于端点的线段

(c) 连接顶点

(d) 得到的多边形

图 10.7 基于分裂的最小均方误差线段逼近

3. 标记图

标记是边界的一维泛函表达。产生标记的方式很多，不管用何种方法产生标记，其基本思想都是把二维的边界用一维的较易描述的函数形式表示，也就是将二维形状描述问题转化为对一维波形分析的问题。如图10.8所示，图10.8（a）中 $r(\theta)$ 是常数，而图10.8（b）中，对于 $0 \leq \theta \leq \dfrac{\pi}{4}$，有 $r(\theta)=A\sec\theta$，对于 $\dfrac{\pi}{4} \leq \theta \leq \dfrac{\pi}{2}$，有 $r(\theta)=A\csc\theta$。

(a) $r(\theta)$ 是常数

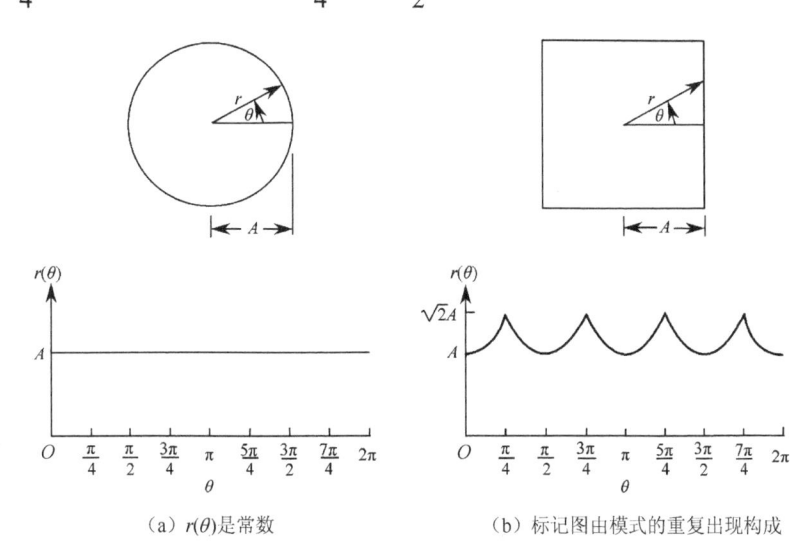

(b) 标记图由模式的重复出现构成

图 10.8 距离-角度的函数标记图

10.4.2 边界特征描述（Boundary Description）

这里我们考虑几种用于描述区域边界的方法。

1. 一些简单的特征描述

1）边界长度

边界的长度是最简单的特征描述之一，边界长度是边界所包围的区域轮廓的周长。对 4 连通边界，其长度为边界上像素点的个数；对 8 连通边界来说，其长度为对角码个数乘以 $\sqrt{2}$ 再加上水平像素点和垂直像素点的个数之和。

MATLAB 的图像工具箱中给出了一个基于形态学方法的求周长函数 bwperim，可以用来求得一个图形边界的周长。

2）边界直径

边界的直径定义为：

$$\text{Diam}(B) = \max_{i,j}[D(p_i, p_j)]$$

式中，D 是距离的度量，p_i 和 p_j 是边界上的点。

3）长轴、短轴、离心率

连接直径两个端点的直线段称为边界的长轴；与长轴垂直的直线段称为边界的短轴；长轴和短轴的比值称为边界的离心率。

4）曲率

曲率定义为斜率的变化率。一般来说，在数字化边界上找到某一点曲率的可靠量度是困难的，因为这种边界都较为"粗糙"。然而，有时会使用相邻边界线段的斜率差作为线段交点处的曲率描述。由于在一般情况下线段是按顺时针方向沿着边界运动的，当顶点 p 的斜率变化量为非负时，称 P 点属于凸线段；否则，称 p 点属于凹线段。一点的曲率描述可以通过使用斜率变化的范围进一步精确化。例如，如果斜率的变化小于 $10°$，可认为它属于近似直线的线段；如果其变化大于 $90°$，则属于拐点。

2. 形状数

形状数是基于链码的一种边界形状描述。根据链码的起点位置不同，一个用链码表达的边界可以有多个一阶差分。一个边界的形状数是这些差分中其值最小的一个序列。也就是说，形状数是值最小的链码的差分码。

每个形状数都有一个对应的阶，这里的阶定义为形状数序列的长度，即码的个数。对闭合曲线，阶总是偶数；对凸性区域，阶也对应边界外包矩形的周长。如图 10.9 所示，用 4 向链码表示法来表示阶数为 4、6、8 的边界的形状数。

在实际中对已给边界由给定阶计算边界形状数有以下几个步骤。

（1）从所有满足给定阶要求的矩形中选取其长短轴比例最接近图 10.10（a）所示边界的矩形，如图 10.10（b）所示。

（2）根据给定阶将选出的矩形划分为如图 10.10（c）所示的多个等边正方形。

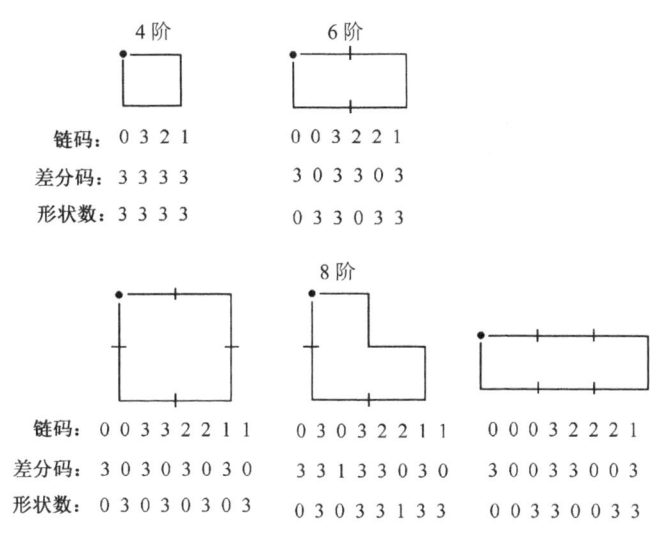

```
          4阶                    6阶
         ┌───┐                ┌──────┐
         │   │                │      │
         └───┘                └──────┘

链码：   0 3 2 1              0 0 3 2 2 1
差分码： 3 3 3 3              3 0 3 3 0 3
形状数： 3 3 3 3              0 3 3 0 3 3
```

```
                              8阶
       ┌─┬─┐              ┌─┬─┐
       ├─┼─┤              │ │ └─┐           ┌─┬─┬─┐
       └─┴─┘              └─┴───┘           └─┴─┴─┘

链码：   0 0 3 3 2 2 1 1   0 3 0 3 2 2 1 1   0 0 0 3 2 2 2 1
差分码： 3 0 3 0 3 0 3 0   3 3 1 3 3 0 3 0   3 0 0 3 3 0 0 3
形状数： 0 3 0 3 0 3 0 3   0 3 0 3 3 1 3 3   0 0 3 3 0 0 3 3
```

图 10.9　所有阶数为 4、6、8 的形状数表示

（3）求出与边界最吻合的多边形，如图 10.10（d）所示。
（4）根据选出的多边形，以图 10.10（d）中的黑点为起点计算其链码。
（5）求出链码的差分码。
（6）循环差分码使其数值最小，从而得到已给边界的形状数。

形状数提供了一种有用的形状度量方法。它对每阶都是唯一的，不随边界的旋转和尺度的变化而改变。对两个区域边界而言，它们之间形状上的相似性可借助它们的形状数矩形来描述。

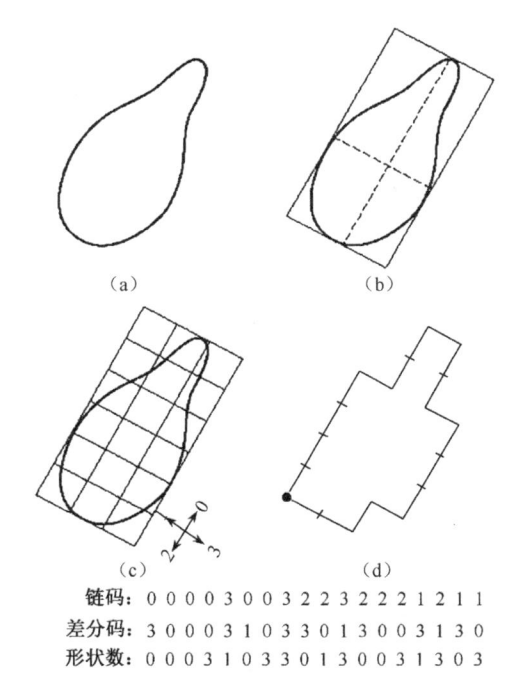

（a）　　　　　　（b）

（c）　　　　　　（d）

链码：　 0 0 0 0 3 0 0 3 2 2 3 2 2 2 2 1 2 1 1
差分码：　3 0 0 0 3 1 0 3 3 0 1 3 0 0 0 3 1 3 0
形状数：　0 0 0 3 1 0 3 3 0 1 3 0 0 0 3 1 3 0 3

图 10.10　形状数的生成步骤

3. 傅里叶描述子

傅里叶描述子也是描述闭合边界的一种方法,它通过一系列傅里叶系数来表示闭合曲线的形状特征,仅适用于单封闭曲线,而不能描述复合封闭曲线。采用傅里叶描述的优点是可将二维问题简化为一维问题。

图 10.11 显示了一个 xy 平面内的 K-点数字边界。以任意点 (x_0, y_0) 为起点,坐标对 (x_0, y_0),(x_1, y_1),(x_2, y_2),$\cdots$,(x_{K-1}, y_{K-1}) 为按逆时针方向沿着边界遇到的点。这些坐标可以用 $x(k) = x_k$ 和 $y(k) = y_k$ 表示。用这个定义,边界可以表示成坐标的序列 $s(k)=[x(k), y(k)]$,$k=0, 1, 2, \cdots, K-1$。而且,每对坐标对可以看成一个复数:

$$s(k)=x(k)+jy(k), k=0, 1, 2, \cdots, K-1 \tag{10.23}$$

即对于复数序列,x 轴作为实轴,y 作为虚轴。尽管对序列进行了重新解释,但边界本身的性质并未改变。

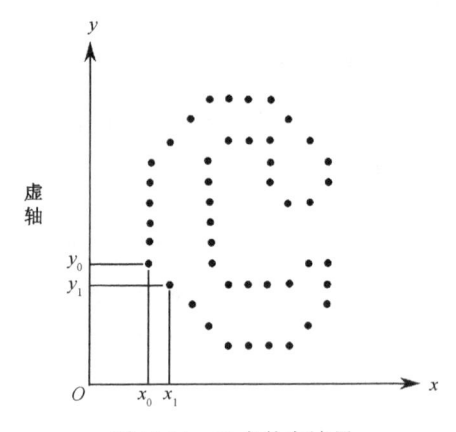

图 10.11 K-点数字边界

对离散 $s(k)$ 的傅里叶变换(DFT)为:

$$a(u) = \frac{1}{K} \sum_{k=0}^{K-1} s(k) e^{-j2\pi uk/K}, \quad u=0,1,2,\cdots,K-1 \tag{10.24}$$

复系数 $a(u)$ 称为边界的傅里叶描述子。这些系数的逆傅里叶变换存于 $s(k)$,即

$$s(k) = \sum_{u=0}^{K-1} a(u) e^{j2\pi uk/K}, \quad k=0,1,2,\cdots,K-1 \tag{10.25}$$

然而,可以假设代替所有的傅里叶系数,只使用第一个 P 系数。这是式(10.25)设置 $a(u)=0$,$u>P-1$ 时的方程式。结果为 $s(k)$ 的近似值,即

$$\hat{s}(k) = \sum_{u=0}^{P-1} a(u) e^{j2\pi uk/K}, \quad k=0,1,2,\cdots,K-1 \tag{10.26}$$

尽管只有 P 项用于计算 $s(k)$ 的每个元素 $\hat{s}(k)$,k 仍取 $0\sim K-1$ 的值。即在近似边界中存在同样数目的点,但重建每个点时并不使用同样多的项。回顾对傅里叶变换的讨论,高频元素能很好地解释细节,低频分量决定整体形状。因此,P 越小,边界细节失去得就越多。下面的例子给予了清楚的说明。

【例 10.9】图示傅里叶描述子。

图 10.12 显示了一个包含 K=64 个点的方形边界和对各种 P 使用式（10.26）重建边界的结果。注意：重建边界前，P 必须为 8，重建的边界比起圆形更像方形。接下来，注意：直到 P 约为 56 时，拐角的点开始在序列中变得凸出，符合拐角定义的变化才开始出现。最后注意：当 P = 61 时，曲线变直，此处几乎是一个原附加系数的精确复制。一些低阶系数能够反映大体形状，而更多的高阶系数项是精确定义形状特征（如拐角和直线）所需要的。从定义一个区域形状的过程中低频和高频分量所起的作用来看，这个结果正是所期望的。

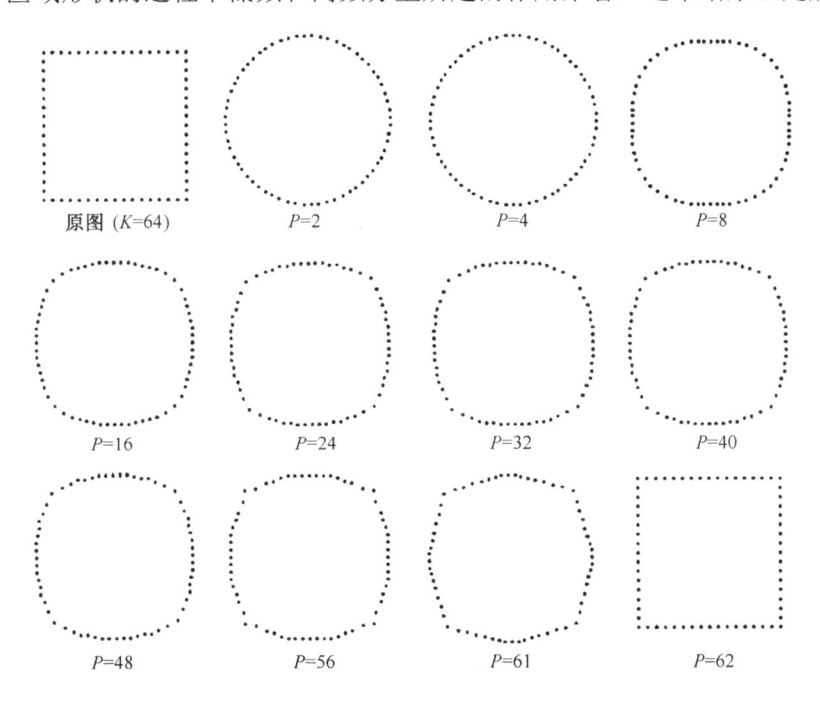

图 10.12　用傅里叶描述子重建的例子

如例 10.9 所示，少数傅里叶描述子能够反映边界的大略本质。这种性质很有用，因为这些系数携带了形状信息，因此可以作为形状边界特征。

10.5　区域特征（Region Feature）

一个区域由区域的外围边界和区域内部组成。10.4 节中讨论了区域外围边界的表示和描述，本节主要讨论区域内部特征的表示和描述。在实际应用问题中，一般是将外围边界和区域内部描述结合起来使用。

10.5.1　简单的区域描述（Simple Region Descriptors）

一般的区域特征比较直观和简单，在提取之前，常要对图像进行分割和二值化处理。二值图像的区域特征在图像分析、计算机视觉系统中特别有用，可用来完成分类、识别、定位、轨迹跟踪等任务。下面介绍一些常用的简单区域特征描述。

1. 区域面积

区域面积是区域的一个基本特征，它描述区域的大小。一幅灰度图像经过二值化之后，目标物体变成灰度为 1 的区域，而背景的灰度为 0。对于目标区域 R，设正方形像素的边长为单位长度，则其面积 A 的计算公式为：

$$A = \sum_{(x,y)\in R} 1 \tag{10.27}$$

可见，计算区域面积就是对属于区域的像素进行计数。

在 MATLAB 中，函数 regionprops 的 Area 属性就是计算区域内的像素个数，程序如下。

```
b=regionprops(A,'Area')。
```

2. 位置和方向

1) 位置

图像中区域（物体）的位置定义为区域的面积中心，面积中心就是物体的重心 O（见图 10.13）。因二值图像质量分布是均匀的，故重心和形心重合。若图像中物体对应的像素位置坐标为 $(x_i, y_j)(i=0,1,\cdots,M-1; j=0,1,\cdots,N-1)$，则可用式（10.28）和式（10.29）计算其重心位置坐标：

$$\bar{x} = \frac{1}{MN}\sum_{i=0}^{M-1}\sum_{j=0}^{N-1} x_i f(x_i, y_j) \tag{10.28}$$

$$\bar{y} = \frac{1}{MN}\sum_{i=0}^{M-1}\sum_{j=0}^{N-1} y_i f(x_i, y_j) \tag{10.29}$$

尽管区域各点的坐标总是整数，但区域重心的坐标不一定是整数。在区域本身的尺寸与各区域的距离相对很小时，可将区域用位于其重心坐标的质点来近似表示。

2) 方向

确定区域物体的方向有一定难度。如果物体是细长的，可以把较长方向的轴定为物体的方向，如图 10.14 所示。通常，将最小二阶矩轴定义为较长物体的方向。也就是说，要找到一条直线，使式（10.30）定义的 E 值最小：

$$E = \iint r^2 f(x,y) \mathrm{d}x\, \mathrm{d}y \tag{10.30}$$

式中，r 是点 (x,y) 到直线的垂直距离。

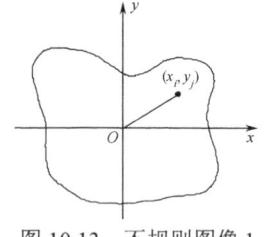

图 10.13　不规则图像 1

对于二值图像，区域重心可以通过 regionprops 函数的 Centroid 属性来得到，其 MATLAB 程序如下。

```
c=regionprops(A,'Centroid')。
```

【例 10.10】采用两种方法分别计算图 10.15 的面积和重心，方法一根据二值图像区域的面积和中心的定义式（10.27）～式（10.29）直接编程计算；方法二利用 MATLAB 提供的函数 regionprops 计算。

图 10.14　不规则图像 2　　　　　　　图 10.15　不规则图像 3

主要 MATLAB 程序实现如下。

```
I=imread('i_polygonal.bmp');        %读取图像
BW=im2bw(I);                        %二值化
[m,n]=size(BW);                     %得到图像的高度和宽度
A1=0;                               %采用第一种方法，面积变量初始化
for i=1:m*n
   if(BW(i)==1)
      A1=A1+1;                      %第一种方法计算面积
   end
end
A1                                  %显示面积结果
x1=0; y1=0;                         %采用第一种方法，重心坐标初始化
for i=1:m
   for j=1:n
      if(BW(i,j)==1)
         x1=x1+i; y1=y1+j;          %第一种方法计算重心坐标
      end
   end
end
x1=x1/S1                            %得到重心坐标
y1=y1/S1
BL=bwlabel(BW,4);                   %第二种方法计算，得到 4 邻域标记
A2=regionprops(BL,'Area')           %由 MATLAB 函数得到面积
P2=regionprops(BL,'Centroid')       %由 MATLAB 函数得到重心坐标
```

其计算结果为：由第一种方法得到的面积 S_1=30530，重心坐标 x_1=79.2999，y_1=162.7121；由第二种方法得到的面积 S_2=30530，重心坐标 P_2 为（79.2999，162.7121）。

3. 周长

区域的周长定义为区域的边界长度。区域的周长在区别具有简单或复杂形状的物体时特别有用，一个形状简单的物体用相对较短的周长来包围它所占的面积。通常，测量这个距离时包含了许多 90° 的转弯，从而扩大了周长。

由于周长表示方法不同，因而计算方法不同，常用的简便方法如下。

(1) 当把图像中的像素看成单位面积的小方块时, 图像中的区域和背景均由小方块组成。区域的周长即为区域和背景缝隙的长度和, 此时边界用隙码表示。因此, 求周长就是计算隙码的长度。

(2) 当把像素看成一个个点时, 周长用链码表示, 求周长也就是计算链码长度。此时, 当链码为奇数时, 其长度记作 $\sqrt{2}$; 当链码为偶数时, 其长度记作 1。周长 p 表示为:

$$p = N_e + \sqrt{2}N_o \tag{10.31}$$

式中, N_e、N_o 分别是边界链码 (8 向) 中走偶步与走奇步的数目。

周长也可以简单地从物体分块文件中通过计算边界上相邻像素的中心距离之和得到。

(3) 周长可用边界所占面积表示, 即边界点数之和, 每个点是占面积为 1 的一个小方块。

以图 10.16 所示的区域为例, 采用上述三种计算周长的方法求得边界的周长分别是:

(1) 边界用隙码表示时, 周长为 24。

(2) 边界用链码表示时, 周长为 $10+5\sqrt{2}$。

(3) 边界用面积表示时, 周长为 15。

4. 长轴和短轴

当物体的边界已知时, 用其外接矩形的尺寸来刻画它的基本形状是最简单的方法, 如图 10.17 (a) 所示。求区域物体在坐标系方向上的外接矩形, 只需要计算物体边界点的最大坐标值和最小坐标值, 便可得到物体的水平和垂直跨度。但是, 对任意朝向的物体, 需要先确定物体的主轴, 然后计算反映物体形状特征的主轴方向上的长度和与之垂直方向上的宽度, 这样的外接矩形是物体的最小外接矩形 (Minimum Enclosing Rectangle, MER)。

计算 MER 的一种方法是, 将物体的边界以每次 3° 左右的增量在 90° 范围内旋转。旋转一次记录一次其坐标系方向上外接矩形边界点的最大和最小 x、y 值。旋转到某个角度后, 外接矩形的面积达到最小, 取面积最小时外接矩形的长度和宽度分别为长轴和短轴, 如图 10.17 (b) 所示。此外, 主轴也可以通过求物体的最佳拟合直线的方法得到。

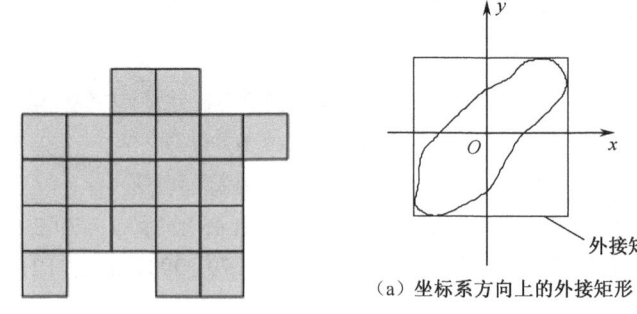

图 10.16 不规则图像 4

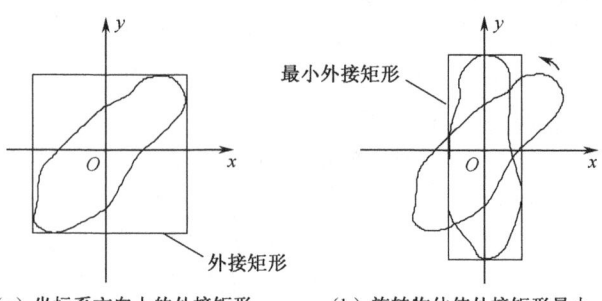

图 10.17 MER 法求物体的长轴和短轴

(a) 坐标系方向上的外接矩形　　(b) 旋转物体使外接矩形最小

5. 区域简单特征的计算

对于二值图像, 区域其他简单特征可以通过 regionprops 函数的不同属性参数得到, 例如,

Area：区域中像素的总数。

Centroid：区域的重心。1×2 向量，即[重心 x 坐标，重心 y 坐标]。

BoundingBox：包含区域的最小矩形。1×4 向量，即[矩形左上角 x 坐标，矩形左上角 y 坐标，x 方向长度，y 方向长度]。

ConvexHull：包含区域的最小凸多边形。p×2 矩阵，每行包含多边形 p 个顶点之一的 x 坐标和 y 坐标。

EquivDiameter：和区域有相同面积的圆的直径。

EulerNumber：区域的欧拉数。

MajorAxisLength：标量，区域的长轴长度（在像素意义下）。

MinorAxisLength：标量，区域的短轴长度（在像素意义下）。

Eccentricity：标量，与区域具有相同标准二阶中心矩的椭圆的离心率。

Orientation：标量，区域长轴与 x 轴的交角（度）。

ConvexArea：包含区域的最小凸多边形的面积。

Solidity：区域的稠密度。标量，区域像素总数和其最小凸多边形中的像素比例 Area/ConvexArea。

【例 10.11】计算与图 10.18 中多个图形区域有相同面积的圆的直径。

图 10.18 不规则图像 5

我们可以对图中多个不同的区域进行标记，然后利用 MATLAB 提供的函数 regionprops 计算得到各区域的相关特征。主要 MATLAB 程序实现如下。

```
I=imread('fig1014.jpg');            %读取图像
BW=im2bw(I);                        %图像二值化
BL=bwlabel(BW);                     %对图像各区域给出不同的标记
F=regionprops(BL,'EquivDiameter');  %得到各区域的 EquivDiameter 值
for i=1:10
    F(i)                            %显示 10 个子区域的 EquivDiameter 值
end
```

本例中，采用的是参数 EquivDiameter，计算得到与这十个子区域有相同面积的圆的直径分别为 36.0905，98.1820，46.1671，140.7582，90.8398，67.7779，31.5139，82.6032，39.4933，42.9526。如果要计算区域的其他特征，可以选择相应的参数；如果要计算所有特征，可以选择参数 all。

10.5.2 拓扑描述（Topological Descriptors）

拓扑学是研究图形性质的理论。只要图形不撕裂或折叠，这些性质将不受图形变形的影响。显然，它也是描述图形总体特征的一种理想描述符，常用的拓扑特性如下。

1. 孔（洞）

如果在被封闭边缘包围的区域中不包含我们感兴趣的像素，则称此区域为图形的孔（洞），用字母 H 表示。如图 10.19 所示，在区域中有两个孔（洞），即 $H=2$。如果把区域中孔（洞）数作为拓扑描述符，则这个性质将不受伸长或旋转变换的影响，但是撕裂或折叠时，孔（洞）数将发生变化。

2. 连接部分

一个集合的连接部分就是它的最大子集，在此子集中，任何两点都可以用一条完全处于子集中的曲线加以连接。图形的连接部分数用 C 表示，如图 10.20 中包含三个连接部分，即 $C=3$。

图 10.19　有两个孔（洞）的区域 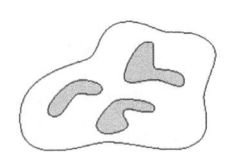　　　　图 10.20　包含三个连接部分的区域

3. 欧拉数

图形中连接部分数和孔（洞）数之差定义为欧拉数，用 E 表示，即：

$$E = C - H \qquad (10.32)$$

图 10.21 给出了一个欧拉数的例子，其中图 10.21（a）中有一个连接部分和一个孔（洞），所以它的欧拉数为 0，图 10.21（b）有一个连接部分和两个孔（洞），所以它的欧拉数为-1。

事实上，H、C 和 E 都可以作为图形的特征。它们的共同点是：只要图形不撕开、不折叠，它们的数值就不随图形变形而改变。因此，拓扑特性将不同于距离或基于距离测度建立起来的其他性质。

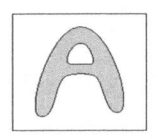

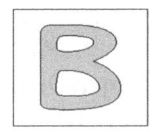

（a）欧拉数为 0　　　　（b）欧拉数为-1

图 10.21　欧拉数为 0 和-1 的区域

当图形是由一些直线组成的多角网格时，欧拉数和组成多角网格的各特征元素有简单的关系，称为欧拉公式。如图 10.22 所示的多角网格，把这样的网格内部区域分成面和孔，如果设顶点数为 W，边缘数为 Q，面数为 F，将得到下面的欧拉公式：

$$W - Q + F = C - H = E \qquad (10.33)$$

在如图 10.22 所示的多角网格中，有 7 个顶点、11 条边、2 个面、1 个连接部分和 3 个孔（洞），因此，对于该多角网格区域有：7-11+2=1-3=-2。

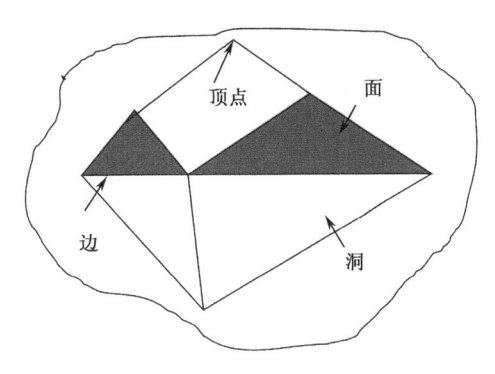

图 10.22 多角网格

10.5.3 形状描述（Shape Descriptors）

1. 矩形度

矩形度反映物体对其外接矩形的充满程度，用物体的面积与其最小外接矩形的面积之比来描述：

$$R = \frac{A_O}{A_{\text{MER}}} \tag{10.34}$$

式中，A_O 是该物体的面积，A_{MER} 是其最小外接矩形的面积。R 的值在 0~1 之间。当物体为矩形时，R 取得最大值 1；当物体为圆形时，R 取值为 $\frac{\pi}{4}$；当物体为细长的、弯曲的时，R 取值变小。

2. 圆形度

圆形度用来刻画物体边界的复杂程度，有下列两种常见的圆形度测度。

1）致密度

度量一个区域圆形度最常用的是致密度 D，即周长（L）的平方与面积（A）之比：

$$D = \frac{L^2}{A} \tag{10.35}$$

它的另一种表示是区域的形状参数 S，它也是由区域周长（L）的平方与面积（A）之比得到：

$$S = \frac{L^2}{4\pi A} \tag{10.36}$$

当区域为圆形时，$S=1$；当区域为其他形状时，$S>1$，即当区域为圆形时 S 的值达到最小。形状参数在一定程度上描述了区域的紧凑性，它没有量纲，所以对尺度变化不敏感。除掉由于离散区域旋转带来的误差，它对旋转也不敏感。

2）圆形性

圆形性（Circularity）P 是一个用区域 R 的所有边界点定义的特征量，即：

$$P = \frac{\mu_R}{\delta_R} \tag{10.37}$$

式中，μ_R 是从区域重心到边界点的平均距离；δ_R 是从区域重心到边界点的距离均方差：

$$\mu_R = \frac{1}{K}\sum_{i=0}^{K-1}\|(x_i,y_i)-(\bar{x},\bar{y})\| \tag{10.38}$$

$$\delta_R = \frac{1}{K}\sum_{i=0}^{K-1}[\|(x_i,y_i)-(\bar{x},\bar{y})\|-\mu_R]^2 \tag{10.39}$$

当区域 R 趋向圆形时，特征量 P 是单调递增且趋向无穷的，它不受区域平移、旋转和尺度变化的影响，可以推广用于描述三维目标。

3. 偏心度

区域的偏心度（Eccentricity）e 在一定程度上描述了区域的紧凑性。偏心度 e 有多种计算公式，其中一种简单的方法是计算区域主轴（长轴）长度与辅轴（短轴）长度的比值，但是这种计算受物体形状和噪声的影响较大。

另外一种方法是计算惯性主轴比，它基于边界线或整个区域来计算质量。Tenenbaum 提出了计算任意点集 R 偏心度的近似公式。

计算平均向量：

$$x_0 = \frac{1}{n}\sum_{x \in R} x, \quad y_0 = \frac{1}{n}\sum_{y \in R} y \tag{10.40}$$

计算 ij 矩：

$$m_{ij} = \sum_{(x,y)\in R}(x-x_0)^i(y-y_0)^j \tag{10.41}$$

计算方向角：

$$\theta = \frac{1}{2}\arctan\left(\frac{2m_{11}}{m_{20}-m_{02}}\right) + n\left(\frac{\pi}{2}\right) \tag{10.42}$$

计算偏心度的近似值：

$$e = \frac{(m_{20}-m_{02})^2 + 4m_{11}}{S} \tag{10.43}$$

式中，S 为面积。

10.5.4 矩（Moment）

当一个区域 R 只是以其内部点的形式给出时，我们可以用矩特征描述，它对大小、旋转和平移的变化都是不变的。

对于二维连续函数 $f(x,y)$，$p+q$ 阶矩定义为：

$$m_{pq} = \int_{-\infty}^{\infty}\int_{-\infty}^{\infty} x^p y^q f(x,y)\,\mathrm{d}x\,\mathrm{d}y \tag{10.44}$$

式中，$p,q=0,1,2,\cdots$。由单值性定理说明：如果 $f(x,y)$ 是分段连续的，并且仅在 xy 平面内有限的部分具有非零值，则存在各阶矩，并且矩的序列 m_{pq} 由 $f(x,y)$ 唯一决定。相反，m_{pq} 也唯一地决定 $f(x,y)$。

中心矩定义为：

$$\mu_{pq} = \iint (x-\overline{x})^p (y-\overline{y})^q f(x,y) \mathrm{d}x \mathrm{d}y \tag{10.45}$$

式中，$\overline{x} = \dfrac{m_{10}}{m_{00}}$ 和 $\overline{y} = \dfrac{m_{01}}{m_{00}}$，如果 $f(x,y)$ 是数字图像，则式（10.44）和式（10.45）分别变成：

$$m_{pq} = \sum_x \sum_y x^p y^q f(x,y) \tag{10.46}$$

$$\mu_{pq} = \sum \sum (x-\overline{x})^p (y-\overline{y})^q f(x,y) \tag{10.47}$$

零阶矩 $m_{00} = \sum\limits_x \sum\limits_y f(x,y)$。当 $f(x,y)$ 相当于物体的密度时，则零阶矩 m_{00} 是物体密度的总和，即物体的质量。

低阶矩中的一阶矩 $m_{10} = \sum\limits_x \sum\limits_y x f(x,y)$ 和 $m_{01} = \sum\limits_x \sum\limits_y y f(x,y)$ 分别除以零阶矩 m_{00} 后所得的 $\overline{x} = \dfrac{m_{10}}{m_{00}}$ 和 $\overline{y} = \dfrac{m_{01}}{m_{00}}$ 便是物体质量中心的坐标，或者直接表示区域灰度重心的坐标。

中心矩是反映区域 R 中的灰度相对于灰度重心是如何分布的度量。例如，μ_{20} 和 μ_{02} 分别表示区域 R 围绕通过灰度重心的垂直轴线和水平轴线的惯性矩，若 $\mu_{20} > \mu_{02}$，那么这可能是一个水平方向拉长的物体。

μ_{30} 和 μ_{03} 的幅值可以度量物体对于垂直轴线和水平轴线的不对称性。如果是完全对称的形状，其值应为零。

$p+q$ 阶规格化中心矩为：

$$\eta_{pq} = \frac{\mu_{pq}}{\mu_{00}^r}, \quad r=(p+q)/2+1, \quad p+q=2,3,\cdots \tag{10.48}$$

利用二阶和三阶规格化中心矩，Hu 在 1962 年导出了下面七个不变矩组：

$$\begin{cases}
\Phi_1 = \eta_{20} + \eta_{02} \\
\Phi_2 = (\eta_{20} - \eta_{02})^2 + 4\eta_{11}^2 \\
\Phi_3 = (\eta_{30} - 3\eta_{12})^2 + 3(\eta_{21} + \eta_{03})^2 \\
\Phi_4 = (\eta_{30} + \eta_{12})^2 + (\eta_{21} + \eta_{03})^2 \\
\Phi_5 = (\eta_{20} - 3\eta_{12})(\eta_{30} + \eta_{12})\left[(\eta_{30} + \eta_{12})^2 - 3(\eta_{21} + \eta_{03})^2\right] + \\
\quad\quad 3(\eta_{21} - \eta_{03})(\eta_{21} + \eta_{03})\left[3(\eta_{30} + \eta_{12})^2 - (\eta_{21} + \eta_{03})^2\right] \\
\Phi_6 = (\eta_{20} - \eta_{02})\left[(\eta_{30} + \eta_{12})^2 - (\eta_{21} + \eta_{03})^2\right] + 4\eta_{11}(\eta_{30} + \eta_{12})(\eta_{21} + \eta_{03}) \\
\Phi_7 = (3\eta_{12} - \eta_{30})(\eta_{30} + \eta_{12})\left[(\eta_{30} + \eta_{12})^2 - 3(\eta_{21} + \eta_{03})^2\right] + \\
\quad\quad (3\eta_{21} - \eta_{03})(\eta_{21} - \eta_{03})\left[3(\eta_{30} + \eta_{12})^2 - (\eta_{21} + \eta_{03})^2\right]
\end{cases}$$

这个矩组对于平移、旋转与大小比例变化都是不变的。

【例 10.12】 对一幅图像进行几何变换，验证其矩的不变性。

图 10.23（a）是一幅 Camera 图像，我们分别对其进行旋转、尺度变换（缩小），变换后的图像如图 10.23（b）和图 10.23（c）所示，然后计算原始图像及变换后图像的七个不变矩的值。

(a) 原始图像　　　　　　　(b) 旋转–30°　　　　　　　(c) 缩小 1/2

图 10.23　Camera 图像及其几何变换图

其主要 MATLAB 程序如下。

```
I=imread('i_camera.bmp');          %读取图像
I2=imrotate(I,-30,'bilinear');     %将图像按双线性插值顺时针方向旋转 30°
I3=imresize(I,0.5,'bilinear');     %将图像按双线性插值缩小 1/2
A=double(I);                       %转换成 double 型
[nc,nr]=size(A);                   %得到图像的高度和宽度
[x,y]=meshgrid(1:nr,1:nc);         %得到 x，y 的坐标
x=x(:);
y=y(:);
A=A(:);
m.m00=sum(A);                      %计算得到 m₀₀
if m.m00==0
        m.m00=eps;                 %分母为 0 的处理
end
m.m10=sum(x.*A);                   %计算得到 m₁₀
m.m01=sum(y.*A);                   %计算得到 m₀₁
xmean=m.m10/m.m00;                 %计算重心 x 坐标
ymean=m.m01/m.m00;                 %计算重心 y 坐标
cm.cm00=m.m00;
cm.cm02=(sum((y-ymean).^2.*A))/(m.m00^2);              %计算 η₀₂
cm.cm03=(sum((y-ymean).^3.*A))/(m.m00^2.5);            %计算 η₀₃
cm.cm11=(sum((x-xmean).*(y-ymean).*A))/(m.m00^2);      %计算 η₁₁
cm.cm12=(sum((x-xmean).*(y-ymean).^2.*A))/(m.m00^2.5); %计算 η₁₂
cm.cm20=(sum((x-xmean).^2.*A))/(m.m00^2);              %计算 η₂₀
cm.cm21=(sum((x-xmean).^2.*(y-ymean).*A))/(m.m00^2.5); %计算 η₂₁
cm.cm30=(sum((x-xmean).^3.*A))/(m.m00^2.5);            %计算 η₃₀
im1=cm.cm20+cm.cm02                                    %计算不变矩 Φ₁
im2=(cm.cm20-cm.cm02)^2+4*cm.cm11^2                    %计算不变矩 Φ₂
im3=(cm.cm30-3*cm.cm12)^2+(3*cm.cm21-cm.cm03)^2        %计算不变矩 Φ₃
```

```
    im4=(cm.cm30+cm.cm12)^2+(cm.cm21+cm.cm03)^2                %计算不变矩 Φ₄
    im5=(cm.cm30-3*cm.cm12)*(cm.cm30+cm.cm12)*((cm.cm30+cm.cm12)^2-
3*(cm.cm21+cm.cm03)^2)+(3*cm.cm21-cm.cm03)*(cm.cm21+cm.cm03)*(3*(c
m.cm30+cm.cm12)^2-(cm.cm21+cm.cm03)^2)                         %计算不变矩 Φ₅
    im6=(cm.cm20-cm.cm02)*((cm.cm30+cm.cm12)^2-(cm.cm21+cm.cm03)^2)
+4*cm.cm11*(cm.cm30+cm.cm12)*(cm.cm21+cm.cm03)                 %计算不变矩 Φ₆
    im7=(3*cm.cm21-cm.cm03)*(cm.cm30+cm.cm12)*((cm.cm30+cm.cm12)^2-
3*(cm.cm21+cm.cm03)^2)+(3*cm.cm12-cm.cm30)*(cm.cm21+cm.cm03)*(3*(c
m.cm30+cm.cm12)^2-(cm.cm21+cm.cm03)^2)                         %计算不变矩 Φ₇
```

原始图像 I、旋转图像 I_2、缩小图像 I_3 的七个不变矩计算结果绝对值的对数列于表 10.1。从表 10.1 可以看出，图像经过旋转、尺度变换之后，这七个不变矩只有十分小的变化，可以看成基本保持不变。

表 10.1 Camera 图像不变矩比较

不变矩	$|\log_2(im1)|$	$|\log_2(im2)|$	$|\log_2(im3)|$	$|\log_2(im4)|$	$|\log_2(im5)|$	$|\log_2(im6)|$	$|\log_2(im7)|$
原始图像	8.7177	18.1223	39.1514	38.4579	77.4041	49.6098	80.4430
旋转-30°	7.9434	16.2918	39.1515	38.4578	77.4040	46.6585	80.4464
缩小 1/2	8.7177	18.1223	39.1513	38.4577	77.4039	49.6093	80.4428

10.6 运用主成分进行描述（Use of Principal Components for Description）

10.6.1 主成分基础（Fundamentals of Principal Components Analysis）

本节给出的内容原理适用于边界和区域。同时，这些内容原理也可作为图像组描述的基础，图像组中的图像已进行过空间配准，但是这个集合对应的像素是不同的（如彩色 RGB 图像的三个分量图像）。假设得到了这样一幅彩色图像的三个分量图像，这三幅图像可以通过将每组三个对应的像素表示成一个向量而看成一个单元。例如，令 x_1、x_2 和 x_3 分别为这三幅图像第一个像素的值。这三个元素可以用三维列向量 x 的形式表示，即：

$$x = \begin{bmatrix} x_1 \\ x_2 \\ x_3 \end{bmatrix}$$

这个向量表示在所有三幅图像中的一个普通像素。如果图像大小为 $M \times N$，将所有像素用这种方式表示后，将有总数为 $K = M \times N$ 的三维向量。

如果有 n 个已配准的图像，向量将是 n 维的：

$$x = \begin{bmatrix} x_1 \\ x_2 \\ \vdots \\ x_n \end{bmatrix} \tag{10.49}$$

本节假定所有向量都是列向量（$n \times 1$阶矩阵）。可以把它们写成一行文本，即$x = (x_1, x_2, \cdots, x_n)^T$的形式，这里T表示转置。

可以把向量作为随机量，就像构造灰度级直方图时一样。仅有的不同点是，现在讨论的是随机向量的均值向量和方差矩阵，而不是随机变量的均值和方差。总体的均值向量定义为：

$$m_x = E\{x\} \tag{10.50}$$

这里$E\{\cdot\}$是变量的期望值，下标表示n与向量x的总体相联系。向量或矩阵的期望值是通过取每个元素的期望值得到的。

总体向量的方差矩阵定义为：

$$C_x = E\{(x - m_x)(x - m_x)^T\} \tag{10.51}$$

因为x是n维的，C_x和$(x - m_x)(x - m_x)^T$是$n \times n$阶矩阵。C_x的元素c_{ii}是总体向量中x向量的第i个分量x_i的方差，而且C_x的元素c_{ij}是向量元素x_i和元素x_j的协方差。矩阵C_x是实对称的。如果元素x_i和元素x_j无关，它们的协方差为零，且有$c_{ij} = c_{ji} = 0$。注意：当$n = 1$时，所有这些定义都降为常见的一维对应量。

对于从随机总体中取样的M个向量，均值向量可以通过使用常见的求平均值的表达式由样本来近似得到。

$$m_x = \frac{1}{M} \sum_{i=1}^{M} x_i \tag{10.52}$$

同样，通过扩展乘积$(x - m_x)(x - m_x)^T$并使用式（10.51）和式（10.52），会发现协方差矩阵可以通过如下方式用样本近似得到：

$$C_x = \frac{1}{M} \sum_{i=1}^{M} x_i x_i^T - m_x m_x^T \tag{10.53}$$

【例10.13】均值向量和协方差矩阵的计算。

本例具体说明如何根据式（10.52）和式（10.53）计算一组向量的均值向量和协方差矩阵。考虑四个向量$x_1 = (0,0,0)^T$、$x_2 = (1,0,0)^T$、$x_3 = (1,1,0)^T$、$x_4 = (1,0,1)^T$，这里使用转置以便列向量可以像前面说明的一样方便地写成横向文本。应用式（10.52）得到下列均值向量：

$$m_x = \frac{1}{4} \begin{bmatrix} 4 \\ 1 \\ 1 \end{bmatrix}$$

同样，使用式（10.53）得到下列协方差矩阵：

$$C_x = \frac{1}{16} \begin{bmatrix} 3 & 1 & 1 \\ 1 & 3 & -1 \\ 1 & -1 & 3 \end{bmatrix}$$

从协方差矩阵可以看出，所有沿着主对角线的元素都相等，这表示总体向量中向量的三个分量有同样的方差。元素 x_1 和元素 x_2，元素 x_1 和元素 x_3 必定相关；元素 x_2 和元素 x_3 必定不相关。

因为 C_x 是实对称的，根据线性代数知识，总可以找到一组 n 个标准正交的特征向量。设 C_x 的 n 个特征值和对应的特征向量为 λ_i 和 e_i $(i=1,2,\cdots,n)$，为了方便，对特征值按照降序排列，使 $\lambda_j \geq \lambda_{j+1}$，$j=1,2,\cdots,n-1$。令 A 为一个由 C_x 的特征向量组成其行元素的矩阵，并进行排序，使 A 的第一行为对应最大特征值的特征向量，而最后一行为对应最小特征值的特征向量。

假设以 A 作为将 x 向量映射到 y 向量的变换矩阵，即：

$$y = A(x - m_x) \tag{10.54}$$

则这个表达式称为霍特林（Hotelling）变换，这个变换具有某些有趣和有用的性质：

（1）这一变换得到的 y 向量的均值为 0，即：

$$m_y = E\{y\} = 0 \tag{10.55}$$

（2）这一变换得到的 y 向量协方差矩阵是由式（10.56）得到的，即：

$$C_y = A C_x A^T \tag{10.56}$$

（3）根据 A 的构成方式，C_y 是一个对角矩阵，其主对角线上的元素是 C_x 的特征值，即：

$$C_y = \begin{bmatrix} \lambda_1 & & & 0 \\ & \lambda_2 & & \\ & & \ddots & \\ 0 & & & \lambda_n \end{bmatrix} \tag{10.57}$$

这个协方差矩阵非对角线上的元素为 0，所以向量 y 的元素是不相关的。按照前面的假设，λ_j 是 C_x 的特征值，并且沿着对角矩阵主对角线的元素是 C_x 的特征值。因此，C_x 和 C_y 有相同的特征值。实际上，它们的特征向量也是相同的。

（4）任何向量 x 都能够通过相应的向量 y 使用式（10.58）重构得到：

$$x = A^T y + m_x \tag{10.58}$$

由于 A 的各行是正交向量，具有 $A^{-1} = A^T$ 的性质，可以由（10.54）直接得到。

如果我们不使用 C_x 的所有特征向量，而仅取 C_x 的前 k 个最大特征值对应的 k 个特征向量组成一个 $k \times n$ 的矩阵，记为 A_k。向量 y 则成为 k 维的。那么，使用向量 y 和矩阵 A_k 重构，将得到原向量 x 的一个近似，记为 $\hat{x}$，则有：

$$\hat{x} = A_k^T y + m_x \tag{10.59}$$

x 和 $\hat{x}$ 之间的均方误差可以由式（10.60）给出：

$$e_{ms} = \sum_{j=1}^{n} \lambda_j - \sum_{j=1}^{k} \lambda_j = \sum_{j=k+1}^{n} \lambda_j \tag{10.60}$$

从式（10.60）可以看出，当 $k=n$（假设使用了所有的特征向量用于变换）时，则误差为零。

因为 λ_j 单调减少，式（10.60）也说明误差可以通过选择 k 个具有最大特征值的特征向量而降至最小。因此，对可以将向量 x 和它的近似值 $\hat{x}$ 之间的均方误差降至最小而言，霍特林变换是最佳的。由于这种使用特征向量对应的最大特征值的思想，霍特林变换也称为主分量变换。

10.6.2 主成分描述（Description by Principal Components Analysis）

主成分分析（Principal Component Analysis，PCA）是将多维信号进行降维操作的一种重要手段，是从多维信号中提取出低维的主要信息。主成分描述就是使用主成分来描述原来的高维复杂信号。正如 10.6.1 节所阐述的那样，主成分分析先计算输入的多维信号的协方差矩阵，然后得到该协方差矩阵的特征向量和特征值，将特征向量按照它们所对应的特征值大小进行排序后，挑选出比较重要的特征向量（对应的特征值较大），最后将原始信号投影到挑选出的特征向量上，从而构建出一个低维的信号。

在图像领域，对一个物体通过使用不同的角度、不同的手段通常会得到多幅图像，如果忽略图像的空间特性，将图像看成是一维序列，则 n 幅图像就构成了 n 维信号。主成分描述的作用就是将这多幅已配准的图像进行融合，提炼出比较重要的若干幅图像来对原始采集到的多幅图像进行描述，从而达到降维的目的。在通常情况下，正如 10.6.1 节所阐述的那样，主成分分析仍然会得到一个 n 维信号，只是这 n 维信号已经按照其重要性进行了排列，并且其重要性也有确切的参数来描述，程序员可以选择其中最重要的 k 维作为最终的主成分描述。通常，需要设定一个阈值，使得这个 k 维信号的重要性之和占全部重要性之和的百分比大于该阈值。

在 MATLAB 中，可以使用 princomp 函数来进行主成分分析，函数的调用形式如下：

```
[COEFF,SCORE,latent]=princomp(X)
```

其中，X 为输入 $c \times l \times n$ 的矩阵，其数据类型是 double 型，$c \times l$ 表示配准后每幅图像的大小，n 表示参与计算的图像数目。COEFF 为 $n \times n$ 的矩阵，它的每一列都表示主成分分析过程中用于搭建低维空间的特征向量。SCORE 为 $c \times l \times n$ 的矩阵，它表示 X 在 COEFF 上的投影，其重要程度已经按列排列，即第一列的重要程度最大，依次递减。latent 为 $n \times 1$ 的向量，向量中每个元素都为与 SCORE 的每一列相对应的重要程度值。下面将以人脸图像进行主成分分析举例说明。

【例 10.14】对图 10.24 所示的由十幅人脸图像组成的图像集进行主成分描述。

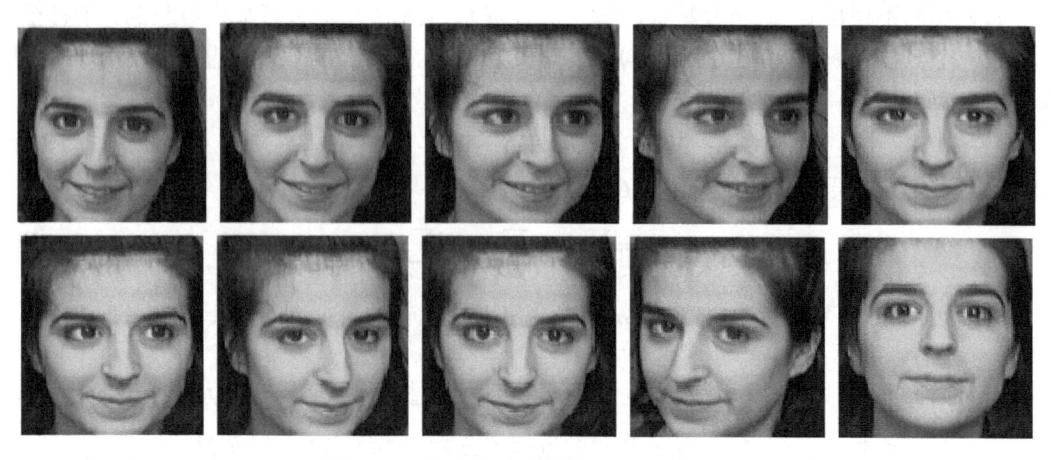

图 10.24　由十幅人脸图像组成的图像集

其主要 MATLAB 程序如下。

```
for i=1:10
    filename=[strcat('face',int2str(i),'.bmp')];   %循环得到文件名
    temp=imread(filename);                          %循环读取图像文件
    X(:,:,i)=temp;                                  %将数据存入 X
    figure,imshow(X(:,:,i));                        %显示每幅图像
    vector(:,i)=temp(:);                            %将数据存入 vector
end
vector=double(vector);                              %转换成 double 型
[coeff,score,latent]=princomp(vector);              %调用函数 princomp
Z=temp;
for i=1:10
    Z(:)=score(:,i);                                %将每个 score 赋予 Z
    figure,imshow(Z,[]);                            %显示每个投影 score
end
latent                                              %显示重要程度值
```

本例中,一共有十幅人脸图像,每幅图像的大小为 100 像素×100 像素,上述代码首先得到 100 像素×100 像素×10 像素的 vector 矩阵,即对十幅图像构成的图像集进行主成分描述。调用 princomp 函数后,提取出 10 幅主成分分析后的图像,如图 10.25 所示。这十幅主成分图像的重要性都保存在 latent 向量中,其值为 $1.0×10^4×$(2.9218 0.2327 0.1843 0.1201 0.0889 0.0712 0.0434 0.0362 0.0281 0.0192)。从中可以看出,第一个主成分最大,其后主成分的重要程度值变得越来越小。

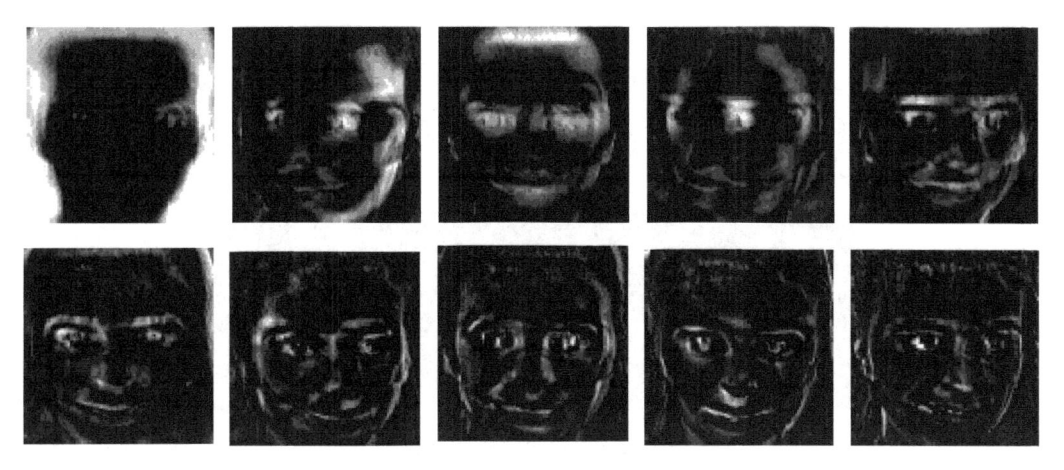

图 10.25 主成分提取后的十幅图像

这里我们只是演示了主成分分析的方法,如果能够在主成分分析之前对人脸进行空间和灰度的图像配准,则主成分分析的效果会更好。

10.7 特征提取的应用
(Application of Feature Extraction)

在很多实际应用领域，如图像识别，人们经常需要对不同的目标物体进行分类或识别，而分类或识别的依据是目标物体的固有特征。因此，需要提取图像相应的特征以进行分类或识别，从而实现信息处理的智能化。本节通过三个应用实例，介绍这类问题的处理思路和方法。

10.7.1 粒度测定 (Granularity Mensuration)

粒度测定是在不精确分割图像目标的基础上，确定图像中目标的大小和分布情况。这对于粗略地描述一幅图像的性质和获取图像信息是很重要的。下面通过一个例子来进行说明。

【例 10.15】计算图 10.26 所示的雪花图像中雪花大小的分布情况。

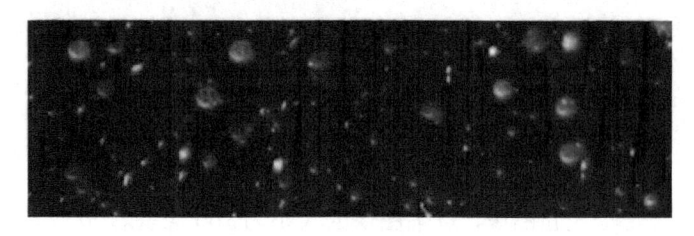

图 10.26 原始雪花图像

首先需要对低对比度图像进行增强处理，然后通过数学形态学运算计算粒度大小的总体分布，再计算不同半径下的粒度分布。

（1）读取图像并增强（见图 10.27）。

```
I = imread('snowflakes.png');                    %读取图像
figure; imshow(I)                                %显示原始图像
claheI = adapthisteq(I,'NumTiles',[10 10]);      %自适应调整对比度
claheI = imadjust(claheI);                       %强度调整
figure; imshow(claheI);                          %显示增强后的图像
```

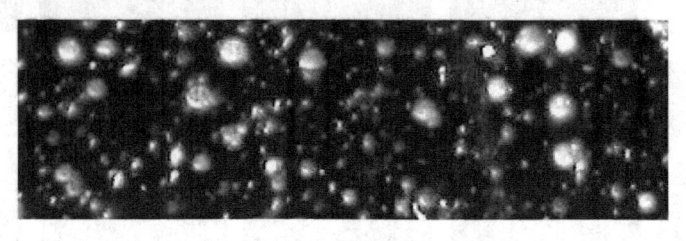

图 10.27 增强后的雪花图像

(2)计算粒度大小的总体分布。

```
for counter = 0:22
    remain = imopen(claheI, strel('disk', counter));     %开运算
    intensity_area(counter + 1) = sum(remain(:));        %剩余像素和
end
figure;
plot(intensity_area, 'm - *'),     %显示不同半径开运算后剩余的像素和
grid on;
```

图像中的粒度大小分布情况可以通过数学形态学的开运算来实现。开运算使用不同半径的结构元素对图像进行操作,就像筛子一样,不同孔径大小可以保留不同大小的雪花。本例中使用结构元素半径为 0~22 像素,对图像进行开运算,分别得到过滤后的目标,并统计每次开运算后图像的像素。不同半径开运算后剩余的像素和如图 10.28 所示。

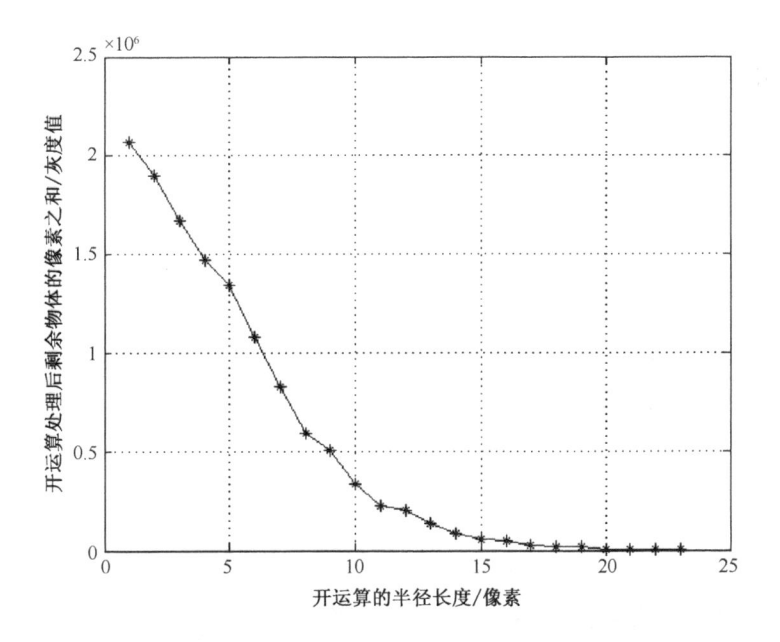

图 10.28 不同半径开运算后剩余的像素和

从图 10.28 可以看出,图像中每次使用不同半径开运算后剩余的像素和是不同的,随着开运算半径的增加,剩余的像素和越来越小。

(3)计算不同半径下的粒度分布。

```
intensity_area_prime= diff(intensity_area);%差分
figure;
plot(intensity_area_prime, 'm - *'),          %显示每个半径下的粒度
grid on;
title('Granulometry (Size Distribution) of Snowflakes');
set(gca, 'xtick', [0 2 4 6 8 10 12 14 16 18 20 22]);
xlabel('radius of snowflakes (pixels)');
```

```
ylabel('Sum of pixel values in snowflakes as a function of radius');
open5 = imopen(claheI,strel('disk',5));    %半径为5像素的形态学开运算
open6 = imopen(claheI,strel('disk',6));    %半径为6像素的形态学开运算
rad5 = imsubtract(open5,open6);            %半径为5像素的粒度
figure; imshow(rad5,[]);                   %显示半径为5像素时图像中粒度分布情况
```

如果计算开运算后两个相邻半径的差，则可以求得这个半径时的粒度分布情况。相邻半径的差可以通过 diff 函数来计算向量的一阶导数得到，如图 10.29 所示。从图 10.29 可以看出，曲线最大值的时候半径等于 5 像素，这说明在半径为 5 像素时，目标对象的个数最多。可以通过分别求取半径为 5 像素和 6 像素时，形态学开运算后的像素和，求出半径为 5 像素的粒度分布情况，如图 10.30 所示。

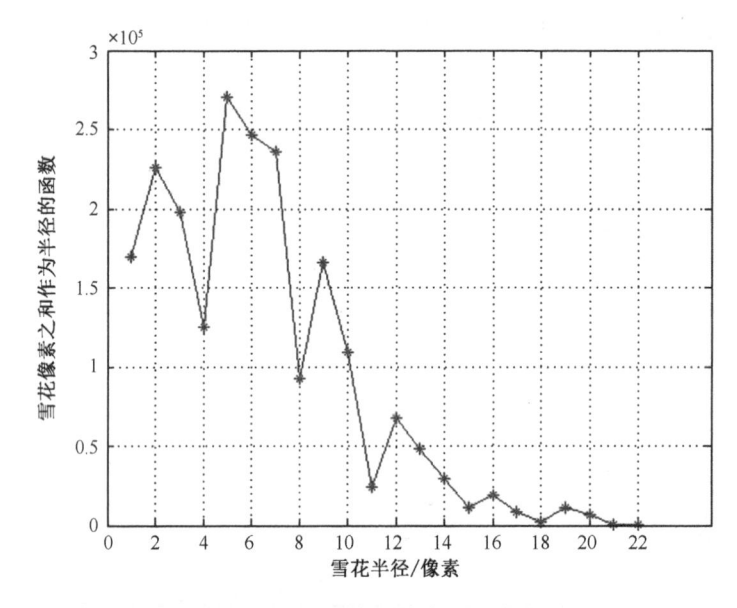

图 10.29　不同大小粒度分布情况

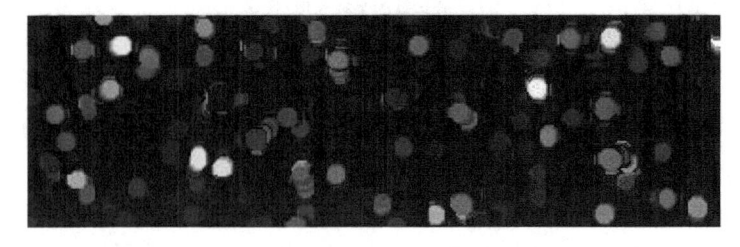

图 10.30　半径为 5 像素的粒度分布情况

10.7.2　圆形目标判别（Circle Shape Recognition）

一幅图像中，除目标对象大小不同外，也会经常出现不同形状的目标物体，如有圆形、方形或其他不规则的形状。确定图像中一定形状的目标物体对于图像识别和进一步的应用是很重要的。下面通过一个例子来进行说明。

【例 10.16】确定图 10.31 所示图像中的圆形目标。

首先要将图像进行灰度化和二值化，然后确定图像中的目标边界，再计算目标区域的特征，根据面积和周长的关系来确定图像是否为圆形。

（1）读取图像并转换为二值图像。

```
RGB = imread('pillsetc.png');              %读取图像
figure; imshow(RGB);                       %显示原始图像
I = rgb2gray(RGB);                         %转换为灰度图像
threshold = graythresh(I);                 %取阈值
bw = im2bw(I,threshold);                   %转换为二值图像
figure; imshow(bw)                         %显示二值图像
```

在这一步骤中，首先读取一幅图像，这幅图像中包含不同形状的目标，其中有圆形、矩形等，如图 10.31 所示。

为了处理方便，把 RGB 真彩色图像转换为灰度图像，然后按照最大类间方差法得到阈值，将灰度图像转换为二值图像，如图 10.32 所示。

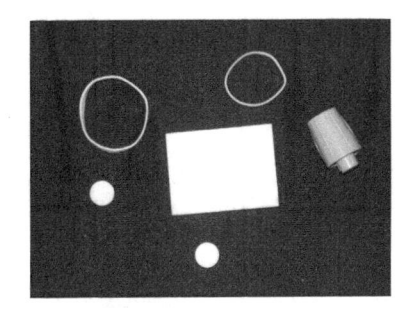

图 10.31　原始图像　　　　　　　图 10.32　二值图像

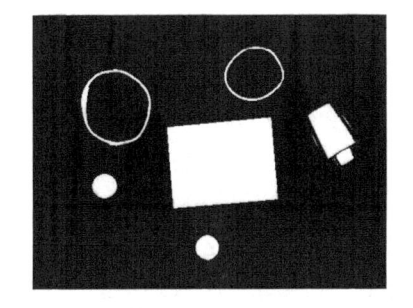

（2）寻找边界。

```
bw = bwareaopen(bw,30);                    %去除小目标
se = strel('disk',2);                      %圆形结构元素
bw = imclose(bw,se);                       %关操作
bw = imfill(bw,'holes');                   %填充孔（洞）
figure; imshow(bw)                         %显示填充孔（洞）的图像
[B,L] = bwboundaries(bw,'noholes');        %图像边界
figure; imshow(label2rgb(L, @jet, [.5 .5 .5]))  %不同颜色显示
hold on
for k = 1:length(B)
 boundary = B{k};                          %显示白色边界
 plot(boundary(:,2),boundary(:,1), 'w', 'LineWidth', 2)
end
```

使用形态学的开操作 bwareaopen 函数去除二值图像中的小目标，使用 imclose 函数填充图像中的缝隙，使用 imfill 函数填充图像中的孔（洞），得到的图像如图 10.33 所示。为了节省计算时间，把 bwboundaries 函数中的参数设置为 noholes，以避免寻找目标内部的边界，

287

不同目标以不同的颜色显示，并且边界以白色显示，结果如图 10.34 所示。

图 10.33　去除噪声并填充区域后的图像　　　　图 10.34　圆形目标的度量

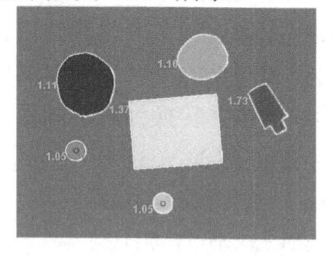

（3）确定圆形目标。

```
stats = regionprops(L,'Area','Centroid');        %求取面积、重心等
threshold = 1.06;                                %设定判定阈值
for k = 1:length(B)
  boundary = B{k};
  delta_sq = diff(boundary).^2;
  P = sum(sqrt(sum(delta_sq,2)));                %求取周长
  A = stats(k).Area;                             %面积
  F = (P^2)/(4*pi*A);                            %圆形度的计算
  F_string = sprintf('%2.2f',F);
  if F < threshold                               %对于圆形
    centroid = stats(k).Centroid;
    plot(centroid(1),centroid(2),'ko');          %标记圆心
  end
  text(boundary(1,2)-35,boundary(1,1)+13,F_string,'Color',...
      'y','FontSize',14,'FontWeight','bold');    %标注圆形度
end
```

那么，如何确定目标物体的圆形度呢？一种简单的测量方法是使用 10.5.3 节描述的由目标物体的周长和面积表示的圆形度，即如式（10.36）所示

$$F = \frac{P^2}{4\pi A}$$

式中，P 是目标区域的周长；A 是目标区域的面积；当目标物体为圆形时，$F=1$，当目标物体为其他任何形状时，$F>1$。在本例中，我们可以认为当 $F \leqslant 1.06$ 时，目标物体为圆形。程序中，使用函数 regionprops 得到目标物体的面积和重心坐标，通过差分求取距离并对目标物体的周长进行估计。在图 10.34 中标出了求得的圆形度 F，可以看出图像中有两个圆形目标，圆形目标的圆心也在图中标出来了。

10.7.3　运动目标特征提取（Feature Extraction of Moving Object）

随着人们安全防范意识的增强和社会发展的需要，对视频监控的需求也越来越大。视频

监控不仅要对运动目标进行检测和跟踪，而且还要对运动目标进行识别和分析，而识别和分析则依赖于运动目标特征信息的提取。运动目标特征提取首先要对运动目标进行检测，然后计算目标区域的特征。

常用的运动目标检测算法有三种，即光流法、帧间差分法和背景差分法。背景差分法虽然对外界天气条件、光线条件等的变化较敏感，但它能够提取较完整的运动目标信息。这里我们采用背景差分法检测运动目标。背景差分法的关键是提取背景图像，对于摄像机固定不变的情况，背景也是静态的基本不变。如果第一帧中没有运动目标，就把第一帧作为背景，否则需要根据若干帧建立背景模型；同时由于光线、天气等变化，需要更新背景。背景差分法是将包含运动目标的帧图像与背景图像作差分运算，再进行二值化和形态学处理得到运动目标区域。

【例10.17】运动目标特征提取。

（1）读取视频文件。

```
disp('input video');                    %显示提示信息
video=mmreader('aviboat2.avi');         %读取视频文件
get(video)                              %获取视频信息
disp('output video');                   %显示提示信息
implay('aviboat2.avi');                 %播放视频
detecting(video);                       %调用运动目标检测函数
```

本步骤中，使用mmreader函数（MATLAB R2010b版本及以上才有此函数）从多媒体文件中读取视频数据，mmreader函数可以读取的文件格式包括AVI、MPG、MPEG、ASF和ASX；使用get函数获取视频文件的更多信息，如视频持续时间、帧率、帧数、高度、宽度、视频格式、像素深度等；使用implay函数播放视频。

（2）运动目标检测。

```
background=rgb2gray(read(video,1));     %将第一帧作为背景
choosedframe=rgb2gray(read(video,400)); %取第400帧为当前帧
dtarget=abs(background-choosedframe);   %计算差分
bw=im2bw(dtarget,0.1);                  %差分图像二值化
cc=bwlabel(bw);                         %对二值图像连通区域标记
stats=regionprops(cc,'Area');           %计算各区域的面积
idx=find([stats.Area]>800);             %取面积大于300像素区域
bw2=ismember(cc,idx);
se=strel('disk',5);                     %取半径为5的圆形结构元素
bw3=bw2;
for i=1:3
    bw3=imdilate(bw3,se);               %用结构元素对区域进行三次膨胀
    bw3=imerode(bw3,se);                %用结构元素对区域进行三次腐蚀
end
```

```
figure,imshow(read(video,1));              %显示背景帧
figure,imshow(read(video,400));            %显示当前帧
figure,imshow(dtarget);                    %显示差分图像
figure,imshow(bw);                         %显示二值化后的图像
figure,imshow(bw2);                        %显示去除小目标后的区域
figure,imshow(bw3);                        %显示三次膨胀、三次腐蚀后的结果
```

这部分采取如下步骤：①根据该视频的特点，其第一帧不含任何运动目标，于是取第一帧作为背景帧，并将其转换为灰度图像；②该视频共有 846 帧，这里取第 400 帧作为当前帧；③计算当前帧与背景帧之差，得到差分图像；④对差分图像进行二值化；⑤对二值化后图像的各连通区域进行标记；⑥计算各区域的面积；⑦去除面积小于或等于 800 像素的区域，只保留面积大于 800 像素的区域；⑧以半径为 5 像素的圆形结构元素对区域先连续做三次膨胀、三次腐蚀操作，得到运动目标区域。如图 10-35 所示。

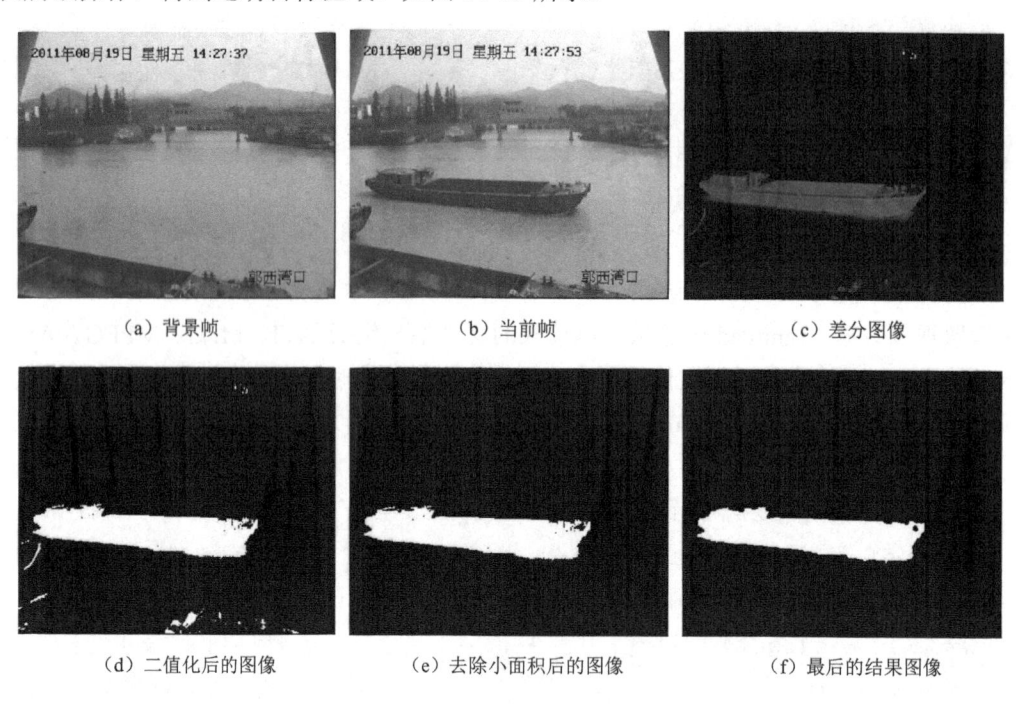

(a) 背景帧　　　　　　　(b) 当前帧　　　　　　　(c) 差分图像

(d) 二值化后的图像　　　(e) 去除小面积后的图像　(f) 最后的结果图像

图 10.35　运动目标特征提取

（3）目标区域特征计算。

```
dd=bwlabel(bw3);                                    %对处理后的图像进行连通区域标记
stats2=regionprops(dd,'Area','Centroid');           %计算目标区域特征
stats2.Area                                         %显示目标区域面积
stats2.Centroid                                     %显示目标区域重心坐标
```

对得到的运动目标区域计算特征，得到其面积为 34110 像素，重心坐标为（289.1869,353.4536）。

小结（Summary）

本章讨论了图像特征的表示和描述。图像特征的表示和描述是大多数图像自动处理（如图像识别、图像检索等）的前期步骤。颜色特征是图像的全局特征，它对图像的平移、旋转、尺度变换不敏感，但是颜色特征不包括图像的空间分布信息。纹理特征是描述图像内容的重要手段之一，空间域中有代表性的经典方法是灰度共生矩阵。另一种手段是采用频率域方法描述纹理，如频谱特征、Gabor 小波纹理特征。对图像进行分割，得到图像的对象或区域，从而实现对图像对象或区域的识别和检索，是图像自动处理的更深层次。这就需要对图像对象或区域进行表达和描述，本章主要讨论了边界特征和区域形状特征。好的描述方法应该计算复杂度相对较低，尽可能地对尺度、平移、旋转等不敏感。选择哪一种方法由所面对的问题决定，目的是要选择能够"抓住"对象或对象类之间本质差异的描述。本章最后介绍了特征提取的应用，讨论了应用图像处理的方法解决实际问题的思路和方法。

习题（Exercises）

10.1 简述掌握 MATLAB 函数 pixval、impixel、impixelinfo 的用途，并举例说明它们的用法。

10.2 简述掌握 MATLAB 函数 rangefilt、stdfilt、entropyfilt 的用途，并举例说明它们的用法。

10.3 选择一幅灰度图像、计算该图像的灰度均值、方差和熵。

10.4 计算距离为 1，角度分别为 0°、45°、90° 时，图 10.36 矩阵表示的灰度图像的灰度共生矩阵。

1	1	0	0
1	1	0	0
0	0	2	2
0	0	2	2

图 10.36　习题 10.4 图

10.5 图 10.37 给出了一幅二值图像，用 8 向链码对图像中的边界进行链码表述（起点是 S）。

（1）写出它的 8 向链码（沿顺时针方向）。
（2）对该链码进行起点归一化，说明起点归一化链码与起点无关的原因。
（3）写出其一阶差分码，并说明其与边界的旋转无关。
（4）写出其形状数。

SV

1	1	0	0	0	0	0
1	0	1	1	1	1	1
1	0	0	0	0	0	1
1	1	0	0	0	1	0
0	0	1	1	0	1	0
0	0	0	0	1	0	0

图 10.37　习题 10.5 图

10.6　试说明哪些类型形状边界的傅里叶描述子中只有实数项。

10.7　求出图 10.38 矩阵表示的灰度图像中区域的面积和重心（1 表示目标）。

0	1	1	1	1	1	1	0
0	1	1	1	1	1	0	0
0	1	1	1	1	0	0	0
1	1	1	1	1	0	0	0
1	1	1	1	1	1	1	1
1	1	1	1	1	1	0	0
0	0	1	1	1	1	1	0
0	0	0	0	1	1	1	1

图 10.38　习题 10.7 图

10.8　对一幅图像进行几何变换，求出其七个不变矩，验证这些矩的不变性。

10.9　给出一幅包含某个目标（一个圆矩形、或三角形）的图像，用阈值分割提取目标，并求出它的周长、面积、重心坐标、形状参数和偏心度。

10.10　读取一段交通视频文件，利用背景差分法，得到差分区域；对差分区域进行数学形态学处理，得到完整的运动目标区域；并求出目标区域的周长、面积、重心坐标、形状参数和偏心度。

第11章 数字图像处理的工程应用
(Application of Digital Image Processing Engineering)

数字图像处理技术包括图像编码压缩、图像变换、图像描述、图像分割、图像增强和复原、图像分类和识别等，工程中常将这些技术与其他算法结合来解决实际问题。本章将介绍四个图像处理工程案例，包括基于图像处理的红细胞数目检测、基于肤色分割和灰度积分算法的人眼定位、基于DCT的数字水印算法和基于BP神经网络的手写汉字识别，这些案例分别运用了不同的数字图像处理技术，结合相应算法达到目的。

Digital image processing techniques include image coding compression, image transformation, image description, image segmentation, image enhancement and restoration, image classification and recognition, etc. These technologies are often combined with other algorithms to solve practical problems in engineering. This chapter will introduce four image processing cases, including red blood cell counting, human eye recognition based on gray-scale integration, digital watermarking algorithm based on DCT, and handwriting recognition. These cases use different digital image processing techniques respectively, and achieve the purpose by combining certain algorithms.

11.1 基于图像处理的红细胞数目检测
（Detection of Red Cell Number Based on Image Processing）

细胞检测技术在现代医学领域中起着很重要的作用，检测对象包括红细胞、白细胞、血小板、淋巴细胞、癌细胞等。随着计算机技术和图像处理技术的发展，通过显微镜和摄像机进行图像采集，再利用图像处理知识来对采集的信号进行识别和分析已经成为最普遍的临床血液样本诊断方法。本案例为红细胞数目的定量检测，检测方法如图11.1所示。首先获取红细胞采样图像，对其进行预处理，将彩色图像转换为二值图像，然后采用形态学方法填充细胞，并对图像进行去噪，最后标记图像连通域，得到图像中的红细胞数目。

→ 二值化 → 细胞填充 → 开运算 → 细胞计数 →

图11.1 红细胞数目检测方法

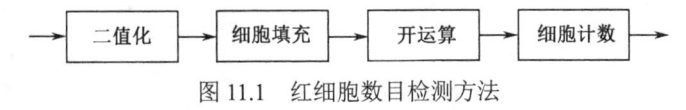

图11.2（a）为红细胞原始图像，该图中红细胞之间有所粘连，会对计数造成影响。为了

得到图像边缘,先把 RGB 彩色图像转换为灰度图像,并使用 Ostu 法计算二值化阈值。其 MATLAB 程序如下。

```
img=imread('cell.jpg');          %读取图像
figure,imshow(img);              %显示原始图像
img=rgb2gray(img);               %RGB 彩色图像转换成灰度图像
theshold=graythresh(img);        %取得图像的全局阈值
bw=im2bw(img,theshold);          %二值图像;
figure,imshow(bw);               %显示二值图像
```

得到的二值图像如图 11.2(b)所示。

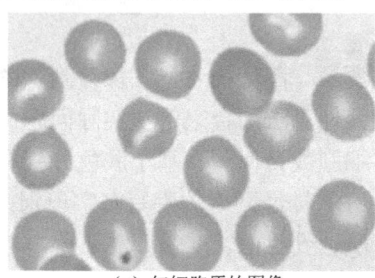

(a)红细胞原始图像　　　　　　　　　　(b)二值图像

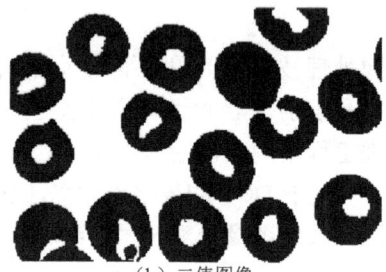

图 11.2　红细胞图像二值化

可以看到,图像二值化之后,红细胞的中心依然存在孔(洞),为方便计数,需要对这部分进行填充。孔(洞)可以看成是由红细胞像素相连接的边界所包围的一个背景区域,使用 bwfill 函数对其进行填充。为方便后续检测连通域,将红细胞部分置为白色,背景为黑色。其 MATLAB 程序如下。

```
bw2=~bwfill(bw,'holes');         %红细胞填充
figure,imshow(bw2);              %显示填充后的红细胞图像
```

填充后的红细胞如图 11.3 所示,可以看到,红细胞中间的孔(洞)被填充了。

此时的图像中还有一些白色的噪声点,在计数之前需要先将这些噪声点去掉。此外,红细胞边缘还存在一些不平滑的部分。为了消除噪声点和毛刺的影响,下面对图像作开运算处理,其 MATLAB 程序如下。

```
SE=strel('disk',4);
bw3=imopen(bw2,SE);
figure,imshow(bw3);
```

去噪结果如图 11.4 所示。

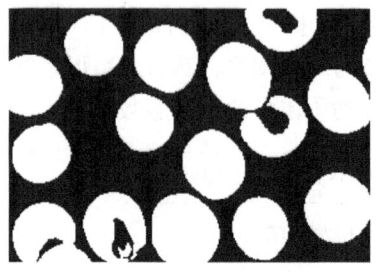

图 11.3　红细胞区域填充　　　　　　　　图 11.4　图像去噪

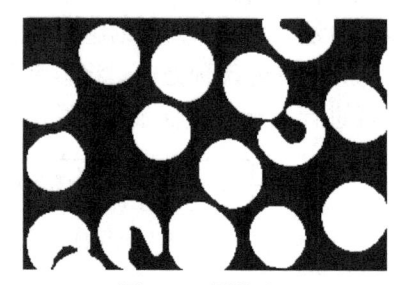

图像中还有部分红细胞存在粘连,如果直接计数会存在误差。观察图像可以发现,单个红细胞之间的大小大致相同,而粘连在一起的红细胞大小明显大于单个红细胞。根据这种特性,可以使用红细胞大小的方法计数,认为周长大于所有红细胞平均值 1.3 倍的红细胞存在粘连现象。其 MATLAB 程序如下。

```matlab
[L,num]=bwlabel(bw3);           %标注图像中的连通域
sizeCell=zeros(1,num);
for i=1:num                     %遍历各连通域
    [r,c]=find(L==i);           %获取相同连通域的位置,将位置信息存入[r,c]
    sizeCell(i)=size(r,1);      %计算各连通域大小
end
aver=mean(sizeCell);            %计算连通域平均值
N=num;%统计连通域个数
for i=1:num
    if sizeCell(i)>aver*1.3%统计粘连红细胞
        N=N+1;
    end
end
```

由此统计出图 11.2(a)中红细胞的个数为 17 个,与实际数目一致。

11.2 基于肤色分割和灰度积分算法的人眼定位（Eye Location Based on Skin Color Segmentation and Gray Level Integral Algorithm）

人眼定位是计算机视觉与模式识别领域的重要课题,是人脸识别系统中必不可少的一部分。本案例结合现有的人眼定位方法使用了一种新算法,如图 11.5 所示。该算法首先利用肤色特征建立肤色模型,经形态学滤波及连通域分析,检测出可能的人脸区域。获取该人脸区域的外接矩形,计算垂直灰度积分曲线,找出人脸中大致的眉毛和眼睛区域。将该区域与人脸内部连通域排列情况相比较,定位人眼所在的连通域。

由于肤色是人脸中的重要特征,不依赖于面部的细节特征,不受人脸表情、旋转等限制,具有较高的稳定性和较广的适应性。其次,肤色能与大多数干扰物体分离,具有较强的鲁棒性。人的肤色在外观上的差异主要是由强度引起的,在色度上比较集中,因此将图像从默认的 RGB 彩色空间映射到 YCbCr 彩色空间进行处理,如图 11.6 所示。

→ 肤色提取 → 形态学滤波 → 人脸分割 → 人眼定位

图 11.5 人眼定位过程

(a) RGB 彩色图像　　　(b) Cb 分量　　　(c) Cr 分量

图 11.6　RGB 彩色空间和 YCbCr 彩色空间中的 Cb 分量和 Cr 分量的测试图像

经过肤色样本统计，发现肤色在 CbCr 彩色空间的分布呈现良好的聚类特性，其分布满足：

$$77 \leqslant Cb \leqslant 127$$
$$133 \leqslant Cr \leqslant 173 \tag{11.1}$$

根据该肤色的聚类特性建立肤色模型，将图像的类肤色区域用 255 标记，其他区域用 0 标记，转化为二值图像，其主要 MATLAB 程序如下。

```
img=imread('face.jpg');              %读取人脸图像
img=imresize(img,[400 NaN]);         %图像大小变换
img_double=double(img);
R=img_double(:,:,1);                 %提取图像 R 分量
G=img_double(:,:,2);                 %提取图像 G 分量
B=img_double(:,:,3);                 %提取图像 B 分量
R=double(R);
G=double(G);
B=double(B);
H=[65.4810   128.5530   24.9660;     %定义从RGB彩色空间到YCbCr彩色空间的映射矩阵
   -37.7970  -74.2030   112.0000;
   112.0000  -93.7860   -18.2140];
I=H/255;                             %彩色像素空间的标准归一化
f(:,:,1)=uint8(I(1,1)*R+I(1,2)*G+I(1,3)*B+16);    %彩色空间转换
f(:,:,2)=uint8(I(2,1)*R+I(2,2)*G+I(2,3)*B+128);
f(:,:,3)=uint8(I(3,1)*R+I(3,2)*G+I(3,3)*B+128);
f_cb=f(:,:,2);                       %提取 Cb 分量
f_cr=f(:,:,3);                       %提取 Cr 分量
f=((f_cb>=100)&(f_cb<=127)&(f_cr>=138)&(f_cr<=170));
                                     %根据式（11.1）进行肤色提取
figure,imshow(f);                    %显示肤色提取结果
```

肤色提取后的二值图像如图 11.7（a）所示。该二值图像的白色像素块中，不仅有人脸区域，还有噪声，如人体其他部位（耳朵、手部、腿部等）及类肤色环境（衣服等）。

形态学处理以形态结构元素为基础对图像进行操作，能够消除噪声、分割独立的图像元素及连接相邻的元素。对二值图像进行开操作、闭操作、膨胀和腐蚀等，去除小面积噪声点，

只保留大面积白色像素块。其主要 MATLAB 程序如下。

```
se1=strel('square',2);          %创建 2×2 正方形结构元素
f=imdilate(f,se1);              %对二值图像进行膨胀
f=imclose(f,se1);               %进行闭操作
fe=imerode(f,ones(8,7));        %进行 8×7 的矩形腐蚀操作
fo=imopen(f,ones(8,7));         %进行 8×7 的矩形开操作
f=imreconstruct(fe,f);          %对图像进行分割
se2=strel('square',8);          %创建 8×8 正方形结构元素
f=imerode(f,se2);               %腐蚀操作
f=imdilate(f,se2);              %膨胀操作
```

经过形态学滤波后的图像如图 11.7（b）所示，相比原二值图像，此时的图像没有多余的小块白色噪声点，面部边缘更加平滑。

（a）二值图像　　　　　　（b）形态学滤波后的图像

图 11.7　肤色提取结果

接下来要去除手部、腿部、颈部及其他非人脸的类肤色区域。由先验知识得知，人脸近似为椭圆形，使用连通域标记与分析法，首先标记二值图像中的白色像素块，其次依次计算每个白色像素块的几何属性。通过计算其外接矩形的长宽比、面积，可以判断该区域是否存在人脸。

设连通域中所有像素点在 x 轴上的最大值和最小值分别为 $x_{\max}$ 和 $x_{\min}$，在 y 轴上的最大值和最小值分别为 $y_{\max}$ 和 $y_{\min}$，面积为 S，长宽比为 R。其中：

$$S = (x_{\max} - x_{\min}) \times (y_{\max} - y_{\min}) \tag{11.2}$$

$$R = \frac{y_{\max} - y_{\min}}{x_{\max} - x_{\min}} \tag{11.3}$$

当 S、R 满足以下条件时，认为该连通域可能为人脸：

$$\begin{cases} 15000 \leqslant S \leqslant 80000 \\ 0.6 \leqslant R \leqslant 2.0 \end{cases} \tag{11.4}$$

将不满足式（11.3）和式（11.4）条件的连通域各像素值均设为 0，达到去除非人脸类肤色区域的目的。其主要 MATLAB 程序如下。

```
[L,num]=bwlabeln(f,4);          %连通域标记
for i2=1:num;                   %遍历各连通域
```

```
        [r,c]=find(L==i2);           %相等返回1,记录到r、c中
        r_temp=max(r)-min(r);        %记录该连通域中纵向最大值与最小值之差
        c_temp=max(c)-min(c);        %记录该连通域中横向最大值与最小值之差
        temp=size(r);
    if((r_temp/c_temp<0.6)|(r_temp/c_temp>2.0)|(temp(1)>80000)|(tem
p(1)<15000))                         %根据式(11.4)筛选可能为人脸的连通域
            for j=1:temp(1)          %将其他区域设为黑色
                L(r(j),c(j))=0;
            end
        end
    end
end
figure,imshow(L);
```

剩余人脸部分图像如图 11.8 所示。

图 11.8　人脸分割

对人脸轮廓的外接矩形区域进行进一步裁剪,最大限度地减少环境噪声对人眼定位的干扰,其主要 MATLAB 程序如下。

```
    L=edge(L,'roberts');              %查找二值图像的边缘
    B=bwboundaries(L,'noholes');      %寻找连通域的边缘,不包括孔
    wmax=max(B{t,1});                 %记录横、纵坐标最大值
    wmin=min(B{t,1});                 %记录横、纵坐标最大值
    L2=imcrop(img,[wmin(2),wmin(1),wmax(2)-wmin(2),wmax(1)-wmin(1)]
);                                    %裁剪原始图像
    L1=imcrop(L,[wmin(2),wmin(1),wmax(2)-wmin(2),wmax(1)-wmin(1)]);
                                      %裁剪二值图像
    L3=rgb2gray(L2);                  %裁剪后图像灰度化
    figure,imshow(L2);
    figure,imshow(L3);
```

裁剪后的彩色图像如图 11.9（a）所示。

在 RGB 彩色空间下,从人脸图像中定位人眼的难度很大。但是,由于人眼区域的灰度特征与人脸其他部位有明显差异。将人脸轮廓外接矩形图像灰度化,如图 11.9（b）所示,

从灰度的角度进行处理。

（a）RGB 彩色图像　　　（b）灰度图像　　　（c）二值图像

图 11.9　裁剪后人脸图像

图像中一个像素点的灰度代表该点的颜色深度。灰度越大，该点颜色越深；反之，颜色越浅。灰度投影法是一种将图像进行水平积分或垂直积分，然后归一化的方法。

设 $f(x,y)$ 表示图像 (x,y) 处的灰度，在图像 $[x_1,x_2]$ 范围内的垂直灰度积分投影 $V(y)$ 为：

$$V(y) = \frac{1}{x_2 - x_1} \sum_{x_1}^{x_2} f(x,y) \tag{11.5}$$

在垂直方向上对人脸图像进行灰度积分投影，从得到的垂直灰度积分曲线可以区分出人脸上各特征所在的垂直位置。人眼最主要的特征就是其灰度会明显比周围区域低。如图 11.10 所示，其中圆圈标注的是极大值，星号标注的是极小值。前段低谷区域代表头发，紧接着的次高点对应人的额头，之后的最高点代表人的鼻部。次高点和最高点中间有两个临近的极小值，设其横坐标分别为 x_{min1} 和 x_{min2}。而在垂直方向上，人的眼睛位于眉毛的下方。因此，x_{min1} 代表人的眉毛，x_{min2} 代表人的眼睛，由此就能大致确定眼睛的水平位置。其 MATLAB 程序如下。

```
[m n]=size(L3);
for x=1:m                       %计算垂直灰度分布
    S(x)=sum(L3(x,:));
end
x=1:m;
figure,plot(x,S(x));
[a,b]=findpeaks(S(x));          %找出分布图像的极大值点
hold on,plot(x(b),a,'ko');
[c,d]=findpeaks(-S(x));         %找出分布图像的极小值点
hold on,plot(x(d),-c,'k*');
```

人眼区域的提取建立在人脸检测时获得的包含类肤色区域的二值图像上，如图 11.9（c）。由于在 YCbCr 色彩空间下，人的眼睛与眉毛和人脸的颜色有显著区别，因此在该二值图像中，人的眼睛和眉毛区域均为 0，两两处于同一水平线上，形成四个黑洞。

将由垂直灰度积分曲线中获得的人眼值与黑洞区域的水平值相比，包含该值的黑洞所在区域即为人眼区域，如图 11.11（a）所示。以该连通域的质心作为眼睛中心进行标注，从而找到眼睛的准确位置，如图 11.11（b）所示。

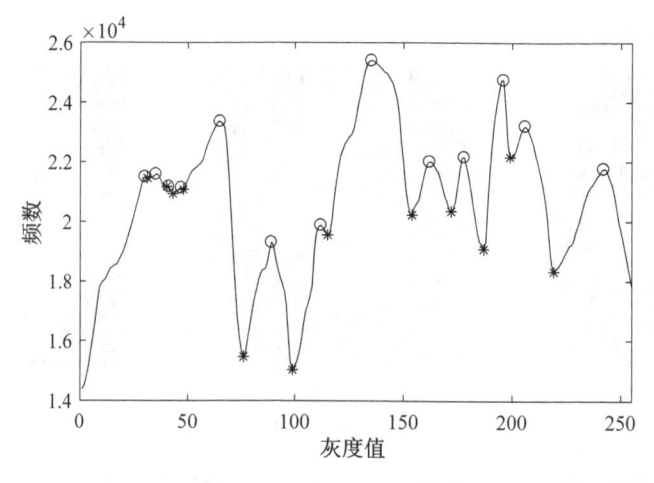

图 11.10　垂直灰度积分曲线

（a）人眼区域　　　（b）人眼标注

图 11.11　人眼定位

11.3　基于 DCT 的数字水印算法
（Digital Watermarking Algorithm Based on DCT）

数字水印将预先设定的标志信息嵌入到多媒体作品中，或通过某种方式间接表示，在需要的时候再提取出来作为版权证明或者对内容的真实性与完整性进行认证，保护创作者的合法权益，保护信息安全。插入数字水印的算法流程如图 11.12 所示。

图 11.13 所示为尺寸为 512 像素×512 像素的原始版权图像和 64 像素×64 像素的原始二值水印图像，下面将使用图 11.12 所示算法，将水印图像嵌入到原始版权图像中。

首先，对原始二值水印图像进行处理。原始二值水印图像是具有一定形状的，如果直接将其插入原始版权图像中，会影响原始版权图像的效果，所以需要破坏图像的这种"规律"。

图像置乱是指按照一定映射关系对图像中的像素进行搬移，破坏图像的自相关性，将其变成一副杂乱无章的图像。图像置乱后将得到一幅杂乱无章的图像，这个图像无色彩、无纹理、无形状，无法从中读取任何信息。将这样一幅图像嵌入另一幅普通图像时就不易引起该图像色彩、纹理、形状的太大改变，这样人眼就不易识别。同时，由于秘密图像是置乱后的图像，根据上述图像的"三无"特征，第三方难以对其进行色彩、纹理、形状等的统计分析，即便截取到图像，也无法获得图像中的隐藏信息。

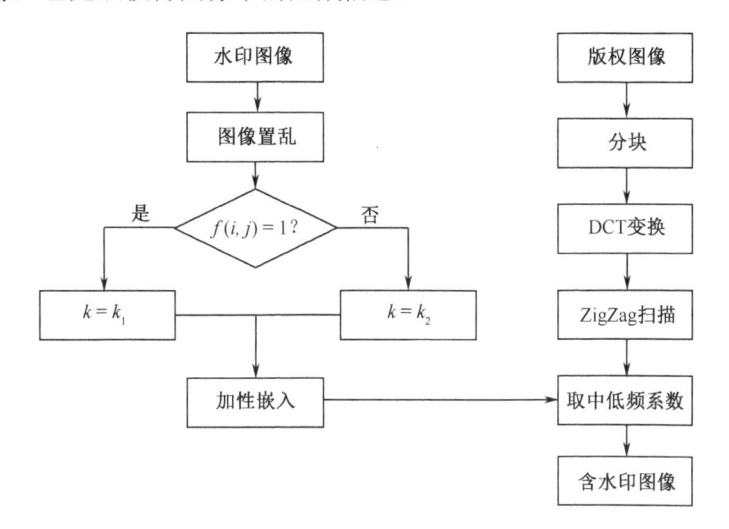

图 11.12 嵌入数字水印方法

（a）原始版权图像　　　　　　（b）原始二值水印图像

图 11.13 原始图像

目前，用于置乱的变换有很多种，如 Arnold 变换、Gray 码变换、Hilbert 曲线、幻方变换、混沌序列等。由于 Arnold 变换算法简单易行，计算代价少，在水印预处理过程中最常使用。Arnold 变换即 cat mapping，是 Arnold 在研究遍历理论过程中提出的一种变换，其定义如下：

$$\begin{bmatrix} x_{n+1} \\ y_{n+1} \end{bmatrix} = \begin{bmatrix} 1 & 1 \\ 1 & 2 \end{bmatrix} \begin{bmatrix} x_n \\ y_n \end{bmatrix} \mod N \quad n=0,1,\cdots,N-1 \quad (11.6)$$

式中，(x_n, y_n) 为置乱前的像素点，(x_{n+1}, y_{n+1}) 为其置乱后的位置；mod 为模二运算。

Arnold 变换具有周期性，即当迭代到某一步时，将重新得到原始图像。利用其周期性 T，对图像置乱 K 次，提取出水印后，再运用 Arnold 变换置乱 $T-K$ 次，即可恢复出正常的图像。此处选择的水印图像为 64 像素×64 像素的二值图像，其 Arnold 置乱周期 T 为 48。

经过不同次置乱后的图像如图 11.14 所示。

(a) 置乱 0 次后的水印图像　(b) 置乱 1 次后的水印图像　(c) 置乱 6 次后的水印图像

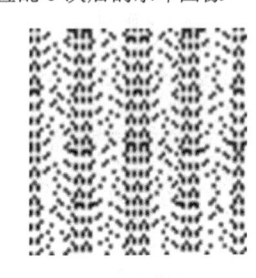

(d) 置乱 12 次后的水印图像　(e) 置乱 24 次后的水印图像　(f) 置乱 48 次后的水印图像

图 11.14　置乱 0 次、1 次、6 次、12 次、24 次、48 次后的水印图像

根据 Arnold 置乱的原理，其主要 MATLAB 程序如下。

```
img=imread('WM.jpg');
n=12;                                   %置乱次数为 12 次
[h,w]=size(img);                        %记录水印图像的高和宽
N=h;                                    %记录水印图像的维数
imgn=zeros(h,w);                        %定义与水印图像同大的矩阵
for i=1:n
    for y=1:h                           %置乱前像素点纵坐标
        for x=1:w                       %置乱前像素点横坐标
            xx=mod((x-1)+(y-1),N)+1;    %置乱后像素点的横坐标
            yy=mod((x-1)+2*(y-1),N)+1;  %置乱后像素点的纵坐标
            imgn(yy,xx)=img(y,x);       %重新分配像素点
        end
    end
    arnoldImg=imgn;                     %置乱图像
end
figure,imshow(arnoldImg);
```

除此之外，还需要设置一个参数 para1 用来传递用户想要设置的置乱次数，该置乱次数作为密钥，只为创作者拥有；也需要一个参数 para0 用来标志是置乱过程还是反置乱过程。

对水印图像置乱处理后，还需要对原始版权图像进行处理。分块处理是图像处理中的常用手段，是将尺寸较大的图像分为尺寸较小的多个子图像，再对每个子图像单独进行处理的方式。分块的优点在于降低了图像各部分之间的相关性，突出了每个像素点的地位，便于获

得更多的细节信息。同时分块降低了对存储空间的要求，以便后续处理。这里将512像素×512像素的原始版权图像分成64×64个8像素×8像素大小的子图像。对于每个分块图像，还需要进一步确定水印嵌入的位置。图像的低频分量反映图像慢变化，即图像整体部分；图像的高频分量代表图像跳变的地方，即图像细节部分，如轮廓、边缘。高频编码容易被各种信号处理方法所破坏，而且由于人的视觉对高频分量很敏感，高频编码易于被察觉，因此将水印嵌入图像低频位置更优。

根据此原理，对分块后的图像进行DCT变换，求出其对应的二维频率矩阵，矩阵中每个系数都表示对应频率的变化程度，其中低频分量集中在矩阵的左上角，高频分量集中在右下角。为了方便按照频率高低对系数进行取用，可按照"之"字形顺序对系数矩阵进行由低频到高频的扫描，即ZigZag扫描方式，扫描顺序如图11.15所示。

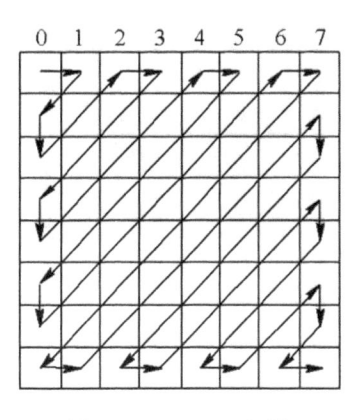

图11.15 ZigZag扫描

其主要MATLAB程序如下。

```
img2=imread('demopic.jpg');
bw=im2bw(img2);
D=dct2(bw);                          %对图像进DCT变换
counter=1;
all=size(D,1)*size(D,2);             %DCT矩阵大小
for cnt=2:(size(D,1)+size(D,2))      %ZigZag扫描
    if mod(cnt,2)==0
        for i=1:size(D,1)
            if cnt-i<=size(D,1)&cnt-i>0
                ctVector(counter)=D(i,cnt-i);
                counter=counter+1;
            end
        end
    else
        for i=1:size(D,1)
            if cnt-i<=size(D,1)&cnt-i>0
                dctVector(counter)=D(cnt-i,i);
                counter=counter+1;
            end
        end
    end
end
dctVector=dctVector(1:all);
```

降维后得到64个元素的系数向量，按照频率由低到高的顺序排列。取出第11~23个，共13个系数作为嵌入水印信息的位置。二值水印图像经Arnold置乱过后，每个像素点的值

为 1 或 0，分别控制两个长为 13 的随机序列 k_1 和 k_2，分别插入 64×64 个分块图像的指定位置中，从而完成嵌入。嵌入水印后的图像，如图 11.16 所示。人眼直观感受，嵌入水印后的图像与原始版权图像差别较小。

图 11.17 所示为提取水印的算法，对含水印的图像进行分块和 DCT 变换，将一维系数还原为二维矩阵的方法类似，同样按照扫描顺序遍历，把元素放入即可。取出已知的嵌入水印位置系数，通过比较该系数序列与两个随机向量的相关性大小做出对应像素点灰度的判决，这个过程中不需要原始版权图像的参与。判决完毕后得到的是经过置乱的图像，因此需要进行反置乱获得我们需要的水印信息。

图 11.16 嵌入水印后的图像

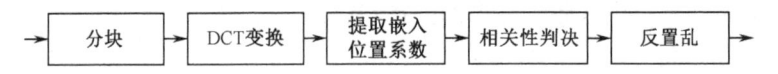

图 11.17 提取水印算法

反置乱的主要 MATLAB 程序如下。

```
[h,w]=size(arnoldImg);              %记录水印图像的高和宽
img=zeros(h,w);
for i=1:n
    for y=1:h                        %置乱前像素点的纵坐标
        for x=1:w                    %置乱前像素点的横坐标
            xx=mod(2*(x-1)-(y-1),h)+1;   %置乱后像素点的横坐标
            yy=mod(-(x-1)+(y-1),h)+1 ;   %置乱后像素点的纵坐标
            img(yy,xx)=arnoldImg(y,x);   %重新分配像素点
        end
    end
end
```

提取出的水印图像如图 11.18 所示，可以看到提取出来的水印图像错判点较少，较完整地保留了水印信息。

图 11.18 提取出来的水印

当含水印的版权图像受到攻击时，反置乱后提取出的水印效果会有所不同。图 11.19 所示为含水印图像受到不同攻击后提取出的水印图像。

（a）高斯白噪声攻击（$\sigma^2=0.015$）　　　　　　　（b）剪切攻击

（c）JPEG 压缩攻击（$Q=60$）　　　　　　　（d）旋转攻击

（e）缩小攻击　　　　　　　（f）放大攻击

图 11.19　含水印图像受攻击结果

可发现，该算法对于随机噪声、压缩和剪切攻击有非常好的抵抗效果，这主要得益于分块处理和 Arnold 置乱。原理部分也提到过，Arnold 置乱使得水印图像变得混乱，同时也使其本身包含的信息较均匀地分布在每个部分，而分块处理使得本来就很均匀的水印信息在版权图像的各小块中都有分布。这样即使含水印图像受到攻击，剩余的部分仍然能够包含较多的水印信息，从而更好地还原水印图像。但该算法对于几何攻击的抵抗效果很弱，受到几何攻击后提取出的水印与原始水印图像几乎毫无关联。

11.4　基于 BP 神经网络的手写汉字识别（Handwritten Chinese Character Recognition Based on BP Neural Network）

手写识别是指将在手写设备上书写的有序轨迹信息转化为文字的过程，属于文字识别和模式识别的范畴。本案例的功能是对手写汉字的识别，主要包括图 11.20 所示的三个模块：预处理模块、单字分割模块、BP 神经网络模块。

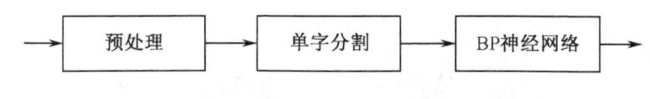

图 11.20　手写识别算法

本案例主要处理汉字，所以将图像转变为二值图像进行处理，这样可以极大地提高程序运行速度。处理地步骤为：图像增强、线性灰度变换、中值滤波、二值化，其 MATLAB 程序如下。

```
I=imread('demopic.jpg');
h=ones(5,5)/25;                         %过滤器 h
I=imfilter(I,h);                        %真彩色增强
I1=rgb2gray(I);                         %RGB 彩色图像转换为灰度图像
figure;
subplot(1,2,1),imshow(I1);title('灰度处理前的灰度图像');
subplot(1,2,2),imhist(I1);title('灰度处理前的灰度图像直方图');
I1=imadjust(I1,[0.27,0.78],[]);         %线性灰度变换
figure;
subplot(1,2,1),imshow(I1);title('灰度处理后的灰度图像');
subplot(1,2,2),imhist(I1);title('灰度处理后的灰度图像直方图');
I1=medfilt2(I1);                        %进行中值滤波
figure,imshow(I1);title('中值滤波');
thest=graythresh(I1);
I1=im2bw(I1,thest);
figure,imshow(I1);title('二值图像');
```

预处理后的图像如图 11.21 所示。

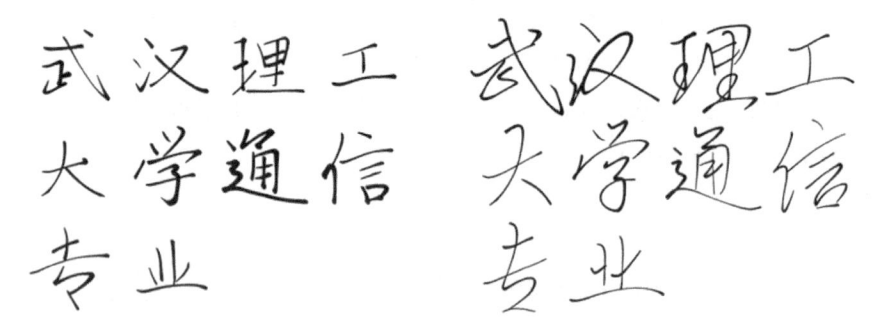

图 11.21　预处理后的手写图像

二值化后的图像中存在很多文字和噪声点，需要将其分割为单个文字，然后把单个文字作为 BP 神经网络的输入。单字分割模块的主要功能是将多排多列文字内容分割为单一文字，并将图中的噪声点剔除，主要流程如下。

1. 边界界定

S1：扫描垂直方向上的第一个和最后一个像素突变点。

S2:扫描水平方向上的第一个和最后一个像素突变点。
S3:截取该范围内的图像作为边界。
其主要 MATLAB 程序如下。

```matlab
function pic=xylimit(pic)
[m,n]=size(pic);
                                            %纵向扫描
Ycount=zeros(1,m);
for i=1:m
    Ycount(i)=sum(pic(i,:));                %获取每行的像素点个数
end
Ybottom=m;                                  %底部定界
Yvalue=Ycount(Ybottom);                     %记录底部的像素
while(Yvalue<3)                             %将像素跨度小于3的点视为噪声点
    Ybottom=Ybottom-1;
    Yvalue=Ycount(Ybottom);
end
Yceil=1;                                    %顶部定界
Yvalue=Ycount(Yceil);
while(Yvalue<3)                             %将像素跨度小于3的点视为噪声点
    Yceil=Yceil+1;
    Yvalue=Ycount(Yceil);
end
                                            %横向扫描
Xcount=zeros(1,n);
for j=1:n
    Xcount(j)=sum(pic(:,j));                %获取每列的像素点个数
end
Xleft=1;                                    %左侧定界
Xvalue=Xcount(Xleft);
while(Xvalue<2)
    Xleft=Xleft+1;
    Xvalue=Xcount(Xleft);
end
Xright=n;                                   %右侧定界
Xvalue=Xcount(Xright);
while(Xvalue<2)
    Xright=Xright-1;
    Xvalue=Xcount(Xright);
end
pic=pic(Yceil:Ybottom,Xleft:Xright);        %边界界定
```

2. 行扫描

S1：扫描处垂直方向上的像素突变点。
S2：将每行截取为等高的图像。
S3：横向拼接，为列扫描做准备。
其 MATLAB 程序如下。

```matlab
m=size(pic,1);                          %返回图像行数
Ycount=zeros(1,m);                      %1×m 的矩阵
for i=1:m
    Ycount(i)=sum(pic(i,:));            %获取每行白点的总数
end
lenYcount=length(Ycount);
Yflag=zeros(1,lenYcount);
for k=1:lenYcount-2                     %去除像素跨度小于3的点，将其置为黑点
    if Ycount(k)<3 && Ycount(k+1)<3 && Ycount(k+2)<3
        Yflag(k)=1;
    end
end
for k=lenYcount:1+2
    if Ycount(k)<3 && Ycount(k-1)<3 && Ycount(k-2)<3
        Yflag(k)=1;
    end
end
Yflag2=[0 Yflag(1:end-1)];              %去除flag的最后一项
Yflag3=abs(Yflag-Yflag2);               %做差分运算，将前一行与后一行的flag做比较
[R,row]=find(Yflag3==1);                %找突变位置
row=[1 row m];                          %调整突变位置点
row1=zeros(1,length(row)/2);            %截取图像的起始位置向量
row2=row1;                              %截取图像的终止位置向量
for k=1:length(row)
    if mod(k,2)==1;                     %奇数为起始
        row1((k+1)/2)=row(k);           %黑到白
    else                                %偶数为终止
        row2(k/2)=row(k);               %白到黑
    end
end
pic2=pic(row1(1):row2(1),:);            %截取第一行字符
alpha=1024/size(pic2,2);                %计算放缩比例
pic2=imresize(pic2,alpha);              %调整第一行字符图片大小，作为基准
```

```
for k=2:length(row)/2
    pictemp=imresize(pic(row1(k):row2(k),:),[size(pic2,1) size(pic2,2)]);
    pic2=cat(2,pic2,pictemp);      %横向连接图像块
end
```

3. 列扫描

S1：扫描处于水平向上的像素突变点。
S2：按照像素突变点的位置一次截取。
S3：保存截取出的单字。

前两步与行扫描的方法类似，其主要 MATLAB 程序如下。

```
n=size(pic,2);                     %返回图像列数
Xcount=zeros(1,n);                 %1×n 的矩阵
for j=1:n
    Xcount(j)=sum(pic(:,j));       %每列白点的总数
end
lenXcount=length(Xcount);
Xflag=zeros(1,lenXcount);
for k=1:lenXcount-2                %去除噪声点
    if Xcount(k)<3 && Xcount(k+1)<3 && Xcount(k+2)<3
        Xflag(k)=1;
    end
end
for k=lenXcount:1+2
    if Xcount(k)<3 && Xcount(k-1)<3 && Xcount(k-2)<3
        Xflag(k)=1;
    end
end
Xflag2=[0 Xflag(1:end-1)];         %去掉 flag 最后一项
Xflag3=abs(Xflag-Xflag2);          %比较两列
[CO,col]=find(Xflag3==1);          %找出突变位置
col=[1 col size(pic,2)];           %调整突变位置
coltemp=col(2:end)-col(1:end-1);
[IND,ind]=find(coltemp<3);         %去除噪声点
col(ind)=0;
col(ind+1)=0;
col=col(col>0);
col1=zeros(1,length(col)/2);       %截取起始位置向量
col2=col1;                         %截取终止位置向量
```

```matlab
for k=1:length(col)
    if mod(k,2)==1                                    %奇数为起始
        col1((k+1)/2)=col(k);
    else                                              %偶数为终止
        col2(k/2)=col(k);                             %白到黑
    end
end
picnum2=length(col)/2;
piccell2=cell(1,picnum2);
for k=1:picnum2                                       %记录各汉字
    piccell2{k}=pic(:,col1(k):col2(k));               %截取第k个汉字
    piccell2{k}=xylimit(piccell2{k});                 %限定图像区域
    piccell2{k}=imresize(piccell2{k},[32 32]);        %调整图像大小
end
if mod(picnum2,8)
    rownum=ceil(picnum2/8)+1;
else
    rownum=picnum2/8;
end
for k=1:picnum2
    mstr=strcat(int2str(500+k),'.bmp');
    imwrite(piccell2{k},mstr);                        %把切分出来的文字保存为BMP文件
end
```

截取出的单字如图 11.22 所示。

接下来，使用 BP 神经网络训练样本。BP 神经网络不需要先确定输入和输出之间的映射关系，只需要通过训练样本，BP 神经网络就能自己学习出一种给定新的输入值时能够使它与实际值相差最小的输出值。BP 神经网络是按照误差反向传播训练的多层前馈网络，它的基本思想是梯度下降法（Descent Gradient），利用梯度搜索技术，使得代价函数最小。

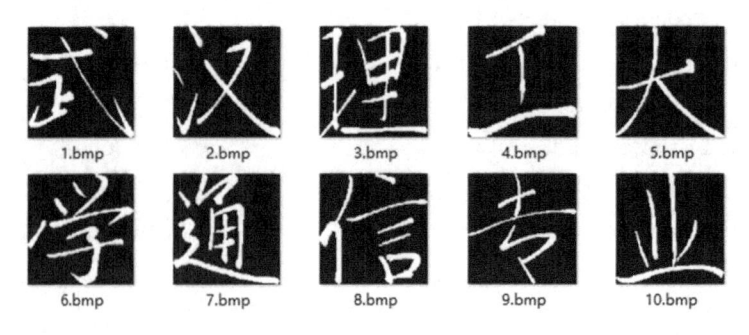

图 11.22 截取出的单字

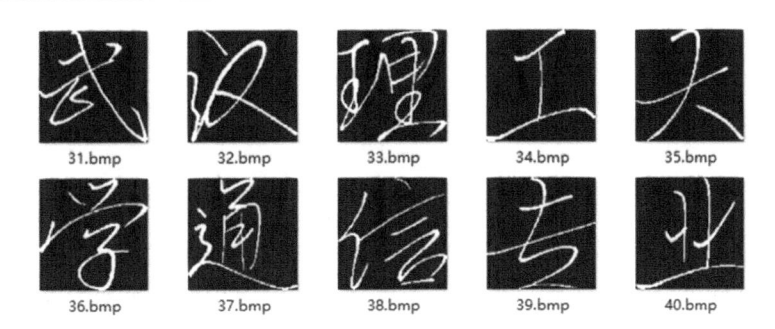

图 11.22 截取出的单字（续）

BP 神经网络包括输入层（Input Layer）、隐藏层（Hidden Layer）和输出层（Output Layer）。其中，隐藏层可以是一层或者多层，但每层的节点数应一致。

总的来说，BP 神经网络算法分为前向传播（Forward Propagation）和反向传播（Backward Propagation）两个过程。

如图 11.23 所示，输入层有三个单元：x_1、x_2、x_3，x_0 为偏置（bias），一般设为 1；$a_i^{(j)}$ 表示第 j 层（输入层为第一层）的第 i 个激励；$\Theta^{(j)}$ 为第 $j \sim j+1$ 层的权重矩阵，包含每条边的权重。$\Theta^{(j)}$ 如式（11.7）所示，其中，$\theta_{ik}^{(j)}$ 表示第 j 层中第 k 个单元到第 $j+1$ 层中第 i 个单元的权重。

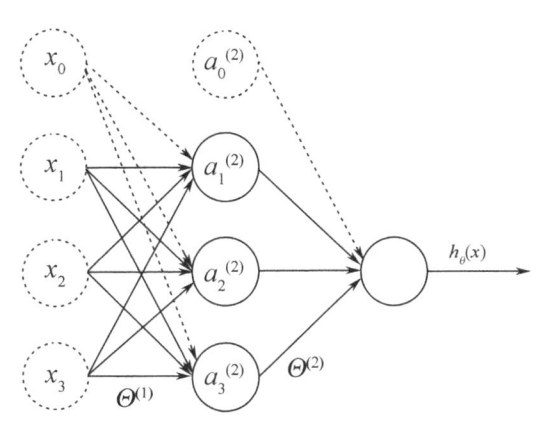

图 11.23 BP 神经网络结构

$$\Theta^{(j)} = \begin{bmatrix} \theta_{10}^{(j)} & \theta_{11}^{(j)} & \theta_{12}^{(j)} & \theta_{13}^{(j)} \\ \theta_{20}^{(j)} & \theta_{21}^{(j)} & \theta_{22}^{(j)} & \theta_{23}^{(j)} \\ \theta_{30}^{(j)} & \theta_{31}^{(j)} & \theta_{32}^{(j)} & \theta_{33}^{(j)} \end{bmatrix} \tag{11.7}$$

那么隐藏层的值为：

$$a_i^{(2)} = g\left(\theta_{i0}^{(1)} x_0 + \theta_{i1}^{(1)} x_1 + \theta_{i2}^{(1)} x_2 + \theta_{i3}^{(1)} x_3\right) \tag{11.8}$$

输出层为：

$$h_\theta(x) = a_1^{(3)} = g\left(\theta_{10}^{(2)} a_0^{(2)} + \theta_{11}^{(2)} a_1^{(2)} + \theta_{12}^{(2)} a_2^{(2)} + \theta_{13}^{(2)} a_3^{(2)}\right) \tag{11.9}$$

式中，g 函数也称为 S 函数，其表达形式如式（11.10）所示：

$$g(z) = \frac{1}{1+e^{-z}} \quad (11.10)$$

为了评价 BP 神经网络输出 $h_\theta(x)$ 与真实输出 y 之间的偏差大小,定义代价函数(Cost Function)为:

$$J(\Theta) = -\frac{1}{m}\sum_{i=1}^{m}\sum_{k=1}^{K}\left[y_k^{(i)}\lg\left(h_\theta\left(x^{(i)}\right)\right)_k + \left(1-y_k^{(i)}\right)\lg\left(1-h_\theta\left(x^i\right)\right)_k\right] \quad (11.11)$$

利用代价方程可以求出误差,但进一步得到使误差最小的权重还需要对其求导。观察式(11.11)可以看出,对其求导并不容易,而 BP 神经网络能够不需要求导的步骤得出导数值。

假设如图 11.23 所示的四层 BP 神经网络输出为 y_i,$\delta_j^{(l)}$ 表示第 $l-1$ 层到第 l 层的第 j 个单元的误差。第四层的误差可写成 $\delta_i^{(4)} = a_i^{(4)} - y_i$,向量化后为 $\delta^{(4)} = a^{(4)} - y$。从而,第三层和第二层的误差为:

$$\begin{aligned}\delta^{(3)} &= \left(\theta^{(3)}\right)^{\mathrm{T}}\delta^{(4)} \times g\left(a^{(3)}\right)\\ \delta^{(2)} &= \left(\theta^{(2)}\right)^{\mathrm{T}}\delta^{(3)} \times g\left(a^{(2)}\right)\end{aligned} \quad (11.12)$$

从数学上可以证明,$\frac{\partial}{\partial \Theta_{ij}^{(l)}}J(\Theta) = a_j^{(l)}\delta^{(l+1)}$,即使用反向传播 BP 神经网络实现了求导的过程。

理论上已证明:具有偏差和至少一个 S 型隐藏层加上一个线性输出层的网络,能够逼近任何有理数。增加层数可以更进一步降低误差,提高精度,但同时也使网络复杂化,从而增加了网络权值的训练时间。而误差精度的提高实际上也可以通过增加神经元数目来获得,其训练效果也比增加层数更容易观察和调整。所以在一般情况下,应优先考虑增加隐藏层中的神经元数目。

隐藏层的神经元数目理论上并没有一个明确的规定。在具体设计时,比较实际的做法是通过对不同神经元数目进行训练对比,然后适当地加上一点余量。

学习速率决定每次循环训练中产生的权值变化量。学习速率太大可能导致 BP 神经网络无法收敛,太小的学习速率则会导致训练时间较长,收敛很慢。在一般情况下,倾向于选取较小的学习速率以保证系统的稳定性。

将训练集的 500 张 32 像素×32 像素的图像转换为一维向量,存入矩阵 ***p***,测试集的 100 幅图像存入矩阵 ***a***。训练 BP 神经网络的 MATLAB 程序如下。

```
for kk=1:500                    %读取训练图像
    p1=ones(32,32);
    m=strcat(int2str(kk),'.bmp');
    x=imread(m,'bmp');
    bw=im2bw(x,0.5);
    for m=0:31
        p(m*32+1:(m+1)*32,kk+1)=p1(1:32,m+1);
    end
end
```

```
t=zeros(1,500);
for i=1:50
    for j=1:10
        t((i-1)*10+j)=j;
    end
end
p=p(:,1:500);                           %存储输入向量
net=newff(p,[1024,40],{'tansig','purelin'},'traingdx','learngdm
');                                     %新建一个BP神经网络
%p表示输入向量的最小值和最大值，二值图像最大值和最小值分别为1和0
%第一层神经元数目为32×32个=1024个，第二层为40个
%第一层从传递函数tansig，第二层purelin
%训练函数traingdx
%学习函数learngdm
net.trainparam.epochs=1000;             %迭代次数
net.trainparam.goal=0.001;              %均方误差
net.trainparam.lr=0.003;                %学习速率
net=train(net,p,t);                     %训练BP神经网络
```

图 11.24 所示为代价函数随迭代次数变化的趋势，可以看到，随着迭代次数的增加，代价函数值下降，BP 神经网络收敛。

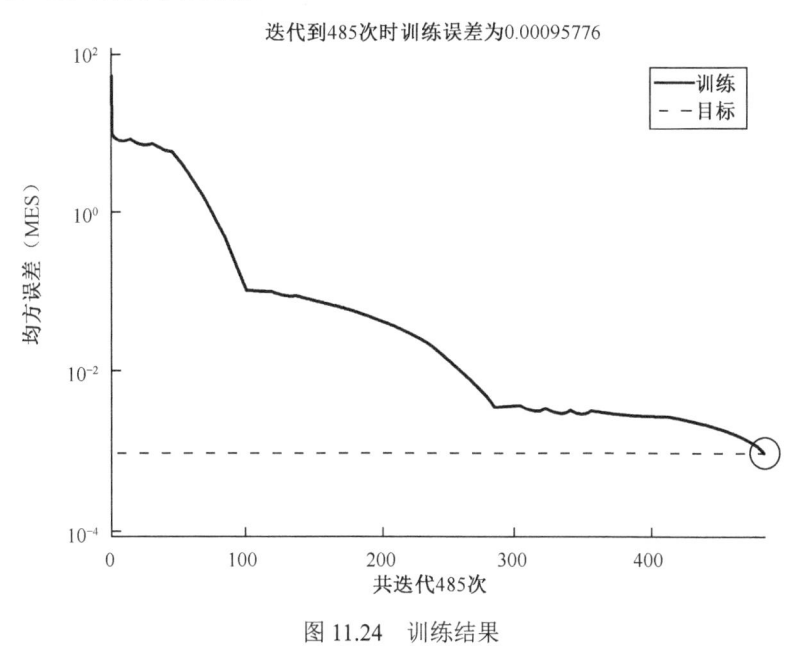

图 11.24 训练结果

下面把测试集的图像输入 BP 神经网络中，测试网络是否能够正确识别手写汉字。其 MATLAB 程序如下。

```
for kk=501:600                          %读取测试图像
    p2=ones(32,32);
    m=strcat(int2str(kk),'.bmp');
    x=imread(m,'bmp');
    bw=im2bw(x,0.5);
    for m=0:31
        a(m*32+1:(m+1)*32,kk+1)=p2(1:32,m+1);
    end
end
b=sim(net,a);                           %测试输出
b=round(b);
```

BP 神经网络识别出的汉字准确率为 92%，大部分汉字能够被正确识别。

小结（Summary）

本章介绍了四个数字图像处理在实际工程中的应用案例。首先是基于图像处理的红细胞数目检测，此案例对原始红细胞图像进行预处理，然后使用形态学区域填充的方法，填补红细胞内部的孔（洞），方便连通域标记，并通过红细胞的几何特征得到细胞数目；在基于肤色分割和灰度积分算法的人眼定位案例中，将图像转换到 YCrCb 空间下，利用人脸的特征提取图像中的人脸部分，接着根据面部特征使用灰度积分标记出人眼位置；接下来介绍了基于 DCT 的数字水印算法，其主要思想是将水印图像有规律地嵌入原始版权图像中，以便能够根据这种规律提取出水印，为了能够兼顾水印的鲁棒性和不可见性，需要打乱规则的水印，并把水印信息嵌入图像的低频区域，于是案例中使用了 Arnold 置乱算法打乱水印，同时用 ZigZag 扫描来获取图像的中低频位置，将水印嵌入特定位置；最后讲解了基于 BP 神经网络的手写汉字识别，该算法的核心是将分割为单字的手写图片输入 BP 神经网络，然后根据样本来训练 BP 神经网络，识别汉字时只需要将测试集的图像输入训练好的 BP 神经网络中。但是这几种算法都存在局限性。例如，对红细胞进行计数时，人工计数会将半个红细胞计为 1/2 个红细胞，但案例中会计为 1 个红细胞，在红细胞大面积粘连的情况下也难以准确计数；利用人脸特征来标记人眼位置时，仅在人脸图像端正时才能正确识别；数字水印在遭受几何攻击时无法被正确提取。面对这些算法存在的诸多问题，各种改进算法被相继提出，如何优化算法以达到实际工程中的要求，需要同学们在后续的学习和实践中进一步探索。

参考文献

[1] [美] Rafael C G，Richard E W. 数字图像处理（英文版）[M]. 2版. 北京：电子工业出版社，2004.

[2] [美] Rafael C G，Richard E W. 数字图像处理[M]. 2版. 阮秋琦，阮宇智，等，译. 北京：电子工业出版社，2004.

[3] [美] Rafael C G，Richard E W，Steven L E. 数字图像处理（MATLAB版）[M]. 北京：电子工业出版社，2007.

[4] 姚敏. 数字图像处理[M]. 北京：机械工业出版社，2006.

[5] 章毓晋. 图像工程（上册）——图像分析和处理[M]. 北京：清华大学出版社，1999.

[6] 章毓晋. 图像工程（下册）——图像理解与计算机视觉[M]. 北京：清华大学出版社，1999.

[7] 章毓晋. 图像工程（上册）——图像处理[M]. 2版. 北京：清华大学出版社，2006.

[8] 杨高波，杜青松. MATLAB图像/视频处理应用及实例[M]. 北京：电子工业出版社，2010.

[9] 何东键. 数字图像处理[M]. 西安：西安电子科技大学出版社，2006.

[10] 高展宏，徐文波. 基于MATLAB的图像处理案例教程[M]. 北京：清华大学出版社，2011.

[11] 王新年，张涛. 数字图像压缩技术实用教程[M]. 北京：机械工业出版社，2009.

[12] 霍宏涛. 数字图像处理[M]. 北京：机械工业出版社，2004.

[13] 何明一，卫保国. 数字图像处理[M]. 北京：科学出版社，2005.

[14] 孙即祥. 图像分析[M]. 北京：科学出版社，2005.

[15] 许录平. 数字图像处理[M]. 北京：科学出版社，2007.

[16] 杨枝灵，王开，等. Visual C++数字图像获取、处理及应用实践[M]. 北京：人民邮电出版社，2003.

[17] 杨淑莹. VC++图像处理程序设计[M]. 2版. 北京：清华大学出版社，2006.

[18] [美] Kenneth R C. 数字图像处理[M]. 朱志刚，等，译. 北京：电子工业出版社，2011.

[19] [美] Andreas K，Mongi A. 彩色数字图像处理[M]. 章毓晋，译. 北京：清华大学出版社，2010.

[20] 徐飞，施晓红. MATLAB应用图像处理[M]. 西安：西安电子科技大学出版社，2007.

[21] 于殿泓. 图像检测与处理技术[M]. 西安：西安电子科技大学出版社，2006.

[22] 于万波. 基于MATLAB的图像处理[M]. 北京：清华大学出版社，2008.

[23] 张汗灵. MATLAB在图像处理中的应用[M]. 北京：清华大学出版社，2008.

[24] 张强，王正林. 精通MATLAB图像处理[M]. 北京：电子工业出版社，2009.

[25] 黄贤武，王加俊，李家华. 数字图像处理及压缩编码技术[M]. 成都：电子科技大学出版社，2000.

[26] 夏良正. 数字图像处理[M]. 南京：东南大学出版社，1999.

[27] 余成波. 数字图像处理及MATLAB实现[M]. 重庆：重庆大学出版社，2003.

[28] 贾永红. 数字图像处理[M]. 武汉：武汉大学出版社，2006.

[29] 刘直芳，王运琼，朱敏. 数字图像处理与分析[M]. 北京：清华大学出版社，2006.

[30] 黄爱民，安向京，骆力，等. 数字图像处理与分析基础[M]. 北京：中国水利水电出版社，2010.

[31] 陈天华. 数字图像处理[M]. 北京：清华大学出版社，2007.

[32] 邓继忠，张泰岭. 数字图像处理技术[M]. 广州：广东科技出版社，2005.

[33] 赵荣椿. 数字图像处理导论[M]. 西安：西北工业大学出版社，1995.

[34] 章霄, 等. 数字图像处理技术[M]. 北京: 冶金工业出版社, 2005.

[35] 吴国平. 数字图像处理原理[M]. 武汉: 中国地质大学出版社, 2007.

[36] 李建平. 小波分析与信号处理——理论、应用及软件实现[M]. 重庆: 重庆出版社, 1997.

[37] 张远鹏, 董海, 周文灵. 计算机图像处理技术基础[M]. 北京: 北京大学出版社, 1999.

[38] 沈庭芝, 方子文. 数字图像处理及模式识别[M]. 北京: 北京理工大学出版社, 2007.

[39] 阮秋琦. 数字图像处理基础[M]. 北京: 中国铁道出版社, 1988.

[40] 缪绍纲. 数字图像处理: 活用MATLAB[M]. 成都: 西南交通大学出版社, 2001.

[41] 王慧琴, 等. 数字图像处理[M]. 北京: 北京邮电大学出版社, 2006.

[42] 朱秀昌, 刘峰, 胡栋. 数字图像处理与图像通信[M]. 北京: 北京邮电大学出版社, 2002.

[43] 孙学康, 石万文, 刘勇. 多媒体通信技术[M]. 北京: 北京邮电大学出版社, 2006.

[44] 刘大会. 数字电视实用技术[M]. 北京: 北京邮电大学出版社, 2007.

[45] 胡泽, 赵新梅. 流媒体技术与应用[M]. 北京: 中国广播电视出版社, 2006.

[46] W Frei. Image Enhancement by Histogram Hyperbolization[C]. Computer Graphics and Image Processing. 6, 3, June 1977: 286-294.

[47] S Mallat. A Wavelet Tour of Signal Processing[M]. New York: Academic Press, 1998.

[48] J M S Prewitt. Object Enhancement and Extraction[M]. in Picture Processing and Psy-chopictorics. B S Lipkin, A Rosenfeld, eds., New York: Academic Press, 1970: 75-150.

[49] Arcese A, Mengert P H, Trombini E W. Image Detection Through Bipolar Correlation[J]. IEEE Trans. Information Theory. IT-16, 5, September 1970: 534-541.

[50] Andrews H C. Digital Image Restoration: A Survey[J]. IEEE Computer. 7, 5, May 1974: 36-45.

[51] Andrews H C, Hunt B R. Digital Image Restoration[J]. Prentice Hall, Englewood Cliffs, NJ, 1977.

[52] Walker J S. A Primer on Wavelets and Their Scientific Applications[M]. Boca Raton FL: Chapman & Hall CRC Press, 1999.

[53] 四维科技, 刘炜玮. Visual C++视频/音频开发实用工程案例精选[M]. 北京: 人民邮电出版社, 2004.

[54] 曹茂永. 数字图像处理[M]. 北京: 北京大学出版社, 2007.

[55] 全子一, 门爱东, 杨波. 数字视频图像处理[M]. 北京: 电子工业出版社, 2005.

[56] 李衍达, 等. 信息科学技术概论[M]. 北京: 清华大学出版社, 2005.

[57] Charilaos C, Athanassios S, Touradj E. The JPEG2000 Still Image Coding System: An Overview[J]. IEE Transactions on Consumer Electronics, 2000, 46(4): 1103-1127.

[58] [美] David S T, Michael W M. JPEG2000图像压缩基础、标准和实践[M]. 魏江力, 等, 译. 北京: 电子工业出版社, 2004.

[59] 周开利. 神经网络模型及其MATLAB仿真程序设计[M]. 北京: 清华大学出版社, 2005.

[60] 魏海坤. 神经网络结构设计的理论与方法[M]. 北京: 国防工业出版社, 2005.

[61] 蒋宗礼. 人工神经网络导论[M]. 北京: 高等教育出版社, 2001.

[62] 杨义先. 数字水印基础教程[M]. 北京: 人民邮电出版社, 2007.

[63] 孙圣和. 数字水印技术及应用[M]. 北京: 科学出版社, 2004.

[64] 罗军辉. MATLAB 7.0在图像处理中的应用[M]. 北京: 机械工业出版社, 2005.